棉花枯萎病和黄萎病的研究·图版

1. 网纹型

2. 青枯型

3. 黄化型

4. 紫红型

5. 皱缩型

图版 Ⅰ　棉花枯萎病症状类型

1. 黄萎病落叶成光秆状

2. 黄萎病叶片症状

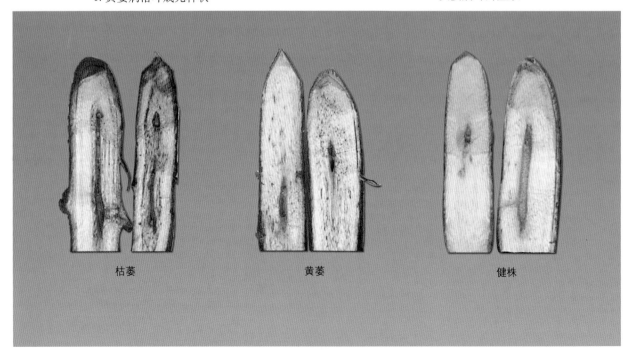

枯萎　　　　　　　　黄萎　　　　　　　　健株

3. 枯、黄萎病维管束变色比较

图版 II　棉花黄萎病症状及枯、黄萎病茎部变色比较

1. 高抗枯萎病品种中植86-1号及感病品种岱15

2. 抗黄萎病种质中植86-6号及感病品种中17选系

3. 转海岛棉抗黄萎病基因新株系(右)与感病品种(左)比较

图版III 棉花抗枯萎病和黄萎病品种

1. （陆地棉×长须棉）F$_1$ 杂种，示三角
   形大紫斑

2. （陆地棉×索马里棉）
   异源六倍体杂种

3. （陆地棉×比克氏棉）红花紫斑种
   质系，示红花长方形大紫斑

图版 IV　棉花种间杂种

谨以此书献给

中国农业科学院植物保护研究所

建所五十周年

（1957—2007）

棉花枯萎病和黄萎病的研究

马 存 主编

中国农业出版社

主　编　马　存

副主编　简桂良　杨家荣　冯　洁　何鉴星

编　委　(以姓氏笔画排序)

马　平　马　存　冯　洁　朱荷琴

齐俊生　孙文姬　杨家荣　李洪连

何鉴星　邹亚飞　宋小轩　张云青

郑传临　高永成　彭德良　简桂良

[序]

　　我 1936 年编写《中国棉花病害》和《棉病调查报告》时，棉花枯、黄萎病在我国已有发生，新中国成立初期在河北唐山、山东潍坊、陕西三原、四川射洪、江苏南通等县零星发病。20 世纪 60 年代末至 70 年代初两病的为害已十分严重，尤其是枯萎病，在上述病区造成大面积绝产，成为棉花生产的主要问题。为了把两病的防治工作搞好，60 年代末由我牵头，有中国农业科学院植物保护研究所马亚鲁所长、棉花研究所李成葆研究员、西北农学院仇元教授、陕西农业科学院副院长俞启保教授组成 5 人领导小组，领导全国枯、黄萎病的综合防治研究工作。1972 年在农业部领导下成立"全国棉花枯、黄萎病综合防治协作组"，使两病的防治工作走上了正轨。

　　50 多年来，我国植保科技工作者对棉花枯、黄萎病的综合防治进行了大量研究工作，发表了数百篇论文，取得多项科研成果，很值得认真整理及总结。现在，由长期从事该项研究的马存、简桂良等同志编写的《棉花枯萎病和黄萎病的研究》书稿，我看后很满意。从内容看，该书除保留了《棉花病害基础研究与防治》（沈其益主编，1992 年，科学出版社出版，书内枯、黄萎病内容约 10 万字）一书棉花枯、黄萎病的精华外，有四分之三的内容是新的研究成果。尤其是突出了棉花抗枯、黄萎病育种工作的成就、经验及存在的问题和对策，为今后抗病育种工作指明了方向。此外，枯萎病菌的抑菌土、黄萎病毒素、枯黄萎病生物防治及生态学也都是新的研究成果。本书还编入了由中国科学院遗传研究所研究完成的远缘杂交抗枯、黄萎病育种，使内容更加丰富。

　　本书内容以我国棉花枯、黄萎病综合防治研究工作为主，并收集国外有关资料以供借鉴。希望本书的出版能为我国棉花的高产稳产做出应有的贡献。

沈其益

2005 年 2 月

　　棉花枯萎病和棉花黄萎病（简称棉花枯、黄萎病），是我国及世界各主要产棉国危害棉花最严重的两种病害。枯萎病在苗期至现蕾期为害严重，重病田现蕾期可造成大片死苗，甚至绝产。黄萎病后期为害严重，可造成早期落叶成光秆，也可造成大面积绝产。两病均为 20 世纪 30 年代传入我国，新中国成立初期零星发病，但因种子带菌可远距离传播，随棉种的大量调运，枯、黄萎病很快就传播至全国各主要植棉区。1972 年统计，全国 18 个植棉省（自治区、直辖市）638 个植棉县，有 408 个县发生枯、黄萎病，占植棉县总数的 63.9%。1982 年全国枯、黄萎病普查结果，全国两病发病面积达 148.2 万 hm^2，占当时全国植棉总面积的 31%，绝产面积 2 万 hm^2，损失皮棉 10 万 t 以上。到 80 年代末虽然枯萎病的严重危害得到控制，但从 90 年代初开始，黄萎病为害逐年加重，1993 年、1995 年、1996 年、2002 年、2003 年黄萎病连年大发生，每年损失皮棉 8 万～10 万 t，到 21 世纪初黄萎病仍然严重为害，成为棉花高产稳产的主要障碍。

　　对枯、黄萎病的综合防治研究，党和政府一直十分重视。1972 年在农业部的领导下，由中国农业科学院植物保护研究所、棉花研究所与北京农业大学、西北农学院、陕西农业科学研究院共五个单位牵头成立“全国棉花枯、黄萎病综合防治协作组”，全国共有 70 多个科研院校及推广单位，300 多名科技人员参加协作组工作。从“六五”至“十五”一直将枯、黄萎病的综合防治列为国家科技攻关项目。近年来，有关抗黄萎病基因工程研究多次被列为国家“863”项目，并已取得可喜进展。

　　我国棉花枯、黄萎病经过 50 多年的研究，已取得多方面的成就。在应用基础方面，研究明确了两病病原菌的种；枯萎病菌的生理小种；黄萎病菌致病力分化及落叶型菌系；枯萎病菌的抑菌土；种子带菌检验及消毒；两病所造成的田间产量损失；两病的田间流行规律等。在综合防治方面，对两病的农业、化学、生物防治均进行了较系统的研究。早在 20 世纪 70 年代就提出以抗病品种为主的综合防治枯、黄萎病策略，选育出著名的抗枯萎病抗源品种川 52－128 及抗枯萎病高产品种陕 1155、中植 86－1、中棉所 12（分别获国家发明一、三、二、一等奖）。由于抗病品种的大面积推广应用，到 80 年代末，枯萎病的严重为害已得到控制，这是一项令世界瞩目的成就。

50多年枯、黄萎病研究，已发表有关论文400余篇，将其精华撰写成专著是十分必要的，一方面是对过去工作的认真总结，另一方面也为明确今后研究方向及为今后的研究工作提供参考和借鉴。由中国农业科学院植物保护研究所长期从事该方面研究的专家为主，并邀请有关单位的多位专家共同撰写的《中国棉花枯萎病和黄萎病的研究》一书，即将出版。她的出版将给棉花两病的持续控制，为我国棉花的高产稳产起到重要作用。

该书内容丰富，共二十一章。各章撰写人员分工如下：

第一章，棉花生产及其病害，马存；

第二章，棉花枯萎病发生为害及分布，马存，邹亚飞；

第三章，棉花枯萎病的病原菌，简桂良，孙文姬；

第四章，棉花枯萎病菌的侵染循环、传播及流行规律，马存；

第五章，棉花枯萎病菌的抑菌土，简桂良；

第六章，棉花枯萎病的致病机理及抗病机制，冯洁；

第七章，棉花黄萎病的发生为害及分布，马存；

第八章，棉花黄萎病的病原菌，冯洁；

第九章，棉花黄萎病的传播及流行规律，马存，齐俊生；

第十章，棉花黄萎病菌的毒素，杨家荣；

第十一章，棉花黄萎病菌的致病机理及抗病机制，冯洁；

第十二章，棉田线虫与枯、黄萎病的关系，彭德良；

第十三章，棉花品种对枯、黄萎病的抗病性鉴定，马存，朱荷琴；

第十四章，棉花枯萎病抗性转化现象及其应用研究，杨家荣，高永成，张云青；

第十五章，棉花远缘杂交抗枯、黄萎病育种，何鉴星；

第十六章，生物技术抗棉花枯、黄萎病育种，简桂良；

第十七章，我国棉花抗枯、黄萎病育种的主要成就，马存，郑传临；

第十八章，我国棉花抗枯、黄萎病育种的主要经验、问题及对策，马存，宋小轩；

第十九章，棉花枯、黄萎病的防治，马存；

第二十章，棉花枯、黄萎病的微生态学与生态防治，李洪连；

第二十一章，棉花枯、黄萎病的生物防治，马平；

附录，棉花品种抗枯萎病和黄萎病鉴定方法及抗性评价标准，简桂良。

在本书出版之际，首先感谢已故植保界老前辈沈其益教授，在九十六岁高龄时为本书作序。感谢李振声院士、郭予元院士对本书的大力支持。感谢曾士迈、李振岐两位院士的大力推荐。感谢植物保护研究所领导将这本书作为中国农业科学院植物保护研究所建所50周年献礼。感谢所有给此书撰写提供资料和帮助的同志。由于编者水平所限，差错疏漏之处，敬请读者指正。

编　者

2007年5月

[目 录]

序
前言

第一章

棉花生产及其病害

棉花是重要的经济作物，在国民经济中占有重要地位，它不仅是纺织、化工、医药和国防工业的重要原料，而且是重要的出口创汇商品，因此有必要大力发展棉花生产，以满足国民经济发展的需要。棉花的稳产高产是由多项综合条件构成的，而减产往往是由单一因素构成的。土壤、水肥条件及良种是棉花生产的基础条件，这些条件是容易满足的，病虫害、水灾虽然不是每年大发生，但这些灾害是不易被控制的，棉花枯萎病、黄萎病（以下简称枯、黄萎病）就是我国，也是世界各植棉国棉花生产的重要障碍。据美国棉花病害委员会（Cotton Disease Counil）1952—1981 年统计，棉花每年因病害造成皮棉损失13.28%，枯、黄萎病是其中最重要的。本书将我国科技工作者 50 年来对棉花枯、黄萎病综合防治各方面的研究工作，包括枯、黄萎病的发生、危害、病原菌生物学特性、品种抗病性鉴定、抗病育种、远源杂交抗病育种等作全面系统的整理和总结。

第一节　世界棉花生产概况

一、世界棉花种植面积和单产

棉花是世界上的主要经济作物，分布在南纬 32°到北纬 47°之间，遍及亚、非、美、欧洲及大洋洲。据联合国粮农组织 1993 年统计，世界有棉花生产的国家和地区达 96 个（FAO PYB, 1993）。1990—1993 年间世界棉花年平均皮棉产量为 1 860.6 万 t。从 20 世纪 50 年代起，世界棉花总产量每 10 年增加 200 万 t 左右，年均增长 2%。进入 90 年代世界棉花总产仍继续增长，1991—1994 年间世界棉花年均总产较 1986—1990 年间年均增长 7.6%。

世界棉田面积自 20 世纪 50 年代至 90 年代，在 3 179.1 万～3 373.4 万 hm² 之间变动。50 年代以来，由于世界植棉技术的不断提高，皮棉单产也不断提高，1991—1994 年平均皮棉单产为 565 kg/hm²，为 1951—1955 年间单产 250 kg/hm² 的 2.26 倍。1950—1994 年世界棉田面积、总产和平均单产见表 1-1。

表 1-1　1950—1994 年世界棉田面积、总产和平均单产统计表

项目年度	棉田面积（万 hm²）	皮棉产量（万 t）	平均皮棉单产（kg/hm²）
1950/1951—1954/1955	3 337.8	836.1	250
1955/1956—1959/1960	3 270.2	955.8	293

（续）

项目年度	棉田面积（万 hm²）	皮棉产量（万 t）	平均皮棉单产（kg/hm²）
1960/1961—1964/1965	3 289.6	1 059.7	321
1965/1966—1969/1970	3 181.4	1 135.0	356
1970/1971—1974/1975	3 289.3	1 316.2	400
1975/1976—1979/1980	3 271.6	1 229.3	397
1980/1981—1984/1985	3 373.4	1 539.6	460
1985/1986—1989/1990	3 179.1	1 719.3	540
1990/1991—1993/1994	3 288.4	1 860.6	565
1994/1995（计划）	3 220.8	1 876.7	583

资料来源：①国际棉花咨询委员会：《棉花：世界统计》，1993，47卷，1（第Ⅱ部分）②国际棉花咨询委员会：《棉花：世界情况评述》，1994，47卷，5期，6期修订。

二、世界主要产棉国家棉花生产概况

世界虽然有90多个产棉国，但98％以上的总产量来自25个国家和地区，其他数10个国家只是少量的生产棉花。世界年产1 000 kt以上的产棉大国和地区共5个：中国、美国、前苏联（现独联体中亚各国）、印度和巴基斯坦。5国合计产量约占世界总产量的80％左右。年产100～1 000 kt的中等产棉国10个：土耳其、巴西、埃及、澳大利亚、阿根廷、希腊、巴拉圭、叙利亚、马里和科特迪瓦，10国合计皮棉产量占世界产量的15％左右。年产40～100 kt的较小产棉国10个：伊朗、苏丹、津巴布韦、贝宁、布基纳法索、尼日利亚、坦桑尼亚、喀麦隆、哥伦比亚、秘鲁，10国产量合计约占世界总产量的3％强。现将年产1 000 kt以上的美国、印度、前苏联、巴基斯坦4个产棉区棉花生产情况简介如下：

1. **美国** 美国棉花产量1900年占世界总产量的64％。直到20世纪30年代以前，年产量仍占世界总产量的50％以上，此后产量占世界总产量的比重逐年下降，但直到60年代末仍居世界首位。70年代美国棉花产量被苏联超过，80年代初又被中国超过。从30年代中期起，由于品种改良、增施化肥、加强病虫害防治，以及政策因素的影响，高产的西部灌溉棉区产量增长，单产开始提高。在第二次世界大战之前开始实行机械化生产，二战后全面机械化，加上化学除草剂和高效化学杀虫剂的使用，使单产得到进一步提高，到1966年单产达到561kg/hm²，是30年前单产的2.5倍。此后，由于多种原因单产停滞不前，害虫特别是棉铃虫产生了抗药性，防治困难；低产地区扩大了棉花生产，影响了平均单产；30年代美国皮棉总产2 811 kt，占世界总产的44.7％；60年代总产2 769 kt，占世界总产的25.3％；70年代总产3 564 kt，占世界总产的19.3％。

2. **印度** 印度是世界上植棉历史最悠久的国家，早期曾是世界上最主要的纺织品出口国，直到第二次世界大战，印度所产的棉花25％供应出口，与美国棉花的竞争激烈。二战后由于印度人口增长，对粮食需求增加，40年代棉花总产比30年代大幅度下降，已不能满足本国的需求。1950—1954年印度棉田面积6 662 km²，单产只有111 kg/hm²，1960—1964年棉田面积增加到8 040 km²，单产也增加到123 kg/hm²。1965—1993年棉田面积保持在7 243—7 820 km²，单产不断提高，1990—1993年达到278 kg/hm²，但还是世界皮棉单产最低的国家。

3. **中亚各国**　中亚棉区包括乌兹别克斯坦、土库曼斯坦、塔吉克斯坦、哈萨克斯坦、吉尔吉斯斯坦及外高加索的阿塞拜疆。1900—1909 年间中亚棉区年均产皮棉 88 kt，占世界总产量的 2%。50 年代年均产皮棉 1 368 kt，在世界总产中的比重上升为 15.3%。到 70 年代年均产皮棉 2 512 kt，占世界棉花总产量的 19.2%，大多年份总产超过美国，居世界首位；超级长绒棉的产量超过埃及、苏丹等传统国家，也居世界首位。1991 年苏联解体后，中亚棉区棉花总产量、棉田面积和单产都下降，中亚各产棉国中乌兹别克斯坦产棉最多，1991—1993 年间年均产皮棉 1 393 kt，占中亚各国棉花总产（2 115 kt）的 66%，土库曼斯坦居第二位，占这一地区的 19%，第三为塔吉克斯坦占这一地区的 10%。

中亚各国在前苏联时期植棉面积变化不大，如 1950—1969 年面积为 2 131～2 775 khm² 之间，1975—1989 年植棉面积明显增大，在 2 999～3 418 khm² 之间，1990 年以后略有下降（表 1-2）。

表 1-2　五大产棉国或地区棉田面积和单产变化

年　份	中国		美国		中亚		印度		巴基斯坦		全世界	
	面积	单产	面积	单产	面积	单产	面积	单产	面积	单产	面积	单产
	(khm²)	(kg/hm²)	(khm²)	(kg/hm²)	(khm²)	(kg/hm²)	(khm²)	(kg/hm²)	(khm²)	(kg/hm²)	(khm²)	(kg/hm²)
1950—1954	5 098	190	9 252	332	2 390	541	6 662	111	1 299	223	33 378	250
1955—1959	5 846	272	5 914	478	2 131	696	7 980	109	1 413	213	32 702	293
1960—1964	4 451	257	6 053	536	2 371	681	8 040	123	1 416	255	32 896	321
1965—1969	4 743	377	4 240	539	2 467	806	7 820	124	1 702	288	31 814	356
1970—1974	4 856	468	4 867	526	2 775	879	7 644	143	1 917	339	32 893	400
1975—1979	4 794	456	4 712	539	2 999	862	7 692	158	1 907	285	32 716	397
1980—1984	5 787	681	4 413	593	3 208	757	7 771	191	2 210	343	33 434	460
1985—1989	5 006	797	4 065	699	3 418	781	7 243	254	2 531	543	31 791	540
1990—1993	6 104	756	4 919	726	2 984	778	7 526	278	2 756	606	32 884	565
1994（计划）	5 667	794	5 470	724	2 738	794	7 600	302	2 600	555	32 208	583

资料来源：同表 1-1。

中亚各国皮棉产量从 1950 年至 1993 年除了个别年份外，一直为世界各国单产之首，1950—1964 年皮棉单产在 541～681 kg/hm² 之间，1965—1993 年皮棉单产保持在 757～879 kg/hm² 之间。

4. **巴基斯坦**　巴基斯坦 1950—1954 年植棉面积为 1 299 khm²，1970—1974 年植棉面积增加到 1 917 khm²，1990—1993 年植棉面积增加到 2 756 khm²。巴基斯坦皮棉单产较低，1950—1979 年保持在 213～339 kg/hm² 之间，1985 年以后皮棉单产增长较快达到 543 kg/hm²，1990—1993 年单产进一步提高，达到 606 kg/hm²。巴基斯坦 50 年代皮棉总产 295 kt，仅占世界皮棉总产的 3.3%，然后逐年增长，1990—1993 年皮棉总产 1 672 kt，占世界的 9.0%，成为世界第五大产棉国（表 1-3）。

表 1-3　年产 1 000 kt 以上五大产棉国家或地区棉花产量及占世界总产量比重变化

年　份	中国		美国		中亚		印度		巴基斯坦		全世界	
	产量	比重	产量	比重	产量	比重	产量	比重	产量	比重	产量	比重
	(kt)	(%)	(kt)	(%)	(kt)	(%)	(kt)	(%)	(kt)	(%)	(kt)	(%)
1900—1909	240	5.6	2 246	52.0	88	2.0	588	13.6	—	—	4 313	100
1910—1919	435	8.7	2 687	53.8	168	3.4	764	15.3	—	—	4 995	100

（续）

年　份	中国		美国		中亚		印度		巴基斯坦		全世界	
	产量(kt)	比重(%)	产量(kt)	比重(%)	产量(kt)	比重(%)	产量(kt)	比重(%)	产量(kt)	比重(%)	产量(kt)	比重(%)
1920—1929	423	8.2	2 850	55.3	129	2.5	894	17.3	—	—	5 155	100
1930—1939	608	9.7	2 811	44.7	576	9.2	1 112	17.7	—	—	6 295	100
1940—1949	437	7.5	2 570	44.2	564	9.7	835	14.3	—	—	5 821	100
1950—1959	1 278	14.3	2 938	32.8	1 368	15.3	810	9.0	295	3.3	8 960	100
1960—1969	1 467	13.4	2 769	25.3	1 802	16.4	974	8.9	427	3.9	10 961	100
1970—1979	2 227	17.0	2 562	19.6	2 512	19.2	1152	8.8	597	4.6	13 079	100
1980—1989	4 003	24.6	2 722	16.7	2 547	15.6	1 658	10.2	1 067	6.6	16 294	100
1990—1993	4 613	24.8	3 564	19.1	2 327	12.5	2 094	11.3	1 672	9.0	18 606	100
1994（计划）	4 500		3 960		2 168		2 295		1 443		18 767	100

资料来源：同表1-1。

第二节　我国棉花生产概况

一、我国五大植棉区

我国是世界上植棉区域最广阔的国家，棉区范围大致分布在东经 76°～124°，北纬 18°～46°，东起辽河流域和长江三角洲，西至新疆维吾尔自治区塔里木盆地的西部边缘，南到海南岛三亚，北抵新疆维吾尔自治区北部的玛纳斯河流域。根据各棉区的气候、土壤、社会经济条件、植棉现状、适合品种类型等因素，将中国的棉区分成五个区域，即黄河流域棉区、长江流域棉区、西北内陆棉区、北部特早熟棉区和华南棉区。五大棉区的生态条件及植棉类型见表1-4。

表1-4　五大棉区生态条件及植棉类型
（黄骏麒等，1998）

生态条件	华南棉区	长江流域棉区	黄河流域棉区	北部特早熟棉区	西北内陆棉区
热量带	北热带至南亚热带	中亚热带至北亚热带	南温带	南温带北缘至中温带南缘	南温带至中温带
干湿气候区	湿润区	湿润区	亚湿润区	亚湿润区及亚干旱区	干旱区
气温≥10℃持续期（d）	270～365	220～270	195～220	165～180	160～215
气温≥10℃积温（℃）	6 000～9 300	4 600～6 000	4 000～4 600	3 200～3 600	3 100～5 500
气温≥15℃积温（℃）	5 500～9 200	4 000～5 500	3 500～4 000	2 600～3 100	2 500～4 900
年平均温度（℃）	19～25	15～18	11～14	8～10	7～14
无霜期（d）	＞320	230～280	180～230	150～170	130～230
年降水量（mm）	1 600～2 000	1 000～1 600	600～1 000	400～800	＜200
年干燥度	＜0.75	0.75～1.0	1.0～1.5	1.0～3.5	＞3.5
年平均日照率（%）	35～60	30～55	50～65	55～65	60～75
年日照时数（h）	1 400～2 600	1 200～2 400	2 000～2 900	2 400～2 900	2 700～3 300
主要土壤类型	红壤、赤红壤、砖红壤	潮土、紫色土、黄棕壤、红壤	潮土、褐土、滨海土、潮盐土	草甸土、棕壤、褐土、绵土	灌淤土、旱盐土、棕漠土、灰棕漠土
棉花品种适宜类型	陆地棉及海岛棉	中熟陆地棉	中（早）熟陆地棉	特早熟陆地棉	早熟、中（早）熟陆地棉、早熟海岛棉

1. 黄河流域棉区　黄河流域棉区是我国最大的棉区，全区棉田面积 300 万 hm^2 左右，面积和产量占全国棉田面积和总产量的 60% 左右。常年皮棉单产 750 kg/hm^2 左右，包括河北（除长城以北）、山东、河南（除南阳、信阳）、山西南部、陕西关中、甘肃陇南、江苏的苏北灌溉总渠以北、安徽的淮河以北地区以及北京、天津两市郊区。分为 5 个亚区。

（1）华北平原亚区　包括河北省山前平原南部、河南省的北部、山东省的西北部，及胶东滨海区，是中国最集中的棉产区，该亚区土地平坦、土层深厚、灌溉条件较好。

（2）黄淮平原亚区　包括江苏省的徐淮地区、安徽省的淮北地区，河南省的东部和东南部，山东省的西南部，棉区主要分布在黄河平原西南部及淮河冲积平原，也是我国最集中的产棉区之一。

（3）黑龙港亚区　本亚区位于河北省东部黑龙港地区，包括沧州市、衡水市及邢台市、邯郸市东部地区，是河北省发展棉花生产的主要基地。

（4）黄土高原亚区　包括河南省西部，山西省南部，陕西省关中地区和甘肃省南部。本亚区地处黄土高原的南部，海拔高度一般在 350～500 m，地势显著高于其他亚区。

（5）京津塘亚区　包括北京、天津两市郊区，河北唐山市、廊坊市北部，是黄河流域棉区向北部特早熟棉区的过渡带。

2. 长江流域棉区　长江流域棉区为我国仅次于黄河流域棉区的第二大棉区，植棉面积和产量约占全国棉田面积和产量的 1/3，常年皮棉单产 750 kg/hm^2 以上。

本区位于华南棉区以北，在北纬 26°～33°、东经 104°～122° 之间，包括上海、浙江、江西、湖南、湖北五省（直辖市）以及江苏的苏北灌溉总渠以南、安徽的淮河以南、四川盆地、贵州北部、云南东北部、河南南阳及信阳地区和陕西汉中地区。分 5 个亚区。

（1）长江上游亚区　本亚区东起湘鄂西部的山地东缘，西至四川盆地的西缘，主要棉产区为四川盆地的丘陵地带，以射洪县为中心，向南北延伸跨沱江、涪江、嘉陵江中游的狭长地带。零星种植区分布在陕南、鄂西、湘西、黔北和重庆。

（2）长江中游沿江亚区　本亚区位于湖北宜昌至安徽马鞍山之间的长江流域中游地带，以湖北的江汉平原为主，还包括湖南、江西和安徽的沿江滨湖平原区，本亚区大部分棉田土地平坦、土层深厚、肥力较高，是长江流域最重要的高产棉区。

（3）长江中游丘陵亚区　本亚区包括湖北、湖南、安徽、江西等省的丘陵地带。这些地区虽然地处长江中游，但生态条件明显不同于沿江亚区，棉田多为丘陵、红壤土，土壤可耕性差，地力薄，酸性较强，保水保肥性能较差。

（4）长江下游亚区　包括江苏省大部、上海市郊、浙江全省及安徽省沿江地区，棉区主要分布在沿江滨海，海拔 20 m 以下，地势平坦的平原地区，丘陵地区仅有零星分布。

（5）南襄盆地亚区　本亚区主要包括汉水中游湖北省的襄樊市、随州市及河南省的南阳市。其地势高于长江中下游平原，四周基本上是群山环绕。棉花主要种植在丘陵岗地与河谷平原。

3. 西北内陆棉区　西北内陆棉区包括新疆维吾尔自治区和甘肃的河西走廊地区，为我国植棉最早的棉区之一，是我国最有发展潜力的优质高产灌溉棉区及主要的长绒棉区。1988 年国务院决定将新疆维吾尔自治区列为国家重点棉花开发区，棉田面积由 1988 年的 32 万 hm^2，扩展为 2002 年 102 万 hm^2。分为 3 个亚区。

（1）东疆亚区　本亚区包括吐鲁番、鄯善和托克逊等县，新疆维吾尔自治区东部的哈密盆地有零星分布。这一亚区所处的纬度相当于北部的特早熟棉区，但因海拔特别低（-100~300 m），内陆盆地和大面积荒漠的增温效应较强烈，光能资源是全国最好的棉区，成为我国自然气候条件最好的海岛棉生产基地。

（2）南疆亚区　本亚区位于天山山脉以南的塔里木盆地。虽然海拔高达1 000~1 400 m，但因四周有高大山脉的阻隔，荒漠盆地的增温效应十分明显，因而使本亚区的热量资源大致与华北平原亚区和京津唐早熟亚区相近。

（3）北疆—河西走廊亚区　本亚区棉田主要分布在北疆准噶尔盆地西南部的玛纳斯河和奎屯河流域，甘肃和宁夏的沿黄河灌区也有零星分布。该地区是我国植棉区纬度最高的亚区，不利的因素是热量条件不足，秋季降温早造成棉花晚熟，适宜种植特早熟棉花品种。

4. 北部特早熟棉区　北部特早熟棉区包括辽宁的辽阳、山西的晋中、陕北、陇东和冀北的零星棉区。该棉区在20世纪60年代植棉面积约占全国面积的10%，70年代以后逐渐缩减，至1998年仅占全国棉田总面积的2%。

5. 华南棉区　华南棉区是最早引进和发展棉花的地区，有2 000多年的植棉历史，包括云南大部，四川西昌地区，贵州、福建两省的南部以及广东、广西、海南、台湾省（自治区）。云南省和广东省曾经是该地区的主要植棉区。1959年云南植棉面积为5.2万hm²，1966年广东省植棉面积1.7万hm²。由于华南棉区生态条件不利于棉花丰产优质，植棉经济效益差，到20世纪70年代末，植棉基本停止，目前仅有零星种植。

二、我国棉花的播种面积及产量

我国是世界最大的产棉国之一，植棉历史悠久，宜棉地域辽阔。新中国成立后，国家十分重视发展棉花生产，制定了鼓励棉花生产的方针政策，棉花生产迅速恢复和发展。到1958年，棉田面积由1949年的277万hm²增加到555.6万hm²。总产量达到196.9万t，比1949年总产44.4万t增长了3.44倍。1959年以后由于三年自然灾害、粮棉矛盾冲突、粮棉比价失调等原因，棉花生产大幅度下降，1962年全国棉田面积下降为349.7万hm²，皮棉总产75万t，1963年国家重新确定各项促进棉花生产的经济政策，棉花生产逐步回升。1966年以后由于"十年动乱"的干扰和破坏，从1966年到1979年全国棉花总产量一直徘徊在220万t以下。1979年以后，农村实行家庭联产承包责任制，同时采取一系列鼓励植棉政策，棉农植棉积极性普遍提高，棉田面积与产量连年增长，1984年棉田面积达到692.3万hm²，总产量达到625.8万t，占当年世界棉花总产量的32.5%，跃居世界第一位。从1982年起中国从棉花净进口国变为净出口国，1984年棉花生产供大于求，国家采取控制棉花生产措施，取消了优惠政策，1985、1986两年连续遇到自然灾害，使1985年至1989年棉花产量连年下降。1989年国家进行政策调整，使1990年至1991年产量有所回升，1991年全国总产达567.5万t，成为历史上第二个高产年。1992年和1993年由于北方的棉铃虫、黄萎病暴发和低温、早霜灾害，两年总产比1991年分别减少20%和34%。根据农业部全国种子总站1981—1999统计资料，近20年中我国黄河、长江、新疆维吾尔自治区三大棉区，棉花种植面积波动较大，西北内陆棉区增长最快，如新疆维吾尔自治区棉区 1981 年植棉面积为 17 万 hm²，1991 年增加到 50 万 hm²，1999 年达到 89 万 hm²，而黄河流域棉区植棉面积迅速减少，由 1992 年的 323 万 hm²，减少到 1999 年的 122 万 hm²（表 1-5）。植棉面积的波动，反映了棉区生产效益的波动，西北内陆棉区单位面积经济效益增长最快，从 20 世纪 80 年代以来成为全国单产最高的棉区，1978 年西北、长江、黄河三大棉区单产分别为 362 kg/hm²、645 kg/hm²、388 kg/hm²，而 1999 年分别达到 1 308 kg/hm²、1 070 kg/hm²、848 kg/hm²，西北内陆棉区 20 年单产提高 3.61 倍。因此，我国的植棉从 80 年代开始，由经济发达地区向经济不发达地区转移。今后我国植棉面积应保持在 500 万 km² 左右为宜。应以提高植棉的科技含量，提高单位面积产量，保证满足国内需要，适量出口为最佳。

表 1-5　1981—1999 年全国及黄河流域、长江流域和新疆维吾尔自治区棉区棉花种植面积（万 hm²）

年份	1981	1982	1983	1984	1985	1986	1987	1988	1989	1990	1991	1992	1993	1994	1995	1996	1997	1998	1999
全国总计	419	444	521	561	426	341	396	437	454	507	576	563	380	475	499	404	381	387	317
黄河流域	199	271	310	356	257	206	254	266	286	311	355	323	197	263	245	182	159	157	122
长江流域	182	140	168	163	138	116	104	131	127	147	156	169	143	163	186	146	134	136	103
新疆棉区	17	12	23	25	22	15	32	32	35	40	50	58	34	42	62	70	81	88	89

第三节　我国棉花的主要病害

棉花的主要病害可分为三大类，一是苗期病害，二是枯、黄萎病，即成株期病害，三是铃期病害，即棉花的烂铃病。

一、棉花苗期病害

棉花苗期病害主要有炭疽病（*Colletotuichum gossypii* Southw）、立枯病（*Rhizoctonia solani* Khün）、红腐病（*Fusarium moniliforme* Sheld.）、猝倒病〔*Pythium aphanidermatum*（Eds.）Fitz.〕、角斑病〔*Xanthomonas malvacearum*（Smith）Dowson〕、棉苗疫病（*Phytophthora boehmeriae* Saw.）等。

棉花苗期病害主要造成烂根，棉苗生长势弱甚至死亡，严重时造成棉田缺苗断垄。苗病的发生发展与棉花生长势的强弱、病菌数量的多少和播种后的气候条件有密切关系，棉苗出土后，当两片子叶展开；第一片真叶刚出现时，是棉苗抗逆力最差的时期，如遇上不良气候条件，如阴雨、低温等，来自种子、土壤、病残体及肥料等处病原菌的侵害，即会造成苗病的大量发生；如遇寒流侵袭、阴雨、高湿的条件，棉花苗期病害将会暴发成灾。

棉花苗期病害的防治，主要方法是消毒灭菌，减少病原菌的数量，并采取多种农业措施，造成有利于棉苗生长发育的环境条件，培育壮苗，提高棉苗的抗病性。防治棉花苗期病害应提倡预防为主，农业防治与化学防治相结合的综合防治原则，目前主要采用种衣剂包衣技术，达到既防治苗期病害，又可有效控制苗期虫害的目的。

二、棉花铃期病害

棉花铃期病害即烂铃，主要铃病有：棉铃疫病（*Phytophthora boehmeriae* Saw.）、棉铃炭疽病（*Colletotuichum gossypii* Southw）、棉铃红腐病（*Fusarium moniliforme* Sheld.）、棉铃红粉病［*Cephalothecium roseum*（Link）Corda］、棉铃黑果病（*Diplodia gossypina* Cooke）、棉铃角斑病［*Xanthomonas malvacearum*（Smith）Dowson］、棉铃曲霉菌（*Aspergillus* spp.）、棉铃软腐病（*Rhizopus nigricans* Ehrenberg）等。

棉花铃病的主要特点是在棉花结铃吐絮期遭受多种病菌侵染为害，其病原菌种类复杂，侵入时间有先有后，有主有次，多数是先侵染棉铃的病菌，为以后侵入的病菌创造了条件，在铃病发生适期，棉田的生态条件，尤其是温湿度起着左右病害消长的主导作用。在棉花结铃盛期的 7 月下旬至 8 月上中旬，棉田密度大，栽培管理水平差，造成棉田郁闭，这时如遇到高温高湿多雨，棉花铃病即会大量发生，较长时间的多雨，将会造成铃病的暴发成灾。

铃病的防治应以预防为主，综合防治。农业防治，如合理密植、精细管理、适量追施氮肥、及时打顶、整枝打杈、控制棉田郁闭等是减少烂铃，控制铃病为害的重要措施。

三、棉花枯、黄萎病

棉花枯萎病［*Fusarium oxysporum* f. sp. *vasinfectum*（Atk.）Snyder et Hansen］和黄萎病（*Verticillium dahliae* Kleb.）简称枯、黄萎病，是棉花生产中最严重的两种病害。两病于 20 世纪 30 年代传入我国，新中国成立后迅速传播，70 年代两病已遍布全国各主产棉省（自治区）。枯萎病在 80 年代初曾经暴发成灾，因病绝产棉田达到 20 000 hm²，每年损失皮棉 10 万 t 以上；90 年代初，由于枯萎病被基本控制，黄萎病逐年加重，1993 年、1995 年、1996 年、2002 年、2003 年连续大发生，发病面积占植棉面积的 2/3 以上，每年损失皮棉 7.5 万 t 担以上。进入 21 世纪以后，黄萎病已成为阻碍我国棉花继续高产、稳产的主要因素。

50 多年来，植病工作者对棉花枯、黄萎病进行了大量的研究。在基础理论方面，早期研究了枯、黄萎病种子带菌检验方法及带菌情况，枯萎病菌种、生理小种，黄萎病病原菌的种、致病力分化、变异，枯、黄萎病对棉花的产量损失，枯、黄萎病的发生流行规律，枯萎病菌的抑菌土壤及黄萎病抗性遗传等均进行了较全面的研究，取得了很好的进展。

在综合防治方面，对农业防治、化学防治和生物防治均进行了大量研究工作，但由于枯、黄萎病是典型的土传维管束病害，用化学农药不易防治，棉农把枯、黄萎病称作棉花的"癌症"。

应用抗病品种防治农作物病害是最经济有效的措施。从 20 世纪 70 年代初开始，棉病界和棉花育种界对选育抗枯、黄萎病品种已有高度重视，并取得了良好进展，选育出一大批既抗枯、黄萎病又高产的棉花新品种，应用以抗病品种为主的综合防治。到 80 年代末，枯萎病的严重为害已基本被控制，取得了十分显著的经济效益和社会效益。

参 考 文 献

黄骏麒．1998．中国棉作学．北京：中国农业出版社

刘毓湘．1995．世界棉花产销情况．当代世界棉业．北京：中国农业出版社

马树春．1999．中国棉花可持续发展研究．北京：中国农业出版社

牛连元．1995．中国棉业——当代世界棉业．北京：中国农业出版社

孙济中．1999．棉作学．北京：中国农业出版社

宋晓轩，王淑民．2001．近 20 年我国棉花生产主栽品种概况及其评价．棉花学报．13（5）：315～320

喻树迅，魏晓文．2000．中国棉花生产与科技发展．中国农业科技导报．（2）：27～29

中国农业科学院棉花研究所．1983．中国棉花栽培学．上海：上海科学技术出版社

第二章

棉花枯萎病发生为害及分布

棉花枯萎病 [*Fusarium oxysporum* f. sp. *vasinfectum* (Atk.) Snyder et Hansen] 是世界性的危险性病害，对棉花生产造成严重威胁。Atkinson 于 1891 年首先在美国发现并报道了这一病害，定名为 *Fusarium vasinfectum* Atk. 以后陆续在其他主要产棉国家和地区相继有发生和为害的报道。至今，枯萎病仍是棉花生产中十分突出的问题。

第一节　国外棉花枯萎病发生概况

一、枯萎病在美国的发生分布及为害

1891 年 Atkinson 在美国亚拉巴马州首先报道了棉花枯萎病，随后很快就在其他几个州发现，后来发展到整个棉花带。沈其益在 1936 年出版的《中国棉作病害》一书中写道："枯萎病为美国及埃及等国限制棉产之严重问题。每年该处棉产蒙受重大损害，因之近年国外研究此种病害者甚多。" 20 世纪 60 年代早期，在美国得克萨斯西部和加利福尼亚低海拔的地区以及新墨西哥州就发现了枯萎病，但是它不是最先在这些地方出现的，也没有引起人们的注意（Blank，1962）。加利福尼亚最早记载有棉花枯萎病是在 1959 年（Garber 和 Paxman，1963），那时枯萎病相对比较少，但是 70 年代后，枯萎病的为害开始逐年加重。

80 年代末，美国已开始在全国范围内进行棉花枯萎病为害产量损失评估，1989 年估计损失皮棉 0.2%（Blasingame，1990）。也有报道重病年损失皮棉 1.05 亿 kg。虽然在大多数产棉国总产量损失不大，但是单个的农场的损失可能会很大。该病在流行时，不仅可以直接造成经济损失，而且还通过影响棉农们种植棉花的信心，而造成间接损失。

二、其他国家枯萎病的分布与为害

埃及早在 1902 年就有棉花枯萎病的记载。20 世纪 20 年代，埃及由于推广棉花品种 Sakel，棉花枯萎病开始普遍发生。同期，东非也有棉花枯萎病的报道。1904 年在坦桑尼亚和 1931 年在乌干达关于棉花枯萎病的报道都不能得到证实，也可能是不正确的。1954 年，坦桑尼亚鉴定发现了棉花枯萎病，并开始迅速蔓延。10 年后，坦桑尼亚棉花枯萎病的为害已相当严重，以至于在整个国家育种上必须调整抗性选择。到 80 年代后期，坦桑

尼亚西部大部分产棉区已有枯萎病的发生（Hillocks，1984；Kibani，1987）。

在印度，最早棉花枯萎病的记录要追溯到 1908 年（Kulkarni，1934），随后的调查显示，在印度的许多产棉区棉花枯萎病的为害已相当严重。在苏丹，棉花枯萎病在 1960 年才被鉴定证实，但是该病在很多年前就已经存在了（El-Nur 和 Fattah，1970）。苏丹采取了有效措施来限制棉花枯萎病的蔓延和为害，收到了一定的成效，但是在 Gezira 的部分地区仍然为害严重（Yassin 和 Daffalla，1982）。

20 世纪 70 年代初，棉花枯萎病在以色列（Dishon 和 Nevo，1970）和津巴布韦（R. J. Hillocks）发生严重。在津巴布韦，棉花枯萎病被列为众多植物病害之一（Rothwell，1983），在该病被正式报道之前，曾有过一些记录，但都无法证实。1987 年，在津巴布韦 Kadoma 棉花研究所和 Sanyati 农庄采集到两个分离物，通过致病性测定的方法，鉴定出这两个分离物均为枯萎镰刀菌，即为棉花枯萎病的病原。

20 世纪 90 年代初，枯萎病的最后一块净土澳大利亚也出现了棉花枯萎病（Allan，1992），并迅速在棉花种植地区蔓延，目前已发展成为仅次于角斑病的第二大病害。

关于枯萎病为害产量的损失，早期已有报道，Ware 和 Young（1934）调查研究认为，植株发病死亡率 10% 应该作为一个经济阈值，如高出这个数字，将会给产量带来负面影响。Chester（1946）估计，植株死亡率在 60% 之内，死亡率每增加 5%，产量就要大约损失 3%。到 90 年代初，枯萎病已在全世界范围内所有产棉区普遍发生。它是中国主要产棉区（Cook，1981）以及苏联部分地区（Menlikiev，1962）的主要病害。

到 21 世纪初，棉花枯萎病的发病地区已遍及亚洲、非洲、北美、南美及欧洲等地，包括印度、巴基斯坦、缅甸、伊拉克、老挝、中国、埃及、扎伊尔、埃塞俄比亚、加蓬、乌干达、乍得、南非、苏丹、坦桑尼亚、美国、加拿大、阿根廷、巴西、秘鲁、乌拉圭、委内瑞拉、圣文森特岛、英国、法国、希腊、意大利、南斯拉夫和前苏联以及澳大利亚等，几乎已遍及世界各植棉国家。

第二节　我国棉花枯萎病发生概况

在我国，棉花枯萎病的报道最早是 1931 年，冯肇传首先在华北地区发现棉花枯萎病；1934 年黄方仁报告枯萎病在江苏南通发生和为害；1936 年沈其益在《中国棉作病害》一书中写到："吾国棉田受枯萎病侵害而成之强烈征候尚少发现，南通曾一度发生，然以后即无报告。据本所调查，除于南京、上海等地发现轻微病象，经分离接种已证实为枯萎病外，亦未见任何严重之情形。"

一、1949 年以前枯萎病的发生

20 世纪 30 年代枯萎病传入我国以来，随着棉花种子繁殖、调运和推广，病区逐年扩大，为害也日趋严重。到新中国成立初期，棉花枯萎病已扩大到 11 个省市，其中陕西渭惠灌区，由兴平至咸阳一线和泾惠灌区的局部棉田，山西曲沃、临汾一线，四川涪江

流域两岸的射洪、三台等县，江苏的南京、启东和上海市，辽河流域的盖平、营口，河南栾川，安徽萧县，浙江慈溪，云南宾川，河北正定等地发病较为集中，但尚未对棉花生产构成威胁。

二、1950—1980 年枯萎病发生、分布及为害

据 1965 年全国棉花枯、黄萎病会议统计，全国有 18 个植棉省的 372 个县，不同程度的发生枯萎病。局部地区为害已十分严重，如四川的射洪，陕西泾惠灌区的三原、泾阳、高陵等县已造成大面积的绝产。

20 世纪 70 年代初到 80 年代中是我国棉花生产面积及产量迅速扩大和提高的时期，也是棉花枯、黄萎病扩展蔓延最快，为害最严重的时期。

1972 年全国统计，18 个植棉省（自治区，直辖市）638 个植棉县中，有 408 个县发生枯、黄萎病，占植棉县的 62% 以上，132 个棉花原种场有 104 个发生枯、黄萎病。辽宁、河北、河南、山西、山东、四川、湖北、江苏、浙江、安徽、江西、云南、陕西、甘肃、新疆、贵州、北京、上海等 18 省（自治区、直辖市）均有不同程度的发生枯、黄萎病。其中浙江、江西为枯萎病区，甘肃、安徽、贵州为黄萎病区。其他各省（自治区、直辖市）为枯、黄萎病混合发生病区，发病面积约 30 万 hm^2。

1977 年全国统计，21 个植棉省（自治区、直辖市）发生枯、黄萎病，浙江、江西为枯萎病区，甘肃、贵州为黄萎病区，其余各省（自治区、直辖市）均为枯、黄萎病混生区。全国枯、黄萎病发生面积为 52.8 万 hm^2，占全国植棉面积的 11%。其中枯萎病面积 10.1 万 hm^2，黄萎病面积 9.0 万 hm^2，枯、黄萎病混生面积 33.7 万 hm^2。绝产面积达 1.3 万 hm^2，重病田面积 14.7 万 hm^2，损失皮棉 0.5 亿 kg 以上。1978 年发病面积 57.2 万 hm^2，占普查面积的 12%。1979 年发病面积 71.7 万 hm^2，占统计面积的 18.2%。

三、1982 年全国枯、黄萎病普查结果

20 世纪 80 年代初，棉花枯、黄萎病发病面积继续迅速扩大，为害十分严重，在河南豫北、山东潍坊、陕西泾惠灌区、四川射洪、江苏常熟等老的高产植棉区出现因枯萎病大面积绝产田。根据各有关部门反映及全国棉花枯、黄萎病综合防治协作组的报告和建议，1982 年国务院办公厅以《关于做好棉花枯、黄萎病检疫和防治工作的通知》下达开展全国棉花枯、黄萎病普查。在全国协作组、全国植物保护总站及有关省植保部门的共同努力下，1982 年开展了全国性的枯、黄萎病普查。

普查结果显示，从枯、黄萎发病县看，1982 年比 1963 年有明显的增加（表 2 - 1）。枯萎病 1963 年南、北方棉区总发病县为 75 个，1982 年扩大到 595 个。黄萎病 1963 年发病县 201 个，1982 年扩大到 477 个。1982 年普查面积 474.1 万 hm^2，枯、黄萎病发病总面积 148.2 万 hm^2，占 31.3%，其中枯萎病单独发生面积 91.4 万 hm^2，枯、黄萎病混生面积 43.8 万 hm^2，绝产面积 2.1 万 hm^2，损失皮棉 1 亿 kg 以上。其中河南、河北、山西、陕西、江苏、四川等省枯、黄萎病发病面积接近或超过 6.7 万 hm^2。

表 2-1　棉花枯、黄萎病在各棉区扩展蔓延概况比较

单位：发病县数

南方棉区					北方棉区				
省（自治区、直辖市）名	枯萎病		黄萎病		省（自治区、直辖市）名	枯萎病		黄萎病	
	1963	1982	1963	1982		1963	1982	1963	1982
江　苏	3	49	3	23	河　南	5	80	10	79
四　川	13	47	1	12	山　东	1	72	5	55
湖　北	6	43	6	41	河　北	0	69	43	61
安　徽	1	35	1	10	陕　西	18	43	普遍	43
浙　江	2	26	0	5	山　西	14	37	39	37
湖　南	0	20	0	20	辽　宁	7	15	25	15
江　西	0	16	0	—	新　疆	1	10	30	52
广　东	0	2	0	1	甘　肃	—	4	28	4
云　南	2	2	—	—	宁　夏	—	8	—	—
贵　州	—	—	1	—	北　京	0	10	1	14
上　海	2	10	0	2	天　津	—	3	—	3
总　计	29	250	12	114	总　计	46	343	189	363

　　* 1963 年的发病县数为农业部植物保护局资料。

　　** 1982 年的发病县数引自农牧渔业部全国植物保护总站编的《植物检疫对象分布名单》。

　　*** 广东含海南。

　　20 世纪 80 年代大力推广抗枯萎病棉花品种，而抗病品种的棉种也可能携带少量枯萎病菌，使枯萎病发病面积进一步扩大，但是由于抗病品种在重病田发病也很轻，到 80 年代末枯萎病的严重为害已得到控制，90 年代以后的发病面积也就无法统计了。从 30 年代枯萎病传入到被控制，可以把我国棉花枯萎病的发生分为以下 4 个阶段：第一阶段，30 年代到新中国成立为传入阶段；第二阶段，50～60 年代为扩展蔓延阶段；第三阶段，70～80 年代为进一步扩展蔓延及严重为害阶段；第四阶段，90 年代以后为控制为害阶段。

第三节　我国主产棉省（自治区）枯萎病发生与为害

一、河南省棉花枯萎病发生与为害

　　因推广斯字棉枯萎病传入河南省，开始仅有两个县发病。20 世纪 50 年代末发展为 7 个县，1967 年调查枯、黄萎混生县已有洛阳、安阳、新乡、南阳、开封、商丘产棉区的 15 个县发生枯萎病。1971 年发病县增加到 71 个。70 年代初老的植棉区因枯萎病造成大面积绝产，如 1973 年新乡、获嘉两县绝产 330 hm²，1975 年仅新乡县绝产 470 hm²。

　　1982 年，河南有 9.8 万人参加全国枯、黄萎病普查，调查 98 个植棉县，1 302 个乡，23 531 个村，调查棉田面积 61.7 万 hm²。结果枯、黄萎病发病县 95 个，占植棉县的 97％。全省枯、黄萎病发病面积 14.1 万 hm²，占调查面积的 23％。其中枯萎病 5.7 万 hm²，占病田面积的 40.3％，黄萎病 1.4 万 hm²，占 10.2％，枯、黄萎病混生面积 7.0 万 hm²，占病田面积的 49.3％，因病绝收面积 567 hm²，占病田的 0.4％。根据调查估算，1982 年河南省因枯、黄萎病损失皮棉 1 500 万 kg，经济损失 6 000 万元以上。

二、河北省棉花枯萎病发生与为害

河北省 1964 年发现有两个县、市发生枯萎病，一是获鹿县南铜冶村，病田面积 4 hm²，最重的位置病株率 37.8%。零星发病田估计有几十公顷。另一片是石家庄市郊的孙村乡，病田 0.5 hm²。1965 年全省已有 49 个县发生枯萎病，1971 年发展到 53 个县，发病面积 1.96 万 hm²，1979 年又扩大到 66 个县，发病面积达 6.82 万 hm²。

1982 年全国枯、黄萎病普查，河北省枯萎病发病县 69 个，黄萎病发病县 61 个，其中石家庄、邯郸、邢台三地的老棉田为重病区。枯、黄萎发病总面积为 16.9 万 hm²。绝产面积 0.21 万 hm²。

三、山东省棉花枯萎病发生与为害

1962 年山东省在高密县康庄农场发现 3 株枯萎病棉株。1964 年全省调查，有 9 个县发生枯萎病，面积为 94.5 hm²，1966 年扩大到 21 个县，面积为 406.7 hm²。1972 年统计发病县为 24 个，发病面积达 2 320 hm²，重病区的高密县已有 7~8 个村因病不能植棉。

1973—1978 年间，全省植棉 62 万 hm² 左右。这期间枯萎病蔓延扩展十分迅速，并有大面积绝产田。1973 年山东全省 83 个植棉县有 62 个县发生枯萎病，因病绝产面积为 3 000 hm²，损失皮棉 50 万 kg。到 1976 年 81 个植棉县，74 个县发生枯萎病，病田面积为 5.3 万 hm²。损失皮棉 46.0 万 kg（表 2-2）。到 80 年代初发病面积仍在扩大，1982 年普查，山东全省枯、黄萎病发病面积为 20.9 万 hm²，因枯萎病绝产面积达 0.8 万 hm²。

表 2-2 70 年代山东省棉花枯萎病发生及损失情况

年　份	植棉县	发病县	病田面积（万 hm²）	绝产面积（万 hm²）	皮棉损失（万 kg）
1966		21	0.04	—	—
1973	83	62	2.00	0.03	5.0
1974	79	65	2.40	0.23	12.5
1975	79	69	3.20	0.37	29.7
1976	81	74	5.30	0.57	46.0
1978	81	74	5.47	—	—

* 资料由山东省棉花研究中心潘大陆提供。

四、陕西省棉花枯萎病发生与为害

新中国成立前，陕西渭惠灌区由兴平至咸阳一线和泾惠灌区的局部棉田已有枯萎病的发生。50 年代末 60 年代初上述地区已成为国内有名的枯萎病严重发病区，如泾阳县三渠乡、三渠村，因枯萎病的严重为害，1962 年因尚没有防治枯萎病的方法，曾给国务院写信，要求不种棉花。咸阳地区 1970 年全区枯、黄萎病普查，4.4 万 hm² 棉田发病面积 2.5 万 hm²，死苗 10%~20% 的棉田占 60%。到 1975 年该地区的泾惠灌区的泾阳、高陵、三原 4.4 万 hm² 棉田均有不同程度的发病，严重病田达 0.53 万 hm²，死苗 10％～20％的病田占 60％，死苗 30％～50％，减产 50％的占总棉田的 15％，70 年代末至 80 年代初陕西全省 26.7 万 hm² 棉田，有 13.4 万 hm² 发生枯、黄萎病。

五、江苏省棉花枯萎病发生与为害

20 世纪 50 年代初，江苏省有两个县发生枯萎病，到 1964 年扩大到 10 个县，发病面积为 509 hm²，1965 年发病县进一步扩展为 15 个，发病面积未全面统计，但仅南通地区病田面积达到 1 207.2 hm²。1975 年发病县扩大到 37 个，发病面积达 6.9 万 hm²。

70 年代末到 80 年代初，全省发病面积为 20 万 hm² 以上，其中苏州地区的常熟、沙州（现张家港市），南通地区的东台、启东、如东、海安、三余，盐城地区的盐城、大丰等县，枯萎病发生面积大，为害严重，绝产田到处可见，成为我国枯萎病为害最严重的棉区之一。如常熟县 1964 年发现枯萎病棉株 7 株，1974 年发病面积扩大到 0.84 万 hm²，占全县棉田面积的 61％，减产 50 万 kg；东台县 80 年代初，发病面积达 5.2 万 hm²，绝产面积 0.77 万 hm²。

六、四川省棉花枯萎病发生与为害

四川省在 1942 年就有枯萎病的发生，1951 年扩大到 3 个县，病田面积 10 hm²，发病最严重的是射洪县，该县紫云乡 1950 年发病面积 0.2 hm²，1963 年发病面积扩大到 0.33 万 hm²，1970 年全县 1.0 万 hm² 棉田发病面积为 0.8 万 hm²，1972 年全县所有棉田均有不同程度的发病，射洪县成为我国南方棉区发病最严重的植棉县之一。

1972 年四川全省棉花枯萎病发病面积达 5.5 万 hm²，占全省植棉面积的 19.7％。1982 年发病面积达 13.3 万 hm²，占植棉面积的 58.5％，其中死苗 20％～30％的棉田 1.56 万 hm²，绝产田 0.14 万 hm²，损失皮棉 390 万 kg。

七、新疆维吾尔自治区棉花枯萎病发生与为害

新疆维吾尔自治区棉花枯萎病始发于 1963 年莎东县农科所的个别棉田，1979 年基本上控制在 5～6 个植棉县的少数田块。80 年代以后，枯萎病扩展蔓延十分迅速，1983 年枯萎病田面积 0.4 万 hm²。1986 年，农一师三团就有大面积因枯萎病而绝产的棉田。据自治区植保站 1991 年组织各地调查，枯萎病在 7 个地（州）的 25 个植棉县，129 个乡，兵团的一、三、七、八共 4 个师的 20 多个团场发病，发病面积 7 280 hm²，其中重病田 1 304.5 hm²，毁种 55.3 hm²。1995 年莎车县因枯萎病绝产 666.7 hm²。尤其是和田地区由于持续低温、阴天，加上土壤含菌量大，造成枯萎病大发生，绝收棉田 3 300 hm²。1996 年全区枯萎发病面积达 6.7 万 hm²。北疆棉区 1985 年以前没有发生枯萎病，80 年代末至 90 年代，由于从疫区调种引种，枯萎病每年以几倍甚至几十倍的速度在北疆传播。1996 年北疆部分团场枯萎病发病面积已占团场棉田总面积的 5％，部分所属连枯萎病田占

20%～30%，并出现大片枯死田。由于缺乏全区性普查，到 21 世纪初新疆维吾尔自治区棉区枯萎病发病面积尚无可靠数据。

八、其他产棉省枯萎病发生与为害

山西是我国老的植棉区，20 世纪 50 年代传入枯萎病，1963 年发病县 14 个。70 年代末枯萎病在山西运城、临汾两地为害已十分严重。1982 年发病县扩大到 37 个，发病面积占棉田总面积的 50%左右。90 年代以后植棉面积大幅度压缩，因此枯萎病也不再是生产中的严重问题。

辽宁省的辽河流域营口、盖平，新中国成立初就有枯萎病发生，1958 年营口县全县植棉面积 0.73 万 hm²，枯萎病发生面积 0.37 万 hm²，损失皮棉 49 万 kg。1964 年全省植棉面积 11.7 万 hm²，枯、黄萎病发生面积 1.37 万 hm²，其中黄萎病 1.0 万 hm²，枯萎病 0.25 万 hm²，混生面积 0.11 万 hm²。1975 年全省植棉面积 13.3 万 hm²，枯、黄萎病发生面积 2.67 万 hm²，年损失皮棉 255 万 kg。1982 年枯萎病发病县 15 个，发病面积约占植棉面积的 1/3。

1957 年，安徽省萧县刘店乡首次发现枯萎病，1968 年有 5 个县发病，1974 年发病县扩大到 30 个，东至县、萧县的老棉区出现大面积因枯萎病绝产田。1982 年发病县扩大到 35 个，萧县是发病最严重的县。1984 年发病面积 1.07 万 hm²，全省发病面积约占植棉总面积的 1/4。

湖北省的枯萎病是 1963 年在钟祥县首次发现。由于从国内外引进带菌棉种而传播蔓延十分迅速。1964 年全省枯、黄萎病发病县市 16 个，面积为 380hm²。1965 年对 41 个植棉县，16.1 万 hm²棉田（占总棉田的 31.8%）进行了普查。枯萎病发生县 3 个，黄萎病 16 个，枯、黄萎病混生县 11 个，总计发病县 30 个。枯萎病发生面积 220 hm²，黄萎病 4 330 hm²。1980 年枯、黄萎病发生面积 2.8 万 hm²，1982 年枯萎病发生县 43 个。1983 年枯、黄萎病发生面积扩大到 7.07 万 hm²。90 年代初植棉面积 46.7 万 hm²，两病面积 8 万 hm²。1996 年达到 11.8 万 hm²，占棉田总面积的 24%。

云南省 1968 年开始发现枯萎病，1975 年植棉面积 1.47 万 hm²，发病面积 0.67 万 hm²，重病田占 50%，损失皮棉 20 万 kg。90 年代后植棉面积逐年减少。

甘肃省敦煌全市棉田总面积 1.17 万 hm²。1983 年枯萎病发病面积 7.3 hm²，1990 年上升到 51.4 hm²，1993 年为 118.5 hm²，1983—1993 年累积损失皮棉 46.83 万～70.21 万 kg。

湖南省棉花枯萎病传入较晚，1982 年发病县 20 个，为害较轻，未见正式报道材料。

江西省棉花枯萎病传入较晚，1982 年发病县 12 个，为害较轻，未见正式报道材料。

第四节　棉花枯萎病症状类型

棉花枯萎病菌能在棉株整个生长季节侵染为害。在自然病田，棉花播种后 1 个月左右即可观察到发病株，在重病田发病比轻病田早，重病田在植株子叶期或 1 片真叶期即可发病，并造成死苗。棉苗 4～5 片真叶期为发病高峰期，黄河流域棉区大部分棉田枯萎发病高峰期在 6 月中、下旬，即棉苗现蕾前后，重病田会出现成片死苗，造成缺苗断垄，严重者造成绝产。7 月初，随着高温季节的到来，棉花植株生长势加强，而病菌在植株体内扩展为害受到抑制，病势逐渐减弱。落叶成光秆的重病株，只要生长点完好，还可很快长出叶片和枝条，出现症状隐蔽。秋季多雨，气温下降，病菌在植株体内侵害旺盛，部分植株再度出现明显症状，有不少书籍上称之为枯萎病发病的第二个高峰，但本书作者认为，称第二个高峰是不恰当的，因为后期枯萎病症状明显者仅是少数重病株，多数病株无明显症状，尤其 90 年代以后，大面积种植高抗枯萎病品种，后期不易看到枯萎病株，更不会形成第二个发病高峰期。

棉花受枯萎病为害虽有其自身的典型症状，但由于棉花品种抗病和感病特征不同，棉株生育阶段和时期不同，病原菌致病力强弱不同以及其他环境因素的作用和影响，又常表现出不同的症状类型，因此，棉花枯萎病的症状较为复杂多变。

一、苗期症状

枯萎病在子叶期即可发病。在田间土壤含菌量大，种植感病棉花品种的条件下，一般发病较早。棉花苗期至现蕾期所呈现的症状，受气候条件及环境影响较大。如条件适宜，多数病株呈现黄化型或黄色网纹型，在 4～6 片真叶期多数病株节间变短，叶片皱缩，出现皱缩型。由于枯萎病苗期症状受品种、气象条件等影响，症状变化较大，人为的将症状分为以下 5 种类型，有时同一病株可能存在 2 种甚至 3 种症状类型。

（一）黄化型

黄化型是苗期枯萎常见的症状，棉苗子叶期或 1 片真叶期即可发病，开始多从叶片边缘失绿变黄，叶片变软，一般是叶片一半变黄，逐渐扩大到全叶，病叶逐渐干枯，落叶。3～5 片真叶期开始往往是半边叶片发病，逐渐发展成全株叶片发病，干枯，落叶成光秆，枯死，重病田造成大面积枯死绝收。剖开茎部，维管束变成深褐色（图版Ⅰ-3）。

（二）黄色网纹型

与黄化型症状相近，子叶或真叶从边缘开始褪绿变黄，叶片一半或大半边变黄，叶脉变黄，叶肉保持绿色，呈黄色网纹状。叶片逐渐凋萎，干枯，落叶，重病株落叶成光秆，枯死。叶柄、茎部维管束变成深褐色（图版Ⅰ-1）。

（三）青枯型

病株苗期的子叶或真叶突然失水，叶色稍呈深绿，叶片变软，下垂，最后植株可成青枯干死，但叶片并不脱落。雨后或浇水后，重病田会出现青枯型病株。剖开茎部，维管束变成深褐色（图版Ⅰ-2）。

（四）紫红型

在早春气温偏低且不稳定的条件下，罹病棉株的子叶或真叶局部或全部变成紫红色。

在叶片上出现紫红色块斑或整个叶片变成紫红色，随着病程的发展，叶片枯萎、脱落，植株死亡。紫红型的叶脉多数呈黄色，紫红的叶片及黄色网纹可同时存在一片病叶上。茎部维管束变成深褐色（图版Ⅰ-4）。

（五）皱缩型

受病植株于5～7片真叶期，顶部叶片往往发生皱缩、畸形，叶色显现深绿，叶片变厚，棉株节间缩短，病株比健株明显变矮，但一般并不枯死（图版Ⅰ-5）。

黄色网纹型、黄化型及紫红型的病株，都可能发展成为皱缩型病株。

各种不同症状类型病株的出现与环境条件有密切关系。一般在适宜发病条件下，特别是在温室内做接菌试验，病株多表现为黄化型或黄色网纹型症状。在大田中，遇气温较低时，病株会出现紫红型或黄化型；而在气温急骤变化下，如雨后迅速转晴、变暖，日光暴晒强烈，则容易出现青枯型病株。

上述各症状类型病株的内部病变，是在根部、茎部、叶柄的导管部分变为黑褐色或黑色。在根、茎、叶柄纵剖面木质部，有黑色或深褐色条纹，即为受病菌侵染后变色的维管束部分。病株茎秆往往变得矮缩、畸形，与健株有明显区别。

二、成株期症状

棉花枯萎病成株期症状表现颇不一致。常见的枯萎病株矮缩。这些病株叶片深绿，皱缩不平，病株叶片较健株叶片变厚、粗糙，叶缘向下卷曲；主茎和果枝的节间短缩，有时呈现扭曲。有些棉株罹病后，半边表现病态，而另半边仍可正常生长，形成半边枯萎。受病严重的棉株，早期枯死。受病较轻的棉株虽仍可带菌存活，夏季高温有利于棉株生长，而不利于病菌扩展，轻病株顶端长出新的枝叶，仔细观察可以看到中部有深绿色的皱缩病叶，这些病株结铃少，产量低。8月份多雨，气温低，不利于棉株生长，而有利于枯萎病菌的扩展，在枯萎重病田可看到部分棉株叶片枯死，雨后出现急性凋萎型病株。90年代以后，大面积种植抗枯萎病的品种，秋季不易看到枯萎病株。

三、枯、黄萎病菌复合侵染症状

在棉花枯、黄萎病混生病田中，两种病害可以同时侵害同一棉株。表现的症状就更复杂些。这样的病株叫做"混生病株"，所表现的症状叫做"同株混生型"。

同株混生型的症状可以分为以下三种类型：

（一）混生急性凋萎型

多在铃期发生，在同一病株上表现有枯萎病和黄萎病的两种症状；有些叶片呈现黄色网纹型、黄化型或紫红型，另一些叶片则呈现为黄萎病的掌状斑驳。这种病株发病快，病势猛，叶片迅速脱落，植株死亡。

（二）混生慢性凋萎型

在同一棉株的苗期先出现枯萎病症状，症状呈现矮缩，有些叶片出现黄色网纹。而至蕾铃期，又出现黄萎症状，叶片显露黄色斑块。但病程发展缓慢，植株一般不会迅速枯死。

（三）矮生枯萎型

病株低矮，高度只有 30～40 cm，上部叶片皱缩、变厚，叶色浓绿，茎部节间变短、变粗，有时发生扭曲。

矮生枯萎病又有两种症状：一种是叶色暗绿，叶片皱缩，但始终不显露其他症状。另一种则是在棉株下部叶片上出现网状斑块、紫红色斑块或掌状斑驳。经实验室内分离，可在同一植株内获得枯、黄萎病两种病原菌。

尽管同株混生型病株症状较为复杂，但并不都是两种病害同时对等表现，有的是以枯萎症状为主，有的则以黄萎症状为主，如能细心观察，仍可加以区别。

四、温室接种苗期症状

温室内苗期鉴定棉花品种的抗病性，是 90 年代以后抗枯萎鉴定的主要方法。在接菌量适宜发病的情况下，子叶期即可发病，一般在幼苗 1～2 片真叶时达到发病高峰较好。温室内枯萎病症状比较简单，发病时子叶或真叶部分或整个叶片褪绿、变软、变薄，病叶一般不脱落。当幼苗 3～4 片真叶时，温室内温度较高的情况下容易出现叶脉变黄的黄色网纹症状（彩色图版 1-7）。有时也会出现幼苗突然失水的急性凋萎型症状。由于 2～3 片真叶发病高峰过后不再继续观察，温室内未发现皱缩型及紫红型症状。

枯萎病症状变化较大，但是无论苗期或成株期，田间或温室内，棉株维管束变为深褐色是其共有的症状表现。幼苗的茎，成株期的叶柄，枝条基部等是观察维管束变色的较好部位。

参 考 文 献

陈其煐主编.1992.棉花病害防治新技术.北京：金盾出版社

冯肇传.1931.美棉枯萎病之诊断及其防除方法.天津棉鉴.（2）：53～54

黄芳仁.1934.棉作枯萎病的初步观察报告.中华农学会报.（125）：85～97

沈其益著.1936.中国棉作病害.中央棉产改进所丛刊.第一号，41～49

沈其益，周泳曾.1937.中国棉病调查报告.中央棉产改进所丛刊.（2）：1～128

沈其益主编.1992.棉花病害基础研究与防治.北京：科学出版社

潭永久，蔡应繁，李琼.1997.棉花枯、黄萎病的发生与防治.西南农业学报.10（10）：113～117

尹莘耘.1954.棉花黄萎病.植物病害丛刊.第七种

姚耀文.1984.从棉花枯、黄萎病的扩展看植物检疫工作的重要性.植物检疫.（4）：1～5

周家炽.1941.云南棉枯病.科学农业.1（4）：258～263

周泳曾.1935.中棉枯萎病之初步研究.农学丛刊.2（1～2）：137～164

庄生仁，王跃录.1994.谈敦煌市棉花黄枯萎病.中国棉花.21（7）：10

第三章

棉花枯萎病的病原菌

第一节　棉花枯萎病菌的形态及分类地位

一、棉花枯萎病菌的分类地位

棉花枯萎病菌为尖镰孢萎蔫专化型［*Fusarium oxysporum* Schlectend：Fr. f. sp. *vasinfectum*（Atk.）W. C. Snyd. & H. N. Hans.］，根据1995年出版的新的分类系统为半知菌亚门（Deuteromycotina），肉座菌目（Hypocreales）［丝孢目（Moniliales）］，瘤座孢科（Tuberculariaceae），镰刀菌属（*Fusarium* Link），美丽组（*elegans* Wr.），尖孢种（*oxysporum* Schl.）。镰刀菌是一类最常见的真菌，在经济学上具有重要地位，在动植物等有机体、土壤中经常可见到它们的存在，不少种、变种和生理型可导致植物病害，如棉花上即有不少病害是由该菌引起的，从棉花种子到幼苗直到棉铃成熟，从棉花的根、茎、叶、果均有由于镰刀菌侵染造成的各种病害，其中以尖孢镰刀菌萎蔫专化型侵染棉花所致枯萎病对棉花生产造成的损失最大。

镰刀菌是 Link 于1809年创立的，当时他根据粉红镰刀菌（*Fusarium roseum*）的子座上具有纺锤形不分隔的孢子确定了该属。随着培养方法的进步，各种纺锤形大型分生孢子被认为是区分种的稳定特征。

二、棉花枯萎病菌的形态

棉花枯萎病菌为尖孢镰刀菌萎蔫专化型培养性状，在 PDA（马铃薯葡萄糖琼脂）培养基上，菌丝为白色，若培养时间稍长培养基经常出现紫色，菌丝体透明，有分隔。具有3种类型孢子，分别为大型分生孢子、小孢子和厚垣孢子（图3-1）。

大型分生孢子着生在复杂而又有分枝的分生孢子梗或瘤状的孢子座上，通常具有3～5个分隔，呈镰刀形至纺锤形，椭圆形弯曲基部有小柄，两端尖，顶端呈钩状，有的呈喙状弯曲，壁薄。其中以3个分隔的为常见，大小为 2.6～4.1 μm×22.8～38.4（3～4.5 μm×40～50 μm）μm，黄褐色至橙色。

小型分生孢子多数为单胞，少数有1个分隔，通常为卵形，有时为椭圆形、倒卵形、肾形，甚至柱形，大小为 5～12 μm×2.2～3.5 μm，通常着生于菌丝侧面的分生孢子梗上，聚集成假头状。

厚垣孢子通常单生，有时双生，多数在老熟的菌丝体上顶端和间生形成，有时亦可生于大型分生孢子上，表面光滑，偶有粗糙，球形至卵圆形，浅黄至黄褐色。

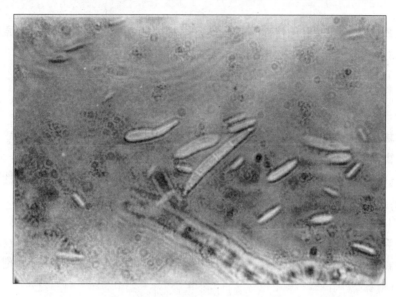

图 3-1　棉花枯萎镰刀菌的大型分生孢子和小型分生孢子

第二节　棉花枯萎病菌的寄主范围

棉花枯萎病菌尖孢镰刀菌萎蔫专化型可造成多种植物的维管束萎蔫性病害，已知的有咖啡属（*Coffea*）、木豆属（*Cajanus*）、木槿属（*Hibiscus*）、三叶胶属（*Hevea*）、茄属（*Solanum*）、蓖麻属（*Ricinus*）及豇豆属（*Vigna*）等中的一些种的枯萎病，据报道，棉花枯萎病菌的寄主有近 50 种植物，大部分为野生植物。

李君彦等在 1978—1979 年经过 2 年病圃和温室接种棉枯萎病菌，对 8 科 18 种作物的 69 个品种进行了致病测定，以明确我国棉枯萎病菌的寄主范围。试验结果表明，在整个棉花生育期（4～9 月）内，除棉花外，其他作物未发现有病株症状出现，成株期剖茎检查也没有发现茎内有变色现象。但对各种作物的再分离表明，虽有不少作物并不表现症状，但其组织是带菌的。18 种作物中有 15 种可分离到典型的枯萎病菌，但各菌系在各种作物上的定殖部位有差异，仅从根部分离到病菌的有笋瓜、向日葵和豌豆；可在茎基部离到病菌的有高粱、大豆、豌豆、番茄、烟草和 3 种红麻；可从叶柄和叶鞘分离到病菌的有大麦、小麦、玉米、甘薯、黄瓜和辣椒，包括棉花。地上部按带菌率高低排列次序为甘薯、烟草、大麦、玉米、黄瓜的带菌量较大，小麦、大豆、番茄、茄子次之，豌豆、向日葵、笋瓜地上部分未分离到病菌。甘薯的带菌率比棉花高得多，在 1978 年的试验中，小麦、玉米、高粱和向日葵等 4 种作物未分离出可以使棉花发生枯萎病的尖孢镰刀菌。此外，棉田杂草中，香附子、野茄和刺蓟等均能被侵染而带菌。虽然，有一部分并不是典型棉花枯萎病菌，但大部分从中分离得到的是该病原菌，这说明在强制接菌的条件下测定的棉花枯萎病菌的寄主范围，远比自然条件下要广。

第三节　棉花枯萎病菌的生理生化特性

棉花枯萎病菌的生理生化特性是其侵染寄主棉株的基础，同时，也是病原菌生命活动和自身遗传的反映，国内外对此早进行了研究。

一、棉花枯萎病菌的碳代谢

碳是生物体的主要组成成分，也是棉花枯萎病菌细胞的主要原料，是蛋白质、脂肪、核酸代谢的重要来源和能量代谢的主要来源。在一般真菌中，碳的含量可达其干重的40%～50%，故碳是棉花枯萎病菌各项生理生命活动的根本。棉花枯萎病菌中具有活性极高的蔗糖酶，可从分解蔗糖中获得能量和单糖，为各种生命活动提供物质基础，这种酶以 β-呋喃果糖苷酶为主。棉花枯萎病菌可利用葡萄糖、蔗糖、果糖、乳糖、半乳糖、甘露糖、菊糖、阿拉伯糖等各种糖源作为其碳的供体。某些醇类，如糖醇、阿拉伯糖醇也可作为其碳源，但以醇类为其碳的供体时，不少菌系不产生色素。而以蔗糖作为碳源时，可促使大型分生孢子的形成。

二、棉花枯萎病菌的氮代谢

氮是蛋白质、氨基酸和核酸的主要组成部分，根据前苏联学者的研究，镰刀菌中含有丰富的含氮化合物，棉花枯萎病菌的培养物的含氮化合物含量在 4.43%～5.43%，而蛋白质的含量则随着培养时间的延长而增加，从培养第十天的 20%，到第二十天则增加到 27%。

棉花枯萎病菌中含有丰富的氨基酸，如谷氨酸、甘氨酸、赖氨酸、精氨酸、丙氨酸、组氨酸、天门冬氨酸等，而且是其毒素的重要前体，如 α-氧化丙氨酸、茚三酮类化合物均为各种氨基酸演化而来。故棉花枯萎病菌氨基酸的组成和变化是研究其致病力机理的重要内容，受到大家的高度重视，在普遍认为其致病是由于镰刀菌酸引起的共识下，对其氨基酸代谢的途径和衍化过程有必要进行深入的研究。

三、棉花枯萎病菌的同工酶

同工酶是研究各种病原菌的致病力特征的一种重要方法，虽同一同工酶的功能相同，但其大小、结构和形态不同，故其生理功能也有差别。国内外学者对棉花枯萎病菌的同工酶也有一些研究，如吕金殿等用聚丙烯酰胺凝胶电泳对 42 个采自我国各省（自治区）的棉花枯萎病菌的酯酶同工酶进行了比较研究，根据主酶带的情况可将 42 个菌系分为 3 个类型，分别为类型Ⅰ，包括 4 条主酶带，含有 31 个菌系，来自 13 个省（直辖市）；类型Ⅱ，包括 3 条主酶带，含有 6 个菌系，来自 6 个省；类型Ⅲ，包括 2 条主酶带，含有 1 个菌系，来自新疆。孙文姬等（1990）对棉花枯萎镰刀菌血清学进行了一些研究，结果表明，不同小种之间的血清学有一定差异，表明不同小种之间其蛋白质是有差异的。

四、温度对棉花枯萎病菌生长的影响

温度对棉花枯萎病菌的生长、各种类型的孢子形成和萌发、繁殖均有很大的影响。

棉花枯萎病菌的适宜生长温度为15～25℃，不同菌系的最适宜生长温度有差异，一般在5℃以下，35℃以上时通常不能生长。30℃以上时，镰刀菌的孢子停止萌发。

陈其煐等对采自我国河南、湖北、江苏、辽宁、陕西、四川等6省菌系的适宜生长温度进行了深入研究，结果表明，各菌株在35℃高温下一般均能生长，但生长速度比22～25℃下明显缓慢，在35℃下培养7d后，其菌落直径仅为正常温度下的1/14～1/10。绝大多数菌株在37℃下不能生长。

第四节　棉花枯萎病菌在土壤中的存活

尖镰孢萎蔫专化型（*Fusarium oxysporum* Schlectend：Fr. f. sp. *vasinfectum*）是一种寄生兼腐生的土传性植物病原菌。该菌既可在侵染的棉花植株体内繁殖蔓延，也能在其他宿主体内生存，并随作物残体进入土壤，以腐生方式生活，或以厚垣孢子等休眠体结构在土壤中长期存活。有人认为，在停种寄主作物后，该病原菌可在土壤内存活10多年，甚至可在某种土壤中无限期地存留。

根据戴丽莉等（1983）的研究，土壤中尖镰孢萎蔫专化型的菌丝体内或菌丝顶端在适宜的温度条件下很容易产生厚垣孢子。在20～30℃下培养3d左右菌丝体内即开始形成厚垣孢子，适合该菌厚垣孢子形成的条件与棉枯萎病发病条件一致。说明随着当年得病脱落的棉花残体进入土壤的菌丝体可以很快产生大量厚垣孢子，使之得以在土壤中休眠存活。土壤含水量对厚垣孢子形成有明显的影响，土壤含水量大约在20%（相当于一般旱作土壤）时，菌丝体可在3～6d即开始产生厚垣孢子，而且新菌丝生长茂盛，并同时产生大量分生孢子；分生孢子和厚垣孢子成熟后萌发产生的菌丝体，又产生新的厚垣孢子，从而使繁殖体得以大量增加。然而，在渍水3～4d后，菌丝体周围细菌密集，多处被细菌溶解而断损，大约10d后只能见到菌丝碎片和极个别的厚垣孢子，芽管菌丝无法继续生长，也未见能再形成分生孢子。

关于镰刀菌厚垣孢子萌发条件，不同学者的研究结果有时有所不同，有人认为在纯水中容易萌发，但在土壤中即使水分很充足的渍水条件下也难以萌发。他们用茄病镰刀菌菜豆专化型试验的结果指出，厚垣孢子只有处于类似于该病菌侵染寄主的条件下才萌发，或者在贴近发芽的寄主植物种子和根尖时才萌发。有人对棉花枯萎病菌的萌发温度和水分条件进行了研究，结果表明，在旱作土壤的水分下，20～30℃下萌发率最高，说明适宜厚垣孢子形成的温度也同样适宜其萌发；而土壤含水量对厚垣孢子萌发的影响，在旱作土壤条件下（相当于含水量20%），厚垣孢子的萌发率比在渍水下都高，在渍水下由于厚垣孢子萌发产生的芽管及菌丝逐渐被细菌分解，8～9d后，发芽的厚垣孢子也被分解，导致土壤含菌量不断下降（表3-1）。当土壤中有适当基质时，厚垣孢子可反复形成和萌发，从而使土壤中的菌量不断增加。

表3-1　棉花枯萎病菌在不同含水量土壤中的萌发率（%）

（引自戴丽莉等，1984）

培养时间 (h)	旱作土壤				渍水土壤			
	重复1	重复2	重复3	平均	重复1	重复2	重复3	平均
4	41.7	29.6	31.6	34.3	23.6	25.2	20.6	23.1b
8					29.4	27.7	28.2	28.4a
12	34.6	48.1	36.2	39.6	32.9	32.4	25.7	30.3a
16	27.1	35.2	32.0	31.4		38.2	29.7	34.0a
20	33.3	33.0	39.2	35.2	24.8	26.6	39.3	30.2a
24	46.8	34.6	46.5	42.5	12.0	19.3		15.7b
36	35.1	24.4	27.2	28.9	23.9	15.0	18.8	19.2B
48	39.2	38.3	42.4	40.0	20.7	22.0	16.6	19.8B
72	34.6	37.1	31.3	34.3	5.7	13.2	7.6	8.8B

＊ 表中a、b代表差异显著，B代表差异极显著水平。

厚垣孢子在不同含水量的土壤中的存活也有很大的区别，将相同数量的厚垣孢子接入土壤中，然后，控制土壤含水量分别为最大持水量的20%、40%、60%及100%（渍水）的情况下，在不同时间后检测各处理的厚垣孢子数量。开始除渍水处理外，其他处理在20d左右均不同程度地增加，其中20%含水量处理，增加最多，达到接入量的4倍，40%含水量处理，达到接入量的3倍，而渍水处理则有所下降；随后，各处理厚垣孢子数量则逐步下降，在160d时，各处理的厚垣孢子数量分别为接入量的108%、37%、30%和2%，随着渍水时间的延长，半年左右时间，接入的厚垣孢子几乎被细菌分解殆尽。这说明土壤水分状况对棉花枯萎病菌的存活及繁殖有很大影响，淹水时间越长，该菌存活的几率越低。

既然渍水对棉花枯萎病菌的存活有很大影响，那么是什么原因导致这种现象的呢？有人认为是缺氧，也有人认为是渍水土壤中过量的CO_2所致。在土壤含水量25%、通气良好的情况下，无论是什么菌系的菌丝体均可形成数量不等的厚垣孢子，但当将其置于无氧条件下培养时，与渍水土壤相同，均未见有厚垣孢子形成。当将培养室的空气充入大量CO_2时（占气体组成的80%以上），或充入大量N_2时，该菌厚垣孢子的形成都受到抑制，但不妨碍其萌发，在处理40d后，无氧处理的土中菌量下降至试验开始时菌量的1%，而高浓度CO_2处理土中菌量为初始菌量的24%；80d时，无氧处理土中只能分离到极个别的菌，而高浓度CO_2处理土中菌量为初始菌量的1%（表3-2）。通过研究表明，渍水对棉花枯萎病菌存活影响的主要因素是缺氧。

表3-2　不同气体对棉花枯萎病菌厚垣孢子发芽的影响（发芽率，%）

（引自戴丽莉等，1984）

培养时间（h）	CO_2	N_2	CK
8	13.4b	55.7A	17.2
16	20.9b	33.5c	18.1
24	15.4b	46.4b	22.0
48	31.a	49.0b	15.8

＊ 表中a、b代表差异显著，A代表差异极显著水平。

棉花枯萎病菌在土壤中的分布和消长规律又如何呢？刘西钊等在 1978—1979 年对此进行了深入研究，他们从重病棉田以梅花形 5 点取样法取耕作层土壤，采用平板稀释分离法测定，同时将相同土样采用盆栽法，播种感病品种，测定病田土壤的致病力。对病田不同深度土壤的含菌量及致病力也进行了测定。

通过研究表明,在湖北省新洲县棉田耕作层土壤中病菌消长规律是:①土壤内病菌量的总趋势是，每年6、7、9、10月4个月较高，而8月份明显下降,6、7月和9、10月为两个高峰期。②盆栽自然发病率与棉田菌量的增加呈正相关。他们认为可能与田间土壤温度有关,因7、8月土温高达30℃以上,对该病菌的繁殖不利,而6、9两个月的土温对该病菌繁殖有利。10月份土壤菌量显著高于其他月份,这是后期病菌不断积累的结果,对来年的棉花生产是一大威胁。③随着连作时间的增加,病菌的积累作用明显,试验的第二年各月菌量成倍增加,盆栽试验也说明对棉花的危害逐年加重。④病棉田改种水稻后,土壤枯萎病菌量显著下降(表3-3)。

表 3-3　病田棉花枯萎病菌量消长规律与病土盆栽发病率的关系

(引自刘西钊等，1984)

年份	取土时间（日/月）	分离菌落数（个）	盆栽总株数（株）	发病率（%）	病情指数
1978	5/5	24	55	41.0	38.0
	6/6	35	54	59.3	35.7
	1/7	24	53	58.5	36.8
	1/8	9	58	13.8	12.7
	1/9	41	55	56.4	41.8
	5/10	100			
1979	5/5	116	60	80.0	41.7
	6/6	261	60	86.7	45.0
	1/7	264	60	56.7	41.3
	1/8	166	60	53.3	39.6
	1/9	342	26	53.8	44.2
	5/10	370			

重病田改种水稻等以后，对土壤中的棉花枯萎病菌含量影响很大，在改种当年的生长期即成倍下降，第二年下降更加明显（表3-4）。盆栽试验也说明，由于菌量的大幅度下降，发病率和病情指数也直线下降。

表 3-4　病棉田连作与改种水稻后土壤枯萎病菌量盆栽发病率的关系

(引自刘西钊等，1984)

年份	处理	取土时间（日/月）	分离菌落数（个）	盆栽株数（株）	发病率（%）	病情指数
1978	棉田连作	1/7	14	53	58.5	36.8
		1/9	31	56	56.4	41.8
	改种水稻	1/7	8	40	7.5	5.0
		1/9	1	33	0	0
1979	棉田连作	3/7	264	60	56.7	41.0
		3/9	342	60	53.8	44.2
	改种水稻	3/7	2	60	3.3	3.3
		3/9	0	60	0	0

大量研究表明，棉花枯萎病菌在土壤不同深度的垂直分布，随着土壤深度的增加土壤含菌量逐渐减少，主要分布在 0～30cm 土层内，少数在 30～40cm，50cm 以上就很少见。

第五节　棉花枯萎病菌的种子带菌及检验

一般认为，棉花枯萎病远距离传播的主要途径是由于种子带菌。国内外对棉花种子带菌问题早有研究。早在 1923 年 Elliot 即报道棉花枯萎病株中收获的棉籽带有枯萎病菌，随后不少研究均证实病株棉籽带菌，带菌率在 5.0% 左右。研究还表明，种子上携带的枯萎病菌数量会因不同棉花品种、不同年份、不同的发病程度而不同。在 70 年代，我国学者王守正（1978）对重病株不同果枝上收获的棉籽的带菌情况进行了研究。结果表明，从第一到第九果枝（病株最后一个果枝）的棉籽都有可能带菌，病株棉籽的带菌率仅4.0%，重病田混收棉籽的发病率只有 1.7%（表 3-5）。

表 3-5　病株不同部位果枝上的棉籽田间发病情况
（1973，河南省鄢陵）（引自王守正，1978）

果枝部位	苗期（11/6）		蕾期（29/6）	剖秆（11/1）	
	总株数	发病率（%）	发病率（%）	总株数	发病率（%）
1	44	0.0	0.0	36	5.6
2	51	0.0	0.0	36	8.3
3	58	0.0	0.0	40	5.0
4	48	0.0	0.0	44	0.0
5	50	2.0	2.0	45	2.2
6	48	0.0	0.0	45	2.2
7	45	0.0	0.0	34	5.9
8	52	0.0	0.0	46	0.0
9	49	0.0	0.0	48	8.3
合计	445	0.2	0.2	374	4.0
重病田混收	515			402	1.7
无病田棉籽	487			416	0.0

从试验结果看，从病株上收获的棉籽，再种到无病田上，当年长出的病株绝大多数外部没有明显症状，但导管变色。此对检疫具有重要意义。

对于棉籽不同部位的带菌情况，有人认为仅种皮带菌，因胚是单独形成的闭塞输水系统，与母体分离，因此病菌在棉株体内形成裂殖子（和分裂子）不能进入胚部。但我国学者的研究发现，在种子外部短绒、种壳组织内，以及种皮组织中均带菌，种壳、子叶、胚根等部位的带菌率分别为 0.28%、0.59% 和 0.31%。中国农业科学院植物保护研究所等单位的研究表明，种子带菌率在 0.1%～6.6% 不等（表 3-6）。

棉籽表面所带的真菌种类繁多，根据籍秀琴等 1974 年的研究，对 8 350 粒棉花种子的分离试验，仅镰孢菌就有 8 种，主要有半裸镰孢菌、木贼镰孢菌、串珠镰孢菌、腐皮镰孢菌、尖镰孢菌萎蔫专化型、拟枝孢镰孢菌、禾谷镰孢菌及燕麦镰孢菌等，但仅尖镰孢菌萎蔫专化型可侵染棉花。

表3-6 不同单位研究的棉花种子带枯萎病菌情况

研究单位	年份	种子数（颗）	带菌率（%）	种子来源
中国农业科学院植物保护研究所	1964	720	0.14	辽宁省辽阳
江苏省农业科学院	1971	4740	0.101	江苏省南通
中国农业科学院植物保护研究所	1975	3160	0.15～2.68	河南省新乡
中国农业科学院植物保护研究所	1978	150	6.6	陕西省泾阳

第六节 棉花枯萎病菌的生理小种

棉花枯萎病菌生理分化不大，目前世界上已报道的仅8个小种（表3-7），美国的 Armstrong 等最早于1958年报道有4个小种，1966年 Ibrahim 发现了5号小种，1978年 Armstrong 和 J. K. Armstrong 又在巴西发现了6号小种。

表3-7 世界各国不同小种对不同寄主植物的侵染力

寄主植物	小种编号							
	1	2	3	4	5	6	7	8
分布地区	世界各地	美国	埃及、中国	印度	苏丹	巴西	中国	中国
亚洲棉 (*Gossypium arboreum* cv. *Ronzi*)	R	R	S	S	S	R	S	R
海岛棉 阿西莫尼 (*G. barbadebse* cv. *Ashmouni*)	S	S	R	R	S	S	S	R
海岛棉 萨克耳 (*G. barbadebse* cv. *Sakel*)	S	S	S	R	S	S	S	R
陆地棉 阿卡拉44 (*G. hirsutum* cv. *Acala*44)	S	S	R	R	R	S	S	R
金元烟 (*Nicotiana tabacum* cv. *Gold Dollar*)	R	S	R	R	…	R	R	R
大豆 (*Glycine max* cv. *Yelredo*)	R	S	…	…	…	R	R	R
羽扁豆苜蓿 (*Lupinus luteus* cv. *Weiko*)	S	S	…	…	…	R		

1982年开始，我国陈其煐等用国际通用的一套鉴别寄主对我国各地采集的144菌系筛选出有代表性的17个菌系进行全面的研究发现，我国的棉花枯萎病菌致病力与当时国际上已报道的6个小种有区别。为此，将我国的棉花枯萎病菌分为3个小种，其中7号、8号小种是首次报道，7号小种是我国的优势小种，广泛分布于国内的各主产棉区，对鉴别寄主中的海岛棉、陆地棉和亚洲棉均表现出高度侵染，不感染或轻度感染5个非棉属寄主；而8号小种则不感染或轻度感染3个棉种的7个品种，轻度感染非棉属的秋葵、金元烟和大豆，严重感染紫苜蓿和白肋烟，仅在我国湖北省的新洲县和麻城县及江苏省的南京发现；3号小种严重感染海岛棉的 Coastland、Sakel 和亚洲棉的 Ronzi，不感染海岛棉的 Ashmouni 和陆地棉，不感染非棉属寄主的秋葵、金元烟、白肋烟和大豆，极轻度感染紫苜蓿。

表 3-8　我国不同小种对鉴别寄主植物的侵染力
(陈其煐等，1985)

鉴别寄主		小种及分布		
		3	7	8
		新疆麦盖提和吐鲁番	全国各地	湖北新洲、麻城及江苏南京
海岛棉	Ashmouni	R	S	W-R
	Coastland	S	S	W
	Sakel	S	·S	W
陆地棉	Acala	R	S	W
	Rowden	R	S	W
	Stoneville	R	S	W
亚洲棉	Rozi	S	S	W
秋葵	Clemson spinelaess	R	W-R	W
紫苜蓿	Grimm	R	W-R	S
烟草	Burley 5	R	W-R	S
	Gold dollar	R	R	W
大豆	Yelredo	R	W-R	W-R

注：S：严重感染，发病株率 50% 以上；W：轻度感染，发病株率 50% 以下；R：不感染，发病株率为 0。

参 考 文 献

陈其煐，孙文姬．1986．棉枯萎镰刀菌的致病型和种的鉴定．植物病理学报．16（4）：204～209

陈其煐，籍秀琴，孙文姬．1985．我国棉花枯萎镰刀菌的生理小种研究．中国农业科学．（6）：1～6

丁正民．1979．棉花枯萎病尖孢镰刀菌代谢产物病理学上的应用．上海农业科学．（7）：8～9

丁之诠，孙文姬，陈其煐等．1992．我国棉枯萎镰刀菌小种间的营养体亲和性．棉花学报．4：85～91

戴丽莉，顾希贤，林生贵等．1984．土壤中尖镰孢萎蔫专化型的存在状态与菌量消长的关系．见：全国棉花枯黄萎病综合防治研究协作组，中国农业科学院植物保护研究所主编．中国棉花病害研究及其综合防治．农业出版社

冯洁，陈其煐，石磊岩等．1993．棉花细胞伸展蛋白与抗枯萎病关系的研究．棉花学报．5（2）：94～95

过崇俭，罗张．1963．江苏省棉花枯萎病专化型的研究．植物病理学报．6（2）：179～185

顾本康，李经仪，顾萍．1979．棉花枯萎病菌寄主植物初步研究．江苏省农业科学．（2）：33～35

刘西钊，苏菊英，唐保华等．1984．土壤中棉枯萎病菌的消长规律及分布的研究．见：全国棉花枯黄萎病综合防治研究协作组，中国农业科学院植物保护研究所主编．中国棉花病害研究及其综合防治．农业出版社

刘发敏，刘鸿年．1993．棉花多酚类、黄酮类含量与抗枯萎病关系的研究．棉花学报．5（2）：75～78

马存，简桂良．新疆棉花枯、黄萎病危害日趋严重、两病的防治应引起高度重视.见：邱式邦主编．1996．植物保护研究进展．中国农业科学技术出版社

缪卫国，史大刚，田逢秀等．2000．新疆棉花枯萎病菌耐高温型菌系研究．中国农业科学．33（2）：58～62

史大刚，田逢秀，宋天凤等．1991．棉花枯萎镰刀菌生理Ⅱ、Ⅲ型菌系异核现象研究．植物病理学报．21（1）：67～72

孙文姬，陈其煐，王立阳等．1990．棉花枯萎镰刀菌血清学初步研究．植物保护增刊．（16）：2～5

孙文姬，简桂良，马存等．1999．我国棉花枯萎病菌生理小种监测．中国农业科学．32（1）：19～22

孙文姬，陈其煐，籍秀琴等．1990．棉花种质资源抗枯、黄萎病鉴定．中国农业科学．23（1）：89～90

宋小轩，朱荷琴，刘学堂等．1992．棉株感染枯萎病后主要生理代谢变化的研究．棉花学报．（2）：67～72

田逢秀，史大刚，宋天凤等．1991．棉花枯萎镰刀菌生理型致病力变异的研究．中国农业科学．24（1）：67～72

文学，籍秀琴，陈其煐等．1993．从土壤中分离棉枯萎病菌选择性培养基研究．棉花学报．5：87～93

俞大绂．1977．镰刀菌分类学的意义．微生物学报．17（2）：163～171

Armstrong G A and Armstrong J K. 1948. Nonsusceptible hosts as carriers of wilt fusaria. Phytopathology. 38：806～826

Armstrong G A and Armstrong J K. 1958. A race of the cotton wilt fusaria causing wilt of Yelredo soybean and flue-cured tobacco. Plant Disease Reporter. 42：147～151

Armstrong G A and Armstrong J K. 1960. American，Egyptian and Indian cotton wilt fusaria：their pathogenicity and relationship to other fusaria. US Department of Agriculture Tevhnical Bulletin. 1219：1～19

Armstrong G M and Armstrong J K. 1978. A new race of cotton wilt Fusarium from Brazil. Plant Disease Reporter. 62，421～423

Atkinson G F. 1892. Some disease of cotton. . 3. Frenching. Bulletin of Alabama Agricultural Experiment Station，41，19～29

Bechman C H，Vandermolen G E and Mueller W C. 1976. Vascular structure and distribution of vascular pathogens in cotton. Physiological Plant Pathology. 9，87～94

Bell A A and Stipanovic R D. 1978. Biochemistry of disease and pest resistance in cotton. Mycopathologia. 65，91～106

Booth C. Fusarium：A laboratory Guide to the Identification of the Major Species. Common wealth Mycological Institute，Kew，UK. 58pp.

Bugbeee W M and Sappenfield W P. 1972. Greenhouse evaluation of Verticillium，Fusarium and root-knot nematode on cotton. Crop Science. 12，112～114

Dobson T A，Desaty D，Rewey D et al. 1976. Biosynthesis of fusaric acid in cultures of Fusarium oxysporum Schlecht. Canadian Journal of Biochemistry. 45：809～823

简桂良，孙文姬，刘志兵等．1998．新疆维吾尔自治区和田地区棉花枯萎病发生危害及防治措施．中国棉花．25：28～29

Kappelman A J et al. 1981. Indirect selection for resistance to Fusarium wilt-root-knot nematode complex. Crop Sciences. 21：61～68

Tian D，H Tu，Y Peng. Effect of Endophytic Bacteria D43 and Plant Growth Regulators on Verticillium Wilt of Cotton . In：Zhou Guang-he and Li Huai-fang eds . 1999. The First Asian Conference on Plant Pathology. Beijing China Agricultural Sci-tech Press

[第四章]

棉花枯萎病菌的侵染
循环、传播及流行规律

第一节　棉花枯萎病菌的侵染循环及传播

一、枯萎病菌的侵染循环

棉花枯萎病菌可在土壤中营腐生生活或以厚垣孢子方式休眠，所以能在土壤中长期存活。据国内外有关文献报道，棉枯萎镰刀菌在土壤中存活的最长年限可达 15 年之久。但不同土壤环境，枯萎病菌的存活时间明显不同。在土壤干燥、休闲的情况下，只能存活 1～2 年，而土壤中水分较多、有机质丰富，有利于病菌生长发育，可以延长存活时间；在土壤淹水的条件下，病菌很快失去生活的能力，导致死亡。中国科学院南京土壤研究所报告，在含水量为 22% 的土壤中，病菌第六天即可形成大量厚垣孢子；但在淹水土壤中 20d，亦未见有厚垣孢子产生，这主要是由于低氧压的作用妨碍了病菌的生长与存活。病菌在棉病株残体内可以存活 4～6 年。四川省棉花研究所试验，将棉枯萎病秆置于室内，经 6 年后分离，病原菌的出现率为 14.8%，而保存于冰箱内的标本，经过 5 年后进行分离，病菌的出现率仍为 100%。附着于种子表面的枯萎病菌一般只有 5 个月的存活期，但潜伏于种子内部的存活力可达 1 年以上。

土壤带菌是棉花枯萎病侵染的主要来源，而种子带菌是病害远距离传播，造成无病区首次发病的主要病原。

棉枯萎病菌的菌丝、厚垣孢子在土壤中越冬，翌年环境条件适宜时开始萌发，自棉苗根部侵入寄主。侵入后，病菌在棉花的维管束内繁殖、扩展，可自根部上升至茎、枝、叶、铃柄和种子等部位，最后病菌又随棉株残体遗留在土壤中越冬，开始第二年的侵染循环(图 4-1)。

枯萎病菌可以孢子形态附着于棉种外部，或以菌丝形态潜伏于种子内部，第二年播种后，萌发生长侵害棉花。施用混有病残体的肥料，带菌的棉籽饼，病棉田棉梗还田，以及与带菌土壤的病田串灌或混用农具等，都可造成病害的传播和扩展。

枯萎病菌在土壤中侵入棉株，可以直接突破寄主根部表皮，进入根内。土壤线虫以及中耕等农事操作对棉花根部造成伤口，会加速病菌的入侵。因此，土壤线虫是棉花发生枯、黄萎病的重要诱因。国外研究者把棉花枯萎病与线虫病联系在一起，称为复合症，强调线虫对枯萎病发生的重要诱导作用。国内调查结果也显示，在线虫发生严重的棉田中，枯萎病发生重于线虫病发生较轻的棉田。

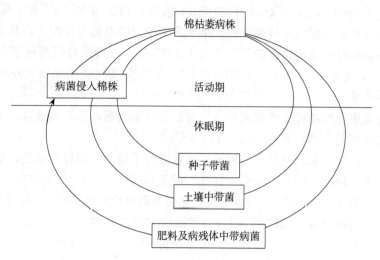

图 4-1 棉花枯萎镰刀菌的侵染循环图解

二、种子带菌传播

棉花枯萎病菌远距离传播是借助于附着在种子上的病原体。1923 年 Elliot 首先证实，其后 Taubennaus 等在 1929—1931 年逐年进行分离研究，发现感染枯萎病棉株的棉花种子确实可以携带枯萎病菌，携带的平均率为 5.01%，并指出：不同的棉花品种，不同年份，种子上携带枯萎病菌数量不同。前苏联学者所做的病理解剖实验指出，棉枯萎病株上的种子带菌只限于种皮部分，种仁（胚）不能带菌。因为种皮的导管与棉株输导系统直接连通，病菌在植株内形成裂殖子（或分裂子），其体积小于枯萎镰刀菌的小型分生孢子，大小不超过 2μm，因此可以通过输导系统进入种皮。胚是单独形成的闭塞输水系统，与母体分离，因此裂殖子不能进入胚部。

我国科技工作者对棉花种子携带枯萎病菌进行了多方面的研究。1964 年，中国农业科学院植物保护研究所自辽宁省农业科学院棉麻研究所采集枯萎病株棉花种子 720 粒，播种后出现病株 1 株，发病率 0.14%。1971 年，江苏省农业科学院收集病株棉花种子 4 740 粒做分离试验，带菌率为 0.101%。1972 年，江苏省农业科学院对南通三余棉花原种场的二、三级枯萎病株棉花种子 4 069 粒带菌情况进行分离试验，结果表明：在种壳、子叶和胚根等部位都有枯萎病菌存在，其中种壳 1 423 粒带菌率为 0.28%，子叶 1 355 粒带菌率为 0.59%，胚根 1 291 粒带菌率为 0.31%，以子叶部分带菌率最高，从而进一步肯定了棉花种子内部带枯萎病菌的事实。

籍秀琴等于 1974 年开始，进一步研究了棉花种子所带镰刀菌种类问题。对 8 350 粒棉花种子进行分离的结果表明，仅镰刀菌即有 8 种，出现频率较多的有半裸镰刀菌（*Fusarium semiteectum* Berk. et Rev.）、木贼镰刀菌〔*F. equiseti*（Carda.）Sacc.〕、串珠镰刀菌（*F. moniliforme* Sheld.）、腐皮镰刀菌〔*F. solani*（Mart.）Sacc.〕及尖镰刀菌萎蔫专化型〔*F. oxysporum* f. sp. *vasinfectum*（Atk.）Snyder et Hansen〕，同时伴随出现的还有拟枝镰刀菌（*F. sporotrichioides* Sherb.）、禾谷镰刀菌（*F. graminearm* Schwabe）以及

燕麦镰刀菌［*F. avenaceum*（Cor. et Fr.）Sacc.］等。1986 年和 1987 年，陈其煐等在温室中以上述各分离菌对棉花做接菌试验，结果除尖镰刀菌萎蔫专化型外，其他各菌均不侵染棉花。中国农业科学院植物保护研究所又于 1975 年，分离采自河南枯萎病株上的棉花种子 3 160 粒，带菌率为 0.15%～2.68%；1978 年分离陕西泾阳枯萎病株棉花种子 150 粒，带菌率为 6.6%。

上述研究证明，棉花种子外部和内部均可携带枯萎病菌，但不同地区，不同年份棉花种子带菌的数量相差悬殊，其幅度在 0.1%～6.6%不等。

孙君灵等（1998）对棉花枯萎病种子带菌量进行了检测。取样方法是，采集国内主产棉区新疆、山东、河北、河南、安徽、江苏、湖北和四川等 8 省（自治区）24 个县（市）的种子，采用每省 3 个县（市），每县（市）随机采取籽棉样品 200 g，利用小型皮滚轧花机轧花，在样品轧花之前，均应用 0.1%升汞液和 70%酒精对轧花机表面进行消毒处理。

种子外部带菌检测方法：分取样品两份，每份棉籽 5g，分别倒入 100ml 的三角瓶内，加无菌水 20ml，振荡 10min；将洗涤液移入离心管内 10ml，在 1 000～1 500g 离心 5min，用吸管吸去上清液，留 1ml 的沉淀部分；用干净的细玻璃棒将悬浮液滴于血球计数板上，用 400～500 倍的显微镜检测，每处理 3 次重复，每重复检测 50 个小格，计算每小格平均孢子数，据此计算病菌孢子负荷量。

种子内部带菌检测方法：取经浓硫酸脱绒的种子样品 1 000 粒，用 0.1%升汞液消毒处理 5min，用无菌水冲洗 4～5 次，再经无菌水浸泡 12～14h，倒出无菌水，放入 25℃的恒温箱中培养 24h；将已露白的种子放入 -4℃冰箱中储存 24h 后，再将经过冰冻的种子，在无菌条件下移放在分离病菌的琼脂培养基（琼脂 20g、水 1 000ml）平面上，每皿放 7 粒，置 22～25℃温箱中培养 10～15d，统计种子带菌率。

棉花种子外部携带枯萎病菌检测结果见表 4-1。

表 4-1　不同地区不同品种种子枯萎病菌孢子负荷量

棉　区	品　种	枯萎病菌孢子负荷量 (10^7 个/g)	棉　区	品　种	枯萎病菌孢子负荷量 (10^7 个/g)
	莎车县	新陆早 3 号	0.0	高唐县	鲁棉 14	5.6
新疆维吾尔自治区	阿克苏市	中棉所 19	1.6	山东省 武城县	中棉所 19	1.2
	麦盖提县	中棉所 19	0.8	临清市	鲁棉 14	1.6
	扶沟县	中棉所 19	3.2	邱县	冀棉 20	5.6
河南省	鄢陵县	中棉所 19	0.8	河北省 故城市	冀选 1 号	1.2
	尉氏县	中棉所 12	5.6	辛集市	冀棉 20	8.6
	望江县	徐州 553	7.2	太仓市	苏棉 8 号	31.8
安徽省	东至县	泗棉 3 号	1.6	江苏省 兴化市	泗棉 3 号	6.3
	界首市	中杂 028	2.4	东台市	苏棉 9 号	5.2
	仁寿县	川棉 56	13.6	随州市	鄂棉 20	1.2
四川省	乐至县	川杂 8 号	3.6	湖北省 枝江市	鄂抗 3 号	12.7
	简阳市	川杂 4 号	11.2	松滋市	鄂抗 3 号	1.6

从表 4-1 可以看出，8 个省（自治区）的新疆维吾尔自治区、山东省、河北省、河南省和安徽省的棉花种子枯萎病菌孢子负荷量较低，为 0～8.6×10^7 个/g，其中以新疆维吾

尔自治区的种子携带枯萎病菌最低［3 个县（市）平均孢子负荷量仅为 0.8×10^7 个/g］，江苏省和湖北省的种子携带枯萎病菌不均匀，如湖北省的随州市种子枯萎病菌孢子负荷量为 1.2×10^7 个/g，枝江市的种子孢子负荷量为 12.7×10^7 个/g。

除棉花种子携带枯萎病菌做远距离传播外，另一种传播途径是施用病田带菌棉籽冷榨棉油后的棉籽饼，又未经充分腐熟作肥料。这些带菌的棉籽饼，经过运输，可将病菌传至很远距离，形成新的病田。Wickens 于 1964 年报道，在坦桑尼亚有些地区棉花种子枯萎病带菌率高达 11% 以上，由于仅仅限制带菌种子外运而没有对带菌的棉籽饼采取限制和灭菌措施，所以仍然造成了棉花枯萎病的传播蔓延。我国也有类似教训，河南安阳中国农业科学院棉花研究所的南场，70 年代自陕西运进带菌棉籽饼做肥料而传入枯萎病。姚耀文等（1984）报道，冷榨后的棉籽饼作肥料，传播枯萎病的几率为 4.8%，而经 100℃ 蒸汽 1min 热榨后的棉籽饼，用作肥料不会传播病害。

三、病残体传播

吴功振等（1964），在 1953、1954 年 6 月采棉枯萎病株挂于室内，1957 年及 1958 年分离 1953 年采的病株，枯萎病菌出现率达 11.11%，第六年以后分离不出枯萎病菌，说明枯萎病菌在病棉株茎内可以存活 5 年。棉花枯萎病病株的根、茎、叶、残体均带有枯萎病菌，这些病残体成为第二年的病菌主要来源。早期发病的病叶及残枝，落在田间也可以引起当年的再侵染。

黄仲生等（1980）用枯萎病叶、病秆喂猪，猪粪传播枯萎病的研究结果表明，施带菌猪粪盆栽，枯萎病发病率 3.2%～12.9%，每 $667m^2$ 施带菌猪粪 5 000kg，田间枯萎病发病率为 4%～14%（表 4-2）。说明枯萎病菌通过猪的消化道而不丧失致病力。

表 4-2　枯萎病叶、病秆喂猪的猪粪田间发病试验结果

试验方式	试验处理	用　量	调查日期（日/月）	调查株数	发病株数	发病率（%）
盆　栽	施带菌猪粪	5kg/盆	12/8	31	1	3.2
			25/9	31	4	12.9
	施经高温处理饲料的猪粪	5kg/盆	12/8	12	0	0
			25/9	12	0	0
	对照		12/8	14	0	0
			25/9	14	0	0
田　间	施带菌猪粪	5 000kg/667m²	12/8	50	2	4
			25/9	50	7	14
	施经高温处理饲料的猪粪	5 000kg/667m²	12/8	80	0	0
			25/9	80	0	0
	对照	未施猪粪	12/8	40	0	0
			25/9	40	0	0

山东高密 1974 年试验，用带枯萎病菌的棉籽壳喂牛，将这些牛粪加水沤 5d，施于无病田，播种无病棉种，苗期发病株率 3.6%，后期劈秆检测，病株率达 12.8%，也证明棉枯萎病菌通过牛的消化道仍保持着侵染致病能力。因此，在棉花枯萎病区用带菌的病叶、

病秆喂猪，或带菌的棉籽饼、棉籽壳喂牛，再将这些未经充分腐熟畜粪施于棉田，仍会导致枯萎病的传播蔓延。用病秆、病叶及带菌棉饼、棉籽壳做饲料时，必须经过加温煮沸30min，进行消毒处理，杀死病原菌，以杜绝后患。

四、其他传播途径

病残体、枯枝、病叶等污染了土壤，通过灌水或雨水，把带菌土壤冲到下游，造成下游棉田发病。风、雨以及病棉田使用过的农具也可以带菌传病。因此，要注意和保持田间操作的科学程序，及时进行必要的防治处理。

第二节　棉花枯萎病田间消长规律

棉花枯萎病田间发病轻重程度与棉花自身的抗病性、土壤菌量、病原菌的生理型致病力的强弱及环境条件有密切关系。棉花自身抗病性、土壤菌量及病原菌致病力有专门章节论述，本节重点讨论大气及土壤温、湿度，棉花生育阶段，土壤耕作条件及管理水平等对枯萎病发生程度的影响。

一、环境条件对枯萎病的影响

棉花枯萎病菌在培养基上生长的最适温度为 18～25℃，最高为 35℃，最低为 5℃。在田间，当土壤温度高达 28～35.5℃时，棉花播种 12d 即可发病；而土壤温度下降到 25℃时，发病则需要 24d。但各国报告的资料不尽一致，印度 Kulkani 报告，土壤温度在 20～27℃时棉枯萎病发病最严重。

江苏省农业科学院 1958—1959 年在南通三余观察，每年当地温上升达 20℃左右时，田间发现病苗，两年的发病率分别为 26.8% 和 23.0%。随着地温的上升，枯萎病苗率显著增加，6 月底至 7 月初，棉花现蕾期间，土壤温度上升到 25～30℃时，常常引起发病高峰。至 7 月中旬，地温达 30℃以上，枯萎病发病受到抑制。

在适温条件下，雨量是影响发病的另一重要因素。一般 6～7 月间雨水多，分布均匀，则发病重；如果雨量少或降雨集中，则发病轻。南通三余 1958 年 6 月 1 日至 7 月 10 日的总雨量为 201.07mm，1959 年同期降水量为 207.28mm，两年几乎相等，但 1958 年雨量集中，6 月 26 日至 30 日，5d 内降雨 146.48mm，占总雨量的 72%，最高发病率为 14.99%；而 1959 年平均每 5d 内有一次降雨，分布均匀，发病较重，最高发病率达 45.48%，两年病情相差近 3 倍。

中国农业科学院植物保护研究所于 1972—1974 年在河南新乡调查，5 月上旬开始出现棉花枯萎病株，5 月下旬至 6 月中旬为田间发病高峰期，7 月中旬进入高温季节，枯萎症状开始隐蔽，8 月下旬至 9 月中旬发病又有回升，但未出现明显的发病高峰。土壤温度高达 28℃以上时，病情指数开始下降。花铃期连续高温达 30℃以上时，则造成症状的隐蔽。

北京市农林科学院报道，在北京地区条件下，1975 年 7 月初棉枯萎开始发病，7 月下旬棉花现蕾期，因气温多在 28℃以上，不适于病原扩展，发病率只有 20.93％，虽有增长，但不是最高；8 月中旬以后气温平均下降为 24～28℃之间，发病率迅速上升高达 50％～60％。报告认为地温对棉花枯萎病的影响在一般情况下远不如气温重要，因为地温只影响病菌对棉株的侵入，当病菌已经侵入棉株，并沿维管束蔓延时，主要受气温的影响。

二、土壤状况与枯萎病发病的关系

棉花生长发育除需要适宜的气象条件外，也需要良好的土壤条件，良好的土壤条件可以促进棉花健壮生长，并增强对病害的抵抗能力，反之则棉株生长不良，抗病性降低。

（一）土壤酸碱度（pH）与枯萎发病的关系

棉枯萎病菌在 pH2.8～9 范围的培养基上均能生长，说明其对酸碱度的适应性很广；但是最适宜的范围在 pH3～5.5 之间。有材料报告，枯萎菌无论在酸性或碱性的培养液中，均具有转化为中性的能力。Chester 和 Taubenhous 的研究结果显示，棉枯萎病的发生和土壤酸碱度有密切关系，当土壤酸碱度为 pH5.5～5.9 时，发病最为严重；而在 pH8 以上的土壤中则不发病。这一研究结果与枯萎病菌对 pH 的适应范围是相符合的，即在酸性土壤环境中，适于棉花枯萎病发展为害。

国内有关研究与上述报道不尽相同。四川涪江流域的射洪、三台和遂宁一带，土壤酸碱度中性，土壤 pH 不低于 6.2，但发病严重；陕西关中棉区土壤偏碱性，新疆维吾尔自治区棉区土壤则属碱性，一般均在 pH8 以上，但棉枯萎病在一些棉田发生却很严重。综合全国有关研究资料分析，棉枯萎病菌在田间引起棉株发病，对土壤酸碱性的适应范围较广，没有十分严格的界限。

（二）土壤质地、棉田地势对枯萎发病的影响

各地调查结果表明，枯萎发病与土壤质地关系不大。黏性土壤、沙性土壤均有枯萎发病严重的棉田，但全国各地调查表明，不论平原还是河谷地区，凡地势低洼，排水不良，地下水位较高的地块，一般发病较重；而高燥地块上则一般发病较轻。

（三）耕作管理水平与枯萎发病的关系

根据多年调查，不良的栽培管理可以加重棉花枯萎病的危害。陕西泾阳个别地块由于种植粗放，管理不良，枯萎死苗率曾高达 90％，每 667m² 皮棉单产不足 15 kg。其他如山东高密、河南新乡以及其他许多地区，都有过类似报告。特别是在 70 年代以前，没有普及棉花抗病品种，这些情况就更加突出严重。

加强田间管理，如适当密植、早间苗、晚定苗、间除病株、及时移栽补苗、早中耕、勤中耕、提高地温、改善环境条件促使棉苗早发、提高抗病能力均可减轻枯萎发病。

三、棉花不同生育期枯萎病发生规律

20 世纪 50 年代，枯萎病调查时即发现，棉株现蕾期出现枯萎病发病高峰。马存等在河南新乡调查，1972 年 5 月 26 日，棉株 3~4 片真叶，枯萎病病情指数为 16.5；至 6 月 3 日，棉株进入现蕾期，病情指数上升到 43.4，进入发病高峰期。其后 1973 年和 1974 年的调查结果也说明了同一趋势。为了验证上述结论，1974 年又在河南新乡进行棉花分期播种试验，分别调查苗期和现蕾期发病情况同棉株生育期之间的关系。结果（表 4-3）说明，3 月 20 日至 6 月 15 日分期播种的棉苗，播种至发病高峰虽然经过的天数是 29~55d，差异较大，但发病高峰均出现在棉株现蕾期，说明现蕾期棉株对枯萎病的抗性较差。

表 4-3 不同播期枯萎发病高峰与棉株生育期的关系

（新乡，1974）

播种期 （日/月）	出苗期 （日/月）	发病高峰期 （日/月）	从出苗至高峰所需天数 （d）	发病高峰所处生育期	病情指数
20/3	3/4	7/6	55	现蕾期	32.1
15/4	22/4	28/5	36	现蕾期	43.0
15/5	23/5	20/6	29	现蕾期	31.0
15/6	22/6	19/7	29	现蕾期	8.9

云南农业大学（1974）棉花枯萎病田间发病消长规律的研究表明，无论是抗病还是感病品种，通过分期播种和分期接菌，并在大田进行定点对比观察，棉枯萎病的发病高峰期基本上处于棉花现蕾期和始花期。说明棉花的这一生育阶段最易受害和发病，在棉花结铃以后不会出现发病高峰。

参 考 文 献

过崇俭. 1964. 江苏省棉花枯萎病发生规律及其防治. 中国农业科学. 4：22~25

贺运春. 1988. 棉株体内枯萎病菌的存在状态及消长规律的研究. 中国农业科学. 21 (4)：55~61

黄仲生，陈文良，舒秀珍. 1980. 京郊棉花枯萎病及其防治的研究. 植物保护学报. 7 (3)：165~168

籍秀琴，何礼远，费玉珍等. 1980. 棉籽带枯萎病菌检验方法的研究. 植物保护学报. 7 (3)：171~176

马存，刘洪涛，籍秀琴等. 1980. 豫北棉区枯萎病田间发病消长与棉株生育期关系的观察. 植物保护. 6 (3)：18~20

沈其益主编, 1992. 棉花病害基础研究与防治, 北京：科学出版社

孙君灵. 1998. 棉花枯、黄萎病种子带菌量的探讨. 中国棉花. 25 (6)：11~12

王汝贤，杨之为等. 1989. 陕西省主要棉田线虫类群对棉花枯萎病发生影响的研究. 植物病理学报. 19 (4)：205~209

吴功振. 1964. 棉枯萎病在茎内生存力的研究. 植物保护学报. 3 (2)：172~174

姚耀文，李宝栋，程远大等. 1984. 棉枯萎病区棉饼的灭菌方法与效果. 中国棉花. 11 (4)：45~46

张卓敏，李建社，张惠杰. 1991. 地膜棉枯、黄萎病消长规律初探. 中国棉花. 18 (6)：46~48

Evans G S and Snyder WC. 1966. Dissemination of the Verticillium wilt fungus with cotton seed. Phytopathology. 56：460～461

Miles L E. 1934. Verticillium wilt of cotton in Greece. Phytopathology. 24：558～559

Rudolph B A and Harrision G J. 1944. The unimportance of cotton seed in the dissemination of Verticillium wilt in California. Phytopathology. 34：849～860

Savov S G. 1979. The spread of *Verticillium dahliae* Kleb. in different organs of cotton plants. Review of Plant Pathology. 58 (12)：499

第五章

棉花枯萎病菌的抑菌土

第一节　抑菌土的研究历史

一、抑菌土的概念

植物病害抑菌土（Pathogen suppressive soil）是指在土壤中有某种病原菌存在下，种植感病植物，由该病原菌引起的病害的发生、发展受到抑制的土壤。抑菌土存在与否，必须具备两个先决条件，即土壤中存在足够以致病的病原菌的量，并同时种植感病品种，而植株不发病，或发病很少。

随着西方国家对食品安全的日益重视及对各种农业杀菌和杀虫剂的恐惧，以及对环境保护的重视，抑菌土的研究和发展在 20 世纪末很活跃。由于抑菌土具有即使土壤中存在植物病原菌的情况下，某种病害也不发生，或发生很轻，对植物的生长没有多大伤害，农作物的产量受到的影响很小，而可以省去应用杀菌剂等化学药剂的问题，农作物有害物质残留很少，而对人类健康有益，对环境友好，可使农作物生产走可持续发展之路。

1988 年国际植物病理学会主席 Baker 在东京召开的第五届国际植物病理学大会上指出，在过去十年里生物防治学科最富有成效的策略就是研究抑制土传植物病害的机制。其中重要的一部分即抑菌土的研究。

对于抑菌土的概念，我国学者也有将其翻译成抑病土的，台湾学者孙守恭等认为抑菌土与抑病土之间有差别，抑菌土指能抑制病原微生物萌发、增殖、侵染的土壤，而抑病土则不仅抑制病原菌的萌发等，还能抑制病害的发生。即抑菌土不一定能抑制病害的发生。与之相反，则称为导菌土（conductive soil）或称为宜病土。

二、抑菌土的研究历史

抑菌土的研究历史已有 100 多年，最早，G. F. Atkinson（1892）在"棉花的一些病害"一文中描述了这样一种现象：棉花枯萎病在 Arkasas 和 Alabama 的轻砂壤土中发生极重，而在重黏土中却发病轻微，即土壤类型对病害的发生有影响。这是抑菌土研究的开端，即是对棉花枯萎病抑菌土的报道，但他在此报道中没有涉及这些土壤中是否存在病原菌，即抑菌土定义中必备的两个条件之一。

在 Atkinson 报道之后，抑菌土的研究进展缓慢，一直到 20 世纪 50 年代末 Menzies 提出抑菌土这个词为止，西方科学家开始对各种植物病害的衰退现象进行大量研究，尤其是对澳大利亚小麦全蚀病的衰退现象的系统研究。在当地由于连续种植小麦，全蚀病会从新开垦时的严重发生，逐渐随着种植年限的增加，而出现衰退现象，种植年份达到 20 年以上后，其发生程度已对小麦的产量影响很小，这是植物病理学中著名的全蚀病的衰退现象，其中以 J. C. Scher 和 W. C. Baker（1934）的工作尤为深入，他们比较研究了在不同土壤中种植同一作物并接入等量病原菌后，不同土壤的发病程度，结果表明，在不同类型土壤中接入豌豆镰刀菌萎蔫病菌，在灰壤土中即使接入大量的病原菌，其病害发生程度仍很轻；而在砂壤土中，病害则很重，相似的结果 Menzies（1959）在马铃薯疮痂病上也有发现。为此，他于 50 年代末提出了抑菌土的概念。

从抑菌土的发现到 21 世纪初的 100 多年的历史看，大致可分为 4 个阶段。第一阶段：从 19 世纪末至 20 世纪 20 年代，主要是对不同类型土壤病害发生情况的研究报道，是抑菌土研究的初创时期。以 Atkinson 的首次报道为发端，随后 A. C. Lewis 和 W. A. Orton 等相继证实了这种现象，同时在其他病害上也发现有此现象。但均未涉及土壤中是否含有致病菌，以及病原菌含量上的差别。第二阶段：从 20 年代末到 50 年代末 Menzies 提出抑菌土这个词为止。1933 年 Reinkking 和 Manns 在美国中部以及 Walker 和 Snyder 在威斯康星开展镰刀菌枯萎病的研究为代表，此阶段已涉及病原菌含量上相同，而土壤质地不同的条件，抑菌土的概念已初步显现。第三阶段：从 60 年代起至 70 年代末，由于抑菌土概念的提出，以及人们对杀菌和杀虫剂的恐惧，对环境保护的重视，使植物病理学家对非化学方法保护农作物抵御各种病害的侵袭日益重视，对各种抑菌土的抑菌机理进行深入探索，以期从中发现病害防治的新途径。其中以小麦全蚀病的系统研究和镰刀菌枯萎病的研究为代表，并从澳大利亚小麦全蚀病的衰退现象的土壤中发现，随着连年种植，其中的一种细菌——荧光假单胞杆菌呈增加的趋势，并发现这才是全蚀病的衰退现象的主要原因。从而开发出一种具有重要生防前景的微生物。期间镰刀菌的抑菌土也同时得到深入研究。第四阶段：从 70 年代开始至今，抑菌土现象在多种土传病害中得到证实，抑菌土的本质得到初步揭示，并提出一些防治土传病害的方法，对其机制的研究逐渐从单一集中于生物因子的主导作用，发展为生物因子和非生物因子共同作用的结果。

三、抑菌土的抑菌机理

抑菌土的抑菌机理，主要是两种因素起主要作用，即生物因子和非生物因子，不同抑菌土起作用的因素各有不同。在生物因子为主的抑菌土中，镰刀菌病害和小麦全蚀病最为典型。

（一）生物因子主导的抑菌土

1. **小麦全蚀病抑菌土** 小麦全蚀病抑菌土是一个受到广泛重视和深入研究的抑菌土，有两种类型的小麦全蚀病抑菌土，一种是"全蚀病衰退型"，简称 TAD，这是一种通过种植改良（连作小麦）使原先严重发病的土壤随着连作年限的增加病害逐渐变轻、衰退，被称为专一抑制型。主要是由于连续多年种植小麦，使土壤的微生物群落发生了重大改变，某些有利于小麦生长的拮抗菌逐年增加，成为优势种群，从而有效地抑制了小麦全蚀病的发生。这其中能产生抗生物质的根栖荧光假单胞菌，是造成"全蚀病衰退"的主要拮抗菌。另一种为自然抑制型，这种抑菌土是病原菌腐生生存期间，拮抗微生物在病斑上或植物残体中对病原菌的竞争作用，从而抑制了病害的发生。此外，还有研究认为小麦全蚀病抑菌土是由于弱毒菌株的免疫保护，病毒颗粒对全蚀病菌侵入，各种拮抗性微生物的交叉保护产生抑菌性。有研究发现，抑菌土中原生动物对全蚀病菌菌丝具有破坏乃至吞噬作用。总之，小麦全蚀病抑菌土是典型的生物因子起到主要作用的抑菌土。

2. **镰刀菌病害的抑菌土** 另一类生物因子起到主要作用的抑菌土是镰刀菌病害抑菌土。这类抑菌土是最早发现的抑菌性土壤，但对其抑菌原理却直到 20 世纪 70～80 年代才有深入研究，如法国以 C. Alabouvette 为主的研究小组对西瓜枯萎病抑菌土的研究具有代表性。他们经过深入研究认为，抑制镰刀菌病害的土壤有不同特性，抑病性是以微生物的相互作用为基础的，土壤抑病性的一个重要机制是营养竞争，包括对碳素和铁元素的竞争，主要有几种微生物起重要作用，包括荧光假单胞菌和非病原性镰刀菌等拮抗微生物，其中荧光假单胞菌有竞争铁元素的作用，而非病原性镰刀菌主要是对碳元素的竞争，即与镰刀菌病原菌对生态位—营养的竞争。B. Sneh 等通过对抑菌土微生物种群的深入研究发现，他们从抑菌土中分离获得的 700 余株细菌和放线菌中发现，能否产生荧光物质，与其抑制病原菌的能力有关，能大量产生荧光物质的荧光假单胞菌不仅能抑制病害的发生，同时对病原性镰刀菌的厚垣孢子的萌发也有强烈的抑制作用。镰刀菌抑菌土的抑菌性可以通过向导菌土中加入少量抑菌土，从而将导菌土诱导成为抑菌土，也说明生物因子在这类抑菌土中所起的重要作用。这类抑菌土广泛存在于世界各地，已在众多有镰刀菌引起的植物病害中发现。

（二）非生物因子主导的抑菌土

除生物因子主导的抑菌土之外，另一类抑菌土是以非生物因子为主导的，这些因子中有土壤中的矿物质含量、土壤的酸碱性、土壤质地、土壤颗粒结构等物理和化学性质。

我国台湾学者在研究镰刀菌抑菌土时发现，土壤 pH、钙含量、磷含量、钙/镁（钾）比例与土壤抑菌性有关。当这些元素缺乏时病害发生严重，说明钙、磷和钾对病害的发生有一定的抑制作用。柯文雄将苜蓿粉和 $CaSO_4$、$CaCO_3$ 分别加入土壤中，从而使黄瓜苗猝倒病减轻，发病率从 76％降低到 11％～44％。柯文雄采用土块孢子萌发法对夏威夷群岛不同质地不同岛屿的土壤进行抑菌性筛选，发现一大批对腐霉、疫霉和立枯丝核菌有抑菌性的土壤，通过大量研究后，他们认为对病菌及病害的抑制机制是非生物因素主导的，某些矿物质如钙、铝、钴等元素可使农作物根分泌物成分在土壤中发生改变，使病菌的萌发侵入得以控制，病害的发生和危害受到抑制。其中一份土样的抑菌性和抑病性均较强，分析表明，其中的钙含量与微生物群落含量均较高。台湾有人对采自不同地区的 135 个土样进行筛选，发现有 13 个土样对 *Phytophthora capsici* 有抑制作用，而土壤 pH 与其孢子囊的萌发率呈正相关，土壤的铝含量与孢子囊的萌发率呈负相关。若将抑菌土壤 pH 从 4 调至 5 或 6 时，则抑菌效果急剧下降。抑菌土与导菌土混合，抑菌性随着导菌土比例的增加而降低。用 $CaCO_3$ 改良抑菌土，抑菌性会消失，因 $CaCO_3$ 可使土壤 pH 增加而使交换性铝降低。

国内有人对番茄青枯病在不同土壤类型中的发病情况进行了调查，结果发现在白泥土中该病发生很轻，且连作下也不发生，而在红壤黏土及沙壤土中则发生严重，而随着连作年份的增加而逐年加重。究其原因，主要是与土壤的 pH 及质地有关，白泥土中 pH 偏高，质地黏重，透气性差，不利于病菌的生长和侵染。

虽然，抑菌土中有些是由生物因子主导的，另一部分是由非生物因子主导的，但有很大一部分抑菌土的抑菌性是上述两个因子相互结合，从而使其具有良好的抑菌性。如在西瓜的抑菌土的研究中发现，在这种抑菌土中 pH 较高，含有丰富的钙、磷、锰和镁，以及较高的有机质；同时抑菌土中腐生性镰刀菌、细菌和放线菌相当多而复杂。这种抑菌土不仅对西瓜枯萎病菌，而且对萝卜黄叶病菌、芹菜黄叶病菌等镰刀菌的厚垣孢子的萌发也有抑制作用。调节其 pH，则抑菌性将发生变化，但经过 1 个月后又可恢复，表明其中的生物因子和非生物因子都对抑菌性有影响。分析其理化性质及微生物群落发现，抑菌土中一些矿质成分和有机质含量均较导菌土高；而放线菌、腐生性镰刀菌、青霉及木霉等比导菌土要高 5 倍以上。将抑菌土在 100℃下处理 30min 使其抑菌性消失，然后将原有微生物回接，则又可恢复其抑菌性，说明微生物群落在抑菌土中起着重要作用，并且抑菌性是由多种微生物综合作用的结果。

第二节　棉花枯萎病菌的抑菌土

棉花枯萎病作为世界性土传病害，从 20 世纪 30 年代传入以后一直是我国棉花生产的主要病害之一，在 70 年代，由于棉花种植面积的扩大，以及连作年限的增加，在我国主产棉区造成严重危害，每年因枯萎病损失皮棉 1 亿 kg 以上。从 70 年代初开始，我国老一辈棉花病害研究者在各种防治措施均不甚理想的情况下，提出以抗病品种为主的综合防治策略，植物保护部门和棉花育种部门均开展了培育抗病品种的工作。随着工作的深入，在枯萎病圃中连年选育十余年后，发现病圃出现了衰退现象，即在土壤中仍有枯萎病菌存在的条件下，种植感病品种，枯萎病的发生、发展仍然很轻。

是什么造成棉花枯萎病圃的衰退呢？在 80 年代初曾经有过各种研究，有人通过研究认为，由于抗病品种种植年限的增加，土壤中棉花枯萎病菌量直线减少，也有人认为是由于土壤中棉花枯萎病菌致病力下降的缘故。马存、简桂良等（1992）从衰退的病圃土壤中仍分离出该病病原菌，从致病力测定结果看，其致病力变化不大。而通过回接大量致病力强的 7 号小种，同时种植感病品种的情况下，衰退的病圃枯萎病的发病率仍然很低，而非病圃土壤的发病率则很高。初步试验表明：棉花枯萎病圃的衰退现象与当时国际上大量研究的抑菌土有相似之处。为此，在国内首先提出枯萎病圃或病田的衰退土壤应称为抑菌土，并开展了深入的研究。

一、抑菌土对棉花枯萎病发生的抑制

1973 年，中国农业科学院植物保护研究所在河南省新乡县王屯基地的棉花枯萎病发病率接近 100％、死苗率 80％的田块建立病圃，种植抗病品种，到 1976 年再种植感病品种岱 15，发病率降低至 35.4%，病情指数 22.3。1982—1985 年间，曾 3 次用带病棉秆及人工培养的枯萎病菌接种，但感病品种的发病率无显著提高。为研究病圃是否已转化为抑菌土，1987—1988 年对连续种植抗病品种 86-1 已 10 多年的田块的抑菌性进行了研究。

试验采用盆栽和田间试验相结合的方法进行，以抗病品种 86-1 根围土和非根围土以及病圃土作为抑菌土，而以没有种植棉花历史的土壤作对照（导菌土）4 个处理。按土重的 1% 量接入枯萎病菌培养物，随后装入花盆，种植感病品种冀棉 12，5 月下旬至 6 月下旬枯萎病发病高峰期连续调查各处理的枯萎病发生情况。通过 2 年共 6 个重复的试验，结果表明，86-1 根围土的抑菌效果（1987—1988 年平均）达 60.5%（表 5-1）。

表 5-1 不同土样对棉花枯萎病菌抑菌效果

（1987—1988 年盆栽平均）

土 样	棉花枯萎病发病率（%）	病情指数	抑菌效果（%）
86-1 根围土	37.3	19.5	60.5
86-1 田间土	48.3	29.4	39.9
病圃土	55.3	27.2	43.9
果园土（CK）	70.1	48.7	
86-1 根围土灭菌	72.4	55.6	
86-1 根围土＋果园土（1∶1）	55.2	37.3	24.1

为试验抑菌土在田间的抑菌性，同时进行了不同抑菌土大田的抑菌效果研究，选择 86-1 连作田、连续用作抗病育种的枯萎病圃（简称病圃）和未种植过棉花的果园，1987—1988 连续进行了 2 年，每年 3 次重复，试验结果表明，86-1 连作田的平均抑菌效果高达 85.8%（表 5-2）。

表 5-2 不同田块对棉花枯萎病菌抑菌效果

（1987—1988 年田间小区平均）

田 块	处 理	棉花枯萎病发病率（%）	病情指数	抑菌效果（%）
86-1 连作田	接菌	9.8	4.4	85.8
	未接菌	1.0	0.3	
病圃田	接菌	17.1	6.8	76.2
	未接菌	1.9	0.6	
果园（CK）	接菌	57.1	28.8	
	未接菌	0	0	

为确认这种抑菌土是否广泛存在，1990—1991 年他们又在辽宁省辽阳市辽宁省经济作物研究所进行了试验，结果表明，在连作抗病品种 10 年和 5 年的病圃，均有抑菌性（表 5-3）。

表 5-3 不同连作年限病圃对棉花枯萎病菌抑菌效果

（1990—1991 年辽阳平均）

田 块	处 理	棉花枯萎病发病率（%）	病情指数	抑菌效果（%）
连作 10 年病圃	接 菌	39.0	19.3	56.2
	未接菌	15.6	8.1	

（续）

田　　块	处　　理	棉花枯萎病发病率（%）	病情指数	抑菌效果（%）
连作 5 年病圃	接　菌	56.7	37.8	17.6
	未接菌	28.5	14.1	
果园（CK）	接　菌	76.9	44.1	
	未接菌	0	0	

二、抑菌土对棉花枯萎病菌繁殖的影响

为何种植抗病品种后，即使回接相同量病原菌，棉花枯萎病仍然发生很轻？是否连作抗病品种后，由于土壤微生物群落结构的改变，从而使病原菌在土壤中的增殖被抑制？为此，对接菌后又种植感病品种 1 年以后土壤中的病原菌含量进行了测定，通过 1 年共 3 个重复的试验，结果表明，在抑菌土中，病原菌的增殖确实被抑制了，在 86 - 1 根围土中，病原菌的含量比果园土（导菌土）少 56.7%（1987—1988 年平均，详见表 5 - 4）。

表 5 - 4　抑菌土盆栽感病品种 1 年对棉花枯萎病菌繁殖的影响

土　　样	每培养皿菌落数	折每克土样菌落数	比对照减少比例（%）
86 - 1 根围土	22.5	4 500	56.7
86 - 1 田间土	21.4	4 280	59.2
病圃土	32.2	6 440	52.9
果园土（CK）	52.0	10 400	

三、抑菌土抑菌作用的可转移性

根据国外的研究，如果抑菌土的抑菌性是由生物因子主导的，则其抑菌性是可以转移的。据此，宋建军等（1995）对上述棉花枯萎病抑菌土的抑菌机制进行了深入研究。将不同比例的抑菌土与从未种植过棉花的小麦田土壤（导菌土）混合，随后接入枯萎病菌，种植感病品种鄂荆 1 号，在枯萎病发病高峰期调查该病发生情况。结果表明，随着抑菌土比例的提高，枯萎病发生逐渐减轻，病情指数逐渐降低，抑菌效果从含 20% 抑菌土的 15.9%，到含抑菌土 50% 时提高到 44.1%，而抑菌土含量达到 80% 时抑菌效果提高到 49.3%（表 5 - 5）。

表 5 - 5　不同比例抑菌土对麦田土（导菌土）棉花枯萎病的影响

抑菌土比例（%）	发病率（%）	病情指数	抑菌效果（%）
导菌土（0，CK）	81.1	63.3	
20	68.8	53.2	15.9
30	57.1	44.7	29.4
40	51.4	38.5	39.1
50	49.2	35.4	44.1
60	46.5	32.6	48.5
80	41.5	32.1	49.3
100	21.1	15.5	75.5

四、抑菌土对棉花枯萎病菌大、小分生孢子萌发的影响

为何棉花枯萎病菌在抑菌土中的增殖会被抑制？是否抑菌土中的有些抑菌因子对病原菌的孢子萌发有影响？为此，开展了抑菌土浸液对枯萎病镰刀菌大型分生孢子萌发的影响试验，经对 3 地抑菌土浸液的研究，结果表明，枯萎病镰刀菌大型分生孢子无论在什么地方的抑菌土浸液中，其萌发率始终显著低于当地的导菌土（表 5-6）。

表 5-6　抑菌土浸液对枯萎病镰刀菌大型分生孢子萌发的影响

土样来源	1h 萌发率（%）	4h 萌发率（%）	24h 萌发率（%）
河南新乡 86-1 连作田（抑菌土）	0	5.0	10.4b
河南新乡小麦田（导菌土）	0.5	10.1	31.4a
河北保定病圃（抑菌土）	1.2	8.5	11.2b
河北保定玉米地（导菌土）	2.1	16.7	24.5a
河北满城棉花连作田（抑菌土）	0	6.7	13.2b
河北满城菜园（导菌土）	2.7	12.5	33.1a
山东高密棉花连作田（抑菌土）	0.71	6.8	8.8b
山东高密小麦田（导菌土）	2.0	10.1	20.7a

＊　表中 a、b 代表差异显著。

各地棉花枯萎病抑菌土浸液不仅对该病大型分生孢子的萌发有显著的抑制作用，而且对小型分生孢子和厚垣孢子的萌发也有强烈的抑制作用，如山东高密棉花连作田抑菌土浸液对枯萎病菌小型分生孢子 24h 的萌发抑制率高达 83.7%，新乡抑菌土浸液对厚垣孢子的萌发抑制率高达 77.3%（表 5-7）。

表 5-7　抑菌土浸液对枯萎病镰刀菌小型分生孢子萌发的影响

土样来源	1h 萌发率（%）	4h 萌发率（%）	24h 萌发率（%）
河南新乡 86-1 连作田（抑菌土）	0.4	6.4	14.3b
河南新乡小麦田（导菌土）	2.5	18.7	30.4a
河北保定病圃（抑菌土）	0.4	2.3	5.6b
河北保定玉米地（导菌土）	2.5	33.9	34.3a
河北满城棉花连作田（抑菌土）	0.8	5.8	12.8b
河北满城菜园（导菌土）	2.7	23.6	30.1a
山东高密棉花连作田（抑菌土）	0.5	3.5	14.9b
山东高密小麦田（导菌土）	1.8	26.3	36.4a

＊　表中 a、b 代表差异显著。

进一步的研究表明，不仅各地棉花枯萎病抑菌土浸液对该病各种分生孢子的萌发有显著的抑制作用，棉花枯萎病厚垣孢子等各种类型的繁殖体在抑菌土中的萌发也受到严重的抑制，如河南省新乡 86-1 连作田，厚垣孢子的萌发率仅 19.3%，而在麦田土中的萌发率则高达 79.4%。综合各种结果，抑菌土对大型分生孢子、小型分生孢子和厚垣孢子的萌发率均比在导菌土中的萌发率极显著地降低。

五、棉花枯萎病抑菌土的抑菌机制

为什么连续单一种植抗病品种后，土壤会产生抑菌性？虽然有一部分研究者认为是由于枯萎病菌菌量和致病力变化导致的，但上述的试验已说明这些解释理由不充分。国际上有研究认为，是土壤的微生物种群结构发生了改变，尤其是一些拮抗微生物的增加，从而使枯萎病的发生受到影响。国际上不少研究认为，在抑菌土中，非病原性镰刀菌在其中占有重要地位，在我国发现的棉花枯萎病镰刀菌抑菌土是否也是生物因子在起重要作用？非病原性镰刀菌是否也是在其中占有重要地位？为此，宋建军等（1995）开展了深入的研究。非病原性镰刀菌与病原性镰刀菌在土壤中的生态位相同或相近，它们对环境中的营养要求和生存条件也很相似，尤其是对碳素营养竞争很激烈。由于非病原性镰刀菌在抑菌土中大量存在，它们会消耗土壤中的大部分碳素营养，从而对镰刀菌病原菌的萌发、生长、繁殖产生很大的影响，而由于其生态位与病原菌的也相似，同时又会占领寄主植物的根围，从而抑制病原菌的入侵。这些非致病性镰刀菌主要有 *Fusarium oxysporum*、腐生性 *Fusarium soalni* 和 *Fusarium moniliforme* 等。

通过向抑菌土中加入葡萄糖和增加抑菌土中的非病原性镰刀菌的方法试验，证实了上述推测（表 5-8）。

表 5-8　非病原性镰刀菌对抑菌土的影响

处　　理	发病率（%）	病情指数
抑菌土（CK）	4.3	3.7
抑菌土＋0.1%葡萄糖	13.6	10.7
抑菌土＋1.0%葡萄糖	28.2	14.1
抑菌土＋4.0%葡萄糖	53.7	31.0
抑菌土＋1.0%葡萄糖＋4%FM	16.7	9.2
抑菌土＋1.0%葡萄糖＋8%FM	10.8	3.4

＊　FM 为串珠镰刀菌 *Fusarium moniliforme*。

试验结果表明，随着向抑菌土中加入的葡萄糖的增加，使抑菌土中的碳素营养得到改善，棉花枯萎病菌所需的营养条件得到满足，所以枯萎病的发病率提高了，而且随着其加入量的提高，枯萎病变得更加严重。当在抑菌土中增加非病原性镰刀菌 *Fusarium moniliforme* 后，发病率又有所降低。

非病原性镰刀菌与棉花枯萎病菌既然对碳素营养有竞争，那么它们对生态位是否也有竞争？为此，简桂良等设计了另一个试验，将抑菌土灭菌，使抑菌土中的所有生物都丧失，然后再加入一定量（土重的 2%）枯萎病菌和非病原性镰刀菌 *Fusarium moniliforme*（土重的 2% 和 4%），随后种植感病品种，研究枯萎病发生情况。结果表明，加入非病原性镰刀菌以后，病害的发生减轻了一半，作用是显著的（表 5-9）。

表 5-9　非病原性镰刀菌与棉花枯萎病菌的生态位竞争

处　　理	发病率（%）	病情指数
抑菌土灭菌（CK）	72.1	47.1
抑菌土＋2%FM	40.0	31.0
抑菌土＋4%FM	5.4	2.7
抑菌土灭菌＋2%FM	35.0	21.3
抑菌土灭菌＋4%FM	32.6	19.8

* FM 为串珠镰刀菌 *Fusarium moniliforme*。

第三节　抑菌土的利用

抑菌土作为植物病害防治的一种经济有效、对各种农作物安全、对环境友好的措施，受到全世界科学家的重视，有些国家的植物病理学家已将这一理论应用于各种农作物病害的防治中，并取得良好效果。

一、拮抗性微生物的开发和利用

拮抗性微生物对农作物病害的控制作用主要通过两种途径：第一，通过对土壤中各种微生物（病原菌）生态位的竞争，使病菌的生长、发育、定殖受到影响，病原菌的生态环境被破坏，从而失去生存条件，无法侵染植株。这方面 20 世纪 80 年代以后，腐生性镰刀菌与致病性镰刀菌的生态位竞争，致使各种农作物被病原性镰刀菌侵染导致的萎蔫性病害受到抑制。如法国的 C. Albouvette 等在研究西瓜枯萎病的抑菌土时发现：抑菌土中存在大量非病原性镰刀菌，而病原性镰刀菌仅为导菌土的 10%～50%，同时病原菌孢子的萌发率也直线下降。为此，他们通过向土壤中添加腐生性镰刀菌，而有效地控制了西瓜枯萎病；Q. Mandeel 等将两种腐生性尖孢镰刀菌接种于土壤中，发现黄瓜根围病原镰刀菌孢子的萌发率相应降低了。在棉花枯萎病的抑菌土中也发现腐生性尖孢镰刀菌对该病的发生和病原菌的萌发和繁殖的影响，亦可利用来防治该病。第二，拮抗性微生物的另一个防病途径是通过对病原的寄生，从而瓦解和消融病原菌丝及孢子发芽管，起到控制病害的作用。最突出的例子是荧光假单胞菌对小麦全蚀病菌的寄生现象，荧光假单胞菌是目前很活跃的一种生物防治菌，不仅被用于小麦全蚀病的防治，而且已被广泛用于各种土传病害的防治。又如木霉对立枯丝核菌的消融作用，木霉菌丝可以缠绕于立枯丝核菌菌核外，使菌核萌发困难，从而减少病原菌的侵入概率，控制这类病害的发生。由于木霉的寄生性，目前已被大量地开发成生物防治菌剂，用于各种病害的防治中。

二、用抑菌土诱发导菌土的抑菌性控制病害的发生

有一大类抑菌土是由生物因子主导的，它们的抑菌性是可以转移的。利用抑菌土的这种特性，有不少植病工作者开展了这方面的尝试，并取得了一些成功。如将小麦全蚀病的抑菌土按一定比例混入导菌土中，从而改变了导菌土的抑菌性，使其变成了抑菌土。我国

台湾学者用抑菌土浆粉衣于催芽的萝卜种子（即种子用土浆包裹，相当于包衣、种衣剂），可使萝卜黄叶病明显减轻。抑菌土诱导导菌土的抑菌性在温室中有更广泛的利用前景，在欧洲有人利用镰刀菌抑菌土于温室苗床上，使香石竹镰刀菌萎蔫病的发生明显降低；法国学者则将镰刀菌抑菌土的研究成果用于无土栽培中，他们将从抑菌土中分离的某些微生物接种于水培番茄中，有效地控制了镰刀菌对番茄的危害，同时使其产量增加。

三、土壤添加物的开发和利用

我国台湾学者孙守恭等在深入研究抑菌土的基础上，根据有机及无机物质加入土壤对病原菌的影响，于1983年开发出一种土壤合成添加物-SH混合物，成功地用于西瓜枯萎病的防治，随后在多种农作物的土传病害防治上进行推广和利用，取得了良好的防治效果。80年代末，黄振文又研制了另一种土壤添加物-SH-21混合物，是一种植物残渣加各种无机物混合而成的，对防治苗床上的松苗猝倒病有良好效果。

这两种土壤合成添加物的应用为土传病害的防治开辟了一条崭新的途径，对西瓜枯萎病、十字花科蔬菜如萝卜和芥菜黄叶病、菜豆立枯病、白菜和芥菜根瘤病及猝倒病、姜软腐病等具有良好的防治增产作用。

此外，在研究导菌土中发现，在这类土壤中往往缺乏某些元素，从而使土壤的酸碱值发生改变，尤其是酸化致使各种农作物病害严重发生。通过添加一些无机盐，可有效地改变土壤的环境，控制病害的发生。如台湾学者通过向导菌土添加1％的碳酸钙，使其转化为十字花科蔬菜根瘤病的抑菌土，发病率从73％降到0；在育苗土中添加2％碳酸钙或3％矿灰，随后移植菜苗于这种含病原菌的土中，山东白菜的发病率大大降低，产量成倍增加。

参 考 文 献

黄振文. 1991. 利用土壤添加物防治作物之土传性病害. 植保会刊. 33：113～123

简桂良，宋建军，马存等. 1996. 几种有机肥对棉花枯萎病菌抑菌土的影响. 棉花学报. 9：30～35

马存，简桂良. 1985. 棉花枯萎病菌抑菌土初步研究. 中国农业科学. 22：91～92

马存，简桂良. 1992. 棉花枯萎病菌抑菌土研究. 棉花学报. 4（2）：77～83

孙守恭，黄振文. 1983. 土壤添加物防治西瓜蔓割病之研究. 植保会刊. 25：127～137

孙守恭，黄振文. 1985. -SH土壤添加物防治镰孢菌凋萎病之研究. 植保会刊. 27：159～169

孙守恭，黄振文. 1985. 镰孢菌之抑菌本质. 植保会刊. 27：463～464

王汝贤，杨之为，李有志等. 1998. 棉花抗枯萎病品种连作田微生物数量变化 II 棉花枯萎病抑病土成因. 西北农业学报. 7（3）：54～58

吴传德. 1985. 棉花抗枯萎病品种连作防病效果研究. 植物保护学报. 3：195～200

杨之为，王汝贤，宗兆峰等. 1995. 棉花枯萎病抑菌土成因初探：I 棉根系分泌物对棉花枯萎菌的影响. 西北农业学报. 4（4）：63～68

张卓敏. 1980. 棉花枯、黄萎病衰退现象之研究. 植物保护. 6：9～11

庄再扬. 1986. 土壤添加物对香蕉黄叶病菌的影响. 植保会刊. 28：253～262

庄再扬. 1988. 香蕉黄叶病之研究（二）：抑病土之特性. 植保会刊. 30：125～134

Alabouvette C. 1985. Nature of intragenic competition between pathogenic and non-pathogenic Fusarium in a wilt suppressive soil. In: T. R. Swinburne ed. : Iron, siderophores and plant disease. Plenum press, New York, London, 165~178

Alabouvette C. 1985. Fusarium wilt suppressive soils: mechanisms of suppression and management of suppressiveness. In: Parker C. A. (eds.), Ecology and management of soilborne Plant Pathogens. American Phytopathlogical society, St. Paul, 101~106

Alabouvette C. 1990. Biological control Fusarium wilt pathogens in suppressive soils. In: D. hornby ed. : "Biological control of soilborne plant pathogens". C. A. B. international, Wallingford

Couteaudier Y. 1992. Competition for carbon in soil and rhizosphere: mechanism in the biological control of Fusarium wilt. In: E. C. Tjamosetc. eds "Biological control of Plant Diseases: Progress and Challenges for the Future". Plenum Dress, New York

Elad Y and Baker R. 1985. The role of competition for iron and carbon in suppression of chamydospores germination of *Fusarium* spp. by *Pseudomonas* spp. Phytopathology. 75: 1 053~1 059

Hamid A and Alabouvette C. 1993. Involvement of soil abiotic factors in the mechanism of soil suppressiveness to Fusarium wilts. Soil Biol. Biochem. . 25 (2): 157~164

Lemanceau P. 1993. Antagonistic effect of nonpathogenic *Fusarium oxysporum* strain F047 and *Pseudobactin* 358 upon pathogenic *Fusarium oxysporum* f. sp. *dianthi*. Applied and Environmental Microbiology. 59: 74~82

Larkin R P. 1993. Effect of succession wathermelon plantings on *Fusarium oxysporum* and other microorganism in soils suppressive and conducive Fusarium wilt of watermelon. Phytopathology. 83: 1105~1116

Menzies J D. 1959. Occurrence and transfer of a biological factor in soil that suppresses potato scab. Phytopathology. 31: 91~93

Ogawa K and Komada H. 1985. Biological control of Fusarium wilt of sweet potato by non-pathogenic *Fusarium oxysporum* . Ann. Pthytopathology Soc. Japan. 50: 1~12

Scher F M and Baker R. 1982. Effect of *Pseudomonas putida* and a sythetic iron chelator on induction of soil suppressiveness to Fusarium wilt pathogens. Phytopathology. 72: 238~246

Schneider R W. 1982. Suppressive soil and Plant Disease. American Phytopatholgy Society Press

Song Jianjun, Jian Guiliang, Ma Cun. 1996. Studies On The Mechanism of Soils Suppressive to Fusarium Wilt of Cotton. In: Tang Wenhua, R. James Cook edits. Advances in Biological Control of Plant Diseases. China Agricultural University Press, Beijing. 295~301

［第六章］

棉花枯萎病的致病机理及抗病机制

第一节　棉花枯萎病的致病机理

有关棉株感染枯萎病后发生凋萎的原因，一直存在不同的观点，多数观点认为凋萎的原因主要是棉株导管堵塞和植物组织中毒，凋萎的过程涉及罹病棉株内水分状况和与此有关的一系列生化物质的变化。

一、导管堵塞学说

许多研究者认为，棉花感染枯萎病后，木质部导管被真菌的菌丝体堵塞，机械地阻碍了水分在棉株体内的运行，导致上部蒸腾作用和呼吸作用加强，失去水分平衡，从而导致棉株萎蔫，这一学说曾经得到广泛支持。据报道，棉株接种枯萎镰刀菌4～5d后，菌丝穿过内皮层进入导管。病菌在导管内迅速繁殖，菌丝可以穿过导管的纹孔向附近的导管蔓延，最后导致导管被严重堵塞。在导管内，还可见到为数众多的侵填体，严重时凝胶体与侵填体一道堵塞导管。

另一种研究结果认为，导管堵塞可能是多种因素综合形成的。例如导管中的树胶和凝胶体的聚积（Stahmann，1965），以及乙烯或二氧化碳的形成，都会增加导管的充塞度。但这些现象在萎蔫综合症状形成中的作用仍不十分清楚。

根据病理解剖的实验结果，有些研究者认为发病植株因导管被堵塞而引起棉株缺水，因而发生枯萎甚至死亡。但与此同时，也有研究报告指出，木质部导管堵塞可以引起水分运输障碍，但并不能完全切断水分流动，使棉株对水分输导功能全部丧失（Waggoner和Dimond，1954）。也有人认为，导管受病菌堵塞，并非造成棉株枯萎的主要原因，在导管被堵塞后，水分仍可以通过导管的旁道进行输送。

二、毒素学说

Brand等（1919）认为，棉株枯萎症状的发生，除导管堵塞外，可能是植物组织的中毒引起的，有一些早期的经典研究可以作为间接证明。这些实验利用病菌的培养液种植寄主植物可以出现萎蔫的症状。例如Haymaker（1928）在番茄枯萎菌（*Fusarium lycoper-*

sici）的培养液中种植番茄，植株出现了枯萎病症状。其后的研究者 Wins-tead，Wsllker（1954），仇元（1963），Waim（1965）及 Subba（1965）等用棉花枯萎菌培养液培养棉花，也都获得了同样的结果。

Cäumann（1950）对毒素与植株水分代谢的关系进行了研究，认为萎蔫毒素一方面降低了细胞保持水分的能力，造成棉株失水；另一方面也破坏了原生质膜的渗透性，损坏了植物细胞膜功能。将番茄萎蔫毒素注射于番茄茎中，可以暂时降低水分的吸收和扩散，随之出现蒸腾强烈阶段，这时植株开始失水。但同时发现，在植株快要出现萎蔫症状的时候，植株只失去了其含水量的 6％，因此认为，起决定因素的是原生质膜表层的半渗透性被破坏。罹病植株发生枯萎可能与水分的损失没有什么重要关系，因为在相对湿度接近100％的大气中，也会表现萎蔫。许多研究者指出，水分吸收和扩散之间的失调，最终将会导致植株萎蔫和枯死。

（一）枯萎病菌的致病因子

棉花枯萎病菌（*Fusarium oxysporum* f. sp. *vasinfectum*）是从根部侵染的病菌，到目前为止，认为枯萎病菌主要通过分泌毒素和酶类完成侵染。

1. **镰孢菌酸**　镰孢菌酸（fusaric acid，FA）是枯萎菌的次生代谢产物，分子量为179，学名为 5-丁基吡啶-2-羧酸，属非专化型毒素，可造成棉花、西瓜、番茄、亚麻和香蕉的萎蔫。由于它能导致寄主植物萎蔫，所以又称作"萎蔫酸"。

镰孢菌酸对高等植物的毒性表现在很多方面。棉株罹病后，在叶片上出现网纹、皱缩或枯死症状。镰孢菌酸对棉花的毒害作用主要归结为：

（1）寄主原生质对水的渗透性以及整株植物的水分平衡遭到破坏，多酚氧化酶被抑制，高浓度的镰孢菌酸能强烈地抑制植物细胞的渗透性和呼吸作用（Gäumann，1958），从而产生剧烈的病理变化；

（2）镰孢菌酸能增加植物细胞电解质的渗漏，改变了细胞壁的透性；

（3）镰孢菌酸能和铁、铜、锰等金属离子螯合，造成植物中这些可被利用元素的缺乏；

（4）镰孢菌酸能降低光合作用效率，抑制琥珀酸氧化酶及线粒体中细胞色素氧化酶，破坏植物体中的碳、氮代谢（Wood，1972；Wilson，David，Stanley，Bud 1978；Barna，Sarhan，Kiraly，1983）。

关于镰孢菌酸在棉花枯萎病发生发展中的作用，多年来不同的研究者持不同的观点。Gäumann（1950）和 Wood 等（1972）认为，镰孢菌酸是导致棉花枯萎的主要因素，病原菌产生镰孢菌酸的量和致病力强弱呈正相关关系；Chakrabarti（1979）对不同致病力菌株比较研究，发现致病力强的菌株所产生的镰孢菌酸较致病力中等的菌株多 2 倍。据此认为，菌株镰孢菌酸含量与致病力呈正比关系；Wood 发现，一个致病力强的尖镰孢菌豌豆专化型（*F. oxysporum* f. sp. *pisi*）菌株产生大量镰孢菌酸，而另一个致病力弱的菌株则完全不产生镰孢菌酸。但也有研究者如 Kuc，Schef（1964），Davis（1969）和 Barna，Diraly（1983）等则认为，镰孢菌酸在植株病害发展中并不重要，病原菌致病力强弱与各菌株产生镰孢菌酸的量没有直接关系。Kuc 将尖镰孢菌番茄专化型

（*F. oxysporum* f. sp. *lycopersici*）的一个菌株用紫外线照射诱变，随机挑取 84 个菌落，测定其致病力与镰孢菌酸含量的关系。结果发现，镰孢菌酸含量与致病力之间并无相关性。

王贺祥（1988）对我国棉枯萎镰孢菌酸与致病力的关系进行了较为系统的研究。发现采自全国各主要棉区的 30 个棉枯萎镰孢菌株所产生镰孢菌酸的量没有规律性，棉枯萎镰孢菌各生理型之间与镰孢菌酸的产量也无相关性。培养温度和营养条件是影响镰孢菌酸生成的主要因素，用改良的 Richard 培养基，在 25～26℃温度下振荡培养，摇床偏心距 2.5cm，190r/min，第七天的镰孢菌酸产量与病菌的致病力呈极显著正相关，而与培养第十四天、第二十一天的镰孢菌酸产量则无相关性。此研究结果解释了棉枯萎病主要在苗期发病的原因。

王贺祥等的研究进一步发现，亚洲棉、陆地棉和海岛棉三个棉种的幼苗对镰孢菌酸的抵抗力无明显差异，而陆地棉不同抗、感病品种对镰孢菌酸的抵抗力与它们在生产中对枯萎病的抗病性表现则是一致的。

李成葆等（1990）利用单一的镰孢菌酸纯品，以不同梯度的浓度处理棉苗，测定对棉花致萎性、萌发生长、电导率、蒸腾作用和过氧化物酶同工酶的影响。结果发现，不同抗病性棉花品种存在差异。抗病品种中 5173 和中 12 对镰孢菌酸的敏感性低，它们之间的变化范围较小，品种对镰孢菌酸的抗性与在田间抗病性的表现呈正相关性。镰孢菌酸处理棉苗后，过氧化物酶同工酶的酶带减少一条。作者认为，棉株根系吸收镰孢菌酸到叶片后，具半透性的原生质膜被破坏，叶片蒸腾所失水分大于根系吸收水分，破坏了水平衡，造成植株萎蔫。这也是棉花凋萎毒素学说的证据之一。

2. **降解酶类** 枯萎菌分泌的酶类是否参与萎蔫病害的致病过程，多年来一直未曾定论。郜会荣（1988）利用紫外诱变方法获得了枯萎病菌内切多聚半乳糖醛酸酶（Endo-PG）的缺失突变株，用突变株和野生菌株接种棉苗，发现突变株的致萎能力远远低于野生菌株，证明 Endo-PG 参与了枯萎菌的致病过程。Endo-PG 主要通过降解植物细胞壁的果胶聚合物，使果胶胶体物质堵塞导管，影响棉株的水分运输，造成萎蔫。认为棉花枯萎菌的致病过程是酶和毒素协同作用的结果。

3. **酚类化合物** 与枯萎病原菌的代谢产物可以引起寄主植物组织中毒一样，植物在感病过程中形成的化学物质也能引起寄主中毒。ТуоаНоВ（1949，1950）发现，将棉株切断后放在病株浸出液中或酚类化合物溶液中，都可使棉株产生枯萎病的症状，认为棉株的萎蔫是由于植株感病后形成的酚类物质毒害的结果。

寄生物对寄主植物新陈代谢多方面的影响决定了真菌产生的复合毒素的复杂性。同时，水分状况的变化可能导致细胞结构、光合作用、呼吸作用等一系列重要生理机能的改变。上述两种学说的不足在于研究者对试验结果的分析和解释具有片面性，只观察和分析了个别的、局部的现象，并试图用以解释棉花致萎的原因，而没有考虑病害发生的全貌与整个过程。

病原菌从侵入寄主维管束到定殖发病，枯萎菌与棉花寄主之间需经过一系列相互之间的复杂作用，包括病菌的侵染与寄主的保卫。病原侵入导管后，导管中胶体开始对病菌限制和包围，分泌酚类化合物以抑制和毒杀病菌，病菌则为定殖和完成侵染而分泌某些酶和激素以克服寄主细胞产生的木质素和酚类物质，阻碍寄主产生新的形成层及其他抵抗因素。由于寄主与病原菌之间的关系极为复杂，综合因素构成了棉花的凋萎。水分运输被阻塞或枯萎病原菌产生某种毒素可能只是导致棉株萎蔫的主要原因，有些因素的作用尚有待于进一步研究证实。

第二节　棉花抗枯萎病机制

植物抵御病原物的侵染，保卫自身，主要依靠主动（侵染后诱发）和被动（即存）保卫系统。

一、棉花即存的抗病性

棉花即存的抗病性包括植物与病原菌接触以前存在的抗病因素，有物理的（组织学）和化学的（抗菌化合物）因素。

（一）棉花组织结构的抗病性

Bishop，Hutson 等（1983）观察到移栽后枯萎病发病加重的现象，认为根的表皮对阻止病菌入侵具有保护作用，但由于移栽造成了对根的损伤，失去了植物表皮的保护作用。此后又对病菌入侵根尖进行了研究，发现在适宜条件下接种枯萎菌孢子 24～96h 后就能发生侵染，孢子萌发后，菌丝体在根表大量生长，主要从根尖分生区和伸长区入侵，很少侵入根冠、根毛。在茎尖的成熟区以上，由于组织发育成熟，病菌难以通过内皮层而进入维管束内。菌丝在侵入表皮和皮层时，寄主细胞产生保护反应，如形成加厚层（apposition layer）和乳状突（papilla），但病菌仍可经过细胞间或细胞中穿过。病菌很少经内皮层进入中柱，因为内皮层是阻止病菌入侵维管束的重要屏障。病菌主要是在成熟区之前或在寄主伤根时进入维管束。

Shi 等（1992）利用组织化学方法，检测了继发性受阻导管和相邻不受阻导管的交联细胞的超微结构，发现受棉花植株抗性或感病性的影响，用枯萎菌接种棉株，其接触细胞表现出细胞质成分及活性的增加，接触细胞能够产生脂类物质及其他化合物，所形成的分泌物通过纹孔进入导管。分泌物覆盖导管壁，并且以变态物形式沉积在导管腔，无定形泡状结构聚合在一起，形状、大小不一，导管逐渐被分泌物所包埋覆盖，累积的分泌物完全堵塞了导管腔。在抗病品种中随着导管腔的分泌物积累以及管壁的增厚，被膜更集中，抗性品种中接触细胞中这种更集中的分泌物活性导致了屏障的形成，从而阻止了导管内病菌的扩展。

贺运春（1984）以电子显微技术研究棉枯萎镰孢菌侵染棉株的情况，观察到棉株导管中的枯萎菌菌丝壁由胞壁和胞膜两层组成，其厚度分别为 $0.14\mu m$ 和 $0.10\mu m$。枯萎病菌丝沿寄主导管壁生长时，菌丝细胞壁与导管壁紧密接触，在接触的菌丝细胞壁上产生顶端膨大、扁平、基部粗壮、不具有细胞壁的吸胞，并伸入寄主导管壁内。在菌丝的同一部位有时可以产生并排的两个相同的吸泡。在产生吸泡的菌丝部位，菌丝细胞加厚，厚度可

达 $0.22\mu m$。棉株导管中的枯萎菌丝无色，有分隔和分枝，并着生有小型分生孢子，但未见大型分生孢子及厚垣孢子。

对导管内枯萎病菌为害棉株的观察发现，凡是发病严重的棉株导管中，均易见到大量枯萎菌丝及小型分生孢子。在棉株下胚轴横切片中，直径为 $19.2\mu m$ 的导管中，发现有被 24 根菌丝严重堵塞的现象。同时还发现，导管中菌丝体堵塞的严重程度与外部症状表现有一定的相关性。

（二）棉花植株生化物质的抗病性

植物细胞壁主要由纤维素、半纤维素、果胶物质、壁蛋白和木质素组成，它们协同作用抵御病菌的侵入。

1. **壁蛋白** 壁蛋白是与糖分子专一性结合的一类糖蛋白，具有凝集素作用。刘士庄等（1984）发现，棉花品种抗枯萎病菌的能力与其种子浸提液对兔血球凝集能力呈正相关。1989 年又报道用抗病品种中植 86-1 种子浸提液和硫酸铵分级沉淀分离得到的组分，能抑制枯萎孢子萌发和菌丝生长。20 世纪 80～90 年代的研究证实，棉花的子叶、胚根、根和茎的韧皮部等部位都含有凝集素。用胶体金标记的探针测得，枯萎菌孢子的壁结构是以几丁质为骨架，外被含甘露糖，内含半乳糖，而棉花凝集素是一种与甘露糖、葡萄糖专一性结合的蛋白质。抗病品种中含有能与枯萎孢子表面甘露糖、葡萄糖专一结合的受体，使孢子凝聚，阻止孢子侵染和繁殖，是棉花抗病品种的保卫系统。张久绪等（1990）报道，从抗枯萎病品种川 52-128 种仁中提取出一种能与半乳糖专一性结合的凝集素，并具有抑菌作用。

2. **木质素** 木质素是初生壁加厚时产生的，它对病菌侵染的抵抗作用主要表现在以下几方面：（1）构成物理障碍；（2）病菌不能分泌分解木质素的酶类，因木质化增强了植物细胞抗真菌侵染的能力；（3）木质化过程中形成的游离基和木质化前体物质对真菌分泌的酶和毒素有破坏作用；（4）木质化限制了真菌毒素向寄主细胞扩散，同时也阻止植物的水分和营养向真菌运输。冯洁等（1991）的研究结果发现，抗病品种细胞壁木质素含量比感病品种高 46% 左右。

3. **脂类** 脂肪酸是脂类的重要组成成分，直接影响着生物膜的功能。郭金城等（1991）研究报道了棉花组织中脂肪酸成分的变化与抗枯萎病的相关性，气相色谱分析结果表明，棉花种子、根系和子叶中的脂肪酸中均有 5 种成分，分别为饱和脂肪酸-棕榈酸、硬脂酸，不饱和脂肪酸-油酸、亚油酸和亚麻酸，但不同组织中各种脂肪酸的相对百分含量不同。棉花子叶中油酸和亚麻酸含量与品种的抗枯萎病性有一定关系，品种的抗病性越强，其子叶中油酸含量越高，与抗枯萎病性呈正相关，而亚麻酸含量与抗枯萎病性呈负相关趋势。

4. **棉酚** 棉酚是一种类萜烯类物质，存在于棉花叶表面和幼根表皮及根毛中，随着生长发育，逐步扩散到整个植株根皮中，但根尖中不含棉酚，因此这一区域是枯萎菌侵入的惟一部位。研究发现，苗龄 7d 的幼苗，其 2cm 根尖中棉酚浓度与抗枯萎性呈显著正相关，这可能是由于根表皮棉酚限制了病菌侵染、扩散的结果。

5. **单宁** 单宁是一种有效的蛋白质变性剂，具有酶抑制剂、抗孢剂和温和抗菌素的作用。通常位于表皮细胞液泡内及其他组织分散的薄壁细胞中，单宁在抑制真菌向导管生长方面起着重要作用。

6. **酚类化合物**　酚类化合物以其特殊的功能参与多种植物防御反应，主要有以下过程：作为传递氢键参与的氧化反应，酚体系——多酚氧化酶，是最重要的中间介体；参与木栓质化和木质化的过程；参与生长过程的调节，在酚类化合物中有抑制剂、生长刺激物以及间接的（例如通过吲哚乙酸氧化酶活性的变化）作用于生长过程的物质；参与影响细胞蛋白质化合物的作用；参与酶系统的失效作用；参与氧化磷酸化过程的分离作用；参与毒性作用，如由于酚的氧化可致使某些代谢物毒性发生变化。

上述作用尚不能囊括酚类化合物生理学作用的全貌，还有广阔的领域需要深入研究和探讨。

棉毒素是具有代表性的酚类化合物之一，它在一些特殊的腺体中形成，这些腺体分布于棉花叶部、茎部和其他地上部分的器官中。据报道，棉毒素的含量可达 0.4%。Kuc（1985）研究发现，在植物体内有一类预先形成的、具有抑制作用的化合物，称为预形成的抑制物（preformed inhibitor），它们是植物抗病机制的一部分。当植物的某一部位受到损伤时，在损伤部位的下面就发生一种反应机制，可以产生植保素、木质素、胼胝质等化合物，以阻止病原菌的生长。许多酚类化合物如棉酚（gossypol，G）和半棉酚（hemigossypol，HG）主要存在于棉花叶表面和表皮毛中，但在棉花受伤部位可以迅速大量产生，棉酚和半棉酚都是棉花体内的预形成的抑制物。

酚类化合物在棉株的保卫反应中对枯萎菌的作用是多种多样的，尽管有些作用机理尚不能作出确切的解释，但有一点毋庸置疑，即酚系统—酚氧化酶对决定病害发生的特点和棉花对病害的抗性表现起着重要作用。

绿原酸是一种酚类植保素，冯洁等（1990）研究了抗、感品种中绿原酸的含量与枯萎病抗性的关系。结果显示，棉花品种抗、感差异与绿原酸产生的量和速度有关。此外，从棉花幼苗中提取的次生代谢产物的抑菌效果，也是抗病品种优于感病品种。

7. **抗病蛋白**　曾以申等（1990）从抗病品种川 52 - 128 及感病品种苏棉 1 号中分别提取出抗病蛋白（R）及感病蛋白（S）。实验证明，这两种蛋白具有小种专化性，抗病蛋白（R）能够抑制枯萎菌的孢子萌发和菌丝生长。电泳分析结果表明，抗、感蛋白之间只存在一条蛋白带的差异，R 蛋白能通过杂交的方式遗传给后代，并与抗枯萎表现型同时存在，认为 R 蛋白是抗枯萎病基因的产物。

朱为等（1992）也从抗枯萎病品种川 52 - 128 中纯化鉴定了具有生理小种特异性的抗病蛋白（R），利用 ABC 染色法研究发现，经病原菌诱导后棉花叶片中 R 蛋白的量未呈现明显变化，故推断 R 蛋白在棉花叶片及幼根中是组成型表达的。显色结果表明，R 蛋白存在于根尖顶端分生组织细胞，这一组织将进一步发育分化成根的维管束组织，病原镰刀菌正是沿着维管组织蔓延至棉花上部，而 R 蛋白可能存在于细胞表面。来自棉花自身的具有抗病作用的蛋白的分离纯化，为我们今后分离棉花的抗病基因奠定了基础。

8. **碳水化合物**　碳水化合物是植物体内生理代谢最基础的一种化合物，陈其煐等（1988）认为，陆地棉不同品种苗期含糖水平与抗枯萎病之间存在相关性，含糖高者表现为感病，含糖低者表现为抗病，因此认为棉枯萎病是高糖病害。

二、棉花的诱导抗病性

（一）组织解剖学变化

植物具有多种多样的物理、化学保护机制，这些机制在植物受侵染后被激活，形成的物理障碍能起到延缓真菌扩展的作用，以便有时间进一步激活生理生化的保卫机制。

1. **导管接触细胞与抗病性的关系**　棉花导管接触细胞在寄主抗病过程中具有重要作用。史金瑞与 Mueller 和 Beckman 教授合作，对棉花导管接触细胞的原生质微结构和组织化学反应与抗病机理的关系进行了研究。以抗病品种 SBSI 和感病品种 Rowden 为试材，通过电镜观察接种后棉花维管束切片中导管周围接触细胞及邻近薄壁细胞的原生质变化，并以组织化学方法确定接触细胞中产生和分泌的化学物质的特性及分泌进入导管腔的途径，对阻碍病菌横向和纵向扩展的抗性机理等一系列问题进行了深入研究。

（1）导管接触细胞原生质微结构的反应　棉花维管束受枯萎菌侵染后，在初侵染导管周围的接触细胞的原生质微结构反应有三种类型。第一种类型：接触细胞受菌丝侵入，24h 后细胞完全解体；第二种类型：菌丝未侵入接触细胞，但接触细胞的原生质在 48h 后，表现出衰退，这也属于细胞防御功能的反映；第三种类型，菌丝未侵入接触细胞，原生质表现正常健康。在抗、感品种中接触细胞均以第三种类型占多数，而抗病品种中，以第三种类型更多。据电镜微结构观察，第三种类型细胞原生质通过重组增强了代谢活性，使细胞壁加厚层沉积加固并在细胞原生质中产生亲锇微滴，它的分泌是明显地通过质膜进入加厚层和导管腔中，病菌进入维管束薄壁细胞的横向定殖都是由于这种细胞原生质反应而受阻。显然在抗病品种中，这种接触细胞原生质反应较感病品种更快更强，因而其反应强弱和速度差别即是抗病性强弱不同的表现。

（2）脂类微滴在导管接触细胞及薄壁细胞中微结构及组织化学的变化　在导管受枯萎菌侵染时，细胞及维管束薄壁细胞的原生质重组产生亲锇微滴，可在线粒体膜、质膜、细胞核膜上见到。当导管的侵染发展，原生质重组加强，在脂类微滴中亲锇物质分泌经质膜进入加厚层或经过纹孔渗出到导管中。表明亲锇物质是脂性的，可由苏丹黑 B 染色，并溶解于有机溶剂，经鉴定属类萜醛类物质，具有植物保卫素的作用。这种物质在抗病品种中产生和分泌均较感病品种中多，因而与棉花抗性有关。

（3）导管接触细胞分泌活性及导管堵塞　抗、感品种接种枯萎菌后，其接触细胞显示增加原生质含量和活性。接触细胞中产生的类脂性物质显然是通过纹孔分泌到导管中的。分泌物质包围导管壁，并聚集在导管腔中形成不定形的聚集物，或不同形态和大小的泡状结构。在次感染的导管中，病菌孢子被包围埋藏于这种分泌物中。分泌物质的积累可完全堵塞导管腔。抗病品种接触细胞具有较强的分泌活性，其产物聚集在导管腔中是构成化学抑菌和物理堵塞抗病机理的原因。

上述研究结果对抗、感病品种导管的接触细胞的原生质微结构的观察和组织化学研究，是在细胞水平上对抗性机理的进一步阐明。将导管接触细胞对病菌的侵染反应划分为三种类型，对抗病性具有不同强弱的活性反应。明确了亲锇微滴的产生、分泌与胼胝质形成、加厚层的关系以及通过纹孔进入导管使导管腔堵塞所起的物理屏障作用和亲锇微滴与化学抑制剂、类萜醛植保素的关系。研究发现棉花对枯萎病和黄萎病的抗病机理基本上是相同的。

2. 维管束组织以外的细胞与抗病性的关系 史金瑞（1986）对抗、感棉花品种根部早期侵染的组织和细胞进行观察，发现高抗的亚洲棉石系亚品种中，侵染菌丝被局限在表皮细胞及外围1～2层皮层细胞中，在陆地棉中植86-1（抗）、徐州142（感）和高感的海岛棉品种中，菌丝能在皮层中扩展，并能进入中柱。两个致病性强的菌系在早期侵染中没有明显差异。研究中还发现，亚洲棉石系亚的根部表皮层外有一层物质，在菌丝与表皮细胞接触处这层物质被消解之后才能进行侵染，而在其他几个供试的陆地棉、海岛棉中则无此现象，石系亚对棉枯萎病表现较强的抗病性，可能与其表皮层外这层物质有关。

原生质膜透性与抗病性具有一定相关性，用枯萎病菌培养滤液处理棉苗，抗病品种叶片原生质膜透性变动弹性大，抗破坏能力强，不易造成细胞内电解质外渗，并认为这是品种重要的抗病表现（肖建国，1986）。

（二）生理生化变化

植物对病原菌的抗性主要表现在三个方面：（1）遗传上的抗病性；（2）组织结构抗病性；（3）生理生化抗病性。不同品种遗传物质的差异通过生理生化变化进行表达，经病原菌诱导使原来在植物体内不存在或存在量很少的物质产生或被激活。

1. 壁蛋白 富含羟脯氨酸糖蛋白（hydroxyproline-rich glycoprotein，HRGP）是高等植物细胞壁中特有的一种糖蛋白，它在抗病反应中的作用已在许多作物中得到证实（瓜类、马铃薯、烟草、小麦、番茄等），其作用机理主要有以下几方面：①HRGP是线性分子，上面结合有许多基础氨基酸，呈碱性，带正电荷，起凝集素的作用，能够凝集带负电荷的粒子或细胞。因此，能将病原菌固定在细胞壁上，阻止病原菌的侵入和扩散；②可作为木质素的沉积位点；③可作为结构屏障，提高细胞壁的强度，并且它不能被病原物分泌的酶所降解。

冯洁等（1995）研究发现，棉花抗、感品种细胞壁HRGP的积累与木质化程度相吻合，与棉花抗枯萎病性呈正相关，并且以致病力不同的3号和7号小种接种，细胞壁中HRGP的积累存在明显差异，说明HRGP可能在棉花对枯萎菌特异性识别方面起一定作用，并发现HRGP的积累与植保素的反应十分相似。

2. 木质素 阿魏酸是木质素的前体。冯洁等（1990）根据枯萎菌侵染棉花的进程研究抗、感品种中木质素前体阿魏酸含量与枯萎病抗性的关系，每间隔12h采样，在接种后48h，抗病品种就出现了阿魏酸的增加峰，最大可达4.27～6.68mg/g干重，而感病品种在接种24～72h阿魏酸含量始终低于未接菌的对照，直到96h才略有上升。最大值为2.17～3.48mg/g干重。表明阿魏酸含量与棉花对枯萎病的抗性呈正相关。

3. 酚类化合物 冯洁等（1990）研究发现，棉株中酚类植保素绿原酸的积累在抗、感品种中表现存在差异。作为最终产物之一的酚类植保素绿原酸的积累，在抗病品种中接菌后24h就达到高峰，对抑制枯萎菌起到了重要作用，感病品种直到96h才达到高峰，虽然在含量上与抗病品种相近，但已错过了杀伤病菌的最好时机。因此认为，感病与抗病品种的差异，在于控制抗病性的基因表达速度和程度不同，以及所产生的抗性物质活性不同，经病菌诱导后使植物的潜能表达出来。

4. **酶类**

（1）**同工酶**　棉花抗病或感病品种，经枯萎病菌诱导后体内过氧化物同工酶都显著加强，认为同工酶谱中某些酶带出现的数目多少及颜色深浅，可以作为品种抗病性强弱的一个指标。

（2）**代谢关键酶类**　植物产生抗性物质主要通过莽草酸途径。研究发现，莽草酸途径的两个前体物质（碳水化合物）经枯萎菌诱导后，抗病品种体内含量高于感病品种，为此途径的顺利进行提供了物质保障。莽草酸途径中起关键作用的限速酶苯丙氨酸解氨酶（PAL）活性峰的出现，抗病品种比感病品种早12h，相对酶活性值也高。

除了枯萎病菌诱导棉花产生抗病性外，除草剂氟乐灵处理棉苗也可激发棉苗对枯萎病的抗性，并且能促进体内木质素的合成与积累，提高苯丙氨酸解氨酶和过氧化物酶的活性。V_A菌根真菌是侵染植物根系的真菌，同样能诱导棉花产生病程相关蛋白，增强对枯萎病的抗性，使发病率和病情指数降低（刘润进，1993）。

（三）水分代谢的变化

1. **叶片组织的水分变化**　棉花感染枯萎病后，叶部组织中的水分含量发生明显变化。许多研究者发现，感病后的棉株水分含量降低，水分变化的特征因发病的不同阶段而异。在出现枯萎病外部症状之前，病株和健株在含水量方面几乎没有什么差别。前苏联学者的研究报告指出，棉花植株在不同发育时期感染枯萎病在外部症状出现之前，会引起叶部组织中水分含量增加，同时这种反应不以棉花品种抗病性能而有所转移。在外部症状出现时，叶片明显失水，含水量的变化是由于病菌侵染引起棉株生理生化过程紊乱的结果。对病叶不同部位含水量测定结果显示，并在感病的早期阶段，病株和健株叶部组织内含有同量水分，在症状出现之前，病株叶片中的含水量较健株叶片有所增加；而在外部萎蔫症状出现以后，随着病害程度的发展，水分的损失也随之加剧。

上述研究表明，在外部症状出现之前病叶中的水解作用就已发生变化，表明棉花发生枯萎病后由于水分缺乏而导致水解作用增强，最终导致棉株死亡。

2. **渗透压的变化**　棉花病株叶片中含有丰富的结合水，说明叶片持水能力有增加，这可看作是不良供水条件下水分代谢自动调节的一个过程。

在结合水增加的环境中，吸收力（S）、渗透压（P）和细胞液浓度大大增加。据观察，P 和 S 的关系不能用一般的生理学公式 $S=P-T$（膨压）来表示。在通常情况下，在健株中渗透压不会发生剧烈的变化，而感病棉株细胞液浓度的增加，是因为细胞液的成分产生了质的变化，引起了糖类和非糖类还原物质数量的减少和蛋白质、酚类等含量的增加所致。感病品种和抗病品种相比，前者细胞液浓度有较大程度的增长，而这些变化是导管堵塞引起供水失调的结果。

3. **蒸腾作用的变化**　植物水分代谢状况的一个重要指标是蒸腾作用的强度。健康棉株的蒸腾作用强度很大，一般每 $100cm^2$ 蒸腾水量是 $35mg/min$。Nain（1985）报道，棉株感染枯萎病后，蒸腾作用的强度发生变化，并受到抑制。对离体叶片的蒸腾作用进行测定发现，充分展现症状的叶片其蒸腾强度要比健康叶片低 $1/2\sim2/3$；同时叶片中的水分含量也低约 $1/2$。有些研究者指出，棉花感染枯萎病后，由于根部供水能力减弱，蒸腾作用强度要比健康植株降低 $2/3\sim3/4$。

4．水分输导的变化 刘泽雯等（1981）利用 ^3H 标记研究棉花枯萎病株内水分移动状况与发病的关系，发现棉花受到枯萎病侵害之后，病株脉冲计数显著低于健株，重病株又低于轻病株。清楚地表明，病株由于输导系统受阻，吸入水分明显少于健株。发病程度愈重，水分输导受阻的程度也愈深。从棉株上、中、下三个不同部位来观察，健株各部位都较病株相应部位的脉冲计数高出数倍。发病时期与水分输导受阻的测定结果表明，发病的前期水分输导受阻较轻，后期加重。如抗病品种中植 86-1 在感病前期，一级病株的 ^3H 脉冲计数平均为健株的 67.1%，后期病株脉冲计数平均为健株的 43.9%。分析认为，由于病菌和其他物质对导管的阻塞和毒害，影响了水分输导，是造成棉株萎蔫的主要原因。

5．温度的变化 1969 年苏联学者对棉花受枯萎病侵染后的温度反应进行了研究，发现棉株感病后由于蒸腾强度的降低会导致棉株体温升高，从而造成叶部损害。在田间条件下，健康植株组织的温度要比空气温度低几度；棉花感染枯萎病后，叶片温度大大提高，有时病株和健株叶片的温度相差多达 $6℃$。这种差异与棉株发病程度有直接关系，对病叶外表健康的部分和发病部分的测量，坏死组织部分的温度要比绿色组织部分的温度为高。在幼茎和幼铃上也表现了同一规律。

三、交互保护现象

交互保护现象能够诱发棉株产生抗性物质，从而抑制枯萎菌的侵染。用非致病的尖孢镰刀菌番茄专化型（*F. oxysporum* f. sp. *lycopersici*）制成的诱导菌菌剂浸种或沟施，可有效控制棉花枯萎病，其防效与多菌灵相当，与对照相比，可增产 20% 左右。非致病尖孢镰刀菌培养液不能抑制棉花枯萎病菌的孢子萌发，预先接种的诱导菌与后继接种的棉枯萎菌之间需有 $5\sim7d$ 的间隔期，若同时接菌，前者的接种量至少要是后者的 10 倍，认为主要机理是物理和化学的综合抗性机制，由多因子协同作用抵抗病菌侵染。

四、根分泌物

棉花枯萎病是典型的土传病害，枯萎菌生活在土壤中，由根部侵入，因此寄主植物根分泌物及土壤微生物对枯萎菌的侵染会产生一定的影响。

根系分泌物主要有氨基酸、糖、有机酸等成分，这些物质均可对病菌孢子萌发及菌丝生长产生影响，并能影响根围微生物的种类和数量。

冯洁等（1991）以棉花抗病品种中植 86-1、中棉所 12 和感病品种豫棉 1 号、岱 15 为试验材料，接种枯萎菌后，分析抗、感品种病、健株根分泌物中氨基酸和糖分含量的变化，及其对枯萎菌孢子萌发的影响，结果表明，抗、感品种健株根分泌物中氨基酸种类和含量均较低，只有 $1\sim8$ 种，总含量为 $0.43\sim1.40nmol$，用薄层层析法检测不到果糖和葡萄糖。接种枯萎菌后，抗、感品种病株根分泌物中氨基酸种类均达到 17 种，总含量上升到 152.4～240.0nmol，用薄层层析法可以检测到果糖和葡萄糖，比健株呈极显著增加，且感病品种明显高于抗病品种。孢子萌发实验表明，感病品种健株根分泌物可刺激孢子萌发（萌发率在 34.9%～57.7%），抗病健株则不然，萌发率在 22.4%～26.3%；接菌后抗、感品种根分泌物均可刺激孢子萌发，萌发率在 65.4%～72.0%，比对照高 40.7%～47.3%。并且大多数氨基酸对孢子萌发有刺激作用。感病品种体内有机物外渗要比抗病品种严重得多。认为这可能是感病品种细胞膜受到病菌破坏，透性增加的缘故。

参 考 文 献

陈其煐，籍秀琴. 1985. 我国棉花枯萎镰刀菌生理小种研究. 中国农业科学. 18 (6)：1～6

冯洁，陈其煐，石磊岩. 1991. 棉花幼苗根系分泌物与枯萎病关系的研究. 棉花学报. 3 (1)：89～96

冯洁，陈其煐，马存. 1990. 棉株内阿魏酸和绿原酸的含量及其对枯萎病抗性的关系. 棉花学报. 2 (2)：81～86

冯洁，陈其煐. 1991. 棉株体内几种生化物质与抗枯萎病之间关系的初步研究. 植物病理学报. 21 (4)：291～297

冯洁，陈其煐，石磊岩. 1995. 枯萎菌诱导棉花细胞壁富含羟脯氨酸糖蛋白积累与枯萎病抗性间的关系. 植物病理学报. 25 (2)：133～138

顾本康，马存主编. 1996. 中国棉花抗病育种. 南京：江苏科学技术出版社

郭金城，宋晓轩，张久绪等. 1991. 棉花组织中脂肪酸组成成分变化与抗枯萎病的相关性. 中国棉花. 18 (2)：46～48

刘士庄，施承良，许吕等. 1989. 棉花凝集素与棉花枯萎病关系的研究. 中国农业科学. 22 (4)：49～53

马存，简桂良，陈其煐. 1992. 棉花枯萎病菌的抑菌土初步研究. 棉花学报. 4 (2)：77～83

仇元，段应科. 1963. 棉花枯萎培养滤液致萎力测定. 植物病理学报. 6 (2)：215～224

沈其益主编. 1992. 棉花病害——基础研究与防治. 北京：科学出版社

沈其益，闫龙飞，李庆基等. 1978. 棉花感染枯萎病后过氧化物酶同工酶的变化. 植物学报. 20 (2)：108～112

宋凤鸣. 1993. 氟乐灵诱发棉苗对棉枯萎病的诱导抗性及其机制. 植物病理学报. 23 (2)：115～119

王贺祥，徐孝华. 1988. 棉花枯萎菌镰刀菌酸的产生与致病力的关系. 植物病理学报. 18 (2)：99～102

吴洵耻. 1993. 番茄尖孢镰刀菌诱导棉花抗枯萎病的效果. 植物病理学报. 23 (3)：225～229

朱为. 1992. 用免疫组织化学染色法检测棉花幼苗的枯萎病抗性蛋白，植物生理学报. 18 (4)：403～407

Alshukri M M. 1970. 受 *Verticillium* 和 *Fusarium* 侵染的幼龄棉株萎蔫症状表现同维管束阻塞的比较. 植物病理学文摘. 4：14

Armstrong G M, Armstrong J K. 1978. A new race（race 6）of cotton wilt Fusarium from Brazil. Plant Disease Reporter. 63：421～423

Bekker E E. 1974. Fusarium 枯萎病菌毒素的性质及生物合成，在棉株内的作用机制及可能的转化. 植物病理学文摘. 4：10

陈其煐译. 1988. 镰刀菌属. 北京：农业出版社

Cäumann E.（Translated into English by Brierley W B）1950. Principles of plant infection，London

Dobson T A, Desaty D, Rewey D et al. 1976. Biosynthesis of fusaric acid in cultures of *Fusarium oxysporum* Schlecht，Canadian Journal of Biochemistry. 45：809～823

Marshall M E，Bell A A and Beckman C H. 1981. Fungal wilt disease of plants. Acadimic Press，New York

Vanderplank J E. 1978. Genetic and molecular basis of plant pathogenesis，London

Vanderplank J E. 1984. Disease resistance in plants. 2nd ed. ，Acadimic Press INC，London

第七章

棉花黄萎病的发生为害及分布

棉花黄萎病（*Verticillium dahliae* Kleb.）与枯萎病同是世界性危险性病害，对棉花生产造成严重的威胁。1914 年 Carpenter 在美国发现棉花黄萎病以后很快向世界各主要产棉国传播，成为危害棉花最严重的病害。该病 20 世纪 30 年代传入我国，50～60 年代在部分省造成危害，90 年代以后成为我国各主产棉省，尤其是北方棉区棉花生产中的重要问题，黄萎病一直是我国对内、对外植物检疫对象。

第一节　黄萎病在国外的分布与为害

一、黄萎病在美国的分布与为害

Carpenter 1914 年首先从美国弗吉尼亚州的阿灵顿陆地棉病株中分离得到了 *V. dahliae*，1918 年他又从南卡罗莱纳州一株带病的秋葵上分离得到了该菌，并且在温室接种到棉株上，可以使其萎蔫。随后，Bewley（1922）也采用温室接种的方法，将来自欧洲在马铃薯上分离得到的轮枝菌接种到亚洲棉上，同样引起了棉株的萎蔫。

1927 年，当 Sherbakoff 在田纳西州 Lake 发现棉花黄萎病时，他首先提出了该病有可能成为引起棉花减产的重要病害（Sherbakoff，1928）。次年他就发现该病在田纳西州和阿肯色州正沿着密西西比河蔓延。其实，在这几年中当地的农民就已经发现了这种病害，在有些田块中，棉株感染率为 100%（Sherbakoff，1929）。Mile 等（1932）也报道棉花黄萎病在密西西比河岸普遍发生，并且意外发现该病大多发生在土壤比较肥沃的棉田中。

1921 年，在亚利桑那州的 St David 和得克萨斯州的 Waxahatchie 一直作为棉花枯萎病诊断的病害，后经鉴定实属棉花黄萎病（Taubenhaus，1936；Anon，1949）。Shapovalov 和 Rudolph（1930）首次报道了加利福尼亚州发生的棉花黄萎病。1930 年后，在加利福尼亚州的 Kern、Tulare、Kings 和 Madera 等镇相继发现了棉花黄萎病，尤以 Kern 镇发病最严重（Herbert 和 Hubbard，1932）。1936 年，Barker 和 Sherbakoff 全面调查了美国不同地区的棉花萎蔫病，分离得到了上百种病原分离物，查清了各地区萎蔫病的病原。他们发现棉花黄萎病在得克萨斯、亚利桑那、新墨西哥、密苏里亚利桑那、阿肯色、密西西比和加利福尼亚等地都普遍存在。他们认为，在俄克拉荷马州发现的大部分棉花枯萎病可能也属于棉花黄萎病。

40 年代，美国人已经认识到黄萎病给棉花生产带来的严重威胁。Ezekiel 和 Dunlap (1940) 估计 1939 年棉花黄萎病使得克萨斯州的 El Paso 农庄损失皮棉 15％，同年加利福尼亚的一些农田也受到了该病的严重危害。到 40 年代末，加利福尼亚因棉花黄萎病的为害损失皮棉每年都在 10％～15％之间。1944—1946 年，在新墨西哥州 Mwsilla 农庄的调查显示，75％～88％的田块都感染了黄萎病，损失 5％～20％的农田占 27％～30％。1952—1990 年棉花黄萎病在美国造成的损失估计见表 7 - 1。1961 年黄萎病暴发，产量损失达到高峰，共损失皮棉 580 000 包*。最高的损失比例（3.48％）出现在 1967 年，在这以后，由于减少化肥的使用和农田灌溉，并且推广了新的抗病品种，致使病害损失有所下降。

表 7 - 1　1952—1990 年黄萎病在美国造成的棉花产量损失*

年　份	损失率（％）	损失（1 000 包*）	年　份	损失率（％）	损失（1 000 包）
1952—1954	1.62	559.2	1973—1975	2.60	861.3
1955—1957	1.50	623.3	1976—1978	2.59	896.6
1958—1960	1.93	907.9	1979—1981	2.36	1 037.3
1961—1963	2.57	1 238.8	1982—1984	1.50	521.6
1964—1966	3.03	1 028.6	1985—1987	1.90	740
1967—1969	3.48	966.6	1988—1990	1.46	857.0
1970—1972	2.41	839.1			
			Total1		11 077.3

二、黄萎病在其他国家的分布与为害

棉花黄萎病在美国报道后不久，在中亚、保加利亚以及希腊也发现了黄萎病（Butler, 1933；Miles, 1934）。在随后几年，秘鲁、巴西、乌干达、中国和前苏联也证实有棉花黄萎病的发生。早在 1911 年，棉花黄萎病在秘鲁已经相当严重了，但一直被误认为是枯萎病，直到 20 世纪 30 年代才证实为黄萎病（Booza Barduccih 和 Garcia Rada, 1942）。苏联早在 1927 年 Zaprometov 就认为棉花萎蔫病应引起足够的重视，尤其是乌兹别克斯坦，但直到 30 年代才将大丽轮枝菌鉴定为棉花黄萎病的病原物（Mukhamezhanpv, 1966）。到 21 世纪初，黄萎病已遍布于秘鲁、巴西、阿根廷、委内瑞拉、墨西哥、乌干达、刚果、突尼斯、阿尔及利亚、坦桑尼亚、莫桑比克、澳大利亚、土耳其、叙利亚、以色列、伊拉克、伊朗、印度、保加利亚、希腊、西班牙和前苏联等国。据 1978 年的报道，棉花黄萎病（*V. dahliae* Kleb.）在苏联主要分布于乌克兰、阿塞拜疆、哈萨克斯坦、乌兹别克斯坦、吉尔吉斯斯坦、塔吉克斯坦等加盟共和国。黄萎病在苏联造成的损失最大，许多高产农场每年要损失总产量的 25％～30％。1966 年，乌兹别克斯坦估计损失皮棉 1.8 亿 kg。黄萎病的防治刻不容缓。因此，苏联投入了大量的人力和物力进行了研究。1966 年，在苏联植物生态研究所就有 220～250 名科学家和科技工作者从事棉花黄萎病研究（Mukhamezhanov, 1966）。1990 年，在列宁格勒举行的第五届国际轮枝菌研讨会上，48 位俄罗斯科学家呈交了 54 篇关于大丽轮枝菌和棉花萎蔫病的论文。

---

* 1 包等于 217.92kg。

第二节 黄萎病在国内的分布与为害

我国的棉花黄萎病是在 1935 年由美国引进斯字棉种传入的。当时，凡是承担试种这批棉种的棉区，如河南安阳、河北正定、山东高密、山西运城和临汾、陕西泾阳和三原等地，都陆续发现了黄萎病，并逐年传播蔓延。

一、20 世纪 70 年代以前黄萎病的发生分布与为害

新中国成立后，棉花黄萎病随棉种的大量调运迅速扩展蔓延，至 1959 年，12 个产棉省（直辖市）有棉花黄萎病的局部零星发生，而 1935 年首先传入该病的 5 省 7 县已成为黄萎病重病区。1963 年，有 14 个产棉省的 75 个县（市）发病；1965 年，扩展到 17 个省 172 个县（市）发生黄萎病，并且为害程度逐年加重。

20 世纪 60 年代中期，黄萎病发病严重的省、自治区主要是北方棉区的灌溉棉地区及河滩地，旱地发病较少。重病区有陕西关中一带的泾阳、三原、高陵，河北的唐山地区及石家庄地区的部分县，山西晋中南 26 个产棉县仅有 2 个县没有发病，河南安阳，山东高密、临清，辽宁省的辽阳、营口、盖平、黑山、海城等县（市）。60 年代中期开始，枯萎病在各主产棉区为害越来越重，由于我国大部分地区为枯、黄萎病混生病区，枯萎病的为害掩盖了黄萎病。70 年代以前枯萎病和黄萎病简称"黄、枯萎病"，由于枯萎病的严重为害，科技工作者 70 年代以后把"黄、枯萎病"改称为"枯、黄萎病"，以此表明当时棉花枯萎病为害的严重性。

二、20 世纪 70~80 年代黄萎病的扩展蔓延

1972 年 15 个省、直辖市统计，638 个产棉县发生枯、黄萎病，病田面积达 30.3 万 hm^2，占统计棉田面积 386.7 万 hm^2 的 7.8%。1973 年统计，全国植棉面积 528 万 hm^2，黄萎病的发病面积 8.7 万 hm^2。1977 年，21 个植棉省市发生枯、黄萎病，浙江、江西为枯萎病区，甘肃、贵州为黄萎病区，其余各省均是枯、黄萎病混生区。全国枯、黄萎病发病面积 52.8 万 hm^2，占全国植棉总面积 480 万 hm^2 的 11%。其中黄萎病面积 9.0 万 hm^2，枯萎病 10.1 万 hm^2，枯、黄萎病混生面积 33.7 万 hm^2，损失皮棉 0.5 亿 kg 以上。

1982 年全国普查，全国枯、黄萎病发病面积 148.2 万 hm^2，占普查面积 474.1 万 hm^2 的 31.3%，其中纯黄萎病面积 13.0 万 hm^2，枯、黄萎病混生面积 43.8 万 hm^2，枯萎病面积 91.4 万 hm^2，绝产面积 2.1 万 hm^2（以枯萎病为主），损失皮棉 1 亿 kg 以上。1982 年黄萎病发病县由 1963 年的 201 个增加到 477 个。

三、20 世纪 90 年代以后黄萎病的严重发生与为害

由于在枯、黄萎病区大面积种植抗枯萎病品种，到 80 年代末枯萎病被控制，90 年代

初黄萎病的为害逐年加重，特别是 1993 年，我国南北棉区气温比常年低，加上土壤含菌量大，造成黄萎病的大暴发，发病面积约占全国植棉面积的一半，重病田面积 13.3 万 hm^2，损失皮棉在 1 亿 kg 以上。本书主编 1993 年 8 月中旬到河北、河南、山东黄萎病重病田考察，了解到其发病特点：一是发病早，危害重。在 7 月下旬即出现大面积落叶成光秆的绝产病田，如山东临清，河南封丘、兰考，河北成安、肥乡等县（市）。二是发病面积大，产量损失严重。往年的很多零星病田和轻病田在 1993 年都成为重病田。由于发病早落叶成光秆的严重病田面积大，所以产量损失严重，这是黄萎病为害历史上最重的一次，打破了以往认为黄萎病只是造成 9 月份早期落叶，产量损失 20%～30% 的概念。造成大发生的主要原因是土壤含菌量大、缺乏抗病品种以及适宜发病的气象条件。

1995、1996、2002、2003 年黄萎病在北方棉区再次连续大发生，给棉花生产造成重大损失。

黄萎病从 20 世纪 30 年代传入我国到 90 年代的大发生，可以把我国棉花黄萎病的发生为害分为以下 4 个阶段：第一阶段，30 年代到新中国成立为传入和缓慢扩展阶段；第二阶段，50～60 年代为扩张蔓延为害阶段；第三阶段，70～80 年代为进一步扩展蔓延，轻度为害阶段；第四阶段，90 年代以后为严重为害阶段。

第三节　我国主产棉省（自治区）黄萎病的发生与为害

一、河南省黄萎病的发生与为害

河南省黄萎病发生于 1952 年，到 1967 年在洛阳、安阳、南阳、开封、商丘 5 个地区 14 个县，118 个乡发生。1982 年普查，全省 98 个植棉县有 95 个县发生枯、黄萎病，对 61.7 万 hm^2 棉田进行普查，发病面积 14.14 万 hm^2 占 23%，占棉田面积的 18.6%。其中枯、黄萎混生面积 7 万 hm^2，占病田面积的 40.3%，纯黄萎面积 1.44 万 hm^2，占 10.2%。

1993、1995、1996、2002、2003 年是全国黄萎病大发生年，河南省黄萎病为害也十分严重。根据省植物保护站不完全统计，90 年代初全省黄萎病发病面积超过 40 万 hm^2，占全省植棉面积的一半以上，其中重病田 12 万 hm^2，轻病田 8 万 hm^2。

1996 年，太康县棉办调查统计，黄萎病发病率 30% 以下的有 2.18 万 hm^2，发病率 31%～49% 的面积是 0.97 万 hm^2，发病 50% 以上的面积 0.47 万 hm^2，其中严重落叶枯死，造成毁灭性为害棉田面积 0.014 万 hm^2，每年损失皮棉约 207 万 kg。

二、河北省黄萎病的发生与为害

河北省唐山地区是我国 20 世纪 30 年代传入黄萎病的地区之一，河北省在 1964、1965 年进行了枯、黄萎病的普查，当时已有 49 个县（市）发病，当时的重点病区分为三片，即唐山地区以丰南和丰润县为中心的重病区，丰南一带老棉区新中国成立前就有黄萎病发生，1952—1953 年已有 1 300 多 hm^2 黄萎病田。后又扩展到唐山市、昌黎、抚宁、遵化、秦皇岛；第二片是以石家庄市、藁城、晋县、束鹿为中心的病区；第三片是邯郸、邢台地区以永年县为中心的病区，后两片当时均为新病区。1971 年河北省黄萎发病县扩大到 53 个，发病面积接近 2 万 hm²，1979 年发病县扩大到 66 个，发病面积为 6.82 万 hm²。

1982 年普查，河北全省枯、黄萎两病面积为 16.9 万 hm²，分布在 99 个植棉县。1993 年河北省黄萎病特大发生，全省 80% 以上棉田发病。其中肥乡县天台山镇 1 067hm² 棉田，有 667 hm² 为重病田，减产 50% 以上的有 67hm²；成安县黄萎发病率 89.9%，落叶成光秆的占总面积的 52%；吴桥县 1.5 万 hm² 棉田，大部分棉田发病，其中绝产田达 0.1 万 hm²。

1995 年河北省黄萎病再次特大发生，成安县 80% 以上棉田（面积）发生黄萎病，病株率达 83%。定兴县植棉 5 300hm²，大部分棉田不同程度的发病，其中东落堡乡黄萎发生面积 400hm²，占全乡总面积的 80%，重病田 245hm²，占总面积的 49%，皮棉减产 30% 以上。

1996 年全省植棉 42.6 万 hm²，成安县植棉 0.97 万 hm²，棉田病株率 100%，其中落叶成光秆枯死株率 39%，折合面积 3 700hm²，损失严重；南宫市植棉 1.9 万 hm²，几乎全部棉田发生黄萎病，绝收面积 13.3hm²。

三、山东省黄萎病的发生与为害

1952 年山东省仅有高密、平度两县零星发生黄萎病，1956 年扩展为 42 个县，发病面积 0.25 万 hm²。1970 年 43 个县发病面积 1.0 万 hm²。70 年代初至 80 年代中期由于枯萎病的大面积发生与为害，黄萎病的发生与为害被忽视。90 年代初枯萎病被控制，黄萎病的为害逐年加重。1991 年黄萎病发病面积为 37.8 万 hm²，占全省植棉总面积的 24.2%，1993 年黄萎病大发生，发病面积 29.3 万 hm²，占全省植棉总面积的 39.4%（表 7 - 2），严重病区 7 月底即落叶成光秆，造成大面积因黄萎病而绝产，如临清县 2.33 万 hm² 棉田发病率在 20% 以上棉田 0.67 万 hm²，减产 30%~50% 的棉田有 0.2 万 hm²。90 年代以后由于棉铃虫和黄萎病的严重为害，使山东省棉田面积大幅度缩减。

表 7 - 2　山东棉花黄萎病历年发生情况

（1996，吴夫安）

年　份	发 病 县 （个）	全省植棉面积 （万 hm²）	全省病田面积 （万 hm²）	病田占总面积的比例 （%）
1966	42	67.4	0.3	0.4
1970	43	70.1	1.0	1.4
1990	73	140.9	21.1	14.9
1991	—	156.3	37.8	24.2
1993	—	74.3	29.3	39.4
1995	78	66.0	24.9	37.4
1996	—	42.3	34.0	80.6

四、陕西省黄萎病的发生与为害

陕西省是我国发生黄萎病最早、为害最重的省份之一。1935 年从美国引进斯字棉种分发给陕西泾阳、三原等县即开始发病，到 60 年代初陕西省各主产棉县，绝大多数县都有黄萎病的发生，泾阳、三原、高陵及咸阳地区的产棉县已是黄萎病的重病区。

我国枯、黄萎病混生面积大，而陕西省更是混生病区的典型，很少看到枯萎或黄萎病单生病田。陕西省是我国在 70～80 年代受枯、黄萎病为害最重的省份，1982 年陕西黄萎病发病县达到 43 个。全省植棉面积 26.7 万 hm^2，枯、黄萎病发病面积在一半以上。

90 年代以后陕西省黄萎病的为害也逐年加重，但随着农业生产结构的调整，植棉面积逐年压缩，到 90 年代末棉田面积在 3 万 hm^2 以下。

五、江苏省黄萎病的发生与为害

江苏省 1964 年有 10 个县（市），7 个农场，3 个农科所、29 个乡发生枯、黄萎病，病田面积 523.6hm^2，其中枯萎病面积 509.5hm^2，黄萎病面积 14.1hm^2。1965 年调查有 14 个县（市），16 个场（所）发生枯、黄萎病，发病面积没有全面统计，但仅南通地区发病面积就达1 207hm^2，比 1964 年的 440hm^2 增加 767hm^2。并在大丰、射阳、南京及泗阳县除查到枯萎病外，也查到有黄萎病（张永孝，1965）。到 1975 年枯、黄萎病发病县扩大到 37 个。

据 1982 年全国枯、黄萎病普查资料，1963 年江苏省黄萎病发病县为 3 个，1982 年黄萎病发病县扩展到 23 个，但未见黄萎病为害程度的报道。

90 年代以后黄萎病在全国各主产棉区大流行，1994 年中等发病，1995 年前期大流行，后期因高温干旱为害减轻。1996 年特大流行，常熟市存在强致病力的落叶型菌系，1996 年为害十分严重，全市病田折实面积1 860hm^2，7 月 15 日梅雨期停止，7 月 16 日发病率 56.3%，光秆率 22%；又据该县徐市镇 7 月 18 日对重病田 7 户农民的调查，平均病株率 66.8%，光秆率 55.6%，类似这种严重病田其他乡镇也有出现。

六、四川省黄萎病的发生与为害

四川省的黄萎病是 1955 年在仁寿县首次发现的，由于发病面积小，未引起重视。60 年代初逐渐扩展蔓延，60 年代发病县扩大到 4 个，70 年代为 7 个，1982 年发病县为 12 个，纯黄萎病面积1 620hm^2，枯、黄萎病混生面积2 176hm^2。

巴中县 1975 年在县农场发现黄萎病，1983 年发病面积达 930hm^2，占棉田总面积的 22.1%，因病落叶成光秆的 32.5hm^2，因病绝产面积 170.4hm^2，损失皮棉 1.2 万 kg。

七、新疆维吾尔自治区黄萎病的发生与为害

新疆维吾尔自治区的黄萎病 1957 年在南疆焉耆、库车、喀什、叶城、莎车、墨玉、和田等地已有发生，1963 年黄萎病发病县达到 30 个，1964 年传到北疆棉区，1982 年发病县达到 52 个，有不少县黄萎病发病较严重。

20 世纪 90 年代新疆的黄萎病发病面积随棉种的大量调运进一步扩大。就全区而言，

黄萎病发病面积比枯萎病更普遍,据新疆维吾尔自治区植保部门估计,90年代末新疆黄萎病面积在13.3万~20万hm²。北疆黄萎病在石河子、玛纳斯、奎屯、博乐均有大面积的重病田。据了解,新疆生产建设兵团农五师,2000年2.7万hm²棉田,有一半因黄萎病发病重需要换种抗黄萎病性能好的品种。

新疆维吾尔自治区植棉面积大,基本上是进行秸秆还田,病菌在土壤里累积快,气温低,适宜黄萎病发生。因此,黄萎病已成为新疆棉区生产上的潜在威胁。

八、其他植棉省黄萎病的发生与为害

山西是传入黄萎病最早的省份之一,1935年引进美国斯字棉时将棉种分配给运城、临汾而传入黄萎病,50年代运城、临汾已是黄萎病重病区。1963年山西省黄萎发病县已达39个,也就是说主产棉县已全部有病。由于大部分是枯、黄萎混生病田,70~80年代枯萎病为害损失更为严重。90年代棉田面积大幅度压缩。到90年代末棉田面积已不足3万hm²。进入21世纪后,随着抗虫棉的推广应用,黄萎病在山西省呈日趋严重的态势,而且出现了落叶型黄萎病菌系,黄萎病已成为山西省棉花生产的主要障碍。

辽宁于20世纪50年代初发现黄萎病为害,主要分布于辽阳、营口、黑山等老棉区。60年代初出现枯、黄萎病混生病田。1964年调查,当年植棉11.7万hm²,枯、黄萎发病面积约1.36万hm²,其中黄萎病1.0万hm²,枯萎病0.25万hm²,两病混生面积0.11万hm²。1975年棉田面积13.3万hm²,枯、黄萎发生面积约2.67万hm²,损失皮棉约230万kg。1963年黄萎发病县25个,1982年随着棉田面积的减少发病县为15个。90年代以后,棉田面积进一步压缩到3万hm²以下。

安徽省黄萎病发生较晚,1963年仅有1个县发病,1982年有10个县发病,大部分为枯、黄萎混生,发病较重的县是萧县、东至等。

湖北省的黄萎病在60年代初传入,1963年有6个县发病。1965年纯黄萎发病县扩大到16个,纯枯萎发病县有3个,两病混生县11个,合计发病县30个。发病面积0.46万hm²。1982年黄萎发病县扩大到41个。90年代以后黄萎病为害加重,但只是少数县(市)的局部棉田。从总体上看,湖北省大部分棉田多数年份夏季的持续高温是抑制黄萎病为害的重要因素。因此,湖北棉区除个别年份外,黄萎病的为害较轻。

甘肃省敦煌市1983年第一次枯、黄萎病普查,黄萎发病面积455.2hm²。1993年,全市植棉面积5 642hm²,黄萎发病面积79.1hm²。全市11年因枯、黄萎病损失皮棉46.8万~70.2万kg。

湖南省黄萎病传入较晚,1982年发病县20个,但为害较轻,未见正式报道材料。

江西省至1982年未见黄萎病发生,据了解90年代中期九江县少数棉田有黄萎病为害,但未见正式报道。

第四节 棉花黄萎病的症状类型

棉花黄萎病菌能在棉株整个生长季节侵染为害棉花。在自然病田,棉株现蕾前后才看到病株，比枯萎病发病晚 1 个月左右。如河南新乡棉区，枯萎病常年在 5 月上旬开始发病，黄萎病在 6 月上旬开始看到有病株出现。一般情况下黄萎病的症状为黄色斑驳型，90 年代以后，黄萎病在各主产棉区为害逐年加重，在重病田前期、中期、后期均可出现落叶型症状。

一、幼苗期症状

在自然病田，苗期一般不表现症状，在温室人工接菌条件下，子叶、真叶均可发病表现症状。现症开始时子叶和真叶叶缘褪绿、变软，叶片的一部分或整个叶片呈现失水状，3～4 片真叶的棉苗，叶片主脉间出现淡黄色不规则的病斑，逐渐扩大变褐，干枯脱落死亡。接菌量大时，子叶期或 1 片真叶期也可因病枯死。剖开茎部，可看到维管束有淡褐色病变。

二、成株期症状

在自然条件下，黄萎病于棉花现蕾以后才逐渐出现症状，一般在 8 月下旬开花结铃期达到发病高峰。常见的是病株由下部叶片开始发病，逐渐向上发展。根据品种抗病性不同，每年气象条件的不同，出现不同类型的症状。

(一) 黄色斑驳型

最常见的症状。发病初期，病叶边缘和叶脉之间的叶肉部分，局部出现淡黄色斑块，形状不规则，称黄色斑驳（图版Ⅱ-2）。随着病势的发展，淡黄色的病斑颜色逐渐加深，呈黄色至褐色，病叶边缘向上卷曲，主脉和主脉附近的叶肉仍然保持绿色，整个叶片呈掌状枯斑，感病严重的棉株，整个叶片枯焦破碎，脱落成光秆。有时在病株的茎基部或叶腋处长出赘芽和枝叶。

(二) 落叶型

发病初期与黄色斑驳型症状相似，叶脉间叶肉褪绿，出现黄色斑驳，但发病速度较快，3～5d 内整株大部分叶片失水变黄白色，叶片变薄、变软，很容易脱落（一触即落，图版Ⅱ-1）。

黄萎病株一般不矮缩，还能结少量棉铃，但早期发病的重病株有时变得较矮小。花铃期病株，在盛夏久旱后遇暴雨或经大水浸泡后，叶片突现萎垂，呈水烫状，随即脱落成光秆，这种症状称为急性萎蔫型。

(三) 早期落叶型

20 世纪 90 年代以前，黄河流域主产棉区的黄萎病，一般 6 月中旬开始发病，7 月初呈现小的发病高峰，随着夏季高温的到来，黄萎发病受到抑制，8 月初以后发病逐渐加重，8 月底或 9 月初为发病最高峰，重病田造成早期落叶。但是 90 年代以后，黄萎病逐年加重，在重病田出现早期落叶成光秆的症状。如 1993 年，由于夏季气温低等原因，在河北、山东、河南等主产棉省 7 月下旬出现大面积落叶成光秆的严重病田，造成大面积绝产。

朱荷琴等（1996）报道，北方棉区黄萎病出现新症状——早期落叶型。其症状特点是，病株一般表现从中部开始发病，叶片失水、色变浅、萎蔫下垂，重者叶片干枯下卷，然后落叶，只留生长点。6 月中旬即出现大片早期落叶成光秆的病株，产量损失严重（图版Ⅱ-1）。

从 90 年代末黄萎病发生情况看，在重病区，种植感黄萎病品种情况下，6 月下旬至 7月上旬、7 月下旬至 8 月上旬、8 月下旬至 9 月上旬均有可能出现黄萎病落叶型症状。

三、枯萎病和黄萎病的症状比较

在枯、黄萎病混生地区，两病可以同时发生在同一棉株上，叫做同株混生型。有的以枯萎病症状为主，有的以黄萎病症状为主，使症状表现更为复杂，调查时需注意加以区分。田间普查诊断棉花黄萎病时，与调查枯萎病一样，除了观察比较外部症状外，必须同时剖秆，检查维管束的变色情况。感病严重植株，从茎秆到枝条以至叶柄，维管束全部变色。一般情况下，黄萎病株较枯萎病株茎秆内维管束变色稍浅，多呈褐色条斑，而枯萎病维管束变色较深。8 月下旬以后黄萎病症状易与红（黄）叶茎枯病，即后期棉株下部衰老变黄的叶片混淆，剖开茎秆观察维管束变色与否是区别黄、枯萎病与红（黄）叶茎枯病等的重要依据。后期棉田淹水、根病、虫害、机械损伤、药害等也可造成棉株维管束变色，应与黄、枯萎病形成的维管束变色加以区别。但是，棉花枯、黄萎病维管束变色深浅不是绝对的，有时黄萎病重病株比枯萎病轻病株维管束变色可能还要深些，这时要通过实验室的分离鉴定，才能确定病害的种类。

棉花枯萎病和黄萎病的症状，在发病始期、叶型、叶脉以及维管束变色情况等，均有一定差异，现列表 7-3 进行比较，供识别两病症状时参考。

表 7-3　棉花枯萎病与黄萎病症状比较

发 病 期	枯 萎 病	黄 萎 病
发 病 始 期	子叶期开始发病	现蕾期开始发病
大量发病期	6 月下旬现蕾期	8 月下旬花铃期
叶　　型	常变小，皱缩，易焦枯	大小正常，主脉间叶肉变黄干枯，呈掌状
叶　　脉	常变黄，呈黄色网纹状	叶脉保持绿色
落 叶 情 况	5～6 片真叶期即可落叶成光秆，枯死	一般后期叶片提早变黄干枯，早期落叶；也有 6 月下旬至 8 月上旬早期落叶的情况
株　　型	常矮缩，节间缩短	早期病株稍矮缩
剖 茎 症 状	根、茎内部维管束变成深褐色条纹状	根、茎内部维管束变成浅褐色条纹状

参 考 文 献

陈其煐主编. 1992. 棉花病害防治新技术. 北京：金盾出版社
简桂良，马存，石磊岩等. 1996. 1995 年北方棉区黄萎病大发生及综合防治措施. 植物保护. 22

（3）：37～38

刘靖，熊建喜，张豹等. 1999. 新疆维吾尔自治区棉花枯、黄萎病迅速蔓延的原因及防治. 中国棉花. 27（9）：38～39

吕金殿，罗家龙编著. 1983. 棉花枯、黄萎病及其防治. 上海：上海科学技术出版社

马存，简桂良，石磊岩. 1994. 1993年棉花黄萎病大发生的原因及防治措施. 中国农学通报. 10（3）：33～35

沈其益主编. 1992. 棉花病害基础研究与防治. 北京：科学出版社

潭永久，蔡应繁，李琼芳等. 1997. 棉花枯、黄萎病的发生及防治. 西南农业科学. 10（10）：113～117

Bugbee WM. 1970. Effect of Verticillium wilt on cotton yield，fiber properties and seed quality. Crop. Sci. 10：649～652

Evans G，Snyder W C and Wilhelm S. 1996. Inoculum increase of the Verticillium wilt fungus in cotton. Phytopathology. 56：590～594

El-Zik，Kamal M. 1985. Integrated control of Verticillium wilt of cotton. Plant Disease. 69（12）：1 025～1 032

Gutierrez A P，DeVay J E，Pullman G S. and Friebertshauser G E. 1983. A model of Verticillium wilt in relation to cotton growth and development. Phytopathology. 73：89～95

Johnson K B，Apple J D and Powelson M L. 1998. Spatial patterns of *Verticillium dahliae* propagules in potato field soils of oregon's Columbia Basin. Plant Disease. 72：484～488

Lacy M L and Horner C E. 1965. Verticillium wilt of mint：Interactions of inoculm density and host resistance. Phytopathology. 55：1 176～1 178

Pullman G S and DeVay J E. 1982. Effects of disease development on plant phenology and lint yield. Phytopathology. 72：554～559

Turner JH. 1976. Influence of environment on seed quality of four cotton cultivars. Crop. Sci. 16：407～409

第八章

棉花黄萎病的病原菌

第一节　棉花黄萎病菌的分类、形态及寄主范围

棉花黄萎病菌属于淡色孢科，轮枝菌属。棉花黄萎病致病菌有两个种，即黑白轮枝菌（*Verticillium albo-atrun* Reinke & Berth）和大丽轮枝菌（*Verticillium dahliae* Kleb.）。由于这两个种在形态上有很大的变异，加上各国学者选用的供试材料和研究条件不一致，因此关于棉花黄萎病菌的分类地位存在着争论。各国学者从病菌形态、紫外线照射、生理特性等方面进行研究，已确立两者是各自独立的种（表8-1）。研究明确了中国只存在大丽轮枝菌。

表8-1　两种轮枝菌的形态及生理比较

	黑白轮枝菌	大丽轮枝菌
菌落	初为白色，稍老时内部变黑色，外围一圈仍为白色	生长白色菌丝体，随后形成无数小黑点状的微菌核
菌丝体	无色至淡褐色，直径2~4μm，有分隔，常膨胀变褐加粗，有时胞膜加厚形成厚壁孢子状，有时膨胀的菌丝集结成菌丝节组织	由许多厚壁细胞结合成微菌核，近球形，直径为30~50μm
分生孢子梗	轮枝状一般有2~4层轮生分枝，偶尔也有7~8层的，每层有分枝1~7个，通常3~5支，全长100~300μm，分枝长3~38μm，顶枝长15~60μm	轮枝状，每轮有3~4分枝，全长110~130μm，分枝大小为13.7~21.4μm×2.3~2.7μm
分生孢子梗基部	暗色，膨大	无色透明
分生孢子	椭圆形，单孢，偶有分隔，大小为4~11μm×1.7~4.2μm	长卵圆形，单孢，极少分隔，大小为2.3~9.1μm×1.5~3.0μm
生长适温（℃）	20.0~22.5	22.5
30℃时生长	−	++
生长最适pH	8.0~8.6	5.3~7.2
pH3.6时生长	+	++
培养最好的碳源	甘油	蔗糖、葡萄糖

注：不同生长等级"−"到"+++"为不长到生长极好。

Smith and Schnathorst（1985）认为，两个种在形态、生理上的主要差异可归纳如下。

（1）黑白轮枝菌由菌丝分隔、膨大，胞壁增厚变暗形成黑菌丝缠结的"菌丝结"；大丽轮枝菌则由一根或数根菌丝分隔、膨大，胞壁增厚并向各方向芽殖形成黑色微菌核。

（2）在 30℃时，黑白轮枝菌不生长；大丽轮枝菌仍能生长。

（3）黑白轮枝菌在 20℃比在 25℃对寄主的为害严重，大丽轮枝菌则较轻。

一、我国棉花黄萎病菌种的鉴定

1939 年，周家炽在我国云南采集的离核木棉（*Gossypium barbadense*）上发现黄萎病，病原菌定名为 *V. dahliae*。尹莘耘（1954）在《棉花黄萎病》一书中认为我国棉花黄萎病菌应为 *V. albo-atrun*。1962 年，全国棉花病害学术会议上定名我国棉花黄萎病菌为 *V. albo-atrun* 和 *V. dahliae*。戴芳澜（1979）在《中国真菌总汇》中列出我国 *V. albo-atrun* 的寄主为 27 种，分布于 20 个省（自治区）；而 *V. dahliae* 仅有 6 个寄主，分布于 6 个省（自治区）。

1979 年，全国棉花枯、黄萎病协作组组织河北省植物保护研究所、中国科学院微生物研究所、北京农业大学植物保护系和中国农业科学院植物保护研究所，采用河北、河南、陕西、辽宁、江苏、云南、四川、新疆维吾尔自治区等 8 个省（自治区）有代表性的 23 个单孢菌系，经过对菌落及休眠结构的观察和温度试验的综合鉴定，证明上述菌种全部都能产生微菌核，在 30℃下 PDA 上有不同程度的生长，没有发现分生孢子梗基部变黑的菌系，也未发现不产生微菌核的黑色菌丝型。故认为中国主要棉区黄萎病菌均属大丽轮枝菌（*Verticilliun dahliae* Kleb.）。

姚耀文等（1984）对长江流域的四川、湖南、湖北、安徽、江苏、上海 6 省（直辖市）10 个具有代表性的菌系和吴洵耻等对山东 6 个地（市）的 52 个单孢菌系的鉴定，均确定我国棉花黄萎病菌是大丽轮枝菌。

二、棉花黄萎病病原菌的形态

棉花黄萎病菌初生菌丝体无色，后变橄榄褐色，有分隔，直径 $2\sim4\mu m$。菌丝体常呈膨胀状，可单根或数根菌丝芽殖为微菌核。不同地区棉花黄萎病菌微菌核产生的数量、大小和形状有明显的差异。例如，在梅干培养基上，泾阳、栾城菌系产生微菌核较多，较大（$93\sim121\mu m\times36\sim58\mu m$）；四川南部和新疆维吾尔自治区和田菌系微菌核较小（$48\sim90\mu m\times32\sim68\mu m$），多为近圆形，单个散生；陕西菌系多为长条形，并列成串。

棉花黄萎病菌分生孢子呈椭圆形，单细胞，大小为 $4.0\sim11.0\mu m\times1.7\sim4.2\mu m$，由分生孢子梗上的瓶梗末端逐个割裂。空气干燥时，孢子在瓶梗末端聚集成堆，空气湿润时，则形成孢子球。显微镜下制片观察时，孢子即散开，只留下梗端新生出的单个孢子。

病菌分生孢子梗常由 $2\sim4$ 轮生瓶梗及上部的顶枝构成，基部略膨大、透明，每轮层有瓶梗 $1\sim7$ 根，通常有 $3\sim5$ 根，瓶梗长度为 $13\sim18\mu m$，轮层间的距离为 $30\sim38\mu m$，4 层的为 $250\sim300\mu m$。

棉花黄萎病菌在选择性的培养基上可形成特征的培养性状。金锡萱等（1984）将棉花枯、黄萎病混生病株在水琼脂上培养长出的混合接种体均匀地分散到 L-山梨糖＋蛋白胨培养基（KNO_2 2 g，KH_2PO_4 1 g，$MgSO_4\cdot7H_2O$ 0.5 g，$FeCl_3$ 微量，L-山梨糖 16 g，蛋白胨5 g，琼脂16 g，蒸馏水1 000 ml）上，不仅对枯萎病菌和黄萎病菌反应灵敏，而且能够限制枯萎病菌菌落快速扩展，保证黄萎病菌有足够的营养面积，形成大量瘤状或斑点状突起的黑色小菌落，表面皱缩，有大量微菌核，气生菌丝极稀疏，上面着生轮层的分生孢子梗等大丽轮枝菌的特征性菌落（图8-1、图8-2）。

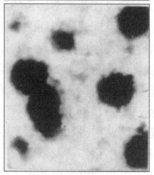

图8-1　棉花黄萎病菌的分生孢子梗及分生孢子球

图8-2　棉花黄萎病菌的微菌核形态

三、棉花黄萎病菌的寄主范围

明确棉花黄萎病菌的寄主植物及分布情况，可为有效地进行轮作倒茬和清洁棉田等综合防治措施提供科学依据。棉花黄萎病菌寄主范围很广，并且还在逐渐扩大。1934 年，Rrdalph 列举了大约 120 种寄主植物；1957 年，Engelhard 报道为 350 种；到 20 世纪 80 年代增加到 660 种寄主植物，其中十字花科植物 23 种，蔷薇科 54 种，豆科 54 种，茄科 37 种，唇形花科 23 种，菊科 94 种。其中农作物为 184 种，占 28%；观赏植物 323 种，占 49%；杂草为 153 种，占 23%。Williiam et al.（1980）研究了 35 种杂草接种 *V. dahliae* 后的症状表现和菌核形成，证明 19 种杂草高度感染，12 种杂草不感病，4 种杂草不表现症状，但可分离到病原菌，证明黄萎病菌侵染杂草。在棉田里积累微菌核是导致轮作防病效果不好的一个重要原因。1984—1985 年，王正芬接种了 31 科 87 种植物，其中有 14 科 23 种杂草，除忍冬科、莎草科、玄参科、堇菜科、蒺藜科、石竹科等 6 科的杂草不感染大丽轮枝菌外，其余 25 科的 40 余种杂草受到不同程度的感染。棉田中杂草寄主的存在，无疑会扩大病原菌的传播途径，增加防治病害的难度。因此，在棉花黄萎病的综合防治中，不可忽视农田地边杂草的防除。应将非寄主作物轮作同高效化学除草相结合，以达到有效的防治。

在我国，早期报道的受黄萎病菌为害的栽培植物主要是锦葵科、茄科和豆科。戴芳澜在《中国真菌总汇》（1979）一书中列出大丽轮枝孢菌在我国仅有海岛棉、草棉、陆地棉和龙葵等少数几种寄主，主要分布在云南、新疆维吾尔自治区、甘肃、辽宁、吉林和河北等6个省（自治区）。1982—1984年，江苏省农业科学院植物保护研究所和江苏沿江地区农业科学研究所通过病株分离鉴定和回接棉花试验，明确大丽轮枝孢菌的寄主共有20科80余种，包括大田作物和田间杂草，分属锦葵科（3种）、菊科（12种）、豆科（15种）、葫芦科（6种）、大戟科（2种）、十字花科（12种）、苋科（1种）、唇形科（12种）、藜科（6种）、石竹科（3种）、玄参科（3种）、酢酱草科（1种）、伞形科（2种）、车前科（1种）、三叶草科（1种）、马齿苋科（1种）、椴树科（1种）、胡麻科（1种）、凤仙花科（1种）。国内外的资料表明，随着鉴定研究的深入，证明大丽轮枝孢菌的寄主范围相当广泛。这为棉花黄萎病菌的繁殖与传播提供了有利条件。Krium（1976）还指出，从生长着的小麦根部曾分离到大丽轮枝孢菌，并具有致病性。王正芬（1987）查明13种栽培植物寄主中，水稻未表现症状但分离到病原菌，回接棉花具有致病力，并认为稻棉轮作的防病效果可能为淹水的作用。但山西省农业科学院棉花研究所（1981）和江苏省农业科学院植物保护研究所、江苏沿江地区农业科学院（1986）等单位先后报道，水稻、裸大麦、大麦、小麦、玉米和谷子等禾本科作物，以及早熟禾、看麦娘和棒头草等禾本科杂草，还有紫苜蓿、白香和黄香、草木樨等栽培牧草均未显示症状，也未分离到病菌，认为小麦、玉米等禾本科作物及紫苜蓿等栽培牧草均不是棉花黄萎病菌的寄主，可以与棉花进行轮作倒茬，可作为综合防治体系中的一项重要措施。

第二节　棉花黄萎病菌的生理生化

一、棉花黄萎病菌的生理

开展棉花黄萎病菌的生理特点研究，对认识和了解病原菌的习性具有重要意义。

（一）病菌生长、发育与碳营养的关系

异养微生物必须以有机碳化物作碳源，1981年中国科学院南京土壤研究所研究发现，以蔗糖、葡萄糖作为碳源时对棉花黄萎病菌的生长有利，棉花黄萎病菌含有分解蔗糖活性很高的蔗糖酶，以 β-呋喃果糖苷酶为主，黄萎病菌利用此酶将糖分解成单糖后加以吸收利用。

（二）温度对病菌的影响

早在1949年 Lssac et al. 就发现，*V. albo-atrum* 和 *V. dahliae* 在22.5℃条件下生长最好，为最适生长温度；生长最高温度为35℃，最低温度为4.5℃，*V. albo-atrum* 在25℃以上，生长速度急剧下降，30℃时仅像酵母一样长成小菌落，而 *V. dahliae* 在30℃时生长良好，甚至32.5℃时还略有生长。张绪振等（1981）报道了来自8省（自治区）

的 9 个棉花黄萎病菌菌系在不同温度下的反应，发现所有菌系在 20℃、25℃、28℃均生长良好，但以 25℃ 生长最好，30℃ 以下全能生长，33℃ 下仍有部分菌系生长。邓先明（1982）等的实验也得出了类似的结论。棉花黄萎病菌的致死温度与作用时间有关，40℃时病菌在 7d 内死亡，45℃时，12 h 内死亡，50℃时，3 h 内死亡，55℃时，1 h 内死亡，60℃时，则 15 min 内死亡。棉花黄萎病菌的菌丝和分生孢子在 47℃ 温水中 5 min 均死亡。

（三）pH 对病菌的影响

研究发现，不同种的棉花黄萎病菌生长发育的最适 pH 不一致，V. dahliae 的最适酸碱度为 pH 5.3～7.2，V. albo-atrum 的最适 pH 8.0～8.6。

（四）光照对病菌的影响

棉花黄萎病菌在黑暗条件下比光照条件下生长要好，绿光抑制菌丝体的生长，红光与黑暗可促进微菌核的产生。Kaiser et al.（1964）发现，蓝光阻止微菌核的形成，但刺激分生孢子产生，蓝光与白光交替照射有利于微菌核的产生，但分生孢子生成减少。紫外光能增加分生孢子的产生，但抑制菌核生长。

二、棉花黄萎病菌的生化

对黄萎病菌中的生化物质的研究主要集中在氮、氨基酸及脂肪酸的含量上。前苏联学者 1970 年报告了棉花黄萎病菌菌体含氮物质的量，培养 14d 的风干菌丝体含氮量为 3.52%，培养 10d、20d 的菌丝体的蛋白质含量分别为 16% 和 14%。

黄萎病菌菌体的氨基酸含量，培养 15d 的菌丝体氨基酸含量为 1.18%～2.35%，培养到 22～27d 氨基酸含量降低到 0.64%～0.68%。菌丝体内氨基酸的含量会因菌株的致病力强弱或是生理型不同而有所不同。宋晓轩等（1997）报道，我国落叶型 VD8 菌系和强致病力类型泾阳菌系的菌丝体氨基酸含量明显高于中等致病力和弱致病力类型，落叶型和非落叶型菌系在某些氨基酸含量上存在明显差异。VD8 在对两种不同培养性状的棉花黄萎病菌菌丝型和菌核型所作的氨基酸含量分析表明，培养 10d 的菌丝体，两者在某些氨基酸及总氨基酸的含量上有明显差异。菌丝型较菌核型氨基酸总量要高 37.1%，赖氨酸、精氨酸和谷氨酸分别较菌核型高 42.4%、25.7% 和 21.2%，而异亮氨酸则较菌核型低 23.2%。

利用气相色谱对黄萎病菌全细胞脂肪酸组分进行了测定，发现它含有油酸、棕榈酸、亚油酸、亚麻酸和硬脂酸，其中以油酸含量最高，占总脂肪酸的 49.7%，在黄萎病菌中脂肪酸的不饱和系数为 101.1。

第三节　棉花黄萎病菌致病力分化及生理型

一、棉花黄萎病菌的生理型

棉花黄萎病菌的寄主范围很广，常因环境条件的影响而产生新的生理类型。1966 年，美国 Schnathorst et al. 根据不同菌系对棉花致病的严重程度和致病类型，将其分为引起棉花落叶的落叶致病型（T_1，后改 T_9）和温和的非落叶致病型（SS_4）。前苏联波波夫（1974）和雅库特金（1976）认为，苏联棉花黄萎病菌存在 0、1、2 等 3 个生理小种。20 世纪 70 年代末，我国棉花枯、黄萎病协作组将采自 8 个省、直辖市、自治区的黄萎病菌，以陆地棉、海岛棉、亚洲棉三大棉种的不同抗、感品种为鉴别寄主，将我国棉花黄萎病菌划分为 3 个生理型：

生理型 I：致病力最强，以陕西泾阳菌系为代表，在 9 个鉴别寄主上均表现感病。

生理型 II：致病力弱，以新疆维吾尔自治区和田车排子菌系为代表。

生理型 III：致病力中等，广泛分布于长江和黄河流域棉区。

1983 年，陆家云等首次报道，在江苏南通、常熟局部地区发现了与 T_9 落叶型菌系致病力十分相似的黄萎病菌落叶型菌系，在非落叶型菌系中又区分出叶枯型和黄斑型两个致病类型。1993、1995、1996、2002 和 2003 年棉花黄萎病接连严重发生，尤其是在北方棉区出现了大片落叶成光秆和死株的病田，与典型的落叶菌系为害症状十分相似。石磊岩等（1993）以具有代表性的棉花黄萎病菌系与美国落叶型菌系 T_9 进行比较研究，根据各菌系在海岛棉、陆地棉和亚洲棉三大棉种不同鉴别寄主上的表现，划分出强、中、弱三个类型，其中落叶型菌系致病力最强，明显大于非落叶型菌系的致病力，并证实我国江苏常熟菌系 V_B 为落叶型菌系。吴献忠等（1996）报道，采用鲁棉 1 号、苏棉 1 号品种对山东的 20 个代表菌系进行致病力测定表明，山东的棉花黄萎病菌系多属于致病力中等的 II 型，致病力强的 I 型和致病力弱的 III 型均较少。另外，在山东一些重病田发现了强致病力的落叶型菌系，所分离到的 SD_5 和 SD_{13} 与国内的 VD8 和美国的 T_9 致病力相似。1997 年，石磊岩等对采自河南、河北、山东、陕西、辽宁等北方棉区的 34 个黄萎病菌系进行致病性测定，将 27 个菌系鉴定为落叶型，其中有些菌系致害棉株的落叶程度与美国 T_9 相当或更重。此外，在 80 年代后，王清和、马崎英、王杰、朱荷琴、宋晓轩、田秀明、顾本康、刘西钊、朱有勇等对特定地区，如山东、河北、河南、山西、江苏、湖北、四川、云南的棉花黄萎病菌致病力分化及类型分别进行了研究。结果显示，各地的菌系均存在致病力分化现象，并且大多数地区存在落叶型菌系。

传统的棉花黄萎病菌"种"及致病类型的鉴定主要以病菌形态、生理特性及其在鉴别寄主上的致病反应等特征为依据，而这些特征往往易受环境及人为因素的影响，加之黄萎病菌自身的变异，使致病力的划分难以体现其在遗传本质上的差异。随着现代科学技术的发展，人们开始借助于遗传学、生物化学、分子生物学等先进的手段对传统的病原菌分类进行验证，如营养亲和性、血清学、凝胶电泳、DNA 指纹图谱、分子标记等方法。

二、棉花黄萎病菌"营养亲和群"的研究

棉花黄萎病菌不同菌系间遗传物质的交换主要是通过菌丝融合、异核现象及准性生殖完成，是导致病菌形态和致病性变异的重要因素。Puhalla（1979）利用紫外线诱变技术，对不同菌系间菌丝融合、互补配对形成异核体的能力进行研究，获得了具有白化和褐化微菌核的两种突变体，在培养基上配对培养时，在两菌落相遇处出现黑色微菌核带，则为野

生型营养体亲和性（vegetative compatibility）。

1985 年，Puhalla et al. 利用此技术将来自 15 个国家的 96 个黄萎病菌系划分成 16 个营养体亲和群，并发现亲和性与致病性间存在相关性，即落叶型菌系均属于同一亲和群，而致病性较弱和非落叶型菌系则属于另一亲和群。在我国，李延军等（1989）应用不能利用硝酸钠为惟一氮源正常生长的 nit 突变体亲和技术，将采自 15 个省、直辖市、自治区的 66 个棉花黄萎病菌菌系鉴定为 2 个亲和群，第一个亲和群只含落叶型菌系，非落叶型菌系则属另一个亲和群。顾本康等（1993）对 65 个黄萎病菌菌株进行营养亲和群研究，发现仅有一株（VD8）与国外落叶型群亲和，属同一亲和群，其余菌株为非落叶型群。说明在组织水平上落叶型与非落叶型菌系之间存在较大差异。杨家荣等（1991）利用 nit 突变体亲和技术，从 RFLPs A 组和 B 组中选了 7 个大丽轮枝菌的代表菌系，将测试菌划分为 VCG01 和 VCG02 两个异核亲和群，分别包含了 RFLPs A 组的 4 个菌系和 B 组的 3 个菌系。

王克荣等（1994）利用同样的方法对来自 11 省（自治区）的 13 种寄主植物上的 57 个大丽轮枝菌以及美国菌株 T_9 和 SS_4 进行了研究，共获得了 283 个突变体，其中 nitA 占 62.9%，nitB 占 31.1%，nitC 占 4.6%，nitD 占 1.4%。57 个菌株可划分为 3 个营养亲和群（VCGs）。吴献忠等（1996）利用 VD8、T_9 和 Puhalla 的标准菌系作对照，对山东的代表菌系进行了营养亲和性鉴定，认为 VD8、SD_{13} 与 Puhalla 的第一亲和群（T_9）亲和，属同一亲和群，即落叶型菌系，其他菌系属另一亲和群。赵小明等（1996）同样利用 nit 突变体亲和技术将来自国内 10 种作物上的 67 个 *V. dahliae* 菌系划分为 6 个营养体亲和群。

霍向东等（2000）对新疆维吾尔自治区棉区的 30 个菌株及陕西的 4 个标准菌株进行致病性分化及营养亲和性研究，结果表明，新疆棉花黄萎病菌致病力分化明显，可分为强、中、弱三种类型，34 个菌株中有 32 个可划分为 2 个亲和群，另外 2 个菌株暂未划定亲和群。从鉴别寄主测定及营养亲和性测定中均未发现新疆存在落叶型菌系。

尽管用不同的突变体技术研究营养体亲和群会产生不同的结果，但营养体亲和性不失为棉花黄萎病菌的一个稳定的特性，可作为该病菌鉴定中可靠的依据。

三、棉花黄萎病菌血清学反应

血清学反应是以抗体与其相对应抗原专一性识别与结合为基础，根据一个菌种（菌型或菌株）制成的抗血清是否与另一个菌种（菌型或菌株）的抗原发生特异性结合来推断两者之间的亲缘关系和分类地位的一种鉴定方法。目前主要利用抗体与抗原产生的凝集反应、沉淀反应以及利用现代免疫标记的免疫荧光标记技术、酶免疫技术、放射免疫技术、免疫电镜技术等对所研究的病原菌进行快速有效的诊断与鉴定。

血清学鉴定中遇到的最大困难是如何获得高度专一的抗体，而获得高纯度的免疫源是最有效的解决办法。

Schnathorst et al.（1976）曾尝试利用病原菌的整个细胞匀浆或细胞壁物质作免疫源，区分棉花黄萎病菌落叶型与非落叶型菌系，但专化性较差。Nachmias et al.（1982）将大丽轮枝菌培养产生的一种蛋白质脂多糖（PLP）复合物制备的抗体与马铃薯

V. dahliae 菌系的抗原结合，获得了很好的特异性。进而局部纯化 PLP，又得到了一种特异性更高的低分子量（<3000）的毒性多肽片断。Sundaram et al.（1991）提出将酶联免疫吸附法（ELISA）用于黄萎病菌的检测，以期进一步提高免疫测定的专一性和灵敏度，但此方法需要相对纯的抗原，在实际操作中存在一定的困难。此外，单克隆抗体的出现以及酶联免疫电镜技术的改进都将进一步提高血清学反应的特异性和灵敏度，并可通过两个或多个单克隆抗体共用或单克隆与多克隆抗体的混合使用来获得更强的特异性，从而为血清学反应在黄萎病菌鉴定中的应用提供可能。

四、棉花黄萎病菌凝胶电泳分析

蛋白质的电泳图谱方法是以病原菌体内所含的不同蛋白组分在电泳分析时出现各自不同的蛋白图谱为检测依据的。不同致病力菌系在遗传物质上的差异，将最终体现在其翻译蛋白质的数量与质量的差异上。同工酶在蛋白质水平上反映了生物遗传物质分化的多样性，同工酶图谱为鉴别不同病菌外泌蛋白组分的差异提供了有效的手段。

同工酶谱是病菌内部生化特性的反映，理论上与病菌致病性存在一定的相关性。Okoli et al.（1993）利用纤维素同工酶进行黄萎病菌生理分型鉴定，发现种间酶谱差异明显。并发现黄萎病菌的纤维素同工酶谱与 RFLP 分组结果相符合。吴献忠等（1996）进一步尝试了利用纤维素同工酶谱进行棉花黄萎病菌鉴定的可能性，通过对 7 个代表性菌系的分析表明，不同致病类型的黄萎病菌可按其纤维素同工酶的差异分为两大类群：其中 VD8、T_9、SD_5、SD_{13} 为第一类群，电泳谱带数为 8 条，均为落叶型菌系；而 SD_{1-4}、SD_{6-12}、SD_{14} 则为第二类群，电泳谱带数为 3 条。各类型谱带在宽度和颜色上差异明显，此外致病性强弱与谱带数也存在一定的内在联系，致病性愈强，谱带数愈多。赵小明等（1997）对具有不同致病力的 14 个大丽轮枝菌菌系做酯酶同工酶分析，结果发现菌体蛋白酯酶同工酶的 E3 酶带活性与致病力大小密切相关，其灰色关联度在 0.774 以上。

此外，姚耀文等（1990）尝试利用菌体可溶性蛋白凝胶电泳图谱的差异鉴定黄萎病菌致病力分化，选用包括美国 T_9 及 SS_4 型菌系在内的 11 个黄萎病菌系，采用聚丙烯酰胺凝胶圆盘电泳的方法，分析了菌体可溶性蛋白电泳谱带与病菌致病类型之间的关系。结果表明，谱带数目的多少与其致病性的强弱呈正相关，其中强致病型菌系如 T_9 和 VD8 谱带数最多，为 27～29 条；而非落叶型的中等致病力菌系谱带数较少，均在 23 条左右。

第四节　棉花黄萎病菌土壤带菌检验

棉花黄萎病是重要的土传病害，病原菌主要以微菌核的形态在土壤中越冬，病害的发生发展与微菌核在土壤中的数量有密切关系。

Pullman et al.（1981）用聚乙烯薄膜覆盖在有棉花黄萎病的病田上，暴晒使土温升高，杀死病田的接种体，连续 14～66d，可以减轻或者完全消除病害的发生。Pullman et al.（1982）连续 7 年调查认为，5 月份病田黄萎病接种体的量与发病高峰 9 月中旬的发病率存在密切关系，当气温适宜时，随着连作年份增加，病害逐年加重，连作年份与病害发生程度呈现密切正相关，而其相关直线的斜率大小，在接种体量不超过 40 个/g 时，与黄萎病菌接种体量存在相关关系。

一、土壤黄萎病菌分离方法

1983—1986 年，吕金殿等研究了土壤黄萎病菌的分离方法，对 Evans Snder（1966）的培养基作了改良，即增大了牛胆盐成分，加大了链霉素的用量，结果对土壤棉黄萎病菌微菌核显示出较强的选择性能。

（一）培养基制备

马铃薯 200 g，琼脂 17 g，葡萄糖 5 g，蒸馏水 1 000 ml，高压灭菌冷却至 45℃时，按每 100 ml 培养基分别加入牛胆盐和链霉素各 50 mg。

（二）分离方法

1. 洗涤微菌核　取自然风干过筛的病田土样 100 mg，置盛 200 ml 含有 1％六偏磷酸钠无菌水的三角瓶内，摇动 10 min 后，静止 5 min，弃去清液，留残渣液 20 ml 于瓶底，连续洗涤 5 次。将最后一次的 20 ml 残渣液置于培养基上，每皿 1 ml，均匀涂抹于表面，24℃左右培养 10～15d。

2. 观察微菌核　肉眼从培养皿背面看到菌落时，用蜡笔做出标记，再用低倍显微镜观察鉴定，将显微镜下确认的棉花黄萎病菌微菌核移出纯化，经再接种棉花，表现典型的棉花黄萎病症状。

（三）应用效果

（1）病菌在土壤中的垂直分布试验说明，棉黄萎病菌微菌核主要分布在 0～40 cm 土壤内，80 cm 以下，3 年均未分离到微菌核，与取不同层的病土盆栽致萎试验结果一致。

（2）病菌的季节变化：1984 年每月中旬取病圃 0～20 cm 层内的土样分离，结果 6、7 月份微菌核含量分别为 705 个/g 土样和 170 个/g 土样，比其他月份均多。与 6、7 两月为棉黄萎病田间发病盛期一致，可见，病害的发生发展与土壤微菌核数量密切相关。

（3）1984—1985 年两年试验结果，覆地膜棉田微菌核 462 个/g 土样，不覆地膜的 387 个/g 土样。连茬棉田比轮作棉田土壤内微菌核的数量多。1986 年 5 月 15 日采自连作棉田与轮作棉田微菌核分别为 80 和 50 个/g 土样。1984 年 9 月 8 日分离发病率分别为 15％和 25％的两块棉田的土样，前者微菌核 30 个/g 土样，后者 180 个/g 土样。说明田间发病轻重与土壤微菌核的多少是一致的。

二、土壤黄萎病菌选择性培养基——棉选 1 号

籍秀琴等（1988）在 20 世纪 80 年代中期，对从土壤中分离棉黄萎病菌的培养基及分离方法进行了研究，从几十种培养基中，筛选出一种良好的生长黄萎病菌微菌核选择性培

养基，定名为棉选1号。

（一）棉选1号培养基的成分及原理

培养基成分：$NaNO_3$ 2 g，$MgSO_4 \cdot 7H_2O$ 0.5 g，K_2HPO_4 1 g，$Fe_2(SO_4)_3 \cdot 7H_2O$ 0.01 g，KCl 0.5 g，蔗糖 5 g，琼脂 15 g，蒸馏水 1 000 ml，氯霉素 300 mg，井冈霉素 2.5 mg/kg，五氯硝基苯 350 mg/kg，克菌丹 0.5 mg/kg。

该培养基以硝酸钠为氮源，蔗糖为碳源，再加硫酸镁、氯化钾、磷酸氢二钾、硫酸铁等无机盐类，而五氯硝基苯、井冈霉素、克菌丹等杀菌剂则能较强地抑制土壤中的其他真菌，但对棉花黄萎病菌影响较小，氯霉素来抑制细菌生长。

（二）分离方法

1. **采用5点取样法**　从棉花黄萎病圃耕作层 0～20 cm 深处采取病土，每点 100 g，5点共采集 500 g 病土，置室内自然风干 5d 左右，将风干土样倒入消毒搪瓷杯内并加入 10 枚 1～1.2 cm 大小的洁净卵石，振荡 15 min，使土样粉碎，然后称取上述土样 2.5 g，共 6 份，每份土样分别放入 200 ml 内含 1% 多聚磷酸钠及 0.01% Tergitol-NPX 的水溶液内，依次倒入组织搅拌器内，以 8 000r/min 搅拌 15 s，然后将此土壤悬浮液倒入上层孔径为 0.125 mm，下层孔径为 0.038 5 mm 的双层细筛里，在水流下将泥土冲洗干净，用吸管吸取 10 ml 无菌水，将下层洗好后的残渣冲洗到消毒的培养皿内备用。将洗好的 6 份土壤残渣液，每份均匀涂抹于 5 个盛有供试培养基平皿的表面，并将平皿置 24～25℃ 恒温箱内培养 14d 后取出，用自来水洗去平皿表面泥土，再用肉眼或低倍显微镜进行检查。

2. **计数方法**　平板上每个黄萎病菌落假设来源于一个单个微菌核，计算 5 个平板上的菌落总数，即等于 2.5 g 土样中的微菌核数。

（三）棉选1号的应用效果

棉花黄萎病菌在棉选1号培养基上，菌落大，为黑色，稍呈油渍状，中心稍凸起，微菌核丛生向四周放射状生长。易与其他菌落区别，肉眼或放大镜即能检验，在低倍显微镜下观察，可清晰地看出病菌的菌丝膨大、胞壁增厚呈放射状向各方芽殖形成的黑色微菌核，以及病菌的轮状着生的分生孢子梗和梗端的孢子球。棉选1号培养基抑制杂菌效果也很强。

用棉选1号检测取自河南新乡连作年限不同的土样，结果是，连作 2 年、4 年每克土样有微菌核分别为 2 个和 26.4 个，而连作 7 年和 20 年的土样分别为 49 个和 54.8 个。

第五节　棉花黄萎病菌分子标记

近年来，随着分子生物学的发展与广泛应用，黄萎病菌的鉴定也逐步深入到分子水平，这大大提高了人们对其遗传多样性的认识，使基于形态学特征对种及种以下划分的准确性能够获得分子水平的验证。

20 世纪 90 年代初，随着 PCR 技术的迅速发展，衍生出了各种以 DNA 分子标记为基础的分子生物学技术，如限制性片段长度多态性（restriction fragment length polymor-

phism，RFLP)、随机扩增多态性 DNA（random amplified polymorphic DNA，RAPD)、扩增片段长度多态性（amplified fagment length polymorphism，AFLP)、微卫星 DNA（microsatellite DNA）又称简单重复序列（simple sequence repeat，SSR)、定性扩增区段序列（sequence characterized amplified regions，SCAR）等技术的应用。上述技术有些已经成功地用于棉花黄萎病菌的研究。

一、棉花黄萎病菌的 RFLP 分析

RFLP 技术是 1974 年由 Grodzicker 等创立的。它是指一个物种的 DNA 被某种特定的限制性的内切酶消化所产生的 DNA 片段长度的变异性，这种变异的产生或是由于单个碱基的突变所导致的限制性酶切位点的增加或消失，或是由于 DNA 序列插入、缺失、倒位、易位等变化所引起的结构重排所致。RFLP 分子标记具有共显性、丰富性、无上位性及稳定性等特点。其用于病原菌鉴定的基本原理是：对基因组 DNA、核糖体 DNA、线粒体 DNA 或特异的 DNA 片段进行限制性内切酶酶切，若菌系间核苷酸序列的差异正好存在于限制性酶切位点上，便可得到各自特异的多态性图谱。这种多态性可通过电泳、溴化乙锭（EtBr）染色，在紫外灯下直接读取或通过 Southern 杂交验证。理论上讲，两个菌系的 RFLP 同源性越近，遗传关系则越近，反之，就越远。

Carder（1991）首先利用 RFLP 分析证实大丽轮枝菌（*V. dahliae*）与黑白轮枝菌（*V. ablo-atrum*）是两个独立的种。首次将棉花黄萎病菌的鉴定深入到分子水平。Okoli 等（1994）利用 RFLP 方法将 *V. daliae* 和 *V. albo-atrum* 两个种进行了分组，根据谱带的差异将 *V. albo-atrum* 分成 L（来自苜蓿）和 NL（来自其他寄主）两个组，L 和 NL 组内变异极小。将 *V. dahliae* 划分为两个来自非寄主适应性组 A、B 组和两个寄主适应性组 M、D 组，还有兼备 A、B 两组特征 I 菌系。

在我国，王丽梅等开展了黄萎病菌的 RFLP 及 DNA 指纹鉴定，通过对棉花黄萎病菌 Va（黑白轮枝菌）及 VD8（落叶型菌系）的 gDNA 酶切片段的克隆，获得 VD8 菌系基因组的探针 PVD8‐3 基因探针可将棉花黄萎病的两个种（*V. albo-atrum* 和 *V. dahliae*）区分开来；PVD8‐5 基因探针可将弱致病力的新疆维吾尔自治区和田菌系与落叶型菌系 VD8 及强致病力的泾阳菌系区分开。对于黄萎病的落叶型菌系的快速准确鉴定具有重要意义。吴献忠等（1996）利用改进的 RFLP 技术对山东不同致病性的黄萎病菌进行了分析。结果表明，T_9、VD8、SD_5、SD_{13} 的 RFLP 图谱十分接近，属同一类群（Ⅰ），SD_{1-4}、SD_{6-12} 则属于另一类群（Ⅱ）。落叶型菌系的谱带普遍较窄较多，而非落叶型菌系的谱带较宽较少，二者谱带特征差异明显。致病力强弱不同的菌系被分成两个 RFLP 群，类群之间差异明显，而类群内差异较小。

二、棉花黄萎病菌的 RAPD 分析

RAPD 技术是 1990 年由 William 等发明的。它是利用多个人工合成的随机序列的寡聚核苷酸为引物，对所研究对象的基因组 DNA 进行 PCR 扩增，扩增产物经凝胶电泳分

离，获得的多态性可反映基因组 DNA 相应区域的多态性，因而可用于鉴定物种之间的亲缘关系及系统进化发育研究。RAPD 技术自 80 年代末诞生以来，以其独到的快速、简便的特点，目前已成功地用于多种重要农作物病原菌的鉴定及遗传分析。与 RFLP 相比，RAPD 标记有如下特点：①安全性，不使用同位素，无需预先知道基因组 DNA 的序列；②简便性，减少多态性分析的准备工作，如克隆、同位素标记、Southern 吸印、分子杂交；③广泛性，合成一套引物可以用于不同生物基因组的分析，不像 RFLP 标记具有极强的特异性，不能被广泛使用。

Li 等（1993）采用 RAPD-PCR 的方法筛选到一个能鉴别 *V. ablo-atrum* 和 *V. dahliae* 的引物，并将扩增的特异条带克隆测序，然后根据该条带设计两个引物进行 PCR 扩增，成功鉴定了来自不同地区的 *V. dahliae* 菌系。Koike 等（1996）利用 RAPD 扩增技术对来自日本不同寄主上的 16 个 *V. dahliae* 和 4 个 *V. albo-atrum* 菌系进行分析，筛选出可区分这两个种的特异性引物，并可将 *V. dahliae* 菌系划分为 4 个组。

石磊岩等（1997）针对我国棉花黄萎病连续严重发生，在北方棉区出现大面积落叶病田的现状，为了探明造成北方棉田落叶的黄萎菌系与江苏、美国落叶型菌系间的关系，用 100 条随机引物对采自北方棉区 6 个省（自治区）的 34 个黄萎病菌系进行扩增，筛选出了 OPB-19 和 OPM-20 两个引物，可以分别扩增出 966 bp 和 1 691 bp 两条仅为江苏和美国落叶型菌系独有的条带，34 个菌系中有 24 个菌系扩增出了特异性条带，并与温室致病力鉴定结果相吻合。从分子水平上证实，造成北方棉田落叶的根本原因是落叶型病菌的存在，聚类分析表明在亲缘关系上它们与美国落叶型菌系的关系更为密切。

朱有勇等（1998）对 20 个大丽轮枝菌菌系的致病性进行了测定，完成了供试菌系致病类群与其 RAPD 指纹组间的相关性分析。结果表明，致病类群与 RAPD 指纹无明显关系，但与部分单引物扩增的 RAPD 谱型有对应关系。

马峙英等（1999）选用采自河北省的 23 个棉花黄萎病菌系（其中有 19 个为代表菌系），以 25 个随机引物进行 PCR 扩增，研究不同来源病菌的遗传分化及其与致病性的关系。结果表明，大多数菌系间的相似系数变化在 0.442～1.000 之间，同源程度较高，基于 89 个 RAPD 标记的聚类分析，供试菌系被划分成 2 个 RAPD 群和 8 个 RAPD 亚群。河北省的黄萎病菌的遗传分化程度较小，有 95% 的菌系划归同一个 RAPD 群，仅有一个菌系属于另一个 RAPD 群。RAPD 类群与地理来源有一定的相关性，RAPD 亚群与致病性类群存在一定相关性。

基因流动、遗传漂移及突变是导致病菌群体遗传结构变化的重要因素。陈瑞辉等（2001）利用 RAPD 方法对黄萎病菌的群体遗传结构进行了分析，以来自河北、河南、江苏、山东 4 个群体的 9 个亚群体共 117 个菌株为供试菌，从 126 条随机引物中筛选出了 9 条多态性好、条带稳定的引物。对各个群体、亚群体的群体遗传结构分析表明，各省群体遗传相似性很高，总的遗传变异量为 0.094 7，其中 72.5% 是由群体内变异引起，12.5% 由省内群体间引起，15% 由群体的变异引起；群体间的基因流动值为 2.83，群体间、亚群体间均存在较高的基因流动；落叶型特征条带在各个亚群体内出现频率均很高，表明棉花黄萎病菌落叶型菌株在我国上述主产棉区分布广泛，并已成为或正在成为优势种群。

田新莉等（2001）对新疆维吾尔自治区各地的 27 个棉花黄萎病菌菌株的遗传分化及

致病性进行了研究，从 120 个随机引物中筛选出 11 个引物，共在 204 个位点上扩增出 RAPD 谱带，其中有 188 条多态性位点，聚类分析后可将 27 个菌株划分为 3 大类群，并且与鉴别寄主为基础的划分有一定相关性，RAPD 谱带的差异与菌株的地理分布存在一定的联系。

RAPD 技术是建立在 PCR 扩增基础上的，它继承了 PCR 的优点，即样品用量少、灵敏度高、检测容易等，同时又因为不需要模板 DNA 的任何序列信息而优于 PCR，但 RAPD 也未克服 PCR 所固有的缺点，如容易产生假带，稳定性较差，并且由于所使用的引物短，有时形成的电泳图谱过于复杂，为结果分析带来困难。尽管如此，RAPD 技术以其快速、简便等特点仍将在病菌鉴定及遗传分析中发挥巨大的作用。

三、黄萎病菌 ITS 的应用

ITS 是核糖体 RNA（rRNA）基因间的非编码区，亦称内源转录间隔区（internal transcribed spacers）。它是由 Gonzalez 在 1990 年首先提出，并逐步发展起来的一种全新的分子标记技术。尽管真菌 rRNA 基因是保守的，但其间有足够的变异位点用于鉴别性的扩增，而且其多拷贝性使鉴别性的扩增变得更加灵敏。该区域为黄萎病菌种系发育鉴定研究提供了一个很好的靶点，其优点在于：①具有高拷贝数；②同时包含保守与变异序列；③能根据保守序列中的变异设定通用引物进行扩增比较。

Nazar 等（1991）在研究 *V. albo-atrum* 和 *V. dahliae* 两个种的 ITS1 和 ITS2 时发现，两者之间大部分是一致的，仅在 ITS1 上有 3 个非同源核苷酸，ITS2 上有 2 个。利用 ITS1 和 ITS2 的序列差异合成核苷酸探针，与菌系 rDNA 杂交或作为引物对菌系的 DNA 序列进行 PCR 扩增，能有效地将两个种区分开来。并推断此方法还可以对种以下的组进行更精确的分类和鉴定。

此外，ITS 序列的特异性分析还可应用于植物体内黄萎病菌的分析。Hu 等（1993）利用 ITS1 及 ITS2 的序列分析，设计了特异性引物，*V. albo-atrum* 和 *F. oxysporium* 的总 DNA 作模板，体外扩增获得 4 个对照模板，其中 2 个为特异性模板，然后用质粒做载体克隆用作鉴定和检测。检测时，将特定的模板和提取的植物组织的 DNA 一起进行 PCR 扩增，这样，组织内含有目标菌的 DNA 被扩增，显示特异性的谱带，可用于鉴定和检测。具有快速、灵敏、精确的特点。利用 ITS 序列设计引物进行定量 PCR 扩增，研究抗病寄主品种对 *Verticillium* 的作用方式，发现抗病的苜蓿品种是通过限制初始入侵真菌的定殖，而抗病太阳花品种则是迅速排除定殖的真菌。

朱有勇等（1999）根据棉花黄萎病菌核糖体基因 ITS 区段的 DNA 序列设计合成了 26 个碱基的 PCR 特异扩增引物，该引物能从人工接种黄萎病菌的棉花组织中特异地扩增到 324bp 的 DNA 片段，可用于棉花黄萎病菌的分子鉴定和分子监测。

四、黄萎病菌的 AFLP 分析

扩增片段长度多态性（amplified fragment length polymorphism，AFLP），亦称 SR-

FA 技术（selective restriction fragment amplification），是荷兰 Keygene 公司 Zabeau Marc 和 Vos Pieter 于 1993 年创建的一种分子标记技术。它的诞生是 DNA 指纹技术的重大突破，该技术兼备了 RFLP 和 RAPD 两种方法的特长，还可在一次实验中检测到比 RFLP 和 RAPD 更多的多态性片段，特别是在植物基因分子标记的研究中具有极强的优势，因而一经诞生便迅速被应用于生物遗传分析的各个领域。同时也为病菌致病力分化的研究提供了更多选择。

AFLP 的基本原理是利用 PCR 技术选择性扩增基因组 DNA 双酶切的限制性片段。基因组 DNA 经限制性内切酶消化后，将一双链 DNA 接头连接于限制性片段的两端。然后根据接头序列和限制位点邻近区域的碱基序列，设计一系列 3' 末端含数个随机变化的选择性碱基的 PCR 引物进行特异性条带扩增，只有那些限制位点的侧翼序列与引物 3' 末端选择碱基相匹配的限制片段才得以扩增。扩增产物经变性聚丙烯酰胺凝胶电泳分离显示其多态性，当不同基因组 DNA 突变引起限制位点的数量发生改变或两个限制位点之间的区域内发生碱基插入、片段消失或顺序重排时，谱带显示多态性。

2001 年邹亚飞等选用 25 对 $EcoR$ I 和 Mse I 引物组合，对 8 个棉花黄萎病菌代表菌系和 33 个北方菌系进行 AFLP 扩增，筛选到两对引物 E_{64}、M_{53} 和 E_{49}、M_{65}，能分别扩增出 433bp 和 110bp 两条仅为 $V. dahliae$ 非落叶型菌系独有的特异片段，可将落叶型与非落叶型菌系分开，这两条特异片段被命名为 EM_{433} 和 EM_{110}。在此基础上，设计并合成两条 SCAR 标记引物，对 41 个 $V. dahliae$ 菌系进行扩增，10 个非落叶型菌系中有 9 个菌系可以扩增出特异片段，31 个落叶型菌系中 29 个菌系无此特异片段，鉴定准确率可达 90% 以上。因此，EM_{433} 条带的有无可用于鉴别落叶型与非落叶型菌系。

参 考 文 献

陈旭生，陈永萱，黄骏麒.1998.棉花黄萎病菌株 VD8 外泌毒蛋白的生化特性.江苏农业学报.14(2)：126～128

顾本康，夏正俊，陆讯等.1993.江苏省大丽轮枝菌（$Verticillium\ dahliae$）营养体亲和性研究.棉花学报.5（2）：79～86

霍向东，李国英，张升.2000.新疆棉花黄萎病菌致病性分化研究.棉花学报.12（5）：254～257

籍秀琴，朱颖初.1988.土壤棉黄萎病菌选择性培养基——棉选 1 号.植物病理学报.18（3）：187～190

籍秀琴，朱颖初.1986.土壤检验棉黄萎病菌微菌核的研究简报.中国农业科学.（3）：65～68

陆家云，余长夫，鞠理红等.1983.江苏棉花黄萎病菌致病力的分化.南京农学院学报.1：36～43

吕金殿，杨家荣，吉冉中.1989.土壤棉黄萎病菌分离方法研究.植物病理学报.19（1）：52

仇元，吕金殿.1979.棉花黄萎病菌培养液及其应用.西北农学院学报.1：1～11

沈其益等.1992.棉花病害——基础研究与防治.北京：科学出版社.

田新莉，李晖，赵宗胜等.2001.新疆棉花黄萎病菌不同致病类型的 RAPD 指纹分析.棉花学报.13（6）：346～350

王清和，吴洵耻，潘大陆等.1982.山东棉花黄萎病菌生理型鉴定（二）生理型的划分.植物病理学报.12（1）：19～22

王莉梅，石磊岩.1999.北方棉花黄萎病菌落叶型菌系鉴定.植物病理学报.29（2）：181～189

吴洵耻，杨翠云，姜士理.1984.山东省棉花黄萎病菌"种"的鉴定.山东农业大学学报.1（2）：

105～112

吴献忠.1996.棉花黄萎病菌菌系及鉴定技术.植物病理学报.26（3）：281～282

杨家荣，赵晓明.1999.棉花黄萎病菌的遗传和变异.西北农业大学学报.27（3）：101～106

姚耀文，朱颖初，石磊岩.1984.长江流域棉区黄萎病菌"种"的鉴定简报.植物保护.10（4）：42

姚耀文，傅翠珍，王文录等.1982.棉花黄萎病菌生理型鉴定的初步研究.植物保护学报.9（3）：145～148

张绪振，张树琴，陈吉棣.1981.我国棉花黄萎病菌"种"的鉴定.植物病理学报.11（3）：13～18

邹亚飞，简桂良，李华荣等.2001.棉花黄萎病菌分子生物学研究新进展.棉花学报.13（4）：254～256

朱有勇.1998.黄萎病菌致病类型及其分子指纹分析.中国农业科学.31（3）：56～61

Koike M et al..1996.RAPD analysis of Japanse isolates of *Verticillium dahliae* and V.*albo-atrum*.Plant Disease.80（11）：1224～1227

Koike M et al..1995.Molecular analysis of Japanese isolates of *Verticillium dahliae* and V.*albo-atrum*.Letters in Applied Microbiology.21：75～78

Li KN et al..1993.A unique RAPD fragment for *Verticillium dahliae* and its application to the specific detection of the pathogen.Phytopathology.83：1370

Morton A and Carder JH et al..1995.Sequence of the internal transcribed spacers of the ribosomal RAN genes and relationships between isolates of *Verticillium albo-atrum* and V.*dahliae*.Plant pathology.44：183～190.

Morton A，Tabrett AM et al..1995.Sub-repeat sequences in the ribosomal intergenic regions of *Verticillium albo-atrum* and V.*dahliae*.Mycol.Res.99（3）：257～266

Moukhamedov R et al..1994.Use of polymerase chain reaction-amplifoes ribosomal intergenic sequences for the diagnosis of *Verticillium tricopus*.Phytopathology.84：256～259

Okoli C A N et al..1993.Molecular variation and sub-specific grouping within *Verticillium dahliae*.Mycol.Res.97：233～239

Okoli C A N et al..1994.Restriction fragment length polymorphisms（RFLPs）and the relationships of some host-adapted isolates of *Verticillium dahliae*.Plant Pathology.43：33～40

Puhalla J E et al..1983 Vegetative compatibility groups within *Verticillium dahliae*.Phytopathology.73：1305～1308

PullmanGS，DeVay JE.，Garner R.H.and Weinhold AR.1981.Soil solarization：Effects on Verticillum wilt of cotton and soilborne populations of *Verticillium dalhliae*，*Pythium* spp.，*Rhizoctonia solani* and *Thielaviopsis basicola*.Phytopathology.71：954～959

Pullman GS，DeVay JE.1982.Epidemilogy of Verticillium wilt cotton：A ralationship between inoculum density and disease progression.Phytopathology.72：549～554

Ramsay JR et al..RAPD-PCR identification of *Verticillium dahliae* isolates with differential pathogenicity on cotton.Aust.J.Agric.Res..47：681～693

Robb JR et al..1993.Putative subgroups of *Verticillium albo-atrum* distinguishable by PCR-base asays.Physiological and Molecular Plant Pathology.43：423～436

Rowe RC.1995.Recent progress in understanding relationships between Verticillium species and sub-specific groups.Phytoparasitica.23（1）：31～38

Schnathorst W C.，1966.Host range and differentiation of a sever form of *Verticillium albo-atrum* in cotton.Phytopathology.56：1155～1161

第九章

棉花黄萎病的传播及流行规律

第一节 棉花黄萎病的传播

棉花黄萎病的传播途径十分广泛。带菌棉籽、棉籽壳、棉籽饼、病株残体、病田土壤等均可作远距离或近距离的传播。

一、种子带菌传播

棉花黄萎病的远距离传播主要借助于附着在种子上的病原菌，并已被生产实践和科学试验所证实。但在棉籽带菌部位和带菌率方面不同于枯萎病，枯萎病棉籽内、外部位都带菌，带菌率较高。而黄萎病棉籽带菌问题，国内外有过一些研究报道，比较一致的结论是黄萎病棉籽内部不带菌或带菌率很低，外部带菌率一般情况下也不高。Evans 等（1966）认为，黄萎病菌能随棉籽传播，并主张对棉籽进行药剂处理，但指出棉籽带黄萎病菌是因为机械收花和机械剥绒，使得棉籽与病株的残枝、病叶混合污染，造成棉绒外面带菌。Savov（1979）试验证明，黄萎病菌容易从种壳上分离得到，而在种胚上未见有病菌，认为种子内部不带菌，在传病上不重要。但是，Shtok 和 Ikessis 的试验表明，棉花黄萎病菌侵染种子，主要造成种子外部带菌（短绒带菌率 4%～5%，种皮为 4.0%～21.5%），内部也有少量带菌（带菌率为 0.5%～1.0%）。

对于棉花种子携带黄萎病菌问题，我国科技工作者进行了大量研究。早在 1955—1958 年仇元等对陕西泾阳黄萎病株采收的棉籽进行带菌率检查，1956 年泾阳斯字棉籽带菌率 5.9%；1957 年泾阳斯字棉黄萎轮枝菌出现率为 39.8%；1958 年对来自华阴、大荔等 4 个县 8 个点黄萎病株上的棉籽进行带菌率检测，结果黄萎轮枝菌出现率为 3%～23%，平均 12.3%。

陈吉棣等（1964）选用棉籽饼粉酒精洋菜培养基，分离来自辽阳、临汾、安阳黄萎病株上的种子，其带菌率分别为 5.0%、1.3%和 5.7%。在培养基上用肉眼可以观察黄萎病菌的微菌核。纯化的黄萎病菌接种棉苗，可得到典型的黄萎病症状病株，证实了棉花种子可以携带黄萎病菌。

陈吉棣等（1980）对黄萎病株棉种内部是否带菌问题进行了较详细的研究，研究方法是将 1964 年辽阳棉麻研究所采收的外部带菌率约 5%的种子，用浓硫酸脱绒和自来水洗净，将饱满和不饱满的种子分别晾干，保存备用。分离时，种子用升汞灭菌，水洗数次。将种壳、种仁分别在培养皿内剪碎，注入培养基，培养 8～15d 后，记录生长微菌核丛的皿数。部分种子分别培养种壳、种膜、子叶和胚芽。在分离的 9 批共 1144 粒饱满种子和413 粒不饱满种子中，全部未长出微菌核丛。

1966 年，在中国农业科学院植物保护研究所内，用前述方法严格选收维管束变褐的吐絮棉铃，用其种子进行内部带菌研究。分离方法为三种：

（1）种子脱绒，充分洗净，0.1% 升汞表面杀菌 2min，无菌水换洗数次后，以100mg/kg 链霉素浸泡 24h。浸泡过程中搅动 2～3 次。

（2）种子脱绒并洗净后，立即用 100mg/kg 链霉素浸泡 24h。

（3）种子脱绒后立即用流水冲洗 24h，以避免链霉素浸泡过程中，有霉菌污染。还可能降低种壳上抑菌物质浓度，有利带菌分离。

分离结果如表 9-1，其中分离饱满和不饱满种子共 4 049 粒，仅在第一种方法的 125粒不饱满种子内，有 1 粒在种壳上长出相当多的微菌核丛，其余无论是种壳或种仁，均未长出微菌核，带菌率为 0.025%。三种方法没有差异，说明黄萎病种子内部带菌率极低，在正常情况下，棉花黄萎病主要是由种子外部带菌传播。这一方面与种子结构的特点有关，即作为病菌通道的维管束，只从珠柄沿种脊而与种胚无输导系统联系；另一方面，当黄萎病菌通过外部棉絮发展到种壳，或通过输导系统侵入种基和种壳一侧的维管束时，首先受到种壳上含有较高浓度的单宁类物质的抑制作用而不能继续侵染。

表 9-1 病株成熟种子内部带菌分离

（1967）

分离方法	分离日期（日/月）	剪 碎				整 粒			
		饱满		不饱满		饱满		不饱满	
		分离粒数（粒）	带菌粒数（粒）	分离粒数（粒）	带菌粒数（粒）	分离粒数（粒）	带菌粒数（粒）	分离粒数（粒）	带菌粒数（粒）
1	4～16/4（2批）	142	0	125	1	—		—	
2	15～19/4（4批）	168	0	378	0	64	0	110	
3	21～23/5（8批）	536	0	662	0	670	0	1 194	0
共计	14批	846	0	1 165	1	734		1 304	

孙君灵等（1998）对棉花黄萎病种子带菌量进行了检测。方法是采集国内主产棉区新疆、山东、河北、河南、安徽、江苏、湖北和四川等 8 个省（自治区）24 个县市的籽棉，采用每省（自治区）3 个县（市），每县（市）随机采取样品 200 g，利用小型皮辊轧花机轧花，在每个样品轧花之前，均应用 0.1% 升汞液和 70% 酒精为轧花机作表面消毒处理。

种子外部带菌检验：分取样品 2 份，每份 5 g，分别倒入 100 ml 的三角瓶内，加无菌水 20 ml，置振荡机上振荡 10 min；将洗涤液移入离心管内 10ml，在 1 000～1 500g 离心 5 min，用吸管吸去上清液，留沉淀部分；用干净的细玻璃棒将悬浮液滴于血球计数板上，用 400～500 倍的显微镜检查，每处理 3 次重复，每重复检查 50 个小格，计算每小格平均孢子数，据此计算病菌孢子负荷量。

种子内部带菌检验：将经浓硫酸脱绒的种子样品1 000粒，置于0.1‰升汞液中消毒处理5 min，用无菌水冲洗4～5次，再经无菌水浸泡12～14 h，倒出无菌水，放入25℃的恒温箱中培养24 h；将已露白的种子放入−4℃冰箱中储存24 h后，在无菌条件下移放在分离黄萎病菌的琼脂培养基（琼脂20 g，水1 000 ml）平面上，每皿放7粒，置22～25℃的温箱中培养10～15 d，统计种子带菌率。

从黄萎病菌孢子负荷量来看，所有检验单位的种子均携带黄萎病菌，但种子携带病菌量不均匀，其中以江苏省的太仓市、东台市，四川省的仁寿县、乐至县、简阳市和湖北省的随州市、松滋市的种子带菌率较高，孢子负荷量均大于16.0×10^7个/g，特别是太仓市的种子孢子负荷量高达102.11×10^7个/g；其他单位的种子携带黄萎病菌孢子负荷量为$2.0 \times 10^7 \sim 10.0 \times 10^7$个/g，其中山东省临清市种子的孢子负荷量最低，仅为2.19×10^7个/g。

二、病株残体带菌传播

病株残体所带黄萎病菌在病害扩展蔓延上起重要作用，它可以使局部病区迅速扩展。1964年，中国农业科学院植物保护研究所在河北对黄萎病新鲜病叶、干枯病叶带菌及传病进行试验。结果表明，在无病棉田于7月1日和7月25日将黄萎病重病田病叶摘下，撒于无病田，第一次在67 m²面积棉田撒新鲜病叶2 280 g（约1 000片病叶），施后1周进行中耕。第二次于7月25日在同一棉田，撒病叶6 500 g（约2 500片病叶）。8月上旬以前，几次调查未见发病，9月3日发现处理区254株棉花中有7株发生了黄萎病（按外部症状）。9月24日增加到27株。10月30日收花时进行劈秆检查，有91株得了黄萎病。这一结果说明，棉花生育前期黄萎病株的落叶可以引起健株当年发病。

1964年10月下旬，将病田落叶作室内分离，结果是叶柄、叶脉、叶肉带菌率分别为20.0%、13.3%和6.6%。同时还进行了枯干病叶接种盆栽试验。结果看到，每盆接病叶10片、20片、40片，发病率分别为10.0%、6.9%和29.0%，剖秆查发病率分别为55.0%、62.0%和79.1%。对照无病叶发病率均为0。1965年初，还在温室盆栽内做了病田落叶、病株根系和带菌大麦培养物三种不同接种物的致病力比较试验，干枯落叶每盆接种30 g，约为32片落叶；病根每盆15 g，约为20 cm土层内的2株根系；大麦带菌物每盆50 g。接种物与土壤混合后装盆，每个处理5盆。12月26日播种，每盆留苗5株。盛蕾期与始花期进行了发病调查，结果看到，病田落叶、病株侧根、大麦带菌培养物黄萎病发病率分别为24.0%、20.0%和16.0%，剖秆发病率分别为72.0%、24.0%和16.0%，说明病叶比病株根系传病作用大。江苏省南通三余棉场调查连作棉田黄萎病逐年加重，种植感黄萎病品种，1年发病率0.1%，2年为1.0%，3年为10.0%，并开始出现发病中心，其主要原因是病株残体积累扩散的结果。前苏联学者格里希京娜的研究表明，病株的叶、茎和根（干重）的微菌核含量分别为$8.2 \times 10^4 \sim 7.0 \times 10^6$个/g、$2.0 \times 10^3 \sim 8.2 \times 10^5$个/g和$3.0 \times 10^2 \sim 1.72 \times 10^5$

个/g。

三、棉籽壳和棉籽饼带菌传播

病棉籽壳和病棉籽冷榨油得到的棉籽饼是黄萎病传播的主要途径之一。因此，对病田采收的种子应加以严格控制，既不能作播种材料用，也不宜作饲料或肥料。

1973 年河北省农业科学院植物保护研究所报道，带枯、黄萎病菌冷榨后的棉籽饼，通过牛和猪的消化系统后，病菌仍能存活，排泄的粪便还能导致枯萎病发病率17.14%，黄萎病的发病率23.16%。不少枯、黄萎病重病区，由于冷榨带菌棉籽饼的应用使土壤菌量迅速增加，枯、黄萎病逐年加重。中国农业科学院植物保护研究所与湖北天门县植保站合作，1983—1985 年对带枯、黄萎病棉籽饼进行热榨消毒灭菌试验。结果表明，带枯、黄萎病菌的棉籽通过热榨处理，即棉籽经 60℃热炒 4 min，然后再经 100℃气蒸 1～1.5 min，制成的热榨棉饼，达到了彻底杀灭枯、黄萎病菌，预防棉饼带菌传病的效果。

四、带菌土壤及其他传播途径

黄萎病菌在土壤中能形成休眠器官即微菌核，以抵抗不良环境。在连续种植寄主植物的情况下，黄萎病菌能长期存活。黄萎病菌在土壤里常常可扩展到棉花根系的深处，但大量的病菌还是分布在 30cm 以内深度的耕作层（表 9-2）。

表 9-2 不同深度土层棉花黄萎病菌发病情况

土层深度（cm）	7月11日调查		7月31日调查	
	发病率（%）	病情指数	发病率（%）	病情指数
0～10	60.00	34.38	95.00	56.25
10～20	37.50	17.50	70.00	45.63
20～30	22.50	13.14	17.50	11.88
30～40	0	0	2.50	0.63
40～50	0	0	0	0
50～60	0	0	0	0
60～80	0	0	0	0

黄萎病菌一旦在棉田定殖下来，往往就不易根除。生产实践证明，同一块棉田或局部地区内的病害扩散，多半是由于病土移动所致。此外，黄萎病菌可借水流扩散，雨后棉田过水或灌溉，能将病株残体顺水流传播，或带入无病田，造成病害近距离的扩散蔓延。在病田从事耕作的牲畜、农机具、容器以及人的手足同样也能传带病菌，导致局部地区黄萎病扩散。

根据上述，棉花黄萎病的传播途径可归纳如图 9-1。

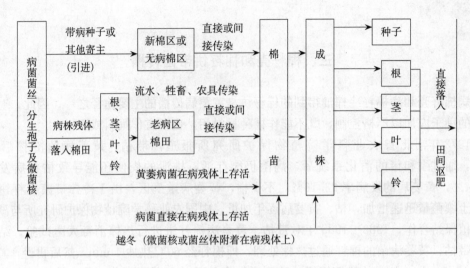

图 9-1 棉花黄萎病菌传播途径图解

第二节 棉花黄萎病田间消长规律

棉花黄萎病田间发生程度与棉花品种的抗病性、土壤中病原菌的多少、致病力强弱及环境条件等多种因素有关。本节重点对棉花生育期及耕作栽培条件与黄萎病发生关系进行分析讨论。

一、生育期和植株密度对黄萎病发生的影响

棉花黄萎病的发生时期与棉花生育期有密切关系。据前西北农业科学研究所试验，从4月15日到7月15日每隔半月进行一次播种，共播7次，结果表明，不论播期早晚，只有现蕾期才发病。其他研究者也取得了相似的试验结果（保定农专，1973；山西省棉花研究所，1977）。北方棉区多年调查表明，在自然条件下，田间棉花黄萎病的病害发展趋势略呈"马鞍形"，开始病情发展快，甚至成倍增长，到7月下旬至8月上旬病情发展缓慢，过后又出现较快的上升，直到高峰期后逐渐稳定，形成了急剧增长—缓慢发展—再次上升的发病规律。

种植密度对黄萎病的为害程度有一定影响。国外研究认为，在常规密度的基础上，增大种植密度能降低棉花黄萎病的发病率。

二、耕作栽培措施及水肥条件对黄萎病发生的影响

棉花的生长发育除需要适宜的气候条件外，良好的栽培措施也是棉花正常发育的必备因素。比如按照棉花不同发育阶段要求，合理施肥灌水等，可促进棉花健壮发育。但当营养、水分失调时，棉花生长不良，抗病性则降低。而且，不良的栽培措施往往对病菌的孳

生是有利的。研究栽培措施与病害发生的关系，就是要尽量创造有利于棉花生长发育而不利于病菌生存或侵染的条件，以达到控制病害的目的。

棉花黄萎病的发生与田间土壤、地势、地下水位、施肥等有较密切的关系。灌溉不当、排水不良、施肥不合理，能促进病害的发展，地势低、地下水位高的田块，发病较重。一般情况下，棉区夏季多雨或大水漫灌，容易降低气温和地温，影响根部呼吸，有利于病害的发展。新疆维吾尔自治区农业科学院 1963 年在吐鲁番调查的结果（表 9-3）说明，棉田地势和地下水位高低与黄萎病发生的关系是很密切的。

表 9-3　棉花黄萎病发生与棉田地势、地下水位高低的关系

队名	品种	地势	地下水位	发病率（%）	病情指数
红星大队	108—夫	较高	5m 以上	5.27	2.6
高潮大队	108—夫	较低	2～3m	15.10	10.6

西北农学院（1953）的调查也证明，棉花黄萎病的发生为害与地下水位有一定关系。例如，地下水位在 8 m 以下和 1.7 m 以上的棉田，发病率分别为 10.12% 及 23.13%。

棉花黄萎病菌对土壤酸碱度的适应范围为 pH 7.2～8.2，但 pH 5.5～8.5 的范围内均可发病，而以中性及微碱性土壤发病严重。辽河流域棉区的调查表明，在土壤酸碱度为 pH 5.5～8.2 的范围内均能发生黄萎病。陕西关中棉区土壤 pH 7.2～8.2 时发病较重，但重碱地多不发病。

施肥对棉花黄萎病的消长有一定影响，氮肥有促进黄萎病轻病株恢复生长的作用。据吕金殿（1965）报道，在瘠薄土壤里增施氮肥，对黄萎病有减轻为害的作用。用 1% 硝酸铵水浇灌田间自然发病地黄萎病轻病株，于生长后期调查，原病株恢复为正常棉株（无外部症状）占浇灌病株的 67.5%，开花结铃与健株差异不明显（表 9-4）。

表 9-4　1% 硝酸铵浇灌对棉花黄萎病株的影响

	株高（cm）	果枝数（个）	果节数（个）	蕾数（枚）	花数（枚）	铃数（枚）	脱落率（%）
浇灌，轻病株	70.2	8.2	13.0	19.0	2.2	8.6	11.9
未浇灌，健株	75.8	9.6	20.8	18.5	2.5	10.0	12.6
未浇灌，病株	44.2	5.2	8.7	4.0	1.3	5.3	17.9

土壤含钾量高，黄萎病轻，多施钾肥有助于减轻为害。磷的作用取决于氮和钾的水平，将氮、磷、钾配合适量施用，可起到控制病害，增加产量的作用。70 年代初期，美国人的试验结果认为，氮、磷、钾的配比为 1:0.7:1，对减轻棉花黄萎病是适宜的。另根据前苏联报道，以苜蓿作基肥可促进土壤中有益微生物的繁殖和活动，从而减轻黄萎病的发生。

总之，棉田地势低洼，排水不良的地方或灌溉棉区，黄萎病发生较重。灌溉方式和灌水量影响发病，大水漫灌起着传播病菌的作用，造成土壤含水量过高，根系呼吸作用受阻，不利于棉株生长而有利于病害的发展。根据新疆维吾尔自治区不同灌溉方式对棉花黄萎病的影响，结果表明，滴灌地、喷灌地黄萎病发生较淹灌地早 10d 左右，从整体发病速率上看，由高到低依次是淹灌地、喷灌地、滴灌地，当到达发病高峰时，淹灌地发病最

重，喷灌地次之，滴灌地最轻。营养失调是促使寄主感病的诱因，氮肥是棉花不可缺少的营养，但偏施或重施氮肥，有明显促进病害发展的趋势。

三、气象条件与黄萎病发生的关系

棉花黄萎病的发生消长变化，除了与病菌致病力及棉花品种抗病性有关外，同时还受气候条件主要是气温、雨日、雨量、湿度诸因素的影响和制约。如果土壤中已积累一定数量的黄萎病菌，并连续种植感病品种再加上耕作栽培措施不当，气候条件又适于发病的情况下，病害就会猖獗发生，造成严重损失。

气候条件与黄萎病发生的关系，是黄萎病菌、寄主植物棉花及温湿度之间相互影响、相互制约的关系。棉花是喜温的作物，在低温、多雨、高湿的气候条件下，生长缓慢，抗病力降低。所以，遇上有利于病菌繁殖而不利于棉花生育的生态环境，当地种植的又是感病品种，就会导致棉花黄萎病的严重发生。

在北方棉区，黄萎病发生高峰时期（8月下旬至9月上旬）一般都具备适合发病的温度、降雨量和湿度，这些条件常常成为影响病害发展的重要因素。陕西省农业科学院植物保护研究所1963年的调查资料说明，陕西泾惠灌区的老棉区，7、8月间在适宜的气温条件下，两块地土壤相对含水量为 $40\%\sim60\%$ 及 $60\%\sim80\%$，发病率分别为 10% 和 56.6%，表明土壤含水量高对棉花黄萎病发生有利。试验结果还表明，在种植感病品种的情况下，将地温与土壤含水率对发病的影响相比较，以土壤含水率影响较大。连续灌水处理比正常灌水处理的平均土壤含水率增加 11.6%，地温降低 $1.4℃$，发病率增加 37%；相反，地面覆盖塑料薄膜比正常灌水处理的平均土壤含水率减少 7.13%，地温升高 $0.11℃$，发病率降低 15.17%。这说明在温、湿度均适合发病的情况下，黄萎病发病程度又与棉花品种、栽培措施有密切的关系。

南方棉区黄萎病的消长与气候条件的关系，在受气温、湿度影响方面与北方棉区基本一致。但是，黄萎病20世纪30年代末传入我国以后，北方棉区在50～60年代发病已经比较严重，而长江流域棉区发病面积一直比较小，为害也较轻，如江西省棉区至1982年尚未查到黄萎病的为害，湖南省棉区黄萎病发生也较零星。因此，70年代末开始对气象条件，尤其是温度对黄萎病发生消长的影响进行了较多的研究。

四、温度对黄萎病发生的影响

籍秀琴（1980）根据多年调查试验资料，进行了温度与黄萎病发生消长关系的分析。

（一）病原菌生长发育与温度的关系

黄萎病菌大丽轮枝菌生长适宜温度为 $22.5\sim25℃$，$32℃$ 下生长十分缓慢。黄萎病菌的侵染、传播主要靠分生孢子及微菌核。大丽轮枝菌在 PDA 培养基上，$20\sim25℃$ 下产生分生孢子最多，$15℃$ 和 $30℃$ 下，分生孢子产生速度大大下降，在 $5℃$ 和 $35℃$ 下，不产生分生孢子。由于温度直接影响病菌的生长繁殖能力，所以，高温可明显地控制病害发生，高温持续时间长，病菌基本丧失活力，其侵染能力受到抑制，病害难以发展。

（二）田间发病和地理分布与温度的关系

黄萎病于 20 世纪 30 年代末传入我国，新中国成立初仅在陕西泾阳、河北唐山、辽宁辽阳、山东高密等地发生，有的县发病已较严重。1957 年，尹莘耘根据我国棉区黄萎病普查资料分析，认为黄萎病的分布和发展，与夏季温度的关系尤为密切。陕西、山西、河北、辽宁等省的棉区，6～8 月的温度大多在 32℃以下，适合黄萎病的发展，所以发病严重。60 年代初期，黄萎病传入江苏、四川、安徽、湖北等地，由于这些省份夏季气温较高，黄萎病扩展蔓延较慢。

根据 1975 年前后各省普查结果，并在每省选一个发病重、气候有代表性的县，计算黄萎病发病期间平均气温列表 9-5 进行比较。从表中可以看出，各地棉黄萎病的发病率，有随着气温升高而下降的趋势。长江流域棉区 6 个省，6 月下旬至 9 月中旬，9 月平均气温在 26.2～27.1℃之间，温度较高，黄萎病仅零星发生，甚至有的省查不到病株。

表 9-5　1975 年前我国主产棉省（直辖市）黄萎病发病面积与气温比较[*]

省（直辖市）	棉田面积（万 hm²）	黄萎及枯黄萎混生面积（万 hm²）	病田占总面积（%）	代表县（市）	平均温度（6 月下旬至 9 月中旬平均）（℃）
辽宁	13.3	2.3	17.5	辽阳	23.0
陕西	26.3	9.3	35.3	三原	24.9
山西	25.5	3.8	14.8	翼城	24.3
河北	56.8	1.6	2.8	石家庄市	24.7
山东	62.0	1.1	1.8	临清	25.0
河南	56.7	0.9	1.5	新乡市	25.5
安徽	33.3	0.1	0.37	东至	26.9
湖北	60.0	零星发病		天门	27.1
四川	27.3	零星发病		射洪	26.2
江苏	58.7	零星发病		常熟	26.7
上海	9.5	无发病报道		南汇	26.5
浙江	8.1	无发病报道		慈溪	27.1

[*] ①表内发病面积、温度数据分别由各省（直辖市）农业局及县气象站提供。
　②温度数字采用 1978 年以前 15 年左右平均数，计算方法是，6 月下旬至 9 月中旬平均温度之和，再除以 9。

从上述资料看出，对黄萎病来说，温度是一个特别重要的环境因素。我国北方夏季温度低，黄萎病菌长期处于适宜的温度条件下，繁殖快，棉株发病率高，并且土壤内菌量逐年积累，病菌随种子、残体、耕作等迅速传播蔓延，容易造成大流行为害。而我国南方，黄萎病菌长期处于不适宜生长繁殖的高温条件下，棉株发病率低，常出现隐症现象，土壤内菌量积累及传播都较慢，一般也不易造成大流行。

（三）黄萎病发生与温度关系

为了进一步证明温度对黄萎病发生所起作用的重要性，马存等 1980、1981 年在北京进行了黄萎病发生与温度关系的室内、外盆栽试验。方法是，将接菌量及棉花品种相同的

20 盆棉花，温室内及室外露天各放 10 盆，4 月下旬播种，6 月至 9 月调查 4 次发病情况，结果如表 9-6。

表 9-6　1980 和 1981 年温室内、外温度与黄萎病发生情况比较

处理	年份	项目	6月				7月				8月				9月				剖秆
			5日	15日	25日	平均	5日	15日	25日	平均	5日	15日	25日	平均	5日	15日	25日	平均	
室外	1980	温度（℃）	22.6	25.9	26.3	24.9	27.1	26.0	26.1	26.4	24.5	24.3	22.6	23.8	21.0	18.7	15.8	18.5	
		发病率(%)	0	17.2	6.9		37.9	63.8	82.8		98.3	98.3	94.8		96.6				
	1981	温度（℃）	23.9	24.7	25.9	24.8	26.1	26.9	28.6	27.2	23.6	24.9	23.9	24.1	21.3	19.5	18.1	19.6	100
		发病率(%)	0	6.6	13.3		26.6	40.0	66.7		60.0	60.0	66.7		53.3				
	平均	温度（℃）				24.9				26.8				23.9				19.1	
		发病率(%)				10.1				84.8				80.8					100
室内	1980	温度（℃）	28.5	30.2	30.6	29.7	30.8	30.3	32.2	31.1	28.8	27.3	27.7	27.9	26.9				
		发病率(%)	0	0	0		0	0	0		0	0	0		0				73.3
	1981	温度（℃）	30.6	30.3	28.9	29.5	29.9	30.0	31.3	30.4	28.1	29.0	29.5	29.8	29.2	27.4			
		发病率(%)	0	0	0		0	0	0		0	0	0		0				33.3
	平均	温度（℃）				29.6				30.8				28.9	28.1				
		发病率(%)				0.0				0.0				0.0	0.0				53.3

注：5 日、15 日、25 日温度为旬平均数。

从表 9-6 可见，两年室外 6 月 5 日至 9 月 5 日平均气温 21.2～26.8℃，7～8 月黄萎病发病率为 80.8%～85.0%，而温室内两年同期平均气温 28.1～30.8℃，发病率为 0，说明室内长期高温抑制了棉株叶部症状的表现，而较低的温度有利于叶部症状的表现。秋季剖秆检查维管束变色情况，室外的变色率均为 100%，温室内的 1980 年为 73.3%，1981 年为 33.3%，说明高温对黄萎病菌侵染棉株、造成维管束变色影响较小。

为查明温度变化对室内、外发病与未发病的棉株发病率的影响。1981 年 7 月 25 日将室内、外 5 盆进行互换，结果是：前期放在室外的处理，6、7 月份月平均温度分别为 24.8℃和 27.2℃，到 7 月 25 日黄萎病发病率达到 46.6%。7 月 25 日移到温室内后，8、9 月份月平均温度分别为 28.9℃和 27.4℃，后期棉株一直处于高温条件下，黄萎病症状隐蔽，到 9 月 5 日发病率降到 6.6%，9 月 15 日完全看不到症状。而从播种到收花一直放在室外露天的棉株 9 月 5 日发病率仍为 53.3%。前期放在温室内的棉株，6、7 月份月平均温度分别为 29.5℃和 30.4℃，因温室内长期高温到 7 月 25 日尚未查到黄萎病株，7 月 25 日移到室外，室外 8、9 月份月平均温度分别为 24.1℃和 19.6℃，因温度适宜黄萎病发生，到 8 月 25 日发病率达到 20%，9 月 15 日发病率继续上升到 26.6%。而一直放在温室内的另外 5 盆棉株，至 9 月中旬始终未见发病。进一步说明适宜的温度有利于黄萎病发生，而长期高温对黄萎病发生确有抑制作用。

第三节　黄河流域棉区黄萎病流行规律

20 世纪 80 年代以前对黄萎病的流行规律缺乏系统研究，简桂良等 1981—1990 年在

河南新乡,齐俊生等 1986—1996 年在河北石家庄对黄萎病流行规律进行了较系统的研究,所得结果基本上代表了黄河流域主产棉区黄萎病流行规律。

一、豫北棉区黄萎病流行规律

黄萎病发病程度与棉花品种的抗病性、土壤菌量及气象条件有关,为了排除品种、菌量条件的干扰,试验统一采用黄萎病重病田,种植高抗枯萎病,感黄萎病品种中植 86-1,定点、定株、田块及品种 10 年不变,每年 6～9 月,每月 10 日、20 日、30 日按挂牌顺序,对标记的 200 株棉株,逐株按Ⅴ级分级标准进行黄萎病发病调查,计算病情指数,结合当地气象资料进行分析。试验结果如表 9-7。

(一)全年发病趋势

1. **发病始期**　6 月 10 日:10 年平均病指为 0.18,其中有 6 年 6 月 10 日未查到黄萎病株,其余 4 年 6 月 10 日病指为 0.25～0.63。6 月 20 日:10 年平均病指达到 1.25。说明豫北棉区 6 月中旬棉花现蕾期黄萎开始发病。

2. **全年发病消长趋势**　10 年中除 1990 年 8 月中旬至 9 月上旬黄萎病指略有降低外,其余 9 年 6 月 10 日至 9 月 10 日黄萎病指均为直线上升趋势(表 9-7)。说明当地棉花黄萎病随着生育期的进展而加重。

3. **发病高峰期**　10 年间 9 月 10 日平均病指为 43.60,9 月 20 日平均病指 44.07,两旬病指差异不大,但 9 月 20 日棉株部分叶片因自然衰老而发黄或变红,容易与黄萎病叶混淆,因此在豫北棉区黄萎发病高峰期为 9 月上旬,这一时期也是调查黄萎病发生情况的最佳时间。

表 9-7　河南新乡王屯 1981—1990 年棉花黄萎病田间发病情况(病情指数)

时间(月-日)	1981	1982	1983	1984	1985	1986	1987	1988	1989	1990	平均
06-10	0.00	0.00	0.00	0.25	0.00	0.38	0.00	0.50	0.63		0.18
06-20	1.10	0.00	0.83	0.00	0.37	0.88	2.38	0.13	6.00	1.88	1.25
06-30	1.00	2.00	6.63	3.50	0.25	2.00	6.75	0.25	10.63	9.75	4.28
07-10	4.30	7.38	9.75	6.63	2.75	6.88	9.50	0.88	23.75	27.50	9.93
07-20	10.20	13.13	13.88	17.50	5.38	13.88	8.75	1.25	34.50	33.13	15.16
07-30	14.80	29.25	32.50	34.88	10.13	19.88	16.75	3.50	37.13	37.38	23.62
08-10	22.00	46.37	38.25	37.25	23.50	28.00	17.13	13.88	40.25	38.13	30.48
08-20	30.50	53.25	47.88	38.50	28.50	34.88	22.50	25.00	40.25	30.88	35.21
08-30	38.60	57.13	50.13	43.38	35.63	40.00	32.75	32.63	44.75	27.25	40.23
09-10	47.50	57.00	49.63	48.38	39.63	40.75	43.38	35.25	30.63	43.60
09-20	—	53.38	—	45.00	42.00	39.63	45.13	45.63	37.75	—	44.07
Σ	170.00	318.89	249.53	275.02	188.39	229.91	202.11	166.53	310.76	237.16	
平均	17.00	28.99	24.95	25.00	17.13	20.09	18.43	15.14	28.25	23.72	

(二) 发病强度与气温、湿度及雨量的关系

从 10 年调查结果分析，不同年份黄萎发病强度差异较大，发病最严重的为 1982 年，6 月 10 日至 9 月 20 日，11 次调查病指总和为 318.89；发病最轻的为 1988 年，11 次调查病指总和仅 166.53，为 1982 年的 52.20％。根据各年发病强度与气温、空气相对湿度进行比较分析，可分为高温、低湿轻病年和低温、高湿重病年两种类型。

1. **高温低湿轻病年**　1981、1985、1986、1987 年，这 4 年 7、8 月份气温较高，月平均气温分别为 27.4℃和 26.0℃，比 10 年 7、8 月份平均值分别高 0.8℃和 0.4℃，比低温年分别高 1.7℃和 0.8℃。这 4 年空气相对湿度较低，7、8 月份湿度为 76.7％和 81.3％，比 10 年平均分别低 3.0％和 1.4％，这 4 年黄萎发病很轻。7 月 30 日及 8 月 30 日病指分别为 15.39 和 36.75，比 10 年平均分别低 8.23 和 3.48，比低温高湿重病年分别低 18.05 和 12.10（表 9-8）。

表 9-8　气象因子与棉花黄萎病发病关系

类型	时间（日/月）	病指	气温（℃）	湿度（%）	雨量（mm）	雨日（d）	病指月增长（%）
高温低湿轻病年							
	30/6	1.00	25.3	64.0	79.3	6	1.9
1981	30/7	14.80	27.8	78.0	137.3	12	29.0
	30/8	38.60	26.0	82.0	167.8	12	50.1
	30/6	0.25	26.3	63.0	46.0	5	0.6
1985	30/7	10.13	27.2	78.0	155.7	6	24.9
	30/8	35.63	25.5	85.0	86.0	13	64.3
	30/6	2.00	26.1	64.0	43.1	8	4.6
1986	30/7	19.88	27.0	75.0	11.3	13	40.8
	30/8	40.00	25.4	77.0	86.9	10	45.9
	30/6	6.75	23.6	72.0	116.7	14	16.5
1987	30/7	16.75	27.4	77.0	21.6	14	24.5
	30/8	32.75	26.9	79.0	84.4	14	39.1
	30/6	2.50	25.3	66.3	95.0	9	5.9
平均	30/7	15.39	27.4	76.7	108.6	11	29.8
	30/8	36.75	26.0	81.3	135.0	12.3	49.9
低温高湿重病年							
	30/6	2.00	25.2	65.0	47.5	10	3.5
1982	30/7	29.25	25.9	78.0	69.8	13	47.8
	30/8	57.13	24.8	87.0	196.8	16	48.9
	30/6	6.63	25.0	66.0	82.6	9	12.4
1983	30/7	32.50	25.9	79.0	175.4	12	54.4
	30/8	50.13	25.2	84.0	43.6	12	37.2
	30/6	3.50	24.9	72.0	56.2	12	7.2
1984	30/7	34.88	25.1	82.0	110.4	13	64.9
	30/8	43.38	25.9	81.0	129.1	10	17.6
	30/6	10.63	25.0	69.0	69.3	8	23.8
1989	30/7	39.13	25.8	83.0	206.5	10	59.2
	30/8	44.75	25.0	84.0	101.9	8	17.1

（续）

类型	时间（日/月）	病指	气温（℃）	湿度（%）	雨量（mm）	雨日（d）	病指月增长（%）
平均	30/6	5.69	25.0	68.0	63.9	9.8	11.7
	30/7	33.44	25.7	81.2	140.5	12.0	56.6
	30/8	48.85	25.2	84.0	117.9	11.5	30.2
1988	30/6	0.25	26.1	83.3	7.9	10	0.6
	30/7	3.50	26.3	83.3	177.7	21	7.6
	30/8	32.63	25.1	85.0	215.7	16	67.1
1990	30/6	9.75	24.9	71.8	110.4	15	25.6
	30/7	37.38	27.6	81.6	154.4	14	72.5
	30/8	27.25	26.2	81.8	81.2	10	−26.6
10年平均	30/6	4.28	25.2	67.2	65.9	10.1	9.7
	30/7	23.62	26.6	79.7	122.0	12.9	43.9
	30/8	40.23	25.6	82.7	117.3	12.1	37.7

2. 低温高湿重病年　1982、1983、1984、1989年，这4年7、8月份气温较低，分别为25.7℃和25.2℃，比10年平均分别低0.9℃和0.4℃，比高温年分别低1.7℃和0.8℃。这4年空气相对湿度较高，分别为81.2%和84.0%，比10年平均分别高1.5%和1.3%，比低温年分别高4.5%和2.7%。这4年黄萎发病较重，7月30日和8月30日的病指分别为33.44和48.85，病指比10年平均分别高9.82和8.62，比轻病年分别高18.05和12.10，即重病年7月30日病指为轻病年同期病指的2.17倍。

（三）降雨量、雨日对黄萎病发生消长的影响　由调查结果可见，轻病年7月份雨量少，4年平均108.6 mm，重病年7月份雨量较多，4年平均140.5 mm。说明7月份雨量多少与发病强度有一定关系。生物统计分析表明，雨量与发病强度（病指）呈正相关（$r=0.1875$，$r_{0.05}=0.205$）（表9-9），接近显著水平。据此认为，雨量大，可使土壤保持一定湿度，有利于病菌在土壤内繁殖和侵染，雨量大还可降低地温与气温，缓解高温对黄萎病发生的抑制。因此，在豫北棉区7月多雨的年份黄萎发病较重。

表9-9　病情指数与气象因子相关关系

变量	相关系数	$r_{0.05}$	$r_{0.01}$	自由度（df）
温度	−0.2285*	0.205	0.267	98
湿度	0.6583**	0.217	0.283	88
雨量	0.1808	0.205	0.267	98
雨日	0.0718	0.217	0.283	88

总之，在土壤菌量、品种等条件相对稳定的情况下，经过10年定点、定株连续调查研究，表明代表我国黄河流域棉区的豫北棉区，黄萎病发病存在着轻病年和重病年的较大差异，初步明确了该地区棉花黄萎病流行规律与主要气象因子的关系。7月份气温高低是决定黄萎病发生严重程度的主要气象因子，当气温平均高于27℃，干旱少雨，黄萎发病即轻。一般情况下，7月份连续两旬平均气温高于27℃，黄萎病的发生扩展将受到抑制，旬病指增长速度减慢，成为轻度发病年。若7月份平均气温低于27℃，空气相对湿度超过80%，病害将会大发生，成为重病年。

二、冀中棉区黄萎病流行规律

齐俊生等调查研究了冀中棉区黄萎病的流行规律，方法是：在石家庄市河北省农业科学院棉花研究所西门外黄萎病圃，1986—1996 年每年 8 月下旬按 Ⅴ 级分级方法，对黄萎病进行调查，计算病指，结合当地各年气象资料进行流行规律的分析。

（一）气温对黄萎病发生的影响

1986—1996 年 8 月下旬黄萎病指与气温的关系如表 9 - 10。

表 9 - 10　黄萎病指与 7～8 月旬平均气温的关系（石家庄）

年份	病指	7上（℃）	7中（℃）	7下（℃）	7月平均（℃）	8上（℃）	8中（℃）	8下（℃）	27℃以上旬数
1993	43.8	25.9	26.5	24.4	25.6	26.1	24.9	25.3	0
1989	12.2	25.1	26.9	25.6	25.9	26.3	24.9	23.9	0
1995	52.8	27.5	24.8	26.0	26.1	25.9	24.9	25.0	1
1988	28.4	24.3	27.5	26.1	26.0	26.1	24.1	23.5	1
1990	40.7	26.3	27.4	26.2	26.6	26.2	30.2	25.7	1
1986	28.1	25.2	27.1	27.0	26.4	25.0	24.7		2
1991	9.4	26.9	26.7	27.4	27.0	26.9	27.0	25.3	2
1996	41.2	27.5	23.4	27.5	26.1	25.1	26.7	20.4	1
1992	10.8	29.3	27.5	28.3	26.3	23.4	25.2		3
1994	13.1	28.0	26.8	28.8	27.9	27.6	28.1	26.3	2
1987	2.8	26.1	26.8	29.3	27.4	26.9	24.6	25.9	2

如表 9 - 10，在所分析的气象因子中气温是影响黄萎病发生的最主要的因素，尤其以 7 月下旬旬平均气温影响最为明显。黄萎病大发生的 4 年中有 3 年（1993、1995、1990）7 月下旬气温较低，在 26.2℃ 以下。而气温高于 27℃ 则发病减轻（1996 年除外），超过 28℃ 发病极轻。黄萎病大发生的 1996 年，虽然 7 月下旬气温并不低，但是中旬气温为 11 年中最低（23.4℃），特大发生的 1995 年 7 月中旬的气温为 24.8℃，也明显低于常年。从月平均看，7 月份平均 27℃ 以上的 1991、1992、1994 和 1987 年，4 年均为轻病年，进一步看出气温对黄萎病的抑制作用。从每年 27℃ 出现的旬数看，轻度发病年的 5 年中除 1989 年外，其余 4 年均有 2 旬气温在 27℃ 以上。

（二）空气相对湿度对黄萎病发生的影响

根据 1986—1996 年空气相对湿度对黄萎发病强度的影响进行分析，结果是 8 月上旬的湿度是影响黄萎病指的主要因素之一，湿度超过 82％ 可导致黄萎病的严重发生。以 8 月上旬的湿度对黄萎病指的影响最大，湿度达到或超过 82％ 的有 6 年，其中 4 年的黄萎病指超过 40.7（1996、1995、1990 和 1993），而湿度低于 81％ 的 5 年中病指较低均未超过 28.1。

（三）降水量对黄萎病发生的影响

旬降水量对病指的影响不如湿度明显，但也呈现一定规律性。主要成分分析表明，8

月上旬和 7 月中旬的降水量为影响病指的主成分，发病最重的 1995 年和较重的 1996 年及 1990 年，7 月中旬降水量较大，分别为 98 mm、112 mm 和 85 mm，其中 1996、1995 年 8 月上旬降水量也较大，发病较重的 1993 年 8 月上旬降水 88 mm，也属于 11 年中多降水月份。

从上述结果综合分析，可得出 7～8 月份低温、多雨、高湿年为黄萎病重病年，即 1986、1988、1990、1993、1995 和 1996 年，共 6 年；高温、少雨、低湿年为黄萎病轻度发生年，即 1987、1989、1991、1992、1994 年，共 5 年，重病年与轻病年出现的频率基本上为各 50％。这与豫北棉区流行规律所得结论是一致的。

第四节　长江流域棉区黄萎病流行规律

一、长江流域棉区黄萎病发生程度与气象因子的关系

1981—1983 年，姚耀文、马存等组织中国农业科学院植物保护研究所等 7 个单位，对长江流域棉区黄萎病发生消长与气象因子的关系进行了调查研究。

自 1981 年开始，系统调查 5 个点（四川简阳、湖北天门、安徽东至、江苏南通和作为对照的北方棉区的河北丰南）。在保持田块和品种不变的情况下，于 5 月间黄萎病发生前选生育状况正常的植株 200 株。从 5 月 10 日开始至 9 月底为止，每隔 10d（逢 10 日、20 日、30 日），逐株按株号顺序，从症状上（按典型症状）分级调查 1 次，并按通用的分级标准，计算发病株率及病情指数。结合各年当地 7、8 月份气象资料，分析病害发生与主要气象因子的关系，得出以下结论：长江流域棉区各地黄萎病的发病强度，不同年份差异很大；而以河北丰南为例的北方棉区，几乎年年都是重病年。

（一）气温对黄萎病发病的影响

1. **气温对发病始期的影响**　发病早晚主要取决于发病最适温度出现的早晚，如 6 月间气温提前回升，病害发生则早而重，反之，病害发生则迟而轻。根据调查结果初步认为发病始期最适气温为 21.0～24.0℃。

2. **气温对发病盛期的影响**　联合试验结果（表 9 - 11）表明，7、8 月间出现 28℃ 以上的平均气温的旬多，对黄萎病的发生发展就有明显的抑制作用，高温持续的时间越长，对病害的不利影响就越大，反之，如 7、8 月间没有出现超过 28℃平均气温的旬，病害发生就重，甚至暴发流行。

表 9 - 11　气温对棉花黄萎病发病盛期的影响

试验地点	年份	出现 28℃以上平均气温的旬	发病程度（8 月中旬）	
			发病株率（％）	病情指数
江苏南通	1981	7 月/下旬	28.59	10.20
	1982	无	82.50	37.30
	1983	7 月/下旬，8 月/上旬	3.0	0.75

（续）

试验地点	年份	出现 28℃以上平均气温的旬	发病程度（8月中旬）	
			发病株率（%）	病情指数
四川简阳	1981	无	41.5	19.6
	1982	无	77.8	33.8
	1983	无	98.6	33.4
湖北天门	1981	7月/上、中、下旬，8月/上、中旬	0	0
	1982	7月/下旬，8月/上旬	24.5	10.8
	1983	7月/下旬，8月/上旬	17.0	4.5
安徽东至	1981	7月/上、中、下旬，8月/上、中旬	—	—
	1982	8月/上、中旬	9.0	3.0
	1983	7月/下旬，8月/上、中旬	0.5	0.13
河北丰南	1981	7月/下旬	39.0	19.4
	1982	无	53.0	23.6
	1983	无	72.5	55.6

注：上述各点 1981—1983 年的数据均为种植同一感病品种的连作棉田调查结果。

3. 气温对全年病害消长的影响　据四川简阳、湖北天门、江苏南通1981—1983 年的 8月底发病盛期病情指数调查，结合 7月份气象资料的回归分析表明（表 9-12），7、8月间发病盛期的气温与黄萎病发生的相关性呈极显著，在一般情况下气温是影响黄萎病消长的主导因素。另外，气温对病害全年消长的影响与发病始期及适温（22℃以上）出现早晚及持续时间长短有关。根据全年气温变化的不同，黄萎病存在着 3种发病趋势，第一，早春气温回升快，黄萎病提早发生，发病盛期（7、8月间）不出现旬平均气温 28℃以上的高温，黄萎病必然发生严重，属于重病年；第二，早春气温回升慢，黄萎病推迟发生，7、8月份发病高峰时期持续出现 28℃以上的高温，黄萎病发生显著减轻，属于轻病年；第三，早春的气温虽然适宜黄萎病的提早发生，但是发病盛期 7～8月间受到短期高温（28℃以上）的抑制作用，黄萎病的发生程度多为中等偏重的中度流行。

表 9-12　长江流域棉区黄萎病消长与气象要素相关关系

（简阳、天门、南通 1981—1983 资料分析）

气象要素	r	$r_{0.01}$	$r_{0.05}$
气温	−0.836 83 **	0.789	0.666
雨量	0.113 46	0.789	0.666
雨日	0.708 22 *	0.789	0.666
地温	0.725 26 *	0.789	0.666
湿度	0.020 20	0.789	0.666

（二）降水量、雨日对黄萎病消长的影响

7、8月份，降水量大，雨日多可以明显的降低气温。从调查结果（表 9-13）看出，雨量大，雨日多，则发病重（1982 年，天门），雨量小，雨日少，则发病轻（1981 年，天门）。因此说明，降雨量大小及雨日多少与黄萎病发病有较密切的关系。

表9-13 长江流域棉区1980—1983年黄萎病发病盛期病情与降水量、雨日的关系

年份	项目	四川简阳		湖北天门		江苏南通		河北丰南	
		7月	8月	7月	8月	7月	8月	7月	8月
1980	雨量（mm）	196.3	204.7	293.6	298.4	242.9	210.5	26.1	114.8
	雨日（d）	17	20	15	17	22	17	6	12
	病指	—	12.2	—	2.8	—	54.1	—	—
1981	雨量（mm）	368.5	258.9	13.7	136.5	205.7	184.5	194.7	173.3
	雨日（d）	18	19	5	7	12	9	12	9
	病指	17.9	33.0	1.0	0.3	26.6	26.6	7.5	20.6
1982	雨量（mm）	240.6	109.8	160.0	165.4	96.6	96.6	211.1	166.1
	雨日（d）	14	13	11	17	19	19	16	12
	病指	27.6	29.7	15.5	10.8	38.9	38.9	5.0	35.3
1983	雨量（mm）	103.6	99.5	419.5	175.4	49.3	49.3	151.8	116.2
	雨日（d）	15	17	18	14	11	11	12	8
	病指	27.4	30.6	8.4	4.4	1.0	1.0	10.9	5.1

（三）相对湿度、土壤含水量对黄萎发病的影响

长江流域棉区与北方棉区不同，大气的相对湿度在不同地方和各年之间差异不大，均在80%以上，适合黄萎病的发生发展，相对湿度与病害发生的相关性不显著，说明湿度对病害消长没有影响。至于土壤含水量与病害消长的关系研究得很不够，仅从安徽东至试验点测定结果初步看出，黄萎病发病以土壤含水量15%左右为宜，如果土壤含水量超过20%或低于15%，大田里虽也有发病，但发病程度较轻。

二、长江流域棉区黄萎病发生程度与旬气温的关系

孔令甲等（1990）较系统地研究了旬气温与黄萎病发生及流行的关系，方法是：1981—1988年在湖北天门、宜城等县黄萎病重病田，于5月份黄萎病发生前，随机选200株棉株编号挂牌，自5月下旬至9月下旬，每10d逐株调查1次发病情况，统计病株率，并按Ⅴ级分级法计算病情指数。

（一）黄萎病发生程度与旬平均气温的关系

1985—1988年系统调查结果如图9-2。

从图中所示，每年5月下旬或6月上旬棉株开始发病后，病情逐渐随温度上升而发展，至旬均温超过28℃时，病害出现隐症。而当旬均温降至28℃以下时，病症又显现，病情上升。如1985年和1986年7~8月间均出现两次超过28℃的旬均温，病害也相应出现两次消长。而1987年旬均温未达到28℃，黄萎病则未出现隐症，病害一直呈上升趋势。同时还可以看出，旬均温超过28℃的时间出现早，超过的温度高，病害的隐症时间

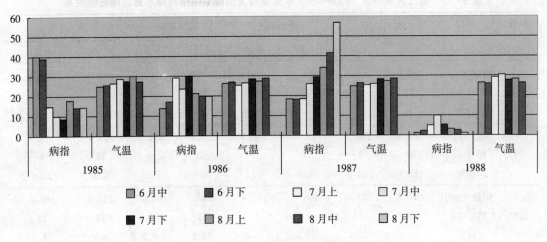

图 9 - 2　棉花黄萎病发生消长与旬气温关系

就长，病害的发生程度亦轻。如 1988 年因 7 月上旬即出现 29.2℃的旬均高温，7 月中旬连续高温，7 月下旬均温接近 28℃，8 月上旬又出现 30℃均温，其病情较轻，未发生病害流行。1986 年于 7 月下旬和 8 月中旬分别仅出现 28.4℃及 28.8℃的旬均温，虽出现了隐症，但由于旬均温超过 28℃不多，出现时间较迟，其隐症时间较短，所以病害流行时间较长，病情较 1985 年重。因此，可以把每年出现 28℃旬均温度作为黄萎病隐症的临界温度。

（二）历年黄萎病的发生与旬平均气温关系的分析

1980 年以后，湖北省黄萎病发生面积的迅速扩大，与大面积推广在病区繁育的感病品种有关，但其发病程度则与气候因素关系密切。据在黄萎病主发病区的宜城县调查，自 1964 年引进美国光叶棉而发现黄萎病后，至 1978 年黄萎病及黄、枯萎病的混生面积仅占植棉面积的 3.95％，至 1980 年占 5.44％，而 1982 年已占植棉面积的 10.13％，至 1987 年上升到占植棉面积的 45.14％，是 1980 年的 8.3 倍，而且重病田也由 1980 年的 48.1 hm² 上升到 1987 年的 343.9 hm²。经查宜城县 1971—1988 年间 18 年的气象资料分析（表 9 - 14），可以看到 1971—1979 年与 1980—1988 年前后 9 年在每年黄萎病盛发期的 7～8 月的平均旬气温差异显著。在 70 年代 7～8 月的 28℃以上旬均温达 3 次之多，而 80 年代仅出现 1 次。这进一步说明了旬均温影响黄萎病的发病程度，也是 80 年代湖北省黄萎病发生严重的原因之一。

表 9 - 14　1971—1988 年 7～8 月旬均温度（℃）与黄萎病发病程度的关系

（湖北宜城）

年　份	7月			8月			发病程度
	上旬	中旬	下旬	上旬	中旬	下旬	（发病面积比例）（%）
1971—1979	27.4	26.8	31.8	28.7	27.5	28.3	轻（5.44）
1980—1988	26.6	26.7	27.4	28.1	26.3	25.2	重（45.14）

根据上述调查结果孔令甲等提出，影响黄萎病发病程度的主导因素是病害盛发期出现大于28℃旬均温度频次和迟早的综合值。

三、江汉平原棉区黄萎病流行规律

马存等（1997）研究了江汉平原棉区黄萎病流行规律，试验在湖北省荆州市农业科学院多年的黄萎重病田进行，面积330 m²，1993—1999年种植感黄萎品种鄂棉20，7年中田块及位置不变，即田间黄萎病菌量每年基本相同，每年在6月初随机取4行，每行定50株，共200株，逐株挂牌标记，每年6～8月，每月10日、20日、30日按挂牌顺序，逐株按V级分级标准，调查黄萎病发病情况，计算病情指数。

（一）棉花黄萎病在江汉平原棉区的发病特点

将1993—1999年7年6～8月各旬黄萎病指、旬平均气温、相对湿度、降水量统计归纳为表9-15。从表中可以看出荆州棉区黄萎病发病及流行规律复杂多变，年度间及前、中、后期间发病轻与重差异较大，可分为下面4种类型。

1. **重病年**　7年中有2年为重病年，重病年占28.6%，1993年、1996年两年6月10日病指分别为2.60和1.30，到6月30日上升到9.5和9.6。两年7月20日至8月30日4旬病指保持在32.5～46.3之间，即保持较重的状况，两年累计病指分别为235和242，这两年均属重病年。

表9-15　江汉平原棉区黄萎病发病与气象因子关系表

日/月	1993				1994				1995				1996			
	病指	气温	湿度	雨量	病指	气温	湿度	雨量	病指	气温	湿度	雨量	病指	气温	湿度	雨量
10/6	2.6	27.4	78	36	22.5	23.4	85	90	0.4	25.2	86	55	1.3	22.2	89	66
20/6	4.0	25.3	82	100	32.1	25.3	81	5	1.8	25.6	83	59	1.9	27.3	81	60
30/6	9.5	21.9	83	89	55.4	27.5	79	5	5.7	26.0	88	54	9.6	25.7	85	51
平均		24.9	81			25.4	82			25.3	85			25.0	85	
10/7	29.1	25.5	87	16	36.6	30.0	76	8	12.4	24.8	90	105	19.5	26.8	92	138
20/7	32.5	27.5	81	61	27.3	26.9	87	54	14.6	30.5	79	2	44.3	25.8	89	188
30/7	42.6	30.1	91	18	20.8	29.0	83	6	11.4	30.6	79	24	46.3	30.1	83	2
平均		27.8	86			28.7	82	69		28.7	82			27.6	88	
10/8	37.5	30.5	84	41	8.6	29.2	85	60	6.5	29.0	83	16	42.4	28.4	89	109
20/8	39.9	27.7	87	4	24.6	28.9	79	22	6.9	26.9	86	84	37.6	28.5	82	35
30/8	36.9	26.5	95	16	36.0	26.5	84	91	8.4	28.0	83	70	40.7	24.4	88	70
平均		28.2	86			28.2	83				84			27.0	86	
Σ	235	242	759	381	264	247	741	344	68	246	753	404	243	239	777	719
28℃以上旬数		2				4				4				3		

（续）

日/月	1997				1998				1999			
	病指	气温	湿度	雨量	病指	气温	湿度	雨量	病指	气温	湿度	雨量
10/6	8.1	24.5	79	136.8	3.6	24.8	79	30	2.6	25.2	77	3
20/6	20.6	25.4	80	4.6	8.1	25.9	83	39	15.8	25.7	79	12
30/6	36.9	26.8	82	16.6	16.4	26.7	87	97	28.0	23.6	91	280
平均		25.6	80			25.8	83	165		24.8	82	
10/7	36.5	26.7	86	70.5	31.0	28.2	84	29	31.3	26.5	85	27
20/7	41.6	26.3	89	222.3	21.8	30.6	81	68	39.9	26.2	85	64
30/7	34.0	31.1	85	7.2	18.3	27.8	89	119	40.8	29.4	85	104
平均		27.1	86		18.3	28.8	85	217		27.4	84	
10/8	28.0	29.8	83	22.1	19.5	29.4	87	58	23.4	29.7	77	0
20/8	29.9	28.8	71	0.0		27.5	86	44	3.1	28.5	77	76
30/8	6.1	29.1	76	0.0		27.4	86	53	11.3	24.7	86	58
平均		29.2	77	22.1	157	28.1	86	155		27.5	80	
Σ	242	249	731	480		248	761	537	196	268	740	623
28℃以上旬数		4				3				3		

2. **轻病年** 7 年中有两年为轻病年，1995 年 6 月份 3 旬病指在 5.7 以下，7 月份 3 旬病指在 14.6 以下，8 月份病指在 8.4 以下，全年累计仅为 68；1998 年发病虽然比 1995 年重，但除了 7 月 10 日病指为 31.0 外，7 月 20 日至 8 月 30 日 5 旬病指均在 21.8 以下，全年累计病指 157，也是较低的。因此，1995 年、1998 年均为黄萎轻病年。

3. **前期、中期发病重，后期发病轻年份** 1997、1999 年 6 月 10 日病指分别为 8.1 和 2.6，6 月 30 日分别上升为 36.9 及 28.0，7 月 10 日至 8 月 10 日两年均保持在 28.0～40.8 之间，1997 年 8 月 20 日病指为 29.9，在 8 月 30 日降低到 6.3；1999 年 8 月 10 日病指 23.4，在 8 月 20 日降低到 3.1，8 月 30 日病指为 11.3。因此，这两年是前期、中期发病重，后期发病轻的年份。

4. **前期、后期发病重，中期发病轻年份** 1994 年 6 月 10 日病指 22.5，6 月 30 日上升到 55.4，这是 7 年里前期发病最重的一年。7 月 10 日、30 日病指下降为 36.6 和 20.8，8 月 10 日病指进一步下降到 8.6，这是 7 年中 8 月上旬病指最低的一年。8 月 20 日、8 月 30 日病指又分别上升到 24.6 和 36.0。因此，1994 年成为中期发病轻的一年。

（二）旬平均气温是影响江汉平原棉区黄萎发病强度的重要因素

7、8 月份旬平均气温超过 28℃，对黄萎病发病有抑制作用，连续 3～4 旬平均气温超过 28℃，黄萎发病受到显著抑制，可造成中期发病轻或后期发病轻。降水量大，可降低气温，增加空气相对湿度，黄萎发病重；反之，长期干旱少雨，气温高，湿度小，黄萎病发病受到明显抑制。

（三）江汉平原与豫北棉区黄萎病流行规律比较

上述江汉平原棉区黄萎病流行规律，与豫北棉区黄萎病流行规律进行比较，可以看到有较大差异：第一，豫北棉区重病年和轻病年基本各占一半，而江汉平原棉区变化较大，除重病年和轻病年外，还有后期轻，中期病轻，这是豫北棉区未见的；第二，江汉平原棉区 7 月份平均病指（28.1～31.7）略高于豫北（15.2～30.5），而 8 月份病指江汉平原棉区（22.7～23.8）比豫北（35.2～43.6）显著低，从总体看江汉平原棉区黄萎病的为害较豫北棉区轻；第三，江汉平原棉区黄萎病发病受气温影响波动远大于豫北棉区。上述结果初步说明，长江流域棉区黄萎发病一直较轻的主要原因是高温时间长，对黄萎发病控制时间也长，抑制作用更显著。

四、长江下游棉区黄萎病流行规律

吴蔼民等（1999）对长江下游黄萎病流行规律进行了研究，方法与上面所提到的基本相同，试验在江苏常熟市黄萎重病田进行，1993—1997 年每年 6 月至 9 月初，每 5d 对定点的 200 株棉花进行发病调查，计算病指及光秆率，结果见表 9 - 16（表中删掉了每月 5 日、15 日、25 日数据）。试验采用感黄萎病品种苏棉 8 号，结合当地气象资料进行分析。

表 9 - 16　江苏常熟 1993—1997 年棉花黄萎病田间发病与气温的关系

日期（日/月）	1993		1994		1995		1996		1997	
	病指	气温（℃）	病指	气温（℃）	病指	气温（℃）	病指	气温（℃）	病指	气温（℃）
30/5	0.00		0.00		0.00	23.32	3.64	22.22	2.25	25.26
10/6	2.22	23.76	4.25	22.42	8.00	21.10	8.59	24.22	3.00	22.64
20/6	11.11	27.04	7.00	22.78	17.50	24.66	10.53	26.18	8.13	25.44
30/6	15.56	25.54	11.50	29.30	22.00	25.22	25.50	24.02	22.38	26.14
10/7	23.89	27.08	8.25	30.30	42.00	26.40	37.24	24.44	42.75	23.4
20/7	27.22	22.52	7.75	28.80	42.50	30.42	45.05	28.42	70.20	28.46
30/7	55.00	26.92	7.25	30.02	40.50	28.40	43.23	29.26	66.50	29.38
10/8	70.00	26.04	7.25	28.32	42.50	28.12	40.10	29.18	66.80	28.10
20/8	82.22	23.66	6.50	27.60	45.00	28.64	43.75	28.12	71.00	26.64
30/8	85.56	25.34	7.50	28.16	53.00	27.08	53.13	25.14	80.60	27.60

（一）全年发病趋势

1993—1997 年黄萎病发病调查结果，1994 年为轻病年，全年 10 次调查合计病指仅 67.25。1995 年为中等偏重发生年，7 月 10 日以后病指为 40.5～53.5，但 7 月 10 日至 8 月 20 日病指为 40.5～45.0，变化较小。1996 年也为中等偏重发生年，但 7 月 20 日至 8 月 20 日病指为 40.10～43.75，变化较小。1993、1997 年为重病年，1993 年病指从 6 月 10 日的 2.22 直线上升到 8 月 30 日的 85.56，1997 年 7 月 20 日病指上升到 70.20，但是 7 月 20 日至 8 月 20 日病指 70.2 下降到 66.5 和 66.8，8 月 20 日又上升为 71.00，变化也较小。

（二）气温与黄萎病发病的关系

上面分析的 1993—1997 年黄萎病轻病年及重病年，都与气温有直接关系。从表 9 - 16

可以清楚地看到，1993 年 7、8 月份 6 个旬没有出现旬平均温度高于 28℃的，使 1993 年成为重病年；1997 年 7 月 10 日旬平均温只有 23.4℃，6 月 30 日旬平均温 26.14℃，前期适宜的温度造成 7 月 20 日病指高达 70.2 的重病年；但是，7 月 20 日至 8 月 20 日连续 3 旬平均温度 28.1～29.38℃，使后期发病受到抑制。1994 年 6 月 30 日至 8 月 30 日连续 5 旬气温在 28.32～30.3℃之间，造成全年病指在 11.5 以下，这是北方棉区看不到的，在长江流域棉区也是不多见的。1995、1996 年两年均为中等偏重发病年，两年 7 月 20 日之前气温低，适宜黄萎发病，7 月 20 日病指分别为 42.5 和 45.05，但两年 7 月 20 日至 8 月 20 日连续出现 4 旬 28℃以上的高温，病指均有明显降低。从常熟棉区 5 年调查结果分析，发病强度均与旬平均 28℃以上高温出现早晚和频次有密切关系，这与上面所谈流行规律是一致的。常熟重病年 8 月 30 日病指 80 以上比黄河流域棉区还要高得多，这可能与常熟存在强致病力的落叶型黄萎菌系及调查者分级标准掌握的尺度等有关。

（三）其他气象因素与黄萎病发病的关系

经统计分析，空气相对湿度与发病相关性不大，这与江汉平原棉区研究结果是一致的。雨日与黄萎病发病有较密切的关系，雨日多会降低气温，有利于发病。经统计分析，除 1995 年外其余 4 年雨日与病指的相关性均达显著水平。

从以上黄河、长江两棉区黄萎病流行规律研究结果看，气温是影响黄萎病发病程度的主要气象因素。但黄河流域棉区，旬平均气温 27℃以上是抑制黄萎病出现隐症的临界温度，而长江流域棉区是旬平均气温 28℃以上。长期以来北方棉区黄萎病发病重于南方棉区的主要因素是温度的差异。湖南、江西两棉区黄萎发病更轻，两省夏季气温高也是主要原因；近 20 多年，每年有数十个棉花育种单位，携带有菌棉种到海南省三亚等地繁种，但至今未见三亚发生枯、黄萎病的报道，其原因应该是三亚全年处于高温，棉花收获后夏季种植水稻，长时间的高温和淹水，使黄萎病菌在当地不能存活，仅靠种子带菌不可能造成枯、黄萎病的大量发生和为害。我国棉区辽阔，气象条件复杂多变。因此，上述棉花黄萎病流行规律还不够全面，应进一步深入研究。

参 考 文 献

陈吉棣，陈松生，徐纯锡.1980. 棉花黄萎病种子内部带菌的研究. 植物保护学报.7（3）：159～164

陈吉棣，陈松生，王俊英.1964. 棉花黄萎病种子和土壤带菌分离鉴定研究初报. 植物病理学报.7（2）：135～144

籍秀琴，马存.1980. 棉花黄萎病发病消长与温度关系的分析. 农业科技通讯.（8）：30～31

简桂良，马存.1995. 豫北棉区气温与湿度对黄萎病发生关系分析. 植物病理学报.25（1）：17～22

孔令甲，夏珍芳，毛德新等.1990. 棉花黄萎病的发病程度与旬气温的关系. 见：陈其煐，李典谟，曹赤阳主编. 棉花病虫害综合防治及研究进展，北京：中国农业科技出版社

马存，朱颖初.1983. 棉花黄萎发病与温度关系的研究. 中国棉花.（6）：36～37

马存，简桂良，邹亚飞.1997. 荆州棉区棉花黄萎病发生与气象因子关系的分析. 植物保护.23（1）：30～33

马存，简桂良，邹亚飞等.2001. 荆州棉区黄萎病发病特点流行规律与气象因子的关系. 见：中国植物保护学会编. 面向 21 世纪的植物保护发展战略，北京：中国科学技术出版社

齐俊生，马存.1998.冀中棉区棉花黄萎病发生与气象因子关系分析.棉花学报.5（4）：263～267

仇元.1958.棉花黄萎病菌种子带菌检查及分离方法.植物病理学报.4（2）：121～127

仇元，周国顺.1963.棉花黄萎病种子带菌及消毒研究.中国农业科学.（5）：4～8

孙君灵.1998.棉花枯、黄萎病种子带菌量的探讨.中国棉花.（6）：11～12

吴蔼民，夏正俊，陆郝胜等.1999.长江下游棉花落叶型黄萎发病消长与气象因子关系分析.棉花学报，11（6）：284～289

姚耀文，马存，顾本康.1986.长江流域棉区棉花黄萎病发生消长与气象因子关系的研究.中国农业科学.19（3）：59～64

中国农科院植保所棉病组.1965.黄萎病棉株落叶的带菌与传病.植物保护.3（5）：190～193

中国农科院植保所.1965.黄萎病棉株落叶的带菌与传播.植物保护.3（5）：190～193

Beute M K and Rodriguez-Kabanu R. 1981. Effect of soil moisture, temperature and field environment of survival of *Sclerotium rolfsii* in Alabama and North Carolina. Phytopathology. 71：1293～1296

Campbell C L and Pennypaker S P. 1980. Distribution hypocotyl rot caused in snapbean by *Rhizoctonia solani*. Phytopathology. 70：521～525

Campbell C L and Noe J P. 1985. The Spatial analysis of soilbome pathogens and root diesase. Ann. Rev. Phytopathology. 23：129～148

Devay J E, Pullman G S. 1982. Epidemiology of Verticillium wilt of cotton. A. relationship between inoculum density and disease progression. Phytopathology. 72（5）：549～554

Gutierez A P. 1985. A model of Verticillium wilt of cotton. Plant Disease. 69：1025～1032

Garber R H and Presley J T. 1971. Relation of air temperature to development of Verticillium wilt on cotton in the field. Phytopathology. 61：204～207

Gutierrez A P. 1983. A model of Verticillium wilt in relation to cotton growth and development, Phytopathology. 89～95

Leach L D and Davey A E. 1983. Determing the sclerotial population of *Sclerotium rolfsii* by soil analysis and predicting losses of sugar beets on the basis of these analysis. J. Agric. Res. 56：619～631

Nicot P C, Rouse D I and Yandell B S. 1984. Comparison of statistical methods for studying spatial patterns of soilborne plant pathogen in field. Phytopathology. 74：1399～1402

Shew B B Beute M K and Campbell C L. 1984. Spatial pattern of southern stem rot caused by *Sclerotium rolfsii* in six North Carolina peanut fields. Phytopathology. 74：730～735

Smith V L, Rowe R C. 1984. Characteristics and distribution of propagules of *Verticillium dahliae* in Ohio potato field soils and assessment of two assay methods. Phytopathology. 74：553～556

第十章

棉花黄萎病菌的毒素

第一节　植物病原真菌毒素的基本认识

植物病原真菌产生的毒素，危害植物生长发育，甚至导致植物死亡，这种现象在19世纪就引起了科学家们的注意。围绕植物病原真菌的代谢产物——毒素在植物病程中所起的作用，经历了长期争论。然而，当1946—1948年北美的燕麦草遭到维多利亚毒素HV-toxin（*Helminthosporium victoriae*）侵袭引起毁灭性的疫病之后，才使植病界普遍认识到植物病原真菌毒素在引发植物病害中的决定性作用。20世纪50~70年代，人们先后发现了引起植物病害的玉米圆斑炭色蠕孢菌毒素（HC-toxin）、甘蔗眼斑蠕孢菌毒素（HS-toxin）、菊池链格孢毒素（AK-toxin）和簇生链格孢毒素（AF-toxin）等。从此后的80年代起，人们对于毒素的概念认识较为一致，特别是对寄主专化性毒素（Host-specific toxins，HSTs）和非寄主专化性毒素（Non-host-specific toxins，NHSTs）的概念认识更为明确。近年来，国内外植物病理学家对水稻稻瘟病菌、小麦赤霉病菌、小麦全蚀病菌、棉花枯萎病菌、棉花黄萎病菌、玉米大斑病菌、玉米小斑病菌，以及园林、果树、蔬菜、瓜类上造成叶斑类型的病原真菌毒素开展了深入研究，特别是应用分子生物学技术对毒素合成基因、调控毒素基因的表达和毒素受体的定位等方面的研究取得了重要进展。目前，国内外已经研究明确，有50多种植物病原真菌能产生非寄主专化性毒素，20多种能产生寄主专化性毒素，其中我国科学家章元寿、吕金殿、董金皋和陈捷等人在该研究领域做出了重要贡献。当前一个新兴交叉学科"菌毒学"（mycotoxicology）正在不断发展和完善，它必将有力地促进我国植物病原菌毒素的深入研究，丰富植物病理学学科内容，为植物病害防治提供新的途径和方法。

一、植物病原真菌毒素的概念

植物病原真菌毒素（mycotoxins）是指对人、畜有害和加重植物病害发生的真菌次生代谢产物。过去人们把真菌危害动物、人类后产生的毒素称为真菌毒素，例如危害人类引发各种癌变的黄曲霉毒素（caflatoxin）和引发人和动物呕吐的赤霉病菌毒素（DON）等，而把真菌危害植物引发各种植物病害的称为致病毒素（pathotoxins）或植物毒素（phyto-toxins）。随着人们对真菌毒素研究的不断深入和认识的提高，近年来科学家们研究发现，镰刀菌属的一些种如尖孢镰刀菌（*Fusarium oxysporum*）、串珠镰刀菌（*F. moniliforme*）、拟枝孢镰刀菌（*F. sporotrichioides*）和雪腐镰刀菌（*F. nivale*）等都能产生一些对人、畜有害的毒素，同时又对植物有毒性。目前，无论是危害人、畜还是危害植物的毒素均称为真菌毒素。

在植物病理学中，真菌毒素是由病原真菌侵染感病植物后产生的有毒化学物质，这种物质只存在于感病植株中，用其接种健康植株时，能重现部分症状。这些真菌次生代谢产物大多属于低分子量化合物，主要包括环状肽类、低聚糖、类萜烯化合物、聚乙醇酰和生物碱类等，而不包括酶类和生长调节剂。这些物质在低浓度下具有很强的生理活性（包括毒性和致病活性），在活体内和活体外均可产生，对寄主植物具有很强的损伤和破坏作用。

真菌毒素和真菌毒性物质，这两者在概念上是不同的。危害人、畜健康的黄曲霉素，其毒性比极毒的砒霜还要高，还有对人、畜健康有害的赤霉菌毒素、镰刀菌毒素、青霉菌毒素等合成的机理都相同，都是一类由病原真菌产生的动、植物本身不能进行生物合成的有毒化学物质。对动、植物而言，真菌毒素是外源物质或异源物质，然而有些大型真菌，如毒蘑菇的毒性物质，对于人、畜的危害与致死能力也很强，它们是一类毒性多肽化合物，存在于蘑菇组织内，是结构性物质。另外，还有很多真菌产生具有植物生长素活性的化学物质，它们可以通过植物的生化代谢产生。当它们由植物产生时，对植物无毒性。当它们通过病原真菌侵染而代谢产生时，可以破坏植物体内生长激素水平的平衡，从而导致植物生长异常。从定义上讲，这类由病原真菌和植物都能产生的抑制植物生长发育的有害化学物质是真菌毒性物质，而不是真菌毒素。

二、植物病原真菌毒素的非专化性与专化性

在植物病原真菌毒素中，人们根据毒素与寄主植物之间的特异性相互作用，将其分为两大类，即非寄主专化性毒素和寄主专化性毒素。

非寄主专化性毒素是由病原真菌产生的一类对其寄主植物种或栽培品种具有一定生理活性和非专化性作用位点的代谢产物。这类毒素对寄主和非寄主均有一定毒性，即致毒范围较广，在寄主植物上无毒素高度专化的作用位点，在植物病程中仅仅加剧病情恶化和加重症状表现，常常表现为毒力因子（virulence factor）。目前，全世界已发现非寄主专化性植物病原真菌毒素近 60 种，其中研究报道最多的是镰刀菌酸毒素（fusaric acid），它对植物的危害主要表现在毒素的羧基对植物体 Fe^{3+} 的螯合作用，从而影响植物的呼吸及抑制多酚氧化酶活性和改变细胞膜透性等。另外，像梨孢霉菌毒素（pyricularia）、尾孢菌毒素（cercospora）、疫霉菌毒素（phytophthora）、核盘菌毒素（sclerotinia）、蠕孢菌毒素（helminthosporium）等也有研究报道。

寄主专化性毒素是由病原真菌产生的一类对其寄主植物种和栽培品种具有特异性生理活性和高度专化性作用位点的代谢产物。这类毒素在很低浓度水平下就能引起寄主植物的特异性反应，病原真菌致病性的强弱与病原菌的产毒能力高度正相关，并能诱发感病寄主产生典型病害症状，在植物病程中起决定性作用，是植物的致病因子（pathogenicity factor)。目前，国内外已经研究报道的寄主专化性毒素有 21 种，其中由链格孢属（*Alternaria*）产生的 8 种，蠕孢菌属（*Helminthosporium*）产生的 6 种，旋卷黑团孢（*Periconia circinata*）、玉米叶点霉（*Phyllosticta maydis*）、山扁豆生棒孢（*Corynespora cassicola*）、小麦褐斑病菌（*Pyrenophora tritici*）、烟草萎蔫尖孢菌（*Fusarium oxysporium*）、大豆壳针孢（*Septoria glycines*）和欧洲梨褐斑病菌（*Stemphylium vesicarium*）产生的各 1 种。这 21 种寄主专化性毒素中有 15 种化学结构目前已经明确。

三、植物病原真菌毒素的作用位点

植物病原真菌毒素的作用位点研究早在 20 世纪 70 年代就开始了，近年来发展非常迅速，是目前植物病原真菌毒素研究的热点。据文献报道，目前初步明确的植物病原真菌毒素的作用位点主要有质膜蛋白、线粒体和叶绿体等。

关于质膜蛋白受体，甲元介于 1990 年提出感病植物细胞膜上具有寄主专化性毒素的识别受体假说，即在感病基因型细胞膜上具有毒素受体，而在抗病基因型细胞膜上则缺乏毒素受体，或含有的毒素受体发生了变化。Qtani 等（1989，1990）在研究菊池链格孢毒素（AK）和苹果链格孢毒素（AM）与寄主细胞膜结合的过程中证实，毒素与感病品种寄主质膜上的-SH 蛋白具有特异性结合，而与抗病品种的蛋白不能结合。表明这种蛋白是 AK 毒素在细胞膜上的一种受体。近年来，研究已经证明维多利亚毒素（HV）、甘蔗眼斑蠕孢菌毒素（HS）、AK 毒素、AM 毒素、柑橘链格孢橘致病型毒素（ACT）和簇生链格孢毒素（AF）的作用位点都是膜蛋白。目前已经分离出 HV 毒素、HS 毒素和 AK 毒素的受体是特异性多肽或受体蛋白。由此可见，毒素与寄主感病受体质膜蛋白结合后，将诱发植株的质膜结构发生变化，进而破坏膜的功能，最后导致植株表现受害症状。

除质膜外，线粒体也是毒素的作用位点。玉米小斑病菌 T 小种毒素（HMT）能够使 T 型雄性不育细胞玉米中的线粒体发生 NADP 解偶联，从而阻止苹果酸氧化，同时还引起线粒体超微结构发生变化，失去应有的功能。Braun 等（1990）将寄主的线粒体和基因导入大肠杆菌中，发现 HMT 毒素能够和线粒体内膜上 1.3×10^4 多肽蛋白质结合，证明该蛋白质为 HMT 毒素受体。另外，柑橘链格孢粗皮柠檬致病型毒素（ACR）、长柄链格孢烟草致病型毒素（AT）、链格孢番茄致病型毒素（AAL）和玉米叶点霉毒素（PM）的作用位点也都在线粒体上。

此外，叶绿体也可以作为毒素的作用位点。由链格孢菌（*Alternaria tenuis*）产生的毒素能与叶绿体偶联因子 CF-1 结合，从而抑制 ATP 酶活性和光合磷酸化作用。ACT 毒素和 AM 毒素除主要与寄主细胞质膜作用外，也能与叶绿体作用。

四、植物病原真菌毒素的作用方式

植物病原真菌毒素对寄主的作用方式是多种多样的，概括起来主要包括两方面，一是破坏寄主细胞的超微结构，二是干扰寄主正常的生理生化代谢。

（一）毒素对超微结构的影响

毒素除破坏细胞膜的形态与结构外，还能破坏细胞核和核糖体的结构，抑制 RNA 的合成。用 HMT 毒素处理感病植株的细胞之后，寄主细胞内线粒体发生肿大，内膜破裂，衬质电子密度降低，氧化磷酸化解偶联。李秀琴等（1992）研究发现，玉米全蚀病菌毒素可使玉米根组织线粒体变形，外膜扭曲，脊柱模糊，发生空泡化。而对叶绿体的作用主要使外膜破裂瓦解，基粒片层减少或扭曲、膨胀、中间出现空泡。陈捷等（1997）研究发现，玉米茎腐病菌毒素可导致玉米幼苗胚根细胞发生质壁分离，原生质体颗粒化，核仁浓缩、变形、线粒体双膜崩解、脊消失。由此可见，毒素对寄主细胞超微形态的改变和结构的破坏，是寄主植物受害症状表现的前兆。

（二）毒素对寄主生理生化代谢的影响

1. **对细胞膜透性的影响**　毒素引起寄主细胞膜透性变化是感病植株或组织对毒素作用的一种普遍反应，通常表现为质膜电势能的超极化和去极化，从而破坏细胞膜的结构与功能，引起胞内电解质的渗漏。人们早期对 HV 毒素的研究证实，用 HV 毒素处理感病燕麦品种后，会诱导燕麦细胞质膜电势去极化和电解质外渗，而毒素处理抗病品种则无此现象，认为毒素诱发质膜透性改变是决定感病植株致病反应的起始过程。

2. **对光合和呼吸作用的影响**　有些毒素可以抑制寄主细胞内叶绿素的合成，诱发表现褪绿症状。链格孢菌产生的毒素能与叶绿体偶联因子 CF-1 结合，从而抑制 ATP 酶活性和光合磷酸化作用，引起寄主植物幼苗褪绿。对呼吸作用的影响主要表现在对植物氧化磷酸化的抑制和呼吸速率的变化。长蠕孢二醛是由蠕孢菌（*Helminthosporium sativum*）产生的毒素，能抑制大麦和小麦根组织的氧化磷酸化，HV 毒素则能显著地刺激感病燕麦植株呼吸作用的提高。

3. **对水分代谢的影响**　毒素能引起寄主植物水分代谢发生变化，导致植株萎蔫。其作用有三种方式：一是毒素使寄主细胞发生破裂，改变细胞膜渗透性；二是很多毒素属于多糖或糖蛋白，能堵塞维管束或使木质部内的汁液黏度加大，导致胞内水分流动速度降低；三是干扰寄主植物叶片的气孔调节。目前研究证实，镰刀菌酸（FA）诱发寄主植物萎蔫的初始作用方式就是对细胞质膜的损害。另外，壳梭孢菌（*Fusicoccum amygdali*）毒素（FC）在初始阶段对寄主细胞膜的损伤较小，但能诱导寄主植物气孔开放，使蒸腾作用加强，从而破坏植株体内的水分平衡。

4. **对生长调节的影响**　有些真菌侵染感病寄主后能产生一些具有生长素活性的化学物质，从而干扰和破坏寄主植物体内生长激素水平的平衡及生长调节过程。壳梭孢菌毒素具有类似植物生长素的活性，能够增加植物的吸水量，导致寄主细胞渗透压下降和细胞壁不可逆伸长。蠕孢菌羟醛与赤霉素类似，能引起寄主植物严重的生理功能失调，诱发 α-淀粉酶合成和还原糖释放。

5. **对核酸代谢和蛋白质合成的影响**　有些毒素能抑制寄主依赖于 DNA 的 RNA 合成，如黄曲霉毒素可以严重干扰动物组织核酸的正常代谢。此外，由雪腐镰刀菌（*F. nivale*）产生的烯醇和由三线镰刀菌（*F. tricinctum*）、茄病镰刀菌（*F. solani*）、拟枝孢镰刀菌（*F. sporotrichioides*）和梨孢镰刀菌（*F. poae*）等产生的 T-2 毒素都选择性地抑制真核生物多肽链的起始，而木霉菌素（trichodermin）则能抑制肽链的延伸或终止，使蛋白质的合成受阻。

6. **对酚代谢的影响** 很多毒素可以引起植物发生坏死或褐变作用，这种作用是由于一种酚代谢增加的缘故。蛇孢腔菌素能够诱发多酚代谢失调，榆长喙壳菌产生的毒素可以作为植物保卫机制的抑制因子或激发子。Walken（1970）证实，扩展青霉（*Penicillium espansum*）产生的扩展青霉素就是一种酚酶抑制剂，能在病菌侵染的早期抑制酶促反应所引起的组织褐变。另外，镰刀菌酸及其衍生物也能抑制与抗性有关的多酚氧化酶活性。相反，日本科学家 Kagawa（1988）发现，HV 毒素可像激发子一样能在燕麦品系上专化性地诱导出燕麦植保素。由此表明，植物病原菌毒素与寄主植物间的相互作用方式是十分复杂的。

第二节 棉花黄萎病菌毒素研究进展

70 多年前，人们就认识到黄萎轮枝孢（*Verticillium* spp.）产生的毒素可导致感病寄主叶片黄化、失水萎蔫，甚至死亡。Pegg（1965）用醋酸乙酯从黑白轮枝菌（*V. albo-atrum*）的培养滤液中提取病菌代谢产物，在酸性条件下代谢物含有生长抑制物质，在中性和碱性条件下，代谢产物既含有植物生长抑制物质又含有致萎物质。Stoddart（1966）从黑白轮枝菌培养滤液中分离到一种具有微纤维酶活性的蛋白质成分和一种果糖胶，这两种成分对离体苜蓿叶片都具有致萎作用，但经热处理后，致萎力降低 40%。Mussell（1970）报道，从黑白轮枝菌滤液中分离出内多聚半乳糖醛酸酶（内 PG），但生物活性测定，棉花没有表现出明显的黄萎症状。同年 Keen 用 DEAE-纤维素层析法发现，棉花黄萎病菌分泌的毒素为蛋白质脂多糖复合体（PLP）。1972 年，Mussell 将病菌培养滤液浓缩后，经超滤脱盐 SephadexG75 分离，分离物按分子量大小分成 5 类，其中Ⅰ、Ⅱ、Ⅲ、Ⅴ类都引起典型的黄萎症状。1987 年，Nachmias 等从番茄黄萎病菌（*V. dahliae*）1 号和 2 号小种分离获得的毒素结构在多肽上存在明显差异。1 号小种的多肽在缺乏 Ve 基因的番茄上表现较强的致病性，而 2 号小种的多肽对番茄品种具有广谱的致病性，无寄主专化性。Buchner 等（1989）用液相色谱法从 *V. dahliae* 培养滤液和马铃薯发病植株的木质部浸提液中分离纯化了对马铃薯具有致病性多肽毒性物质，不同来源的多肽毒性物质分子量均为 1 000u，在氨基酸组分、生物活性以及对抗原的交叉反应活性等方面这两种毒素十分相似，但在对寄主和非寄主、感病与抗病品种的致害作用上，其活性差异较大，表现出一定的寄主专化性。章元寿等（1990，1992）研究发现，棉花黄萎病菌产生的毒素复合物中，起致萎病变作用的是蛋白质组分，而脂肪与多糖组分无致萎活性。吕金殿等（1991）用 ConA-Sepharose 亲和层析法从棉花黄萎病菌滤液中分离提纯了病菌的致萎毒素为糖蛋白，并明确了毒素的化学组分、理化特性、分子结构及其作用机制，对于根治棉花黄萎病具有重要的理论和实践意义。

一、棉花黄萎病菌毒素的致病性及其致病机理

棉花黄萎病菌毒素的致病性与作用机理从本质上讲与病菌侵染棉花引起的病害是一致

的，病菌毒素物质只有对棉花具有致萎活性才有实际意义。棉花黄萎病菌存在着致病力不同的生理类型，病菌毒素与致病力有明显的相关关系。毒素作用于棉花后发生一系列生理病变，最终导致病害的发生。

（一）棉花黄萎病菌毒素的致病性

棉花黄萎病是土传植物维管束萎蔫病害，病菌对棉花具有很强的致病力，但不同菌系间差异明显。据 20 世纪 80 年代测定，我国不同棉区黄萎病菌的致病力，以陕西泾阳菌系和南京落叶型菌系致病力最强，新疆维吾尔自治区和田菌系致病力最弱。

用病菌培养滤液、粗毒素或纯化毒素的稀释液浸根处理 2~3 片真叶棉苗，通常 24h 后棉苗陆续表现与温室培养病菌侵染棉苗的病状类似。最初棉苗子叶失水，叶面干燥、下垂。棉苗处理 40h 以后，子叶干枯或脱落，真叶变黄。病害继续发展，受害棉苗变黄，叶片失水、卷曲，但不脱落。

棉花黄萎病菌毒素液处理棉苗 41h，对病情指数达到 65 的受害棉苗子叶的叶脉作半薄切片，显微镜观察发现，由于病菌毒素的作用，薄壁细胞排列紊乱，扭曲成不规则形，导管管壁增厚。同时棉苗维管束变成褐色，严重时受害组织崩溃。

棉花黄萎病菌不同菌系的毒素，对棉苗的致萎力表现出明显的差异。其中，美国落叶型菌系 T_9 致萎力最强，其次为陕西泾阳菌系及南京 VD8 菌系，新疆维吾尔自治区和田菌系致萎力最弱。这个结果与用病菌土壤接种进行致病力测定的试验结果一致（甘莉，吕金殿等，1995）。

（二）棉花黄萎病菌毒素及其致萎活性测定

国外先后从棉花、番茄、马铃薯等作物上分离黄萎病菌（*V. dahliae* 或 *V. albo-atrum*）进行人工培养，通过 DEAE-纤维素层析法从病菌培养滤液中分离、提取毒素，并初次报道病菌产生的毒素是蛋白质脂多糖复合物，但未能指出毒素复合物各个组分对寄主植物的致萎活性。国内的研究明确了棉花黄萎病菌毒素的化学成分及其致萎活性，为探索毒素对寄主细胞的识别及毒素调控、降解等机制提供了理论依据。

1. 毒素分离、提取与纯化　吕金殿等（1991）用 Con. A-sepharoseB 亲和层析法从棉花黄萎病菌培养滤液中分离、提取到一种致萎力很强的糖蛋白毒素。在前人工作的基础上，经过实验摸索，提出了系统地分离、提取及纯化棉花黄萎病菌毒素的分析方法。

（1）病菌培养　试管斜面病菌转接到盛 100ml Czapek's 培养液的 250ml 规格的平底烧瓶中，25℃振荡培养 15d，备用。

（2）粗提　病菌培养液倒入布氏漏斗，抽气减压过滤，收集滤液并经 1 500g 离心 15min，收集上清液，弃去沉淀。上清液经微孔膜超压过滤，显微镜检查无菌体后，装入超滤器内。用孔径 15Å 的超滤膜截留分子量 1 万以上的物质，外加高纯 N_2 超压电磁振动过滤，浓缩 100 倍。将超滤所得浓缩液经 20 000g（0℃）离心 1h。上清液装入透析袋内，磁力搅拌透析，每 3h 换 1 次缓冲液，查无 SO_4^{2-} 离子，上清液备用。

（3）提取、纯化　用 Con. A-sepharoseB 亲和层析法提取纯化致萎毒素糖蛋白

a. 活化 Sepharose4B：取 140ml Sepharose4B 悬浮液，用 660ml 蒸馏水洗涤后，在布

氏漏斗中抽干，得沉淀胶，接着取 60g 倾入盛 60ml 蒸馏水的烧杯中，在搅拌中加 2mol Na_2CO_3 溶液 20ml，1min 后立即加入溴化氰晶体 1.92g，25℃下反应 7min 放入水浴中。随后迅速将活化的 Sepharose 倒入布氏漏斗抽滤，并用 900ml 蒸馏水和 900ml 冷的 0.07mol/L NaHCO$_3$（pH7.5）溶液分别洗涤。

b. 偶联：把已活化的 Sepharose4B 沉淀胶加入 90ml Con. A（内含 370mgCon. A）溶液中，置冰箱中用磁力搅拌器间歇搅拌 20h，再加入已调至 pH 9 的乙醇胺溶液 3ml，反应 15min。生成的 Con. A-sepharose 亲和吸附剂，先后用 600ml 0.07mol/L NaHCO$_3$-0.5mol/L NaCl 溶液，600ml 0.01mol/L $Na_2B_4O_7^{2-}$-0.5mol/L NaCl 溶液和 120ml 0.5mol/L NaCl 溶液进行洗涤抽滤。

c. 纯化：将处理好的 Con. A-sepharose 100g 放入 200～300ml 平衡液中，在磁力搅拌器上搅拌均匀，装入层析柱。经平衡液平衡后，加入粗提液 10ml，流速 15ml/h，待样品全部加入后，静止反应 1～3h，随之用平衡液冲洗，至洗入液在 A280 处小于 0.5 的时候，再改用含有 0.05mol/L D-甘露糖平衡液和 0.15mol/L D-甘露糖的平衡液在自制的梯度混合器中，直接梯度洗脱。每管收集 3ml，用岛津可见紫外线分光光度计测定，以 280nm 消光读数为纵坐标，洗脱毫升数为横坐标，绘制洗脱曲线。

2. 致萎毒素成分　大丽轮枝菌在其培养滤液中产生高分子量的代谢产物，对棉花有致萎作用。这种代谢物质被鉴定为蛋白质、脂肪和多糖的复合物毒素（Kenn 等，1972；Buchner 等，1989），但毒素复合物中各个组分各自对寄主植物所起的致萎作用并未明确。章元寿等（1992）对棉花黄萎病菌不同致病力菌系毒素复合物各个组分致萎活性研究结果指出，在毒素蛋白质、脂肪和多糖的复合物中，起致萎作用而引起病变的是蛋白质组分，而脂肪和多糖没有致萎活性作用。用高温和蛋白酶分别处理毒素复合物，结果发现均可使毒素中的蛋白质组分变性失活，致使整个毒素复合物丧失对棉苗的致萎力。经脂肪酶处理的病菌毒素对棉花仍具有致萎作用，不能使毒素丧失生物活性，说明脂肪组分在对棉花致萎作用中不占重要地位。

吕金殿等（1995）通过 4 个方面的分析研究认为，棉花黄萎病菌致萎毒素是酸性糖蛋白。①血凝反应。在 2％马血红细胞中加入病菌毒素，病菌毒素与马血红细胞发生明显的血凝反应，显示了糖蛋白具有的凝聚功能。②Con. A-sepharose 层析柱分离纯化。利用这个方法从病菌培养滤液中获得了糖蛋白毒素的吸收峰，而且糖蛋白毒素含量与病菌致病力强弱有明显的正相关。③电泳分析。用 4 个不同致病力菌系的纯化毒素经 1.5％琼脂糖电泳，甲苯胺蓝与考马斯亮蓝 G-250 分别染色，结果得到蛋白质和多糖电泳图谱。进一步分析病菌毒素糖蛋白氨基酸组分得到 17 种氨基酸，其中蛋氨酸含量最少，酸性氨基酸含量偏高。落叶型菌系美国 T$_9$ 酸性氨基酸含量占总量的 19.54％，南京 VD8 菌系占 21.76％；非落叶型菌系陕西泾阳菌系占 21.29％，新疆维吾尔自治区和田菌系占 20.24％（表 10-1），说明致萎毒素属酸性糖蛋白。另外，天门冬氨酸、苏氨酸和丝氨酸在 4 个菌系中的含量均较高。这几种氨基酸是与糖基形成共价键构成蛋白质的桥梁。病菌毒素糖蛋白糖基的组分，用气相色谱分析含有葡萄糖、半乳糖、甘露糖和一个未知的糖醛酸。④病菌毒素对棉苗具有很强的致萎力，纯化毒素比粗提毒素致萎力高出 10～15 倍。

表 10 - 1　棉黄萎病菌毒素糖蛋白氨基酸组分

氨　基　酸	含量（mmol）	占总量比例（%）	氨　基　酸	含量（mmol）	占总量比例（%）
天门冬氨酸	183.44	9.47	蛋　氨　酸	8.91	0.46
苏　氨　酸	201.18	10.38	亮　氨　酸	75.46	3.89
丝　氨　酸	164.64	8.50	异亮氨酸	45.02	2.23
谷　氨　酸	172.58	8.91	酪　氨　酸	96.02	4.96
脯　氨　酸	206.25	10.65	苯丙氨酸	60.32	3.11
甘　氨　酸	161.82	8.35	赖　氨　酸	54.24	2.80
丙　氨　酸	200.16	10.33	组　氨　酸	81.38	4.20
半胱氨酸	57.18	2.95	精　氨　酸	24.96	1.29
缬　氨　酸	144.92	7.48			

3. **病菌毒素含量**　依据 Lowry 等（1951）Tolin 酚法及蛋白紫外吸收峰波长 280nm，以牛血清蛋白为标准蛋白制成标准曲线，用 UV-120-02 型紫外分光光度计测定病菌培养滤液、粗毒素及纯化毒素的蛋白浓度作为毒素含量。

据吕金殿、甘莉（1990）报道，每 100ml 病菌培养滤液中，美国 T_9 菌系毒素糖蛋白含量为 0.849 0mg，陕西泾阳菌系为 0.450 7mg，南京 VD8 菌系为 0.241 6mg，新疆维吾尔自治区和田菌系为 0.197 7mg。进一步分析陕西泾阳菌系毒素中蛋白质和糖的含量分别为 85.26% 和 14.74%，在纯化毒素中，含量分别为蛋白质 1.04mg/ml 和糖 0.180mg/ml。

4. **毒素含量与病菌致萎力**　棉花黄萎病存在着致病力的差异。美国 T_9、陕西泾阳、南京 VD8、新疆维吾尔自治区和田 4 个菌系对泗棉 2 号和冀棉 11 致病力测定结果表明，美国 T_9 和陕西泾阳菌系致病力最强，其次为南京 VD8，新疆维吾尔自治区和田菌系致病力最弱（表 10 - 2）。

表 10 - 2　棉花黄萎病菌不同菌系致病力比较

菌　　系	泗棉 2 号		冀棉 11	
	发病率（%）	病情指数	发病率（%）	病情指数
T_9	66.67	48.33	59.74	35.06
泾阳	41.94	24.19	35.00	26.67
VD8	23.38	19.48	17.95	14.01
和田	6.78	5.08	20.0	14.62

试验表明，致病力强的美国 T_9 和陕西泾阳菌系毒素含量最高，其次是南京 VD8，致病力弱的新疆维吾尔自治区和田菌系毒素含量最低。其毒素含量与病菌致病力呈显著正相关（$r=0.958\ 3$，$p<0.05$）。章元寿等（1990）指出，致病力强的落叶型菌系产生的毒素，不但总含量高于致病力弱的非落叶型菌系的毒素，而且其中蛋白质和多糖的含量及比值都高于非落叶型菌系。但其中脂类物质的含量却都是非落叶型菌系高于落叶菌系（表 10 - 3）。

表 10-3　不同致病类型的棉花黄萎病病菌毒素含量

菌　　系		蛋白质		多　糖		脂　类		总　量
		$\mu g/ml$	%	$\mu g/ml$	%	$\mu g/ml$	%	$\mu g/ml$
落叶型	T9	106	26.2	198	48.9	101	24.9	405
	VD8	95	24.2	222	56.6	75	19.2	392
非落叶型	VD94	80	22.8	160	45.7	110	31.5	350
	VD316	55	18.6	136	44.4	105	34.4	296
	S4	60	18.9	126	39.9	130	41.2	316

5. 落叶与非落叶型菌系的毒素　棉花黄萎菌落叶与非落叶菌系的毒素糖蛋白在化学组成上存在着差异。用亲和层析法分离纯化得到的糖蛋白毒素，落叶型菌系的毒素与亲和载体的亲和力小于非落叶型菌系，两者存在着糖基组成的差异。琼脂糖电泳实验进一步说明，棉花黄萎病菌含有同时能被蛋白和糖染色的组分糖蛋白条带 2，但落叶型菌系的条带2 比非落叶型菌系的宽、颜色深，表明糖蛋白条带 2 的糖基化程度与病菌致病力及致病类型有关，即病菌是否有致病性和是否落叶有关。

6. 致萎毒素特性　①不耐高温：不同致病力菌系毒素复合物中蛋白质组分经高温处理后受到破坏，都不能使棉苗致萎，而未经热处理的毒素使棉苗达 3 级萎蔫。②稳定性：将存放 5d 未经透析的纯化糖蛋白于波长 400～200nm 范围扫描，发现糖蛋白在 280nm 处的光吸收降低，经无离子水透析后，出现白色沉淀，致萎力降低 65.7%；③酶解：病菌毒素用 α 淀粉酶 37℃下水解 3h，木瓜蛋白酶和 6molHCl 水解 20～24h，对棉苗致萎力分别降低 57%、7% 和 93%。

7. 病菌毒素生物活性　棉花黄萎病菌致萎毒素生物活性测定方法，通常是硫酸脱绒棉籽经 55～60℃，2 000 倍 "402" 热药浸种 30min 以后，播于经高温消毒的土壤内，棉苗长出 1～2 片真叶时备用。毒素可用病菌培养滤液、粗毒素或纯化毒素稀释一定比例，将棉苗插入盛毒素液的试管内，定时观察记载棉苗萎蔫程度。棉苗萎蔫分级记载标准：0级：无症状；Ⅰ级：子叶显症状；Ⅱ级：两片子叶失水；Ⅲ级：两片子叶萎蔫，真叶显症状；Ⅳ级：子叶、真叶凋枯。据试验，粗毒素对岱字棉 15 棉苗最低致萎浓度为 5.0～5.5$\mu g/ml$，纯毒素是 4.0～4.5$\mu g/ml$（章元寿等，1989）。

8. 病菌产毒条件　植物病原真菌产毒受培养条件影响较大，产毒与营养成分、培养时间、温度和 pH 有一定的关系。

（1）培养液 pH 与产毒　病菌在 pH3 的培养液中不生长，滤液中也不含有毒素；pH5～9 之间生长良好，滤液中都含有毒素；以 pH7 为适宜，毒素产量最高。病菌产毒与菌丝生长量密切相关，菌丝生长量大则毒素量也大。产毒量与病菌产孢量关系不明显。

（2）培养时间与产毒　将 pH7 的 Czapeks 培养液在 25℃下振荡培养，第 14～15d 病菌菌丝生长量最多，产毒最高，生物活性最强。

（3）营养成分与产毒量　以 Czapeks 培养液为对照培养基，分别在 Czapeks 培养液中缺 C、N 和 Fe、Mg 三个处理下培养病菌。结果 Czapeks 培养液中缺 C、N 和 Fe、Mg 的处理病菌生长很差，与对照相比，菌体干重分别减少 93%、63% 和 89%。在缺 C、N 和 Fe、Mg 的病菌粗提液中，均未能分析到毒素，而在对照培养滤液中得到较高毒素量。

（4）培养温度与产毒　设 10℃、15℃、25℃及 30℃四个处理，试验表明，在 30℃下病菌生长与 25℃下基本一致，其他温度下生长不良。病菌在 10℃、15℃条件下生长与 25℃相比，毒素蛋白质含量分别减少 96.6% 和 64.1%。

据此，棉花黄萎病菌产生毒素物质的适宜培养条件为 Czzpeks 培养液在 pH7 和 25℃条件下震荡培养 14～15d。

（三）棉花黄萎病毒素的作用机理

棉花黄萎病菌侵染棉花后，由于棉株受到病原菌产生的致萎毒素的作用，致使棉株产生一系列生理生化变化。南京农业大学和西北农林科技大学研究结果表明，用棉花黄萎病菌毒素液浸养棉苗，尔后测定生理变化，得到以下结果。

1. 对棉苗呼吸、光合和水分代谢的影响　用病菌培养滤液浸养棉苗引致萎蔫，明显地影响了棉苗的正常呼吸。棉花黄萎病菌陕西泾阳菌系培养滤液经稀释 25% 浸养棉苗，由浸苗开始到浸苗后 44h 呼吸强度一直增加，但随后下降。棉苗浸养后的 44h 和 96h，其呼吸强度分别为 31.58ml CO_2／（100g 鲜重·h）和 25.88ml CO_2／（100g 鲜重·h）。棉苗在浸养 29h 和 72h 的抗坏血酸氧化酶活性分别为 12.43mg 抗坏血酸／（100g 鲜重·h）和 11.53mg 抗坏血酸／（100g 鲜重·h）。可见，浸养棉苗呼吸强度初期不断增强，以后又一直下降的原因，是由于抗坏血酸氧化酶活性受到破坏的结果。研究结果表明，病菌毒素严重干扰棉苗正常的光合、呼吸和水分代谢。毒素处理棉株后，显症植株净光合速率及蒸腾速率随毒素处理棉苗时间的延长而递减。植株的呼吸强度在浸苗开始到浸苗后 36h 一直增加，尔后下降。其中感病品种的呼吸强度变化较大，抗病品种变化较小（表 10-4）。

表 10-4　棉花黄萎病菌毒素对棉花抗感品种光合、呼吸和蒸腾作用的影响

处理时间（h）	感病品种中 19			抗病品种陕 7191		
	光合速率	呼吸强度	蒸腾速率	光合速率	呼吸强度	蒸腾速率
CK（清水对照）	3.16	24.4	0.98	1.43	27.0	0.58
4	1.45	17.8	0.62	1.26	14.2	0.41
8	1.18	21.2	0.41	1.25	16.5	0.38
16	0.91	22.4	0.22	1.14	17.1	0.31
24	0.86	25.9	0.20	1.06	18.4	0.26
36	0.76	28.4	0.17	1.00	19.8	0.18
48	0.70	24.0	0.12	0.82	18.6	0.12
72	0.46	21.2	0.08	0.56	17.3	0.10

注：表中数据为 3 次测定平均值，毒素浓度为 15μg/ml。

毒素处理对棉株水分代谢的影响，主要表现在叶组织含水量、水势及细胞膜透性等几方面。毒素处理棉苗 8～16h，叶组织含水量变化很小，维持在 76% 以上，而在 24h 后明显下降，72h 下降幅度最大，其中感病品种下降幅度比抗病品种高 2～3 倍。

毒素对叶片水势的影响较为明显，处理 8h，植株水势有明显下降，72h 达到最低。棉花不同抗感品种其水势变化差异很大，其中感病品种泗棉 2 号和中棉所 19（简称中 19）在 72h 叶片水势分别为 18.90 和 18.47；中抗品种中 164 和陕 2234 为 17.57 和 17.25；抗

病品种陕 5067 和中 12 分别为 14.4 和 14.9。

毒素对棉株细胞膜透性危害较大，清水处理膜透性值维持在 16％～17％之间，而随着毒素处理时间延长其膜透性值逐渐增大，其中感病品种较抗病品种增加幅度大（表 10-5）。

表 10-5　棉花黄萎病菌毒素对棉花不同抗感品种膜透性的影响

品　种	处　理	膜相对透性（％）/处理时间（h）						
		4	8	16	24	36	48	72
中 19	毒素处理	18.68	19.84	27.76	34.51	38.46	40.92	43.37
	清水对照	17.44	17.52	17.85	17.51	17.91	18.26	18.39
陕 7191	毒素处理	16.72	16.88	24.67	26.25	32.15	32.56	33.66
	清水对照	16.78	16.67	16.81	16.88	17.02	16.96	17.21

注：表中数据为 3 次测定的平均值；毒素浓度为 $15\mu g/ml$。

总之，棉花黄萎病菌致萎毒素具有凝固棉株细胞原生质体的作用，干扰棉花植株的水分平衡，破坏原生质的保水能力，使棉株组织丧失膨压，破坏原生质膜半透性，导致膨压的破坏。

2. 对叶片气孔抗性的影响　用 Li-1600 型气孔抗性测定仪测定病菌毒素处理棉苗第一片真叶的气孔抗性。毒素浓度高的，致萎作用和叶片气孔抗性都很明显，致萎毒素浓度高，气孔抗性也大。说明病菌毒素作用于棉苗可增加棉苗叶片的气孔抗性。

3. 对叶片游离原生质体的影响　病菌毒素对棉苗细胞原生质膜有直接的破坏作用，破损率在 30％～50％。不同致病力类型的菌株毒素，在同一浓度下，对原生质膜的破坏作用大致相同，其中感病品中岱 15 原生质膜的破裂程度远大于抗病品种海 416（表 10-6）。

表 10-6　病菌毒素对棉苗叶片细胞游离原生质体的破坏

（章元寿等，1991）

菌　株	毒素浓度（$\mu g/ml$）	海 416			岱 15		
		质体数	质膜破损数	破裂（％）	质体数	质膜破损数	破裂（％）
T9	45	50	16	32	50	32	64
SS4	45	50	15	80	55	28	50.9
CK	0	40	0	0	57	5	8.7

4. 对棉苗生化代谢的影响

（1）病菌毒素处理棉苗后引起植株体内超氧化物歧化酶（SOD）活性变化，随着处理时间的增加 SOD 活性逐渐降低，而清水对照处理则变化不大　毒素处理棉花抗病品种陕 7191 棉苗 72h，SOD 值降低 5.59％，清水对照降低 1.04％。毒素处理感病品种中 19 棉苗 72h，SOD 值降低 23.02％，清水对照降低 0.84％。由此表明，病菌毒素致萎作用与植株体内 SOD 活性降低有关。反过来，若植株体内 SOD 活性高，则抗病性强（表 10-7）。

表 10-7 棉花黄萎病菌毒素对棉苗超氧化物歧化酶（SOD）活性的影响

品 种	处 理	SOD 值/处理时间（h）						
		4	8	16	24	36	48	72
陕 7191	毒 素	157.32	155.88	155.83	153.83	151.47	150.00	148.53
	清水对照	169.42	168.82	167.94	168.53	168.24	167.94	167.65
中 19	毒 素	102.27	92.66	89.62	87.26	83.80	77.22	78.73
	清水对照	112.41	111.93	112.24	112.02	111.76	111.32	111.47

注：表中数据均为 3 次测定平均值，毒素浓度为 $15\mu g/ml$。

（2）毒素引起植株体内过氧化物酶（POD）活性增加　感病品种中 19 毒素处理 4～24h，棉株 POD 活性逐渐增加，之后又逐渐降低，处理 72h 的 POD 值比处理 4h 的增加 68.69％。清水对照处理的棉株 POD 活性在 36h 达到最大值，后逐渐降低，4h 与 72h POD 活性增加 20.65％。抗病品种陕 7191 毒素处理 4～72h，棉株 POD 活性逐渐增加，增幅达 144.04％。清水对照 POD 活性变化与中 19 清水对照变化趋势一致，POD 活性增加 14.47％。由此表明，病菌毒素的致萎作用与棉株体内 POD 活性增加量及速度有关，同时抗病品种 POD 活性增加速度快，且量大（表 10-8）。

表 10-8 棉花黄萎病菌毒素对棉苗过氧化物酶（POD）活性的影响

品 种	处 理	POD 值/处理时间（h）						
		4	8	16	24	36	48	72
陕 7191	毒 素	7 350	8 862	11 025	12 908	13 425	15 750	17 937
	清水对照	6 650	6 562	6 812	7 087	7 002	7 162	7 612
中棉 19	毒 素	5 602	8 312	12 425	16 150	11 850	10 062	9 450
	清水对照	5 512	5 575	5 950	6 500	6 387	6 225	6 650

注：表中数据均为 3 次测定平均值，毒素浓度为 $15\mu g/ml$。

（3）毒素引起植株苯丙氨酸解氨酶（PAL）活性变化　毒素处理感病品种中 19 在 4～24 h，PAL 活性逐渐增加，之后又逐渐下降，至 72 h PAL 活性变化降低 9.78％。清水对照 PAL 活性呈逐渐增加的趋势，至 72h PAL 活性增加 6.22％。毒素处理抗病品种陕 7191，PAL 活性变化与中 19 趋势一致，到 72h PAL 活性增加 32.37％，清水对照 PAL 活性呈递增趋势，到 72 h PAL 活性增加 6.79％。由此表明，棉花黄萎病菌毒素的致萎作用与棉苗体内 PAL 活性降低有关（表 10-9）。

表 10-9 棉花黄萎病菌毒素对棉苗苯丙氨酸解氨酶（PAL）的影响

品 种	处 理	PAL 值/处理时间（h）						
		4	8	16	24	36	48	72
陕 7191	毒 素	830.4	892.8	1 096.0	1 182.4	1 148.0	118.4	1 099.2
	清水对照	707.2	721.6	726.4	734.4	745.6	750.4	755.2
中 19	毒 素	720.0	913.6	960.0	1 012.8	896.0	812.8	649.6
	清水对照	720.0	745.6	752.0	755.2	755.2	760.0	764.8

注：表中数据均为 3 次测定平均值，毒素浓度为 $15\mu g/ml$。

（4）毒素引起植株丙二醛（MDA）含量增加　毒素处理感病品种中 19 棉苗后，植株

MDA 逐渐递增，至 72 h MDA 含量增加 63.62%，清水对照变化不大（增加 3.49%）。毒素处理抗病品种陕 7191 棉苗后，植株 MDA 含量变化趋势与中 19 一致，至 72 h MDA 含量增加 22.90%，清水对照增加 1.29%（表 10-10）。由此表明，棉花黄萎病菌毒素的致萎作用与植株 MDA 含量增加有间接关系，植株受到毒害作用越大，MDA 含量越高。另外，通过测定棉株 MDA 值的高低，可以评价植株的抗病性。

表 10-10 棉花黄萎病菌毒素对棉苗丙二醛（MDA）含量的影响

品 种	处 理	MDA 值（μmol/gFw）/处理时间（h）						
		4	8	16	24	36	48	72
陕 7191	毒　素	22.62	22.88	25.13	25.74	27.63	27.94	27.80
	清水对照	22.43	22.62	22.58	22.66	22.71	22.69	22.72
中 19	毒　素	22.46	23.99	27.99	31.29	34.49	34.93	36.75
	清水对照	22.32	22.73	22.76	22.89	23.04	22.94	23.10

注：表中数据为 3 次测定平均值，毒素浓度为 15μg/ml。

（5）毒素引起植株木质素含量增加　毒素处理抗病品种陕 7191 和感病品种中 19 后 72 h，木质素分别增加 36.76% 和 20.37%，而两品种的清水对照分别增加 8.38% 和 3.55%（表 10-11）。由此表明，棉花黄萎病菌毒素的致萎作用与植株木质素含量高低和增加快慢有关，增加慢，含量低，毒害重。反过来，植株木质素含量高，抗病性强。

表 10-11 棉花黄萎病菌毒素对棉苗木质素含量的影响

品 种	处 理	木质素（mg/gFw）/处理时间（h）							
		0	4	8	16	24	36	48	72
陕 7191	毒　素	10.5	10.5	10.63	10.8	11.46	12.8	13.68	14.36
	清水对照	10.5	10.6	10.5	10.7	10.8	10.9	11.2	11.38
中 19	毒　素	10.7	10.8	10.76	10.9	11.25	11.86	12.36	12.88
	清水对照	10.7	10.6	10.67	10.76	10.9	10.9	11.0	11.08

（6）对棉苗体内脱落酸（ABA）的影响　用棉花黄萎病菌不同菌株的毒素处理棉苗，结果表明棉苗体内 ABA 含量均增加，分别比对照增高 2～8 倍。美国落叶型菌系 T_9 滤液中毒素含量最高，ABA 量增加最显著（表 10-12）。病菌毒素对棉苗的致萎强度主要表现在真叶部位，因此毒素对真叶 ABA 含量的影响尤为明显。

表 10-12 不同菌株的培养滤液毒素对棉苗 ABA 含量的影响

（章元寿等，1991）

菌 株	毒素浓度（μg/ml）	子 叶	真 叶	下胚轴	合 计
T9	45	2.808	7.031	2.047	11.886
VD8	28	0.578	2.931	0.339	3.848
SS4	20	1.306	1.259	1.057	3.066
VD5	18	1.264	1.263	0.637	3.524
CK	0	0.492	0.694	0.278	1.462

5. 对棉苗组织超微结构的影响　毒素处理棉苗后，通过对受害叶片和茎部的超薄切

片显微观察发现，木质部维管束细胞排列紊乱，扭成不规则形，导管管壁增厚，棉苗维管束变褐，严重时受害组织细胞膜崩溃。通过细胞学电镜观察发现，毒素在棉株体内的作用位点（受体）主要在细胞质膜和线粒体上，其中以线粒体最为重要。亲和反应，主要表现为细胞质膜的质壁分离，随后质膜破裂和线粒体变形解体。非亲和反应，则主要表现为细胞质壁分离，线粒体模糊变形，但不引起细胞质膜和线粒体解体。毒素的破坏作用与品种的抗病性、品种感病性、毒素处理浓度大小、处理时间长短等呈渐进关系。

二、棉花黄萎病菌毒素在抗病育种中的应用

研究棉花黄萎病菌毒素的化学结构、作用机制和生物学特性，其目的一方面是为了阐明病菌的致病机理，另一方面，更重要的是应用于提高对病害的防治水平。

（一）鉴定棉花品种（资源）的抗病性

章元寿等1989—1990年对120个棉花品种（系）进行抗黄萎病毒素抗性鉴定。具体方法是在25℃恒温室内，每一个品种用切根棉苗8株（二叶期的棉苗将根部切去），浸渍在浓度为40 μg/ml的毒素滤液中（每试管浸棉苗2株），处理24～48 h，记载萎蔫度（0级——高抗；0.5级——抗；1级——轻感；2级——感；3级——高感）。同一套品种在田间人工病圃做黄萎病抗性鉴定。两年结果表明，对用毒素鉴定的致萎度和田间鉴定的病情指数两个变量的相关分析，都达到1％的显著水平，两者的吻合率达到97.9％～95.8％。

吕金殿等曾用棉花黄萎病菌培养滤液的稀释液对亚洲棉、海岛棉和陆地棉中的21个品种进行抗性鉴定。结果表明，海岛棉和亚洲棉抗病性较强，陆地棉中的不同品种也表现出了抗病性的差异。用纯化毒素糖蛋白的稀释液浸渍棉苗24 h，感病品种中棉所10号和抗病品种FR-1病情指数分别为70.45和47.73，与盆栽人工接种鉴定结果一致。1996—1998年建立了应用棉花黄萎病菌致萎毒素快速鉴定棉花品种资源材料抗病性的规范化方法。经过应用致萎毒素液体培养法、浸苗法和根冠细胞法鉴定棉花品种抗性的大量比较试验发现，以浸苗法（致萎毒素含量15～20 μg/ml）在25℃下处理棉苗48～72 h鉴定其抗性较简便快速，重现性高，结果可靠（表10-13）。采用该方法已对30多份棉花育种资源材料进行抗性快速鉴定，其结果与大田抗病性鉴定表现趋势基本一致（表10-14）。因此，应用棉花黄萎病菌毒素作为棉花品种抗性鉴定的一种辅助方法是可行的，可以应用于大量品种资源材料的抗病性初筛。

表10-13　棉花黄萎病菌毒素不同浓度与处理时间对中19棉苗萎蔫指数的影响（浸苗法）

毒素浓度 (μg/ml)	处理时间（h）/萎蔫指数					
	6	12	24	48	72	96
5	0	0	3.2	8.7	14.8	20.4
10	0	1.3	5.0	14.4	20.1	31.8
15	0	4.8	11.9	25.5	34.0	57.2
20	0	7.3	16.0	34.8	41.1	63.5

（续）

毒素浓度	处理时间（h）/萎蔫指数					
（μg/ml）	6	12	24	48	72	96
25	0	18.5	34.7	51.2	63.5	84.0
CK（清水对照）	0	0	0	0	0	0

注：表中数据均为 4 次重复平均数，每处理棉苗 4 株。

表 10-14　棉花品种抗黄萎病菌毒素与大田抗黄萎病性鉴定结果比较

（1998）

品种	棉花黄萎病菌毒素萎蔫指数（%）	大田棉花黄萎病情指数
泗棉 2 号	48.7	43.0
中 19	41.1	34.8
陕 2234	38.0	32.8
陕 5051	36.9	25.4
中 12	32.4	28.5

注：萎蔫指数为 25℃下毒素浓度 20μg/ml 浸根处理 72h；大田病指为 8 月下旬调查结果。

（二）在棉花抗病育种中的应用

组织培养技术已在筛选和创造棉花抗病资源材料中得到广泛应用，人们通过组织培养的筛选，预期培养出新的抗病品种。组织培养过程本身可以获得有益突变，如果在培养过程中给予胁迫条件或诱导剂，使其朝着有益方向发展的几率可能会增多。利用组织培养进行抗病育种，通常是在培养基中同时接上筛选材料和病原菌，然而这种传统方法至少存在两个问题：一是培养细胞很难均匀的暴露在病原菌中；二是病原菌在培养基中的生长速度比细胞本身生长的快。用合适的毒素代替病原菌接种则能很好地克服这些困难。

利用组织培养技术筛选抗黄萎病的抗源材料，首先要明确毒素筛选压力和筛选指标，然后在合适筛选压力下，用组织培养法诱导细胞产生抗毒素的突变体，再对突变体进行分化，培养成植株。对再生植株进行土壤接种的抗病性鉴定，并不断提高其抗病程度，同时对这些新的抗源连续选择以培育出新的抗病品种。

参 考 文 献

陈捷. 1997. 植物病原菌毒素的致病机理. 见：董金皋，李树政主编. 植物病原菌毒素研究进展. 北京：科学出版社

陈捷，高洪敏，宋佐衡. 1997. 玉米茎腐病菌毒素对玉米幼苗胚根超微结构的影响. 见：董金皋，李树政主编. 植物病原菌毒素研究进展. 北京：科学出版社

董金皋. 1997. 寄主选择性真菌毒素与植物病害特异性. 见：董金皋，李树政主编. 植物病原菌毒素研究进展. 北京：科学出版社

甘莉，吕金殿，汪佩洪. 1995. 棉花黄萎病菌分泌的糖蛋白毒素与致病力的关系. 中国农业科学. 28（2）：58～65

吕金殿，甘莉，阎隆飞. 1991. 棉花黄萎病菌毒素的纯化与特性研究. 植物病理学报. 21（2）：199～133

吕金殿，赵小明. 1997. 棉花枯黄萎病菌毒素的研究现状. 见：董金皋，李树政主编. 植物病原菌毒素研究进展. 北京：科学出版社

吕金殿，甘莉. 1990. 棉花黄萎病菌致萎毒素研究：Ⅱ纯化毒素与特性. 见：陈其煐，李典谟，曹赤阳主编. 棉花病虫害综合防治及研究进展. 北京：中国农业出版社

李秀琴，陈捷等. 1992. 玉米全蚀病菌毒素的初步研究. 沈阳农业大学学报. 23（3）：221~223

章元寿. 1997. 关于植物病原真菌毒素研究中几个问题的商榷. 见：董金皋，李树政主编. 植物病原菌毒素研究进展. 北京：科学出版社

章元寿，王建新，方中达. 1990. 大丽轮枝菌毒素致萎活性成分的研究. 真菌学报. 9（1）：69~72

章元寿，王建新，顾本康. 1991. 用棉花黄萎病菌毒素检测棉花抗病性研究. 植物保护. 17（4）：2~4

章元寿，王建新，周明国. 1991. 棉花黄萎病菌毒素对棉花作用机制的初步探讨. 植物病理学报. 21（1）：49~52

章元寿，王建新，方中达. 1992. 大丽轮枝菌毒素的脂肪组分对棉花致萎活性研究. 真菌学报. 11（3）：229~233

Akimitsu K, Kohmoto K, Otani H, Nishimura S. 1989. Host-specific effects of toxin from the roug lemon pathotype of *Alternaria alternata* on mitochondrion. Plant physiotogy. 89：925~931

Buchner V, Burstein T, Nachmias A. 1989. Comparasion of *Verticillium dahliae* produced phytotoxic peptides purified from culture—fluides and infected potato stems. Physiological and Molecular Plant Pathology. 35：253~269

Keen NT, Long M. 1972. Isolation of a protein-lipo-polysaccharide complex from *V. albo-atrum*. Physiol Plant Ppathol. 2：307~315

Marre E. 1980. Mechanisms of action of phytoxins affecting plasmalemma functions. In：Progress in Phytochemistry, Vol 6 L. Reirhold, J. B. Harborne, and T. Swain, eds, Pergamon Progress, Oxford. 253~284

Mitchell R E. 1984. The relevance of non-host-specific toxins in the expression of virulence by pathogens. Ann. Rev. Phytopathol. 22：215~245

Mussell H W, Green R J Jr. 1970. Host colonization and polygalacturonase production by two tracheomycotic fungi. Phytopathology. 60：192~195

Mussell H W. 1972. Phytotoxic proteins secreted by cotton isolates of *Verticillium albo-atrum*, In Wood, RKS, Ballio A, Graniti A. (eds), Phytotoxins in Plant Diseases, Academic Press, London. 443~445

Nachmis A et al. 1987. Differential phytoxicity of peptides from culture fluids of *V. dahliae* race 1 and 2 and their relationship to pathogenicity of the fungi on tomato. Phytopathology. 77：506~510

Nelson P E, Desijardins A E, Plattner R D. 1993. Fumonisins, mycotoxins produed by fusarium species biology, chemistry and significance. Ann. Rev. Phytpathol. 31：233~252

Pegg G F. 1965. Phytotoxin production by *Verticillium albo-atrum* Reinke et Berthold. Nature. 208：1228~1229

Stoddart J L, Carr A J H. 1966. Properties of wilt-toxins produced by *Verticillium albo-atrum*. Ann. Appl. Biol. 58：81~92

Walton J D, Panaccione D G. 1993. Host-selective toxin and disease specificity：Perspectives and progress. Ann. Rev. Phytopathology. 31：275~303

第十一章

棉花黄萎病菌的致病机理
及抗病机制

[棉花枯萎病和黄萎病的研究]

第一节　棉花黄萎病菌的致病机理

棉花黄萎病菌（*Verticillium dahliae*）可侵染 660 多种植物，主要造成寄主植物的萎蔫。关于导致萎蔫的致病机制有多种解释，但以导管堵塞和中毒机制为主。

将棉株的维管束组织进行解剖发现，病株导管内菌丝及孢子的大量繁殖，并刺激邻近薄壁细胞产生胶状物和侵填体堵塞导管，使水分和养分运输发生困难，从而使棉株萎蔫。拉克那拉亚南（1953）和 Tolboys（1960）研究发现，棉花黄萎病萎蔫症状的产生是由于木质部导管堵塞和病原菌产生的毒素共同作用的结果。李正理等（1980）对棉花黄萎病叶的解剖，吕金殿等（1992）对中植 86-1 品种 III 级黄萎病株的根、茎、果枝及叶片的解剖均发现不同部位维管束堵塞的情况。但有些科学家认为，正常的次生木质部的潜在输水能力远远超过棉株的总需水量，即使将茎部维管束柱横切去一半，棉株也并不萎蔫。因此，病菌入侵后引起的导管堵塞只是导致棉花萎蔫的部分原因，更重要的是病菌在棉株体内产生毒素的结果。

Talboys（1957）指出，黄萎病菌产生的毒素可能与多糖复合体有关。Porter 等（1952，1968）的研究结果支持了这一观点。马雷什娃、翟利采尔（1968）对引起棉花萎蔫的黄萎病菌毒素物质脂类—多糖复合体进行了分析，由菌丝体内分离出来的脂类—多糖复合体，含有蛋白质 4.1%、脂类 3.8%、多糖 78%；而由病菌培养滤液里分析出来的上述物质分别为 3.9%、3.0% 和 77.5%。ГУБАНОВ（1962）则认为，棉花黄萎病菌可能是在代谢过程中产生酚及其衍生物，从而导致棉花萎蔫。还有报道认为，是病菌产生的果胶酶使维管束变褐并水解植株细胞内的中间层果胶物质，从而影响了水分的运输导致萎蔫。Mussel（1972）认为，棉花黄萎病菌产生的毒素为有毒的蛋白质。同年，Klen 指出，这种毒素是一种酸性的蛋白质—脂多糖的复合体。美国研究人员（1976—1986）报道，番茄、马铃薯、茄子、西瓜和橄榄等作物上分离的黄萎病菌毒素也是一种蛋白质—脂多糖的复合体。前苏联学者改良了 Garibaldi、Neilands 和 Zahner 等的分析方法，认为棉花黄萎病菌毒素是轮枝菌毒素，这种毒素属于氢氧类化合物，可严重破坏棉株的代谢作用，固定二氧化碳，分解磷酸，导致棉株死亡。病原菌的致萎毒素是导致萎蔫的主要原因，而这种致萎毒素的主要成分是蛋白质—脂多糖的复合体。毒素对敏感棉花品种的叶片和根组织细胞膜有破坏作用，并能改变细胞膜的透性，使细胞内的钾离子和钠离子大量渗漏。用毒素处理棉苗可获得与田间病株症状一致的萎蔫症状的现象支持了上述观点。

我国科研工作者对棉花黄萎病菌的致萎机理也进行了多年的研究，吕金殿等 1979—1991 年对棉花黄萎病菌毒素的性质、纯化方法、致萎活性及毒素成分等进行了连续的研究，并得出以下结论：

（1）黄萎病菌致萎毒素主要是酸性蛋白，是导致棉花萎蔫的重要原因；

（2）不同棉花黄萎病菌系的致病力强弱与毒素含量密切相关，与糖蛋白的组分也有一定关系；

（3）棉花黄萎病菌落叶型与非落叶型菌系的毒素存在糖基化组成的差异，是否引起落叶与糖基化程度有关；

（4）用病菌滤液对 21 个棉花品种和粗提毒素对 15 个品种的抗性鉴定均获得了与土壤接菌一致的结果，认为毒素鉴定可用于大量品种资源的抗性初选；

（5）用超滤和凝集素拌刀豆蛋白（con. A）做配基的 sepharose4B 亲和层析的方法，可以从病菌培养滤液中成功地纯化出糖蛋白毒素。

章元寿等（1991，1992）研究了黄萎病菌毒素产生的条件、分离纯化方法、致萎活性成分、毒素中不同组成成分对棉花的致萎作用及毒素在棉花黄萎病抗性快速鉴定中的应用。结果表明：

（1）菌株在 Czapek's 培养基中产生毒素的量与培养天数、菌丝量有关，在 pH5～9 时产生毒素的量明显增加，强致病力菌系产生的毒素量高于弱致病力菌株；

（2）提出了用 DEAE-纤维素柱层析和琼脂糖凝胶过滤层析提纯毒素的方法；

（3）在蛋白质—脂肪—多糖毒素复合物中，造成寄主植物萎蔫的主要因子是毒素的蛋白成分，而脂肪和多糖没有致萎作用；

（4）76 个品种对毒素的反应和病圃中的病情指数的相关性达显著水平；

（5）黄萎病菌毒素致使棉花萎蔫是因为毒素能使棉花体内的脱落酸含量增加，增加叶片气孔抗性和提高叶片细胞的离子渗透率 3～4 倍，毒素对叶片的游离原生质体具有 30%～50% 的损伤率。

陈旭升等（1998，2000）研究了黄萎病菌株 VD8 的外泌毒素的生化特性和对棉花维管束的毒害作用。结果表明，黄萎病菌毒素可以诱发棉花维管束系统的堵塞，并认为这种导管堵塞很可能是棉花对毒素产生的一种诱导反应。

随着生物化学分析技术的发展，越来越多的研究结果证实，黄萎病菌分泌的毒素是导致黄萎病的关键生化因子，但关于毒素致病的分子机制尚不明了。Dubery（1996）研究发现，黄萎病菌分泌的毒素与棉花细胞质膜具有高度亲和的位点。用[125]I 标记的毒素作为配基（ligand）与质膜蛋白质进行亲和反应，结果表明，与子叶及下胚轴组织相比，根组织蛋白质显示最高的亲和比活度。[125]I 标记的毒素与质膜位点的亲和是可以达到饱和的，并且是可逆的。另外，尽管感病品种与抗病品种的亲和特性没有明显的差别，但抗病品种每个原生质体比感病品种的亲和量要高出 5 倍多，其每克膜蛋白的亲和量则高出 16 倍以上。

棉花品种对黄萎病菌抗性的差异与毒素亲和性蛋白质组分关系不大，而在于这种亲和性蛋白质数量的多寡。以上研究从分子水平上解释了棉花品种对黄萎病的抗性具有数量性状的特点。并可将品种中存在的亲和性蛋白质简单地理解为致萎毒蛋白活性抑制剂。显然，寄主中这种抑制性蛋白的量愈多，其抗病性也相对愈强；或者说抗病寄主组织比感病寄主组织可以使毒素更快更有效地失活。也可以将这种亲和性膜蛋白理解为是一种诱导抗病性的识别分子，而这种识别分子的数量多少将直接影响棉花诱导防卫反应的速度和效力。显然，识别分子的数量愈多，其诱导防卫反应的速度将愈快，抗病性也相对愈强，反之则愈弱（陈旭升，2001）。

第二节　棉花黄萎病菌致病的生理生化基础

当棉花受到黄萎病菌侵染后，棉株体内新陈代谢发生变化，导致有关生化物质如蛋白质、氨基酸、酶类、糖、激素等出现不同程度的变化。

甘莉等（1992）研究了棉花黄萎病菌对棉叶脯氨酸含量及光合蒸腾作用的影响，结果表明，感病品种中脯氨酸含量显著高于抗病品种（$F=5.42$，$P<0.05$），而供测试的两个抗病品种间及两个感病品种间差异不显著。病菌入侵棉苗后在尚未表现出外部症状时，体内就已发生了一定的生理变化，与未接种的棉苗相比，净光合率降低34%（$P<0.01$），棉苗表现失绿、失水、萎蔫等症状的Ⅰ、Ⅱ、Ⅲ级病苗与未显症的棉苗相比，净光合率下降90%～96%，差异极显著（$P<0.01$）。但净光合率下降与棉苗发病程度无显著相关。病棉苗气孔传导的变化与发病程度轻重无显著相关。接菌后病棉苗的蒸腾速率随棉苗病情的加重而下降（$P<0.01$），而叶片气孔阻力有随棉苗的病情发展呈显著增加的趋势（$P<0.05$）。

李妙等（1995）研究发现，在黄萎病菌胁迫下，棉花叶片中超氧化物歧化酶（SOD）及过氧化物酶（POD）的活性呈明显的规律性变化，抗病品种中SOD和POD活性弱，可溶性蛋白含量高；感病品种则表现出相反的趋势。膜脂过氧化水平、SOD和POD活性均较高，可溶性蛋白质含量较低，差异达极显著水平，同时还发现SOD和POD活性与田间发病指数呈明显的正相关。

李颖章等（1998）对不同抗、感病品种棉花愈伤组织在黄萎病菌毒素诱导下，体内POD和SOD活性的变化进行了测定，结果表明，感病品种中POD活性的升高大且早于抗病品种；感病品种SOD活性随诱导时间延长而迅速下降，耐、抗病品种SOD活性的降低较慢；随着病菌毒素诱导时间的增加，在电泳凝胶透射扫描系统中愈伤组织中有数种病程相关蛋白（PR蛋白）的表达。

植物激素与病菌的致病程度及症状表现也密切相关。Wise（1970）报道，棉花受到黄萎病菌侵染后，其脱落酸（ABA）水平比健株增加1倍。章元寿（1996）研究发现，黄萎病菌毒素处理能使棉苗体内ABA含量上升，且致病性强的菌株毒素诱发ABA的增加更为明显，约比弱菌株毒素的诱发能力提高3倍。徐荣旗等（2000）报道，采用酶联免疫吸附法（ELISA），以两个陆地棉品种唐棉2号（抗病）和鄂荆1号（感病）接种黄萎病菌落叶型和非落叶型菌系，研究棉苗体内4种激素的动态变化，结果表明，病菌侵染棉苗后，落叶型菌系处理比非落叶型菌系处理的棉花子叶中含有生长素（IAA）、赤霉素（GA）及脱落酸（ABA）的量要高，尤其是ABA的含量，从接种后的3～5d开始直至第十五天落叶型菌系处理始终高于非落叶型菌系处理，在达到高峰时，抗病品种和感病品种中 ABA 的含量是非落叶型的 1.3 倍和 4.2 倍；感病品种内源激素的变化较抗病品种更加敏感，认为棉花黄萎病菌侵染后 ABA 含量的增高是导致棉花落叶的重要因素之一。

第三节　棉花抗黄萎病机制

一、棉花与黄萎病菌的互作及识别

植物在纷繁复杂的自然环境中与病原物长期协同进化，形成了遗传物质的多样性，积累了丰富的抗性资源，植物自身已具备了一套完善的防御机制，能否有效地发挥其抗病作用，关键在于同病原物接触的最初阶段能否进行有效的识别。1940 年，Flor 根据亚麻与亚麻锈菌相互作用的表现型提出了基因对基因假说，即病原物中的无毒基因在植物中存在一个与之相对应的抗病基因，这一经典的植物与病原物相互作用的模式沿用至今。病原菌对植物是否具有毒性，取决于植物中是否有一个与之相对应的抗病基因对之进行有效的识别。在植物和病原物表现为不亲和的情况下，植物就会启动一系列的防御反应，抵抗病原物的侵害，常常形成局部过敏性坏死斑以限制其扩展。而在感病品种中，由于寄主不能对入侵的病原菌进行有效的识别，难以启动自身的防御系统，使得病菌能够顺利地完成入侵和定殖过程。因此，识别作用对植物保护自身免受病原物侵害是至关重要的环节，是植物与病原物相互作用研究的最前沿。

Bechman（1989）观察到，接种病原菌后，当病菌开始接触寄主导管薄壁细胞 1h 内，在胼胝质出现之前，抗病品种在接近病原菌一侧的细胞原生质即发生膨胀，其反应速度和强度均高于感病品种，也高于远离接触病菌的其他部位，并认为这种反应与识别有关。

凝集素是位于植物细胞壁表面的一种糖蛋白分子，在寄主与病原菌专一性识别机制中起重要作用。刘士庄等研究发现，在抗枯萎病的棉花种子表面存在一种能够凝集枯萎菌分生孢子的几丁质结合蛋白，它可与孢子表面外露的单糖结合，从而阻止病原菌的侵入。电镜观察显示，枯萎病菌与黄萎病菌孢子表面具有十分相似的结构，国外科学家已进行了利用转凝集素基因植物防治真菌病害的尝试。因此，在现有的耐病品种中筛选对黄萎病菌分生孢子具有凝集作用的品种，或在其他作物中寻找能够与黄萎病菌发生凝集作用的外源凝集素，并尝试利用转凝集素基因棉花防治黄萎病，在病菌尚未为害棉花的最初识别阶段就阻止病菌的侵入，不失为一条具有开拓性的研究思路。

二、棉花组织结构抗病性

（一）既存的组织结构抗性

具有不同抗黄萎病性能的棉花品种在组织结构方面存在一定的差异，研究发现棉花品种的抗病性与维管束结构有直接关系。20 世纪 30～40 年代，前苏联学者就发现，近乎免疫的埃及棉和抗病的美棉品种，具有坚实的木质部和含大量淀粉储存物的多列髓线，同时木质部的细胞间隙较小，细胞壁较厚。而感病品种的组织结构则相反。棉花根、茎木质纤维壁的厚度直接决定棉花的抗萎能力。抗病品种的导管腔和木质纤维腔的直径大于感病品种，说明棉花品种对黄萎病的抗性与其坚实的木质部有关。姚焕章（1956）研究发现，棉花根、茎切片中抗病品种单位面积的细胞数量较感病品种多1倍以上。认为由于细胞数量的增加，减少了细胞间隙，提高了棉花机械抗病性能，从而大大地阻止了黄萎病菌的侵入及在体内的扩展蔓延。顾本康等（1996）报道，感病品种泗棉2号的导管细胞排列不及抗病品种冀328-1紧密，且感病品种的菌丝占有细胞数多于抗病品种。王烨（1998）研究发现，抗病棉花品种春矮早和中植86-6其主根、侧根和茎部的导管细胞壁比感病品种中棉所17及豫棉12厚，木质部髓射线数目和单位面积细胞数量也多于感病品种，而且皮层细胞排列比较紧密。

（二）诱发的组织结构抗性

棉花受黄萎病菌侵染后，诱发棉花体内一系列代谢的变化，最终在亚细胞或细胞水平上出现形态结构的改变，以抵抗外来病原菌的入侵。如表皮木质化和内部组织的木栓化，导管薄壁细胞的增生，以及形成胶状物和侵填体堵塞导管等。寄主遭病原菌侵染后，会在细胞壁上堆积类似木质素的物质，以阻止入侵的菌丝或在菌丝周围形成木质素块将菌丝包围起来，并且以果胶质迅速封闭导管或将纹孔膜扩大成侵填体，以阻止分生孢子在木质部的扩散（Bell，1967）。李正理等（1980）在棉花病叶解剖研究中发现，在某些导管中存在胶状物质或侵填体。Bell报道，棉株木质部导管的发病引起导管堵塞，可将入侵的病原菌限制在维管束系统的一定部位里，若无此反应，病菌则能在整个维管束系统内很快繁殖和生长。Beckman等（1989）研究证明，在接种3～6d后，抗病品种的次生木质部薄壁细胞只有23%受侵，而感病品种的细胞受侵率为81%，并且抗病品种胼胝质的沉积也显著高于感病品种。

三、棉花生理生化抗病性

黄萎病菌侵染棉花后，由于毒素的作用使病原菌得以在寄主体内扩展、蔓延，棉花为了抵御病菌的侵害，自身的生理、生化代谢会朝着有利于产生抗病物质的方向发展。

（一）次生代谢产物与抗病性的关系

植物次生代谢是植物在长期进化过程中对生态环境适应的结果，许多植物在受到病原菌侵染后，会产生并积累小分子的抗生物质，用以增强自身的抵抗力。

1. 植保素与抗病性的关系　在多数植物—真菌体系中，植保素（phytoalexin）的形成和积累是很多植物抵御真菌侵染的一种反应，寄主植物产生的植物保卫素通常是由病原真菌具有扩散性的激发子诱导而合成的。棉花产生的植保素是类萜醛（terpenoid aldehyde，TA），主要有棉酚（gossypol，G）、半棉酚（hemigossypol，HG）、甲氧基半棉酚（6-methyl ether hemigossypol，MHG）、脱氧半棉酚（desoxyl hemigossypol，dHG）及脱氧甲氧基半棉酚（desoxyl 6-methylether hemigossypol，dMHG）。这5种酚类化合物与棉花对黄萎病的抗性有关，在抗病组织中这些抗菌酚类化合物的形成可抑制真菌产生的水解酶的分泌和合成，保护木质部中的胶质不被分解，避免了导管的堵塞（Bell，1969；Zaki，1972；Mace，1978）。在发病12～48h测定维管束中上述4种植保素的含量，呈显著增加。其作用主要是抑制菌丝生长、孢子萌发和产孢。Mace（1985）和Garas等（1986）研究报道，当海岛棉抗病品种（SBSI）接种黄萎病菌时，植保素类萜醛在维管束中的浓度增加，高于陆地棉感病品种（Rowden），达到足以杀死黄萎病菌孢子和菌丝的浓度。Mace等（1978）和Harrson（1982）的研究还表明，在接触细胞中产生的植保素TA进入导管后，被菌丝、孢子和侵填体所吸收，产生抑菌和杀菌作用。并且植保素合成的速度和强度与品种抗病性的强弱相关，即抗病品种产生的TA高于耐病品种，耐病品种中的TA又高于感病品种。

2. **单宁与抗病性的关系**　单宁是一类有效的蛋白质变性剂，具有酶抑制剂、抗孢剂以及温和的抗菌素的作用。Bahaev（1964）分析了对黄萎病具不同抗性的品种中单宁的含量，发现抗病品种比感病品种单宁含量高。Bell等（1969）研究报道，抗病海岛棉品种茎部受侵染后的反应与单宁的形成比陆地棉品种大约要快24h，单宁的浓度也较大。Acala4-42（陆地棉）棉株不同部位的抗病性差异，也与自生的或诱发的单宁含量有密切关系。幼嫩主茎里的单宁含量较低，抵挡不住病菌的侵染，致使棉株顶部枯死，而较老主茎皮层却能完全抑制孢子的形成和菌丝的生长。姚明镜等（1995）用10％黄萎病菌滤液处理抗性细胞系和珂201细胞系（对照），各细胞系的单宁含量均高于对照处理，表明黄萎病菌培养滤液能引起棉花细胞中单宁含量的增加，抗性细胞系的单宁合成速度比对照系要快。

（二）碳水化合物与抗病性的关系

在碳水化合物与棉花抗病性的关系研究中，以可溶性糖的变化报道最多。甘莉等（1989）的研究结果表明，棉花品种的糖含量与抗黄萎病有一定的相关性。抗病品种88-10和感病品种88-93可溶性糖的含量分别为4.35％和2.59％，抗病品种可溶性糖的含量高于感病品种。进一步对抗病品种陕1155、陕3337和感病品种中10、李台8号做接黄萎病菌和不接黄萎病菌的实验，发现无论抗病或感病品种，接菌的病株含糖量均比不接菌的无病株要低。夏正俊等（1991）认为，同一品种在无菌土中可溶性糖的含量高于接菌土中的含量，且两者呈显著正相关关系（$r=0.895$），可溶性糖的含量变化与抗性有关的生化物质的合成相关联。

（三）蛋白质及酶类与抗病性的关系

次生代谢产物的合成主要通过乙酸、莽草酸及甲羟戊酸等代谢途径，其前体经一系列酶的催化形成几大基本骨架，再经过各种类型酶促反应进行修饰，产生出千差万别的次生代谢产物。这其中包括苯丙氨酸解氨酶（PAL）、过氧化物酶（POD）及超氧化物歧化酶（SOD）等。

田秀明等（1991）研究了海岛棉、陆地棉、亚洲棉三大棉种的38个品种（系）。结果表明，幼芽内POD活性以海岛棉为最低，亚洲棉和陆地棉的POD活性差异不大；陆地棉不同抗性的品种幼芽内POD活性差异显著，抗病性强则酶活性低；无论有无黄萎病菌入侵，不同抗性的棉种和品种叶片内酶活性随着叶片生长均逐渐增强，经过接菌处理的棉株无论品种的抗病性强弱，叶片内酶活性也明显增强，而且均高于对照。郭海军等（1995）研究发现，陆地棉 140 系的感病株叶片的 POD 和 SOD 的活性明显比健株低，分别仅为健株棉叶的 81.6％和 88.9％。纪好勤等（1995）报道，接菌后抗病品种（中 3474）和感病品种（李台 8 号）的 POD 活性均有上升，但是反应速度不同，抗病品种酶活性增加较快。李俊兰等（1995）研究了 8 个对黄萎病抗性不同的棉花品种，发现抗病品种的 POD 和 SOD 活性弱，并且同一品种（系）的感病植株比健康植株的 POD 活性高。朱荷琴等（1995）的研究表明，棉株受病害胁迫而未显症时，感病品种的 POD 和 SOD 的活性分别较耐病品种高 57.7％和 24.5％；植株发病后，感病品种的 POD 和 SOD 的活性平均较耐病品种低 25.0％和 7.4％；耐病品种感染黄萎病后 POD 活性几乎提高了 1 倍，推测耐病品种 POD 活性的提高促进了细胞壁的合成，从而产生抗病作用。毛树春等（1996）报道，棉花感染黄萎病后 POD 活性上升了 2～6 倍，SOD 活性随病害的加重呈直线下降，过氧化氢酶（CAT）活性下降 50％以上。

（四）棉花根分泌物与抗病性的关系

许多研究发现，根际微生物及根分泌物等因子与棉花抗病性有密切关系。植株的根际分泌物不仅影响根际微生物区系，而且对根部的土传病原菌的孢子萌发及营养供应产生直接的影响。Sulochana（1962）认为，不同棉花根际分泌物中氨基酸和维生素含量的变化影响着根际微生物种群的变化。Booth（1969，1974）比较了棉花抗、感黄萎病品种的根际分泌物中氨基酸的含量，在所分析的 8 种氨基酸中，只有丙氨酸在抗病品种（Acala-8829）中比感病品种（Acala-1517C）中分泌的少，其余 7 种氨基酸差异不明显。进一步研究表明，丙氨酸能刺激黄萎病菌的生长，将丙氨酸加入到棉花培养液中，可使抗病品种失去抗病性。Singh（1971）也发现，将丙氨酸注射到陆地棉抗病品种 Okahona 中，可使其失去抗病性，但不能使高抗的海岛棉失去抗病性。

四、植物抗病基因的利用

培育和利用抗病品种是防治植物病害最经济有效的措施。随着现代分子生物学技术的迅猛发展，特别是植物抗病基因的相继克隆，为人们合理、有效地利用植物抗病基因资源提供了可能。利用已克隆的抗病基因的信息，可从植物王国中继续寻找和发现大量可供人类利用的基因。在 R 基因所编码蛋白质的各种结构特征中，NBS 区、LRR 区及 PK 具有比较保守的氨基酸序列，这些结构特征为克隆新的抗病基因提供了一条快捷的新途径，即基于同源序列的候选基因法。如亚麻和玉米抗锈病基因 M 和 $Rpl\text{-}D$ 等的克隆便是利用已知抗病基因的一段保守序列作为探针，辅以转座子标记克隆成功的抗病基因。

病原物具有相对较为简单的遗传物质，在复杂的外界环境中容易出现适应性变异，加上长期以来人们忽略了多基因抗病资源的利用，抗病品种大面积单一化种植，加大了病原菌的选择压力，导致了历史上几次重大的植物抗病性丧失和病害大流行的惨痛教训。因此，近年来人们越来越注重广谱持久抗病性的发掘和利用。如在大麦中广谱抗病基因 Mlo 的成功克隆，已引起研究者的广泛兴趣，并有可能成为理想的转基因材料；番茄中具有抗线虫和蚜虫双重功效的 *Mi* 基因的克隆，为抗虫基因家族又增添了新的成员。广谱持久抗病性的产生取决于植物中抗病基因的丰富程度，随着抗病基因资源的不断发掘，为利用基因工程手段改造和提高植物抗病性提供了更为广阔的前景。利用转基因技术在植物种间进行基因转移具有很大的潜力，目前已将番茄的 *Pto* 基因导入烟草，所获得的转基因植株可抗 *Pseudomonas syringae* pv. *tabacco*。由于抗病基因要担负对病原菌的识别任务，因此，不同植物种间抗病基因的转移可能要比防御反应基因（如 PR 蛋白基因等）的导入要复杂和困难得多，因为抗病基因在新的植物体系中功能的发挥取决于能否与新的病原物建立正常的识别关系，能否适应新的信号传导途径直至最终启动防御系统等一系列环节。虽然目前在番茄和烟草这种近缘植物种间进行抗病基因转移获得了成功，但远缘植物种间的情形尚待探究。

提高植物广谱抗病性的另一条途径是将病原菌的无毒基因构建在侵染诱导型启动子（infection-inducible promotor）下，如果植物携带有与无毒基因相应的抗病基因，那么在病原菌侵染的状态下都可激活侵染诱导型启动子而使植物产生过敏性防御反应，从而提高植物的广谱抗病性，而这一策略所面临的挑战是如何有效地控制防御反应使其在适当的时间及适宜的发育阶段进行表达。

植物产生过敏性反应几乎是基因对基因专化抗病性反应的最终结果，坏死斑的形成对限制病原物的扩展起到了至关重要的作用，植物中这种有计划的"自杀"行为，对保护自身十分有利。从植物对病原菌进行专一性识别到最终产生过敏性反应，需要经过一连串环节，其中由于某些信号的误调控或过度表达会激活在缺乏无毒基因刺激下的植物防御反应。例如，Tang 等（1999）研究发现，番茄的 *Pto* 基因在 CaM35S 启动子下过度表达，在缺乏 *avrPto* 无毒基因诱导的情况下，转基因植株出现了一系列"异常"变化，不仅表现出了 HR 反应，而且病程相关蛋白（pathogenesis related protein，PR）的表达也显著增加，抗病谱明显加宽，除增强了对原来的 *P. syringae* pv. *tomato* 病原菌的抗性外，还使番茄对细菌性病原 *Xanthomonas campestris* pv. *vesicatoria* 和叶霉病菌 *Cladosporium fulvum* 产生了抗性（Tang 等，1999）。说明 *Pto* 基因在过度表达的情况下，可以单独激活下游的防御反应，产生非小种专化抗性，而不需要相应的无毒基因的诱导。这种现象对人们利用转基因手段提高植物抗病性是一个新的启示。那么这种现象是否具有普遍性？能否拓展到含有 LRR 结构的抗病蛋白？随着研究的不断深入和对抗病机理更深层次的了解，在不远的将来会有一个满意的答案。

参 考 文 献

陈万权，冯洁，秦庆明 . 1999. DNA 分子标记在植物真菌病害研究中的应用 . 植物保护学报 . 26（3）：277～282

陈永萱，黄骏麒，陈旭升 . 2001. 棉花黄萎病菌致病性生理分化研究进展 . 棉花学报 . 13（3）：183～187

陈瑞辉，王克荣 . 2001. 我国棉花黄萎病菌的群体遗传 . 棉花学报 . 13（4）：209～212

房卫平，季道藩 . 2000. 棉花抗黄萎病机制研究进展 . 棉花学报 . 12（5）：277～280

房卫平，祝水金，季道藩 . 2001. 棉花黄萎病菌与黄萎病遗传育种研究进展 . 棉花学报 . 13（2）：116～120

甘莉，吕金殿．1989．棉花品种中糖及单宁与抗黄萎病的关系．陕西农业科学．6：13～14

甘莉，吕金殿．1992．棉黄萎病对棉叶脯氨酸含量及光合蒸腾作用的影响．西北农业学报．1（1）：8～11

顾本康，夏正俊，陆讯等．1993．江苏省大丽轮枝菌（Verticillium dahliae）营养体亲和性研究．棉花学报．5（2）：79～86

顾本康，马存．1996．中国棉花抗病育种．南京：江苏科学技术出版社．

郭海军，董志强，林永增等．1995．黄萎病对棉花叶片 SOD、POD 酶活性和光合特性的影响．中国农业科学．28（6）：40～46

霍向东，李国英，张升．2000．新疆棉花黄萎病菌致病性分化研究．棉花学报．12（5）：254～257

纪好勤，郭小平，潘家驹．1995．棉花黄萎病抗性的生理生化指标探讨．华北农学报．10（3）：7 375～7 380

李正理，李荣敖．1980．棉花黄萎病病叶解剖．植物学报．22（1）：11～15

李俊兰，李妙，翟学军等．1995．棉花感染黄萎病后叶片组分内生化特性分析．华北农学报．10（增刊）：134～138

刘方，王坤波，宋国立．2002．中国棉花转基因研究与应用．棉花学报．14（4）：249～253

马峙英，孙济中，刘金兰等．1999．河北棉区黄萎病菌菌系基于 RAPD 的遗传分化研究．棉花学报．11（3）：123～127

马峙英，张桂寅，李兴红．1995．棉花黄萎病抗病机制的研究进展．河北农业大学学报．18（4）：118～122

毛树春，邢金松，刘传亮等．1996．棉花抗氧化系统对黄萎病的反应．棉花学报．8（2）：92～96

沈其益主编．1992．棉花病害——基础研究与防治．北京：科学出版社

石磊岩，冯洁，王莉梅等．1997．北方植棉区棉花黄萎病菌生理分化类型研究．棉花学报．9（5）：273～280

田新莉，李晖，赵宗胜等．2001．新疆棉花黄萎病菌不同致病类型的 RAPD 指纹分析．棉花学报．13（6）：346～350

田秀明，杜利峰．1991．棉花对枯、黄萎病的抗性与过氧化物酶活性的关系．植物病理学报．21（2）：94～98

吴蔼民，夏正俊，顾本康．1998．棉花不同生育期 SOD 同工酶与品种抗黄萎病性相关性的研究．棉花学报．10（2）：96～100

王莉梅，石磊岩．1998．棉花黄萎病菌致病类型研究．棉花学报．10（3）：125～130

夏正俊，顾本康，李经仪等．1991．棉花品种抗黄萎病性与生化成分相关分析．中国农业科学．24（1）：92

姚焕章．1956．棉花抗黄萎病性能的初步研究．华东农业科学通讯．（7）：354～362

徐荣旗，石磊岩．2000．棉花黄萎病菌致害棉株叶片内源激素的动态变化．棉花学报．12（6）：310～312

姚焕章．1956．棉花抗黄萎病性能的初步研究．华东农业科学通讯．7：354～358

姚明镜，张献龙，刘金兰等．1995．陆地棉抗黄萎病细胞系几个生理生化指标的测定．华中农业大学学报．14（4）：338～343

朱荷琴，宋晓轩．1994．不同抗性品种抗氧化系统对棉花黄萎病的反应．棉花学报．6（4）：256～261

周兆华，戴新，潘家驹等．2001．陆地棉品种对多个大丽轮枝菌菌株的抗性分析．棉花学报．13（1）：3～6

邹亚飞，简桂良，李华荣等．2001．棉花黄萎病菌分子生物学研究新进展．棉花学报．13（4）：254～256

Bahaev F V. 1964. Role of tannins in resistance of varieties of cotton wilt. Chemistry Abstract. 64: 1021~1028

Bechman C H. 1989. Recognition and response between host and parasite as determinants in resistance and disease development. In: Tjamvs E C, Beckman C H (eds) . Vascular wilt disease of plants-basic studies and control. Nerlag BerlinHeidelberg, Germany. 153~166

Bell A A. 1967. Formation of gossypol in infected or chemically irritated tissues of Gossypium species. Phytopathology. 57: 759~764

Bell A A. 1969. Phytoalexin production and Verticillium wilt resistance in cotton. Phytopathology. 59: 1119~1127

Bradley D J, Kjellbom P, Lamb C J. 1992. Elicitor-and wound-induced oxidative cross-linking of a pra-line-rich plant cell wall protein: a novel, rapid defense response. Cell. 70: 21~30

Booth J A. 1969. *Gossypium hirsutum* tolerance to *Verticillium albo-atrum* infection I. Amino acids ex-udation from aseptic roots of tolerant and susceptible cotton, Phytopathology. 59: 43~46

Booth J A. 1974 Effect of cotton root exudation constitutents on growth and pectolyticenzyme produc-tion to *Verticillium ablo-atrum* . Canadian Journal of Botany. 52: 22~27

Brisson L F, Tenhaken R, Lamb C. 1994. Function of oxidative cross-linking of cell wall structural protein in plant disease resistance. Plant Cell. 6: 1703~1712

Garas N A. 1986. Differential accumulation and distribution of antifungal sesguiterpenoids in cotton stems inoculated with *verticillium dahliae*. Phytopathology. 76 (10): 1011~1017

Harrison N A, Beckman C H. 1982. Time/space relationships of colonization and host response in wilt-resistance and wilt-susceptible cotton cultivars inoculated with *Verticillium dahliae* and *Fusarium oxyspo-rum* f. sp. *vasinfectum*. Physiol. Plant Pathol. 21: 193~197

Jones J D G. 1997. A Kinase with Keen eyes. Nature. 385 (30): 397~398

Leon J, Lawton MA, Raskin I. , 1995. Hydrogen peroxide stimulates salimulates salicylic acid bio-synthesis in tobacco. Plant Physiol. 108: 1673~1678

Levine A, Tenhaken R, Dixon R. et al. . 1994. H_2O_2 from the oxidative burst orchestrates the plant hypersensitive disease resistance response. Cell. 79: 583~593

Mace M E. 1978. Contribution of tylose and terpenoid aidedyde phytoalexins to Verticillium wilt resist-ance in cotton. Physiol. Plant Pathol. 12 (1): 1~11

Mace M E, Stipanovic R D, Bell A A. 1985. Toxicity and role of terpenoid phytoalexin Verticillium wilt resistance in cotton. Physiol. Plant Pathol. 26: 206~218

Peng M , Kuc J. 1992. Peroxidase-generated hydrogen peroxide as a source of antifungal activity in vitro and on tobacco leaf disks. Phytopathol. 82: 696~699

Sulochana C B. 1962. Cotton roots and vitamin-requiring and amino-acid-requiring bacteria. Plant and Soil. 10: 335~345

Singh D. 1971. Effect of alanine on development of Verticillium wilt in cotton cultivars with different level of resistance. Phytopathology. 61: 880~884

Tang X, Xie M, Kim Y J et al. 1999. Overexpression of Pto activates defense responses and confers broad resistance. Plant Cell. 11 (1): 15~29

Wu G, Shortt B J, Lawrence E B et al. . 1995. Disease resistance conferred by expression of a gene en-coding H_2O_2-generating glucose oxidase in transgenic potato plant. Plant Cell. 7: 1357~1368

Zaki A L, Keen N J. 1972. Implication of vergosin and hemigossypol in the resistance of cotton to *Ver-ticillium albo-atrum*. Phytopathology. 62: 1402~1406

第十二章

棉田线虫与枯、黄萎病的关系

[棉花枯萎病和黄萎病的研究]

线虫是一类体形细长、不分节、无色透明的无脊椎动物。在自然界中，线虫的种类仅次于昆虫，但数量比昆虫还要多。据估计线虫有 50 多万种之多。线虫广泛分布于高山、丘陵、峡谷、河流、湖泊、海洋、沼泽地带、沙漠、各类土壤和植物等不同生境，其中土壤是线虫的主要栖息场所之一，土壤中的线虫用肉眼很难看见。按照取食习性，线虫学家将土壤中的线虫分为食细菌线虫、食真菌线虫、杂食和捕食线虫以及植物寄生线虫等 4类，以前两种数量最多 (J. N. Sasser, 1989)。

植物寄生线虫主要存在于土壤中，根据在植物上的寄生部位可分为内寄生线虫和外寄生线虫两大类，少数属于半内寄生线虫。植物寄生线虫都是专性寄生物，必须从活的细胞内吸取食物。植物寄生线虫都具有口针，用以穿透细胞壁而侵入及从寄主细胞中摄取营养物质。大多数植物寄生线虫寄生于根部，为害根系，地上部无明显的特殊症状。因此，从地上部不易诊断。有些种类可侵染地上部的叶和穗部等引起特殊症状。一般来说，植物寄生线虫的寄主范围比较广，大田作物、果树、蔬菜、经济作物、观赏植物和树木等都可被寄生，很多杂草也是线虫的寄主。

据国内外研究报道，已知为害棉花的植物线虫属和种主要有根结线虫 (*Meloidogyne* spp.)、肾形线虫 (*Rotylenchulus* spp.)、纽带线虫 (*Hoplolaimus* spp.)、根腐线虫 (*Pratylenchus* spp.) 和刺线虫 (*Belonolaimus longicaudatus*)。此外，其他的植物线虫属如剑线虫 (*Xiphinema* spp.)、长针线虫 (*Longidorus* spp.)、拟毛刺线虫 (*Paratrichodorus* spp.) 和盾线虫 (*Scutellonema* spp.) 等也可以为害棉花 (Bridge, 1992)。在 Watkins 编著的《棉花病害梗概》一书中，统计了从 1953 年到 1977 年在美国为害棉花的 7 种主要病害，烂铃、苗病、黄萎病、线虫病、枯萎病、得克萨斯根腐病和角斑病。这 7种病害每年造成的损失，线虫病害排在第三、四位。个别年份如 1973 年线虫造成的损失最重。据美国棉病委员会估计，美国的棉花每年因线虫病害损失约 2% (武修英等，1984)。

我国有关植物线虫病的工作起步较晚，而且以化学防治多于基础研究。20 世纪 50 年代开始，在山东青岛和浙江萧山县有了关于棉花根结线虫的研究记录。70 年代中国农业科学院植物保护研究所报道，棉花根结线虫以及土壤中线虫与棉花枯、黄萎病的关系，并开展了一定的防治工作 (武修英等，1984)。80 年代以来，随着植物线虫病日益受到重视，对于棉花线虫病的研究起了一定的推动作用。戎文治等 (1984) 报道了棉花根结线虫病的研究结果，对浙江省棉花根结线虫病的分布、为害、线虫种类和生活史进行了调查。近年，王汝贤等（1989）报道了室内和田间试验证明的螺旋线虫和枯萎病的复合侵染。尽管如此，由于我国棉区分布广泛，生态条件复杂，为害棉花的线虫情况不尽相同，仍需做大量基础的调查研究工作。

第一节 根结线虫

一、种类和分布

根结线虫广泛分布于世界各地，造成的损失极其严重，特别是在热带及亚热带地区。迄今已报道的根结线虫近 80 种，为害 2000 余种作物，而且根结线虫的寄主植物不断增加，几乎在所有栽培作物以及很多杂草上都能找到根结线虫。为害棉花的根结线虫有 2 个种，即南方根结线虫（*M. incognita*）和高粱根结线虫（*M. acronea*）。南方根结线虫主要分布在南纬 35°至北纬 35°之间的温带地区，是为害棉花最重要的病原线虫，侵染棉花的南方根结线虫有 3 号生理小种和 4 号生理小种。自 1889 年美国人 Atkinson 首次在亚拉巴马州棉花上发现根结线虫以来，南方根结线虫在美国半干旱地区和高降雨量地区均有发生和为害。但是为害严重度有所不同（Heald & Orr，1984）。南方根结线虫亦在中非共和国、埃塞俄比亚、加纳、南非、坦桑尼亚、乌干达、津巴布韦、巴西、萨尔瓦多、埃及、叙利亚、土耳其、巴基斯坦、印度和我国均有发生和分布（Bridge，1992）。Taylor et al.（1982）估计全世界由于南方根结线虫造成的损失约为 3.1%；Orr & Robison（1984）报道，在美国得克萨斯州南部高原，南方根结线虫造成的损失为 12%，Robinson et al.（1987）发现在得克萨斯根结线虫的侵染与土壤类型（粗糙的沙质土壤）有关，而作物种植制度对根结线虫的影响较小；当年平均温度为 24～30℃时，南方根结线虫群体数量非常高，在 28℃时群体达到顶峰。

另外一种严重为害棉花的是高粱根结线虫（*M. acronea*）。到目前为止，该线虫仅仅在非洲南部的两个地区——马拉维南部 Shire Valley 棉花产区和南非的 Cape 省的棉花上发现。这两个地区都是棉花的野生祖辈草棉非洲变种（*Gossipium herbaceum var. africanum*）的自然栖生地的边界，而草棉非洲变种的栖生地从博茨瓦纳经南非的德兰士瓦省（Transvaal）和津巴布韦的萨乌峡谷（Save Valley）一直延伸至莫桑比克。从线虫学所关注的程度而言，这是一片被遗忘的角落，高粱根结线虫在非洲南部半干旱地区可能是土生土长的（Bridge 等，1976；Starr and Page，1990）。受高粱根结线虫侵染的根系严重畸变，主根发育不良，向一侧扭曲；而次生根则过度增生，产量损失可以达到50%（Starr and Page，1990）。

我国对棉花根结线虫发生和分布的研究较晚，据马承铸等（1986）、戎文治等（1987）、顾秀珍等（1988）和杨永柱等（1992）的研究，为害我国棉花的根结线虫为南方根结线虫，目前主要分布于浙江金华、衢州市及上海、江苏、安徽、湖北和四川等地，在浙江和上海地区侵染棉花的为南方根结线虫 4 号生理小种，目前未发现南方根结线虫 3 号生理小种为害棉花。

二、为害症状

(一) 根部

南方根结线虫是棉花根系的固定性内寄生线虫，在维管束内取食，引起细胞变形。南方根结线虫在棉花根部最典型的识别症状是形成"根结"。将棉株用铁铲轻轻挖出，冲洗干净，可看到主根及侧根上的不规则膨大，即根结。播种后 1 个月就可观察到根结，在整个生长季节，随着再次侵染根结逐渐增多，加大。"根结"是由于根结线虫取食的刺激，诱导取食位点的棉花根系细胞的不断分裂和繁殖，体积增大而形成的。根结线虫为害棉花的主根对棉花的危害性更大，在侧根上的"根结"对棉花植株的危害性相对较小，被害的幼主根上长出一些分支，可限制主根向下生长。棉花根系上"根结"的大小取决于棉花品种的感病性、侵入线虫的数量及巨型细胞的并合情况。一般来讲，在棉花上形成的根结不及其他更感病的植物如番茄、秋葵葵或某些豆类的根结大，但危害性是严重的（Heald and Orr，1984；Bridge，1992）。

(二) 地上部

病株地上部无特殊症状。由于根系受害，在根结线虫为害取食的根系部位，抑制或阻碍水分及营养的吸收和向上输送，造成维管束中断，正常的组织结构系统紊乱。受害棉花水分和营养物质运输效率的降低，导致棉花产生非特异性的类似营养缺乏和水分缺乏的症状，棉花植株地上部矮化、变小、叶片变黄、棉铃减少。在高温天气的下午，即使田间含水量合适，罹病棉花植株也呈现临时性萎蔫症状；而在高温干旱的情况下，罹病棉花老植株可能死亡（Heald and Orr，1984；Bridge，1992）。

三、测量值和形态特征

(一) 测量值

雌虫：据 Whitehead（1968）报道，南方根结线虫雌虫体长为 $500\sim723\mu m$，体宽 $331\sim520\mu m$，口针长 $10\sim16\mu m$，背食道腺开口到口针基部球的距离为 $2\sim4\mu m$。据马承铸 1983 年对侵染棉花的南方根结线虫的测定，雌虫体长为 $525\sim825\mu m$，体宽 $330\sim525\mu m$，口针长 $14.3\sim16.9\mu m$。

雄虫：体长 $1108\sim1953\mu m$，$a=31.4\sim55.4$，口针长 $23.0\sim32.7\mu m$，背食道腺开口到口针基部球的距离为 $1.4\sim2.5\mu m$，$c=97\sim225$，交合刺长 $28.8\sim40.3\mu m$，引带长 $9.4\sim13.7\mu m$。

幼虫：体长 $337\sim403\mu m$，$a=24.9\sim31.5$，尾长 $38\sim55\mu m$，口针长 $9.6\sim11.7\mu m$。

(二) 形态特征 (图 12-1 和图 12-2)

雌虫：乳白色，鸭梨形，有突出的颈部；虫体埋在植物根内。头部具有 2 个环纹，偶尔 3 个。排泄孔处于口针基部球位置水平或略后，距头端 10～20 个环纹；会阴花纹类型

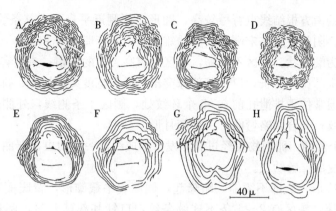

图 12 - 1 南方根结线虫（*Meloidogyne incognita*）雌虫会阴花纹
（引自 Orton Williams KJ，1973）

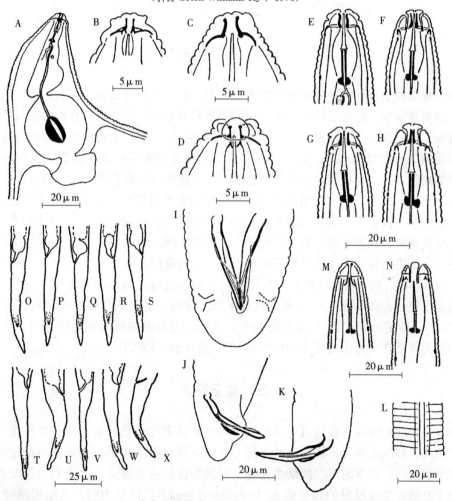

图 12 - 2 南方根结线虫（*Meloidogyne incognita*）形态

A. 雌虫虫体前端，腹面观　B~D. 雌虫头部，侧面观　E，G. 雄虫头部侧面　F，H. 雄虫头部背腹面
I~K. 雄虫尾部　L. 幼虫侧区　M. 幼虫头部侧面　N. 幼虫头部背腹面　O~X. 幼虫尾部
（引自 Orton Williams KJ，1973）

变化较大，典型的南方根结线虫背弓较高，圆形，两侧近乎直角，其条纹平滑或波纹状，没有明显的侧线。阴门在身体末端。新生的雌虫至成熟产卵需 8～10d。

雄虫：虫体为蠕虫状。头区不缢缩，头区具有高、宽的头帽；头区有 1 或 3 条不连续的环纹。口针的锥部比杆部长，口针基部球突出，通常宽度大于长度；排泄孔位于狭部后的位置，半月体通常位于排泄孔前 0～5 个环纹处，侧区 4 条侧线，外侧带具网纹；尾部钝圆，末端无环纹；交合刺略弯曲，引带新月形。

幼虫：分 4 个龄期。卵内物质经过胚胎发育形成线形一龄幼虫，卷曲呈 8 字形。在卵内第一次蜕皮后变成二龄幼虫。

二龄幼虫：线形，头部不缢缩，略隆起，侧面观平截锥形，背腹面观亚球形，侧唇片与头区轮廓相接，头区有 2～4 条不连续条纹，口针基部球明显，圆形；半月体 3 个环纹长，位于排泄孔前；侧区 4 条侧线，外侧带具网纹。直肠膨大。尾渐变细，末端稍尖。

四、生 活 史

南方根结线虫是棉花根系固定性内寄生线虫。整个虫体侵入棉花根组织内。成熟雌虫产卵于胶质卵块中。在合适的条件下，卵经胚胎发育形成一龄幼虫。在卵内进行第一次蜕皮发育成二龄幼虫。二龄幼虫是南方根结线虫的惟一侵染期。二龄幼虫从卵壳内逸出，从根尖端后的 2cm 范围内侵入。在皮层内穿过细胞内或细胞间向上移动取食，对皮层只引起轻微的损伤，然后在根的中柱鞘部位移动寻找合适的永久取食部位，一旦建立永久取食位点便不再移动。二龄幼虫在根系内经三次蜕皮后发育成成虫。由于线虫分泌物的刺激，棉花根组织在入侵幼虫的头部周围形成 4～8 个巨型细胞，这些细胞专供线虫取食；同时，根组织受其刺激，细胞不断分裂和体积增大而形成根结。雌成虫与雄成虫的比例决定于侵染的密度及寄主生长状况。如侵染密度低、寄主生长良好，雌成虫比例高。一条雌虫约产卵500～1 000粒。南方根结线虫各世代历期的长短和数量，均取决于温度和湿度的影响。当旬均温度超过 30℃以上，幼虫数量显著下降。在棉花上，从二龄幼虫侵入到雌虫产卵约需 22d。一般情况下，3～4 周完成一个生活史。南方根结线虫在金华地区 1 年发生 5 代。主要为害期在 4 月中旬至 10 月中、下旬（戎文治，1982）。

五、越冬存活

南方根结线虫的越冬存活百分率与秋季线虫群体密度呈负相关。由于卵孵化后死亡，在越冬期间，卵的群体量呈指数衰减。另一方面，幼虫群体初始时由于卵的孵化而增加，然后呈指数衰减，春末时，二龄幼虫是越冬存活群体的主要组分。对高粱根结线虫而言，当卵处于胶质卵块或厚厚的频死雌虫（moribund female）体壁内时，高粱根结线虫卵能在非洲南部干旱季节存活 6～7 个月，仅仅在土壤相对湿度不低于 97.7% 的条件下，卵维持活性但处于休眠状况（Jeger & Starr, 1985）。

六、为害阈值

国外一些学者研究了南方根结线虫群体密度与棉花生长和产量的相互关系。Roberts & Mathews（1985）及 Starr & Veech（1986）报道了南方根结线虫初始群体密度 Pi 的对数转换值和籽棉产量呈负线性相关关系。Roberts & Mathews（1984）报道，线虫抑制棉花的产量不是由于增加了棉铃的脱落（boll abscission），而是由于植株高度降低和减少了果位数。根结线虫的侵染也改变了干物质积累的类型，更多的干物质分流到叶和根内，而输送到茎和果的干物质减少。Duncan & Ferris（1984）在田间小区内用 Seihorst 模型测定了线虫群体密度和棉花产量的相关性，他们报道耐病值（T）为每 1 000 g 土壤 27 个卵和幼虫，相对最小产量值（M）为 0.66。Starr 等（1989）用微小区的研究表明，T 值为每 100 cm^3 土壤 7.5～9.7 个卵和幼虫，M 值为 0.11～0.23。

七、根结线虫与真菌病害复合症

除了植物受害直接与线虫致病有关外，根结线虫经常卷入其他生物引起的病害复合症中。棉花上的南方根结线虫卷入几种病害复合症，其中最值得注意的是镰刀菌枯萎病与根结线虫复合症和种苗病害复合症包括 *Pythium*，*Rhizoctonia*，*Fusarium* 和 *Thielaviopsis* spp.。在盆栽试验中，南方根结线虫也能增加大丽轮枝菌侵染棉花的程度（Khoury & Alorn，1973）。Roberts 等（1984）报道，在棉枯萎病菌存在下，南方根结线虫危害函数的斜率呈负的相关性，在萎蔫病原存在时，线虫引起的危害比无萎蔫病原时的更大。Starr 等（1989）在微小区的研究中测定了尖镰孢对南方根结线虫与棉花生长相互关系的影响，发现在高密度线虫群体（$Pi>10$ 卵和幼虫 100 cm^3）和中等镰刀菌群体时，两个病原物对棉花死亡有明显的影响，棉花植株高度和产量受到抑制主要是由于线虫而不是镰刀菌的影响。

中国农业科学院植物保护研究所曾以不同数量的南方根结线虫和枯萎病菌进行混合接种，发现枯萎病病株率和病情指数都比相同菌量下未接线虫的处理高，它们之间呈明显的正相关，充分表明棉花根结线虫与枯萎病菌复合侵染后，加重了枯萎病的为害程度。在田间同样发现，当线虫密度大时，棉花枯、黄萎病为害也就严重。如果防治了线虫或用抗线虫品种，这两种萎蔫病就很轻。只抗枯萎病的品种，在有根结线虫侵染的情况下，抗病性会丧失。通过病理检查发现，在巨型细胞内枯萎病病菌的菌丝非常茂盛。这从生理上说明，由于根结线虫的侵染加强了植株对枯萎病的感病性（武修英等，1984）。

在高粱根结线虫首次被发现寄生棉花时，人们认为它能形成一个鞣化的胞囊形结构（Bridge et al.，1976），这种鞣化过程后来发现是在黑根腐真菌（*Tielaviopsis basicola*）分泌的酶的作用下形成的。这种真菌分泌多酚氧化酶将一些多酚化合物转化为黑色素。目前认为在黑根腐真菌（*T. basicola*）菌丝侵染阶段，线虫中存在的苯甲酸被黑化，与寄主植物组织的鞣酸一起，导致高粱根结线虫雌虫呈现"胞囊形结构"（Starr & Jeger，1990）。近年来，一些科学家正在研究多相相互作用对枯萎病的影响。因为在土壤中有多种植物线虫同时存在，所以在线虫与线虫之间，以及各种线虫与病菌之间必然有多相相互作用，如纽带线虫（*H. galeatus*）不会加剧枯萎病的严重性，但在枯萎病菌污染的棉田中当纽带线虫与南方根结线虫同时存在时，枯萎病的发病率就比枯萎菌单独侵染或南方根结线虫和枯萎菌共同侵染时的发病率明显提高。某些土壤真菌也有类似情况。如哈茨木霉菌（*Trichoderma harzianum*）在正常情况下不会加剧枯萎病的严重性，但是当它与南方根结线虫、纽带线虫三者同时存在时，枯萎病的发病率就比枯萎菌单独侵染或枯萎菌与南方根结线虫同时侵染时提高很多（武修英等，1984）。

八、防治对策

（一）化学防治

在美国，防治棉花根结线虫习惯上过度依赖于杀线虫剂。Orr and Robinson 1984 年对其 16 年周期 80 个研究小区的试验进行了总结报道，当侵染棉田用 DBCP 或 EDB 熏蒸时，平均增产 26％，个别棉田甚至增产 3 倍。尽管熏蒸性杀线虫剂 DBCP 或 EDB 在大多数国家被禁止使用，非熏蒸性杀线虫剂涕灭威和克线磷也提供了可以接受的防治效果，但防治根结线虫的水平较低。尽管应用杀线虫剂能取得明显的收益，杀线虫剂在许多产棉区并未应用，这可能是由于如期待的投入产出比、缺乏合适的财政支持系统购买杀线虫剂和缺乏杀线虫剂应用所必须具备的知识等因素（Starr & Jeger，1990）。

最有效的降低线虫为害的杀线虫剂是 1，3-D（1，3-dichloropropene），使用剂量为 $33.7 \sim 67.4$ L/hm²，或 34 kg/hm²；涕灭威 $0.84 \sim 1.68$ kg/hm²，克线磷 $0.84 \sim 1.85$ kg/hm² 也有较好的防效；在线虫量极高的潜在为害下，可以将用 1，3-D 和涕灭威结合使用。棉田种植前 7 周，用棉隆 $60 \sim 80$ kg/hm² 或 D-D 60 L/hm² 熏蒸，熏蒸时土壤表面用地膜覆盖，能得到满意的防治效果。呋喃丹是一种氨基甲酸酯类化合物，施用颗粒剂 $60 \sim 75$ kg/hm²，与细土混匀，施入播种沟内或在苗附近挖沟施入，然后盖土，对棉花线虫病有明显的防效。用呋喃丹与内吸杀菌剂复配成种衣剂，有兼治病虫的作用，且缓释持久，效果更好（武修英等，1984）。当前应用的杀线虫剂有：二氯异丙醚 80％乳油、丙线磷（益收宝 20％颗粒剂）、苯线磷（力满库 10％颗粒剂）、棉隆（必速灭 98％～100％微粒剂）、克百威（呋喃丹），涕灭威（铁灭克）。这类药剂多做成颗粒剂施用，较土壤熏蒸剂污染环境小，且持效期长，也较安全。

（二）抗性品种

已经鉴定出陆地棉一些种质对南方根结线虫具有抗性，并已经培育出一些抗线虫品种，抗性品种 Auburm 623 表现出的对根结线虫的抗性比用熏蒸性杀线虫剂 DBCP 防治的效果都要好很多（Shepherd，1982，1983）。但抗性品种抗病性与产量潜力和目前工业所需的质量性状之间的矛盾仍然是目前亟待解决的问题（Jones et al.，1988）。Shepherd（1982，1986）证明，通过抗南方根结线虫能取得对镰刀菌枯萎病有效的田间抗性，反之则不然，抗镰刀菌枯萎病并不意味着此基因型抗线虫。Starr and Veech（1986）证实，一些抗尖镰孢的棉花品种根结线虫高度感病。目前，在美国有几个商业释放的棉花品种对镰刀菌与根结线虫病害复合症具有抗性（Anonymous，1987）。Robinson and Percival（1997）在室内环境生长箱中测定了 46 个陆地棉品系和 2 个海岛棉品系对南方根结线虫 3 号生理小种和肾形线虫的抗性，与对照品种岱字 16 相比较，仅仅只有海岛棉的两个品系 TX-1347 和 TX-1348 明显降低肾形线虫的繁殖率，但对南方根结线虫 3 号小种高度感病。陆地棉品系 TX-1174、TX-1440、TX-2076、TX-2079 和 TX-2107 对南方根结线虫的抗性水平远远高于许多抗性育种应用的主要抗源 Clevewilt 16 和野生墨西哥品系 Jack Jones，但这些抗性品系不抗肾形线虫。

20 世纪 80 年代以来，Carter（1981）和 Yik（1981）以肾形线虫在棉花上的繁殖程度为标准，分别发现一些抗病、高度抗病甚至免疫品种（武修英等，1984）。在我国棉花生产上已推广的抗病品种中也有兼抗根结线虫的特性。如在陕棉 401 的根际，根结线虫数量明显低于耐病品种中棉所 3 号，关于棉花抗线虫育种工作有待研究，这一结果将会促使这方面的研究工作迅速发展（武修英等 1984）。

（三）作物轮作和休闲

轮作的目的是减少土壤中某种优势植物寄生线虫的数量，这是防治线虫病害较有效的栽培措施之一。利用非寄主作物与棉花轮作 2 年或以上，可以有效地降低南方根结线虫的群体数量并将其群体维持在一个低水平。与大麦轮作和单纯休闲 9 个月后将明显地降低群体密度（Carter and Nieto，1975）。Duncan and Ferris（1984）发现，棉花与豇豆轮作可以有效地控制棉花南方根结线虫和豇豆爪哇根结线虫（*M. javanica*）。棉花与花生轮作对防治南方根结线虫是有效的，因为花生是南方根结线虫的非寄主植物，棉花与花生轮作可以有效地减少下季棉花的根结数量，一季棉花两季花生防治南方根结线虫效果更佳，但与玉米轮作则没有效果。因为棉花是许多主要侵染花生的根结线虫（*M. hapla*，*M. arenaria*）的非寄主植物，因此，棉花与花生轮作对两种作物都有益（Kirkpatrick and Sasser，1984）。在轮作中，应用抗病棉花品种 Aubum 623 与感病品种轮作，通过抑制线虫群体密度，也可增加感病品种的籽棉产量（Shepherd，1982）。

防治高粱根结线虫应基于与御谷、龙爪稷、玉米、花生、瓜儿豆或银合欢轮作，以上这些植物是高粱根结线虫的不良寄主或非寄主植物。棉花中没有对高粱根结线虫的抗性品种，高粱根结线虫的棉花寄主包括海岛棉、树棉、草棉非洲变种和几个陆地棉品种包括 Makoka 72、Aubum623 和 Clevewilt。而 Aubum623 和 Clevewilt 是抗南方根结线虫的（Starr and Page，1990）。为了防治线虫病害而采用轮作措施时，必须考虑轮换作物的经济价值和效益。另外，轮作地块的土质和水源等条件均影响轮作的可能性。对根结线虫病和肾形线虫严重的棉田改种水稻，经 2～3 年后，可以压低线虫数量（武修英等，1984）。

在某种植物线虫严重侵染的地块，不种植任何植物（休闲），减少线虫食物源，也是防治线虫病害有效的措施之一，配合杂草防除，其防治效果几乎相当于熏蒸剂处理后的效果。但由于当年没有经济收益，所以一般休闲很难在生产上应用。

加强线虫检疫，防止传入有害的寄生线虫，营养钵移栽，增施有机肥，曝晒土壤及合理灌水等措施均可减轻线虫的为害程度。

第二节　肾形线虫

一、分布与为害

为害棉花的病原肾形线虫有 2 种。一种是肾状肾形线虫（*Rotylenchulus reniformis*），广泛分布于全世界亚热带和热带地区，寄主范围达 115 种植物，在美国、中国、埃及、印度、坦桑尼亚和加纳等国家均有为害（Heald and Thames，1982）。肾状肾形线虫嗜好泥沙或黏土含量相对较高的细粒土壤（Robinson，1987），在严重侵染地，产量损失高达 40%～60%（Starr and Page，1990），但对纤维质量影响不大。另外一种是微小肾形线虫（*R. parvus*），仅在非洲南部的棉田中发生为害（PageSLJ，1985；Bridge，1992）。Smith（1940）在美国佐治亚州发现肾形线虫严重侵染棉花。次年，Smith and Tayler 在路易斯安那州也发现肾形线虫为害棉花。目前，在美国从南卡罗莱纳州到得克萨斯州和加利福尼亚州沿岸均发现该线虫为害棉花，而美国所有生产用的棉花品种均感病；造成严重的经济损失。

马承铸等（1986）、杨永柱等（1992）在上海、四川等地棉田中发现肾状肾形线虫是棉花根部的主要线虫种之一。

二、测量值和形态特征

（一）测量值

未成熟雌虫：体长 0.34～0.42mm，a＝22～27，b＝3.6～4.3，b'＝2.4～3.5，c＝14～17，c'＝2.6～3.4，V＝68～73，口针长 16～18μm，O＝81～106（Siddiqi，MR，1972）。

成熟雌虫：体长 0.34～0.52mm，a＝4～5，V＝68～73，阴门处体宽 100～140μm。

雄虫：体长 0.38～0.43mm，a＝24～29，b'＝2.8～4.8，c＝12～17，T＝35～45，口针长 12～15μm，交合刺长 19～23μm，引带长 7～9μm。

幼虫：体长 0.35～0.41mm，a＝20～24，b'＝3.5～4.1，c＝12～16，口针长 13～15μm（Siddiqi，MR，1972）

（二）形态特征

肾状肾形线虫学名为：*Rotylenchulus reniformis* Linford & Oliveira，1940（图 12 - 3）。

未成熟雌虫：游离于土壤中，虫体细小（0.23～0.42mm），蠕虫形；热杀后虫体朝腹面弯曲成螺旋形或 C 形。头部抬升，锥形与体轮廓相连，头区 4～6 个（通常 5 个）环纹，头部高度骨质化。口针中等发达，口针基部球圆形，向后倾斜，背食道腺开口（odg）远离口针基部球后，略为 1 个口针长度处；中食道球卵圆形，具有明显的瓣门，食道腺长，主要覆盖于肠的腹面。排泄孔位于峡部的基部，紧靠半月体后。阴门位于虫体后部（V＝68～73），阴唇不突起。双生殖管，对生，每条生殖管双折叠。尾部渐变细，末端圆形，

20～24 个环纹，尾部透明部分长为 4～8μm。

　　成熟雌虫：定居于根上，虫体膨大向腹面弯曲成肾形、颈部轮廓不规则。阴门突起，生殖管盘旋状。肛门后的虫体成球形，纤细的尾尖部分长度为 5～9μm。

　　雄虫：蠕虫形，头部骨质化；口针和食道退化，中食道球弱，无瓣门，交合刺延长，纤细，腹面弯曲，引带直线形。

　　幼虫：与未成熟雌虫相似，但虫体较短小，无阴门和生殖管。

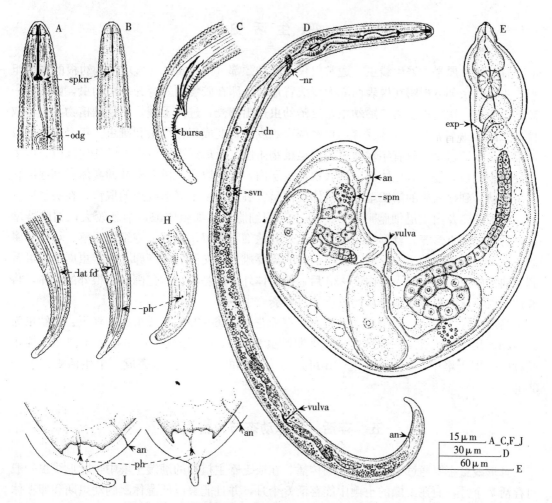

图 12-3　肾状肾形线虫（*Rotylenchulus reniformis*）形态

A. 年轻雌虫头部　B. 雄虫头部　C. 雄虫尾部　D. 年轻雌虫　E. 成熟雌虫　F，G. 年轻雌虫尾部　H. 幼虫尾部 I，J. 成年雌虫尾部　an＝肛门　dn＝背食道腺核　ex p＝排泄孔　lat fd＝侧区　nr＝神经环　odg＝背食道腺开口　ph＝侧尾腺口　sp kn＝口针基部球　spm＝有精子的受精囊　svn＝亚腹食道腺核

（引自 Siddiqi MR，1972）

三、症状特征

　　肾形线虫主要为害棉花小侧根，影响根系从土壤中吸收水分和养分。棉花幼苗受害，

3～4叶开始地上部表现出明显矮化，在田间常可看到成片的棉株矮化变小，叶色褪绿、茎秆发紫、病株根系变少、黄褐色、多坏死斑，营养根极少；严重者茎、叶焦枯，死苗。当线虫群体密度较高时，较老植株的叶缘呈现紫色，花蕾少，棉铃变小，成熟期推迟，棉绒产量低。田间观察时，轻轻地将植株连根挖出，在小侧根上可看到黏带的一团团小土粒，在小团粒里面就是肾形线虫，因为肾形线虫分泌黏胶物质包围其整个身体，把卵产在其内，同时，也将土粒黏在身体周围（Starr and Page，1990）。

四、生 活 史

肾形线虫属半内寄生线虫。通常仅仅头部和颈部（约占虫体1/3）侵入幼根的皮层组织，虫体其余部分裸露在根表面膨大变成肾形状。卵在胶囊内发育为一龄幼虫，卵内的一龄幼虫经第一次蜕皮变为二龄幼虫，二龄幼虫逸出卵壳，进入土壤，不侵染植物，也不取食；二龄幼虫在土壤中继续发育，再经两次蜕皮后，变成年轻雌虫和雄虫。年轻雄虫的口针很弱，食道退化。只有年轻雌虫为侵染植物阶段。肾形线虫可侵染根的任何部位，但主要侵染小侧根。侵染后虫体部分嵌入根部皮层内，开始取食，留在根外的身体后部逐渐膨大呈囊状，到侵入后的第四至五天身体后部呈肾脏形。由于肾形线虫的取食，在头部周围的一些中柱鞘及内皮层细胞形成5～10个巨型细胞。其细胞质浓，细胞较大，细胞器增多，可提供线虫营养。肾形线虫取食使皮层其他细胞离解，根部细胞组织脱落、坏死和腐烂，严重影响植株的生长发育。繁殖后代时需要雌雄虫交配后才产卵，在雌虫周围常可看到卷曲的雄虫。雌虫侵入根内2～3d后，便向体外分泌黏胶物质包围整个根外的身体，将卵产于由特化的阴道细胞分泌的胶质物（卵囊）中。

马承铸等（1996）的研究结果表明，在棉花上，26～29℃下线虫卵发育至二龄幼虫为8～12d，从二龄幼虫发育为雄虫或侵染期雌虫为8～14d；侵染期雌虫接种于沪204棉花品种的根围土壤中，25～30℃经9d可发育为成熟的产卵雌虫，完成一个生活史需25～30d。

五、存活、群体动态与为害阈值

肾形线虫主要通过带虫苗和土壤传播。在缺乏寄主植物的潮湿土壤中，肾形线虫一般可存活7个月，而在干燥的土壤中能存活6个月，并且能够以低湿休眠的幼虫期和卵在休闲田以休眠方式存活。在棉田中残存于田间寄主根表和根围土壤中的卵囊、二龄幼虫和侵染期雌虫为棉花早春发病的初侵染源。幼虫和侵染期雌虫在0℃以上土壤中可保持侵染力4～6个月；幼虫在不适条件下可出现滞育现象。

一般来说，在春末和耕种后45d，肾状肾形线虫的群体数量最小，而在秋季棉花接近成熟时群体数量最大（Bird et al.，1973），100 g土壤可检测到的群体数量高达49 000条线虫。在杀线虫剂处理区，Pf/Pi值为16.7，群体密度的高峰出现在种植后5.3个月，而在未处理区群体密度高峰出现在种植后2.5个月（Thames and Heald，1974）。在种植非寄主玉米和休闲情况下，群体密度分别减退86%和75%（Brathwaite，1974）。

盆栽测定线虫群体密度与棉花生长反映的相互关系，应用 Seihorst 模型，对鞘的生长反映，耐病值 T＝ 16 条线虫/200 cm³ 土壤，相对最小产量值 M＝0.5；对根生长反映，T＝2 条线虫/200 cm³ 土壤，M＝0.5（Sud et al.，1984）。在田间试验中，当 Pi 为 100 条线虫/100 g 壤砂土，杀线虫剂处理区棉花产量有明显的增加，反映明显，但是当 Pi 为 6～40 条线虫/100 g 土壤时，棉花产量没有明显的差别（Thames and Heald，1974）。当 Pi 大于 240 条线虫/100 cm³ 土壤时，熏蒸泥砂壤土，棉花产量有明显的反映（Gilman et al.，1978）。当 Pi 为 15～135 条线虫/100g 土壤时，黏壤土中有明显的产量损失。综合以上的数据认为，耐性值为 100 条线虫/100g 土壤（Palanisamy and Bvalasubramanian，1983）。

六、复合病害

在棉田中肾状肾形线虫与尖镰孢和大丽轮枝菌一起引起复合病害。在发生轮枝菌萎蔫病的棉田，肾状肾形线虫的群体水平达 925～2000 条/100cm³ 土，大大高于不表现轮枝菌萎蔫病症状棉田的肾形线虫的群体水平 225～565 条/100cm³ 土（Prasad and Padeganur，1980）。在陆地棉和海岛棉两类棉花中也观察到镰刀菌枯萎病/线虫病害复合症（Starr and Page，1990）。肾状肾形线虫也增加棉花苗期病害的发生率和严重度，线虫侵染对植株的影响是增加了棉花对众多苗期病原的敏感度（Brodie and Cooper，1964）。用肾状肾形线虫和棉枯萎病菌混合接种，在感枯萎病的棉花品种洞庭 1 号上，枯萎病发病率达 100%、病情指数达 90.8，比单接枯萎病菌的对照组发病率上升 29.3%、病情指数提高 45.3；在抗枯萎病品种川 73-27 上混合接种，枯萎病发病率为 38.3%、病情指数为 25.4，比单独接种枯萎病菌的发病率上升 21.6%、病情指数提高 16.2。

七、防治方法

（一）化学防治

在田间，当初始群体密度 Pi 超过耐性水平，应用熏蒸性杀线虫剂将使棉花产量明显增加。然而，用杀线虫剂防治肾形线虫并不广泛（Starr and Page，1990）。

（二）抗性品种

在几个棉花种中鉴定出了对肾形线虫的抗性。在阿拉伯棉、索马里棉和海岛棉中对肾形线虫有高水平的抗性，而树棉和草棉对肾形线虫有中等抗性（Yik and Birchfield，1984）。Beasley and Jones（1985）报道，几乎所有得克萨斯陆地棉资源都抗肾形线虫。

（三）轮作

高粱是一种好的轮作作物（Heald，1974）；而 Brathwaite（1974）则推荐玉米作为轮作作物。种植 2 年的抗性大豆，肾形线虫的群体密度比种植 1 年抗性大豆低，棉花产量比种植 1 年抗性大豆的要高（Gilman et al.，1978）。高粱、玉米与棉花轮作能降低肾形线虫的群体数量，增加产量（Bridge，1992）。

为了防治线虫病害而采用轮作措施时，必须考虑轮换作物的经济价值和效益。另外，轮作地块的土质和水源等条件均影响轮作的可能性。在棉田前作种植黄瓜、豇豆及感病大豆等作物，经过 80～100d 肾形线虫虫口密度可增加 50～100 倍，达 500～1 000条/100cm³ 土，后茬棉苗将会受到严重为害；如果用一茬水稻或玉米与棉花轮作，棉田肾形线虫密度下降 95％～99％。

第三节　纽带线虫

一、种类与分布

据报道，有 5 种纽带线虫为害棉花。在美国，有 2 种纽带线虫为害棉花，20 世纪 50 年代初发现哥伦布纽带线虫（*Hoplolaimus columbus*）和盔状纽带线虫（*H. galeatus*）侵染棉花，并造成经济损失。1956 年 Krusberg 等在北卡罗来纳州发现盔状纽带线虫侵染棉花，引起严重矮化。盔状纽带线虫比哥伦布纽带线虫分布更广泛，对美国东南沿海各州，西部一些州及世界上有些国家的多种作物及草地均造成经济损失。在印度，印度纽带线虫（*H. indicus*）为害棉花，在埃及，埃及纽带线虫（*H. aegypti*）为害棉花，在以色列、中国和非洲为害棉花的纽带线虫为塞氏纽带线虫（*H. seihorsti*）（Bridge，1992）。马承铸等（1986，1987）和杨永柱等（1992）报道，我国上海市、四川省一些县（市）有哥伦布纽带线虫和塞氏纽带线虫为害棉花。

二、测量值和形态特征

（一）测量值

雌虫：体长 1.26～1.80mm，a＝30～38，b＝9.1～12.4，b'＝6.3～9.7，c＝39～57，V＝51～60，口针 40～48μm，O＝9～13，前尾感器＝34％～47％，后尾感器＝80％～90％。

雄虫：体长 1.15～1.40mm，a＝25.9～39.2，b＝9.58～12.18，c＝26.8～33.1，口针 40.2～43.7μm，O＝4.8～5.2，前侧尾腺＝35％～42％，后侧尾腺＝80％～83％，交合刺 37～53μm，引带 19.5～23.2μm（Fassuliotis G.，1976）

（二）形态特征

哥伦布纽带线虫学名为：（*H. culumbus*）（图 12 - 4）。

雌虫：中等长度，热杀后直伸或稍向腹面弯曲。头部缢缩，通常有 3 个环纹，唇区基部环纹有 10～15 条纵线，头区高度骨质化。口针粗壮，有大的口针基部球、基部球前缘向前突起。食道发育良好，有明显的中食道球；食道腺发达，有 6 个食道腺核，呈叶状覆盖于肠的背面和侧面，覆盖长度达 1～2 个体宽。排泄孔位于食道腺与肠交界处瓣膜后方；半月体长度为 2 个环纹长，位于排泄孔后 2～5 个环纹处。侧尾腺大、盘状，前侧

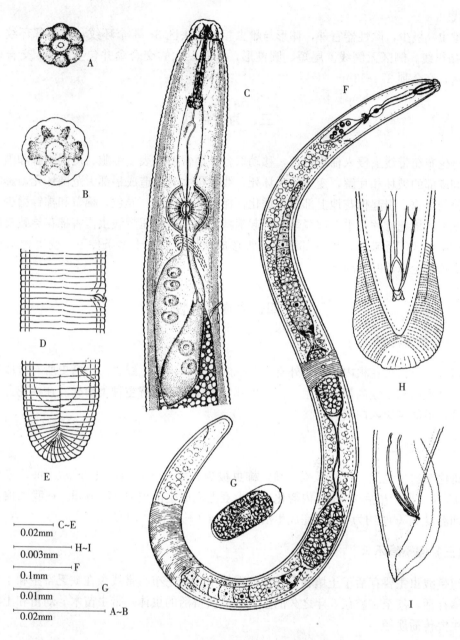

图 12-4 哥伦布纽带线虫（*H. culumbus*）形态
A. 雌虫，顶面观 B. 雌虫，唇区基部环纹位置的横切面 C. 雌虫前端
D. 雌虫，阴门区域表面观 E. 雌虫末端 F. 雌虫全长示繁殖系统
G. 单细胞时期的卵 H. 雄虫末端，腹面观 I. 雄虫末端，侧面观
（引自 Fassuliotis G.，1976）

尾腺位于右侧，距头端的距离为体长的 38％，后侧尾腺位于左侧，距头端的距离为体长的 81％。阴门位于虫体中后部，双生殖管对生，阴门垂体（epiptygma）2 个。肠覆盖直肠，部分肠延伸至尾部。尾圆形，16～22 个环纹（图 12-3E）。侧区仅有 1 条不明显

的侧线。

雄虫：极少，除性器官外，体形与雌虫相似。头区 3～4 个环纹，在基部环纹上具有 7～8 条纵线。侧区无侧线。尾短、圆锥形，具有发达的交合伞并包至尾尖；交合刺和引带发达，交合刺 37～53μm。

三、为害症状

哥伦布纽带线虫侵入棉花根部，移动取食，通常引起表皮细胞、皮层细胞和内皮层细胞或韧皮部的破坏和瓦解，变黄褐色坏死；线虫量大时，造成根部大范围坏死，影响水分和养分的吸收，引起棉花地上部严重矮化，伴随叶片褪绿、异色，棉蕾和棉铃稀少。在干旱情况下，棉花叶片几乎全部脱落而引起棉株死亡。盆状纽带线虫侵害棉花导致皮层薄壁组织和中柱区广泛破坏，韧皮部薄壁组织形成侵填体。在干旱条件下，受害棉花植株矮化，变黄，全株落叶（Bridge，1992）。

四、生物学特性

（一）寄生特点

纽带线虫为棉花根内迁移型外寄生、半内寄生和内寄生线虫。生活史所有阶段都是蠕虫型，在根内和土壤内都有发生。其寄生部位因线虫种和寄主种类而异。在棉花上只能穿透皮层，不能再深入内层。

（二）生活史

哥伦布纽带线虫一般为孤雌生殖，雄虫极少。雌虫体长可达 1.8mm，每条雌虫产卵量达 15 粒。卵产出后 9～15d 内孵化，在大豆上完成生活史要 45～49d。在我国棉花上卵孵化期温度 25℃时约为 10d，完成生活史约 45d（马承铸，1996）。

（三）侵染循环

纽带线虫主要存活于土壤和寄主根的残体中。哥伦布纽带线虫在缺乏寄主和干旱条件下能够存活，甚至在贮藏 5 年之久的土壤中还获得活的虫体。带虫苗木、幼苗和土壤的转移是主要传播途径。

（四）侵染及致病

纽带线虫在棉花上可营外寄生或内寄生生活。外寄生时可以自由地在根表面上取食或离开根部。内寄生时在表皮下的 2～3 层细胞间，沿根纵向移动。取食后，在皮层内造成隧道，被取食的细胞其细胞壁加厚。也可为害内皮层，造成相似症状，但不及皮层的症状严重。还可引起韧皮部的一些薄壁细胞分裂不正常，形成木栓组织。木质部被侵染时，引起导管内充塞侵填体，堵塞导管，影响水分和养分的输送，造成地上部矮化（武修英等，1984）。

第四节 刺 线 虫

长尾刺线虫（*Belonolaimus longicaudatus* Rau，1958）是为害棉花的一种寄生线虫，

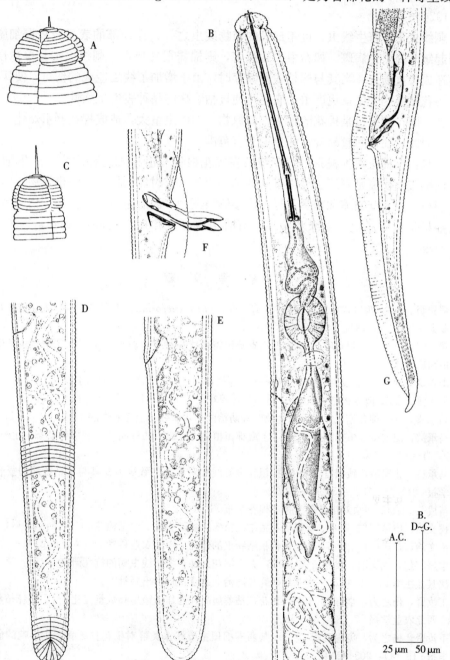

图 12 - 5 长尾刺线虫（*Belonolaimus longicaudatus*）形态

A. 雌虫头部 B. 雌虫前端 C. 雄虫头部 D，E. 雌虫尾部 F. 雄虫泄殖区 G. 雄虫尾部

（引自 Ortan Williams KJ，1974）

在我国未见报道。1949 年，美国人 Steiner 描述了从佛罗里达州一种松树上收集的这种线虫。1954 年，Holdman and Graham 从南卡罗来纳州一些棉田的枯萎病株周围收集到这种线虫。目前，长尾刺线虫仅在美国东部和东南部沿海的砂土平原以及西部及南部的得克萨斯州及路易斯安那州发现，在非常沙性的土壤（84%～94%）中发生（Robbins and Barker，1974）。

刺线虫是外寄生线虫，也是最大的植物线虫之一。在根部的表皮及皮层细胞上取食，并引起皱缩的黑色病斑。如新根尖端被害，则棉株很易死亡。刺线虫本身单独侵染棉花，就可造成严重损失，当其与棉枯萎菌共存时，由于增加了线虫造成的伤口，使病菌易于侵入，棉花枯萎病发生就更严重。它还可使抗枯萎病的品种丧失抗病性。

在美国，刺线虫是棉花的毁灭性病原物。如线虫量大，造成棉花严重矮化、发黄直至死亡。因此，在田间较易确定线虫的为害范围。

症状：在棉花次生根系上，刺线虫在棉花根尖和沿根轴迁移取食，产生细小的、黑色、凹陷皱缩伤痕是刺线虫侵染棉花的第一症状，有时侧向扩展或绕根发展，引起棉花发生根裂病；根尖变皱缩和变黑，导致许多侧根死亡，最后主根上无侧根。田间植株地上部为害症状是植株矮化、褪绿和萎蔫，有时出现早衰和死亡（Holdeman，1953；Robbins and Barker，1974）。

参 考 文 献

邓先明 . 1992. 四川省棉田肾形线虫（*Rotylenchulus reniformis*）和棉花枯萎病发生的关系研究 . 西南农业大学学报 . 14（3）：240～243

邓先明，杨永柱，刘光珍 . 1993. 四川省棉田寄生线虫种类及肾形线虫与棉花枯萎病发生关系的研究 . 植物病理学报 . 23（2）：163～167

李笃肇 . 1991. 肾形线虫（*R. reniformis*）与棉花枯萎病 . 西南农业大学学报 . 13（1）：81

马承铸 . 1986. 南方根结线虫 2、3 号小种对棉花的寄生力 . 上海农业学报 . 2（3）：：81～88

马承铸 . 1987 棉花塞氏纽带线虫生物学和防治的初步研究 . 上海农学院学报 . 5（2）：117～124

马承铸，谢叙生，朱德渊等 . 1986. 上海棉田植物寄生线虫的种属分布和群体动态 . 上海农业学报 . 2（2）：41～48

马承铸，张家清，钱振官 . 1994. 拟粗壮螺旋线虫对棉花的致病力及其与棉枯萎病的复合症 . 植物病理学报 . 24（2）：153～157

苗成朵 . 1998. 线虫对棉花的为害 . 棉花学报 . 10（6）：334

戎文治，申屠广仁 . 1984. 警惕棉花根结线虫病的蔓延为害 . 中国棉花 . 11（2）：43～44

戎文治，申屠广仁 . 1987. 浙江省棉田根结线虫的研究 . 中国农业科学 . 20（4）：13～18

申屠广仁，戎文治，袁德云等 . 1986. 九个棉花品种对根结线虫病的抗性研究 .（6）：38～40

沈其益主编 . 1984. 棉花病害基础研究与防治 . 北京：科学出版社

王汝贤，杨之为，李有志 . 1998. 棉花抗枯萎病品种连作田微生物数量变化：I. 棉花枯萎病抑病土成因 . 西北农业学报 . 7（3）：54～58

王汝贤，杨之为，庞惠珍等 . 1989. 陕西省棉田主要线虫类群对棉花枯萎病发生影响的研究 . 植物病理学报 . 19（4）：205～209

杨永柱 . 1992. 四川省棉田植物寄生线虫种属研究 . 西南农业大学学报 . 14（4）：292～295

Bird G W，Crawford J L & McGlohon N W. 1973. Distribution frequency of occurrence and population dynamics of *Rotylenchulus reniformis* in Georgia. Plant Disease Reporter. 57：399～401

Brathwaite C W D. 1974. Effect of crop sequence on populations of *Rotylenchulus reniformis* in fumigated and untreated soil. Plant Disease Reporter. 58：259～261

Bridge J. 1992. Nematodes. In R. J. Hillocks（Edited），Cotton Diseases. CAB International，Wallingford，UK，Redwood Press Ltd，Melksham. 331～354

Bridge J & Page S L J1975. Plant parasitic nematodes associated with cotton in the lower Shire Valley and other cotton growing regions of Malawi. United Kingdom Overseas Development Administration Technical Report. 40

Bridge J，Jones E and Page S L J 1976. *Meloiodgyne acronea* associated with reduced growth of cotton in Malawi. Plant Disease Reporter. 60，5～7

Brodie B B & Cooper W E. 1964. Relation of parasitic nematodes to post～emergence damping～off of cotton. Phytopathology. 54：1023～1027

Carter W W & Nieto S. 1975. Population development of *Meloidogyne incognita* as influenced by crop rotation and fallow. Plant Disease Reporter. 59：404～403

Duncan L W & Ferris H. 1984. Effects of *Meloidogyne incognita* on cotton and cowpeas in rotation，43rd Cotton Disease Council，Proceedings Beltwide Cotton Production Research Conference，National Cotton Council. Memphis，In：22～26

Fassuliotis G. 1976. Hoplolaimus colombus. C. I. H. Descriptions of Plant～parasitic Nematodes. Set6，No. 81

Fassuliotis G，Rau G J & Smith F M. 1968. *Hoplolaimus columbus*，a nematode parasite associated wilt cotton and soybeans in South Carolina. Plant Disease Reporter. 52：571～572

Gilman D P，Jones J E，Williams C & Birchfield W. 1978. Cotton-soybean rotation for control of reniform nematodes. Louisiana Agriculture. 21：10～11

Heald C M & Thames W H. 1982. The reniform nematode，*Rotylenchulus reniformis*. Nematology in the Southern Region of the United States. USDA-CSRS Southern Cooperative Series，Bulletin. 276：139～143

Heald C M and Orr C C. 1984. Nematode parasites of cotton. In：Nickle，W. R（Ed.）. Plant and Insect Nematodes. M. Dekker. New York. 147～166

Jeger M J & Starr J L. 1985. A theoretical model of winter survival dynamics of *Meloidogyne* spp. eggs and juveniles. Journal of Nematology. 17：256～260

Jones J E，Beasly J P，Dickson J I & Caldwell W D. 1988. Registration of four cotton germplasm lines with resistance to reniform and root—knot nematodes. Crop Science. 28：199～200

Khoury F Y & Alcorn S M. 1973. Effect of *Meloidogyne incognita* acrita on the susceptibility of cotton plants to *Verticillium albo-atrum*. Phytopathology. 63：485～490

Kirkpatrick T L & Sasser J N. 1983. Parasitic variability of *Meloidogyne incognita* populations on susceptible and resistant cotton. Journal of Nematology. 14：302～307

Orr C C & Robinson A F. 1984. Assessment of cotton losses in Western Texas caused by *Meloidogyne incognita*. Plant Disease. 68：284～285

Orton Williams K J. 1974. *Belonolaimus longicaudatus*. C. I. H. Descriptions of Plant Parasitic Nematodes. Set 3，No. 40

Orton Williams K J. 1973. *Meloidogyen incognita*. C. I. H. Descriptions of Plant～parasitic Nematodes. Set2，No. 18

Page S L J. 1984. Effects of the physical properties of two tropical soils on their permanent wilting point and relative humidity，in relation to survival and distribution of *Meloidogyne acronea*. Revue de Nematologie. 1：227～232

Page SLJ. 1985. *Meloidogyne acronea*. C. I. H. Description of Plant — parasitic nematodes. Set 8, No. 114.

Palanisamy S and Balasubramanian. 1983. Assessment of avoidable yield loss in cotton (*Gossypium barbadense* L.) by fumigation with metham sodium. Nemalologia medilerranea. 11：201

Prasad K S & Padeganur G M. 1980. Observations on the association of *Rotylenchulus reniformis* with Verticillium wilt of cotton. Indian Journal Nemaiology. 10：91~92

Robbins R T. & Barker K R. 1974. The effects of soil type, particle size, temperature and moisture on reproduction of *Belonolaimus longicaudatus*. Journal of Nematology. 6：1~6

Roberts P A & Matthews W C. 1984. Cotton growth responses to root-knot nematode infection. 44th Cotton Disease Council, Proceedings Beltwide Cotton Production Research Conference, National Cotton Council, Memphis, In：17~19

Roberts P A, Smith S N & Matthews W C. 1985. Quantitative aspects of the interaction of *Meloidogyne incognita* with Fusarium wilt on Acala cotton in field plots. 45th Cotton Disease Council, Proceedings Beltwide Cotton Production Research Conference, National Cotton Council, Memphis. In：21

Robinson A F, Heald C M, Flanagan S L, Thames W H & Amador J. 1987. Geographical distribution of *Rotylenchulus reniformis*, *Meloidogyne incognita* and *Tyienchulus semipenetrans* in the lower Rio Grande valley as related to soil texture and land use. Annals of applied Nematology. 1：20~25

Robinson A F and Percival A E1997. Resistance to *Meloidogyne incognita* race 3 and rotylenchulus reniformis in wild accessions of *Gossypium hirsutum* and *G. barbadense* from Mexico. Journal of Nematology. 29 (4S)：746~755

Sasser J N. 1989. Plant-parasitic nematodes：The farmwer's Hidden Enemy. University Graphics North Carolina State University Raleigh, North Carolina, 115

Shafie M F & Koura F H. 1969. *Hoplolaimus aegypti* n. sp. (Hoplolaimidea：Tylenchida；Nematoda) from U. A. R. The zoological Society of Egypt Bulletin. 22：117~120

Shepherd R L. 1982. Genetic resistance and its residual effects for control of the root-knot nematode-Fusarium wilt complex in cotton. Crop Science. 22：1151~1155

Shepherd R L. 1983. New sources of resistance to root-knot nematodes among primitive cottons. Crop Science. 23：999~1002

Shepherd R L. 1986. Cotton resistance to the root-knot nemtode-Fusarium wilt complex. II. Relation to root-knot resistance and its implications on breeding for resistance. Crop Science. 26：233~237

Siddiqi MR. 1972. Rotylenchulus reniformis. C. I. H. Descriptions of Plant~parasitic Nematodes. Set 1, No. 5

Starr J L & Jeger M J. 1985. Dynamics of winter survival of eggs and juveniles of *Meloidogyne incognita* and *M. arenaria*. Journal of Nematology. 17：252~256

Starr J L & Veech J A. 1986. Susceptibility to root-knot nematodes in cotton lines resistant to the Fusarium wilt/root knot complex. Crop Science. 26：543~546

Starr J L, Jeger M J, Martyns R D & Schilling K. 1989. Effects of *Meloidogyne incognita* and *Fusarium oxysporum* f. sp. *vasinfectum* on plant mortality and yield of cotton. Phytopathology. 79：640~646

Starr J L and Page S L J. 1990. Nematode parasites of cotton and other tropical fibre crops. In：Luc M, Sikora R A and Bridge J (eds) . Plant Parasitic Nematodes in Subtropical and Tropical Agriculture. CAB International. Wallingford, UK, 539~556

Taylor A L, Sasser J N & Nelson L A. 1982. Relationship of climatic and soil characteristics to geographical distribution of species in agricultural soils. Raleigh, North Carolina State University and US-AID, NC. 65

Thames W H & Heald C M. 1974. Chemical and cultural control of *Rotylenchulus reniformis* on cotton. Plant Disease Reporter. 58：337～341

Yik C P & Birchfield C. 1984. Resistant germplasm in *Gossypium* species and related plants to *Rotylenchiiliis reniformis*. Journal of Nematology. 16：146～153.

第十三章

棉花品种对枯、黄萎病的抗病性鉴定

[棉花枯萎病和黄萎病的研究]

第一节　植物抗病性分类

植物对病原菌的抗性是一种可以遗传的性状。在与病原菌长期相互生存竞争的过程中，通过自然选择，有时加上人工选择，凡是能以某种方式适应棉株抗性变化的菌种类群，便也得到保留和生存下来，并获得发展。由此双方相互竞争、演变、转化，植物产生对新病原菌的抗性，而病原菌又产生更强致病性的菌系，如此往复循环不已，形成相互竞争不断变化发展的局面。因此，自然界实际上并不存在一成不变的抗性，也不存在一成不变的致病性。抗性和致病性存在时间的长短，决定双方的演变速度。

植物的抗病性，即植物对不利生长或存活环境的抵抗和忍耐能力。而植物抗病性则是寄主植物抵抗病原物侵染和为害的遗传性状。因此，抗病性的表现，首先是在一定环境影响下，由寄主植物的抗病基因和病原物的致病基因相互作用的结果，是由长期进化过程所形成的。从现代分子植物病理学观点认识，在病原物与寄主植物之间存在基因对基因的关系中，病原物无毒基因的功能是与寄主植物中相对应的抗病基因互作，从而决定两者之间能否建立寄主和病原菌的亲和关系。

与其他寄主植物相同，棉花品种抗病性的表达可分为以下几种类型。

一、依据抗侵染程度分类

依据抗侵染程序棉花抗病性可分为避病性、耐病性和抗病性。

（一）避病性

在防治棉花病害中，人们常利用时间差、空间差、品种差来调整棉花的生产结构和栽培管理，避过病害发生的为害高峰，以减轻常见病害的为害程度。采用无病土育苗移栽，苗期较长的时间处在无菌条件下，当移栽后幼根扩展到田间病土，枯、黄萎病菌从根部侵入后，棉株已进入现蕾期，抗病性已较强，避过了枯萎发病高峰期，因此，无病土育苗移栽对枯萎病有明显的避病作用。

避病不是品种真正具备的抗病性。当条件变化时，或者满足了发病条件，病害的发生仍会严重，但仍在病害的综合治理上有一定的作用。

（二）耐病性

植物的耐病性，是病原菌侵染后，植物具有忍受的能力，在病情表现上不是以构成严重的产量与质量的损失。这不是品种的抗病性直接作用于病原菌的结果，不应属于真正抗病性的内涵，其耐病性常受到品种内在生理代谢与外部生态环境的作用。品种具有一定的耐病性，加上其他的技术，在病害综合治理上将会很好地发挥作用。耐病性早已被育种家所认识和利用，在考虑育种指标时，需针对其病害的类型与性质，如对棉花枯萎病，则必须以高抗型来抑制病害的发生，将产量损失减少。这是因为枯萎病的萎蔫在生育前期表现，与产量损失关系密切，而黄萎病的萎蔫除了落叶型以外，多属缓慢型，且后期萎蔫与产量损失为间接关系。由此，耐病品种有一定的生产利用价值和潜力，既可以保持寄主与病原菌间的生态平衡，使得生理小种处于相对稳定状态，同时，也不会直接使产量产生过大的波动，无疑在高抗型优良品种问世前，丰产、优质的耐病型品种是有一定利用价值和前途的。我们在对待许多由真菌、病毒引起的病害时，常自觉或不自觉地都在利用耐病性品种，以减少产量的损失。

（三）抗病性

抗病性所包括的内容很多，按其性质有抗侵入、抗扩展和抗繁殖之分。直言之，就是品种受其病原菌所包围，有的病原菌被拒之于体外，而不得入侵，这种抗病性表现出根本不受病原菌之侵袭，其机理应该是寄主以原有的或诱发产生的组织结构或生理生化障碍，阻止病原物的入侵或侵入后阻止与寄主建立寄生关系。在黄萎病重病田或病圃，秋季剖秆调查时看到，耐黄萎病的陆地棉品种，剖秆发病率比田间叶部发病率高，将主根挖出，仔细检查，发病率多数品种可达100％，而抗黄萎病的海岛棉，田间发病率较低，说明海岛棉对黄萎病有抗侵入能力。同样，夏季高温对黄萎叶部症状有明显的抑制作用。长时期的高温，黄萎病株叶部不表现症状，提高了光合能力，对产量影响不显著，这是棉花耐病品种抗扩展和抗繁殖的表现形式。同样，许多已经在生产上应用推广的抗枯萎病品种，多属于抗扩展的类型，这在抗性表现上亦具有很高的利用价值。

二、依据抗病性因素和机制分类

依据抗病性因素和机制分为既存抗病性、组织抗病性和生理生化抗病性。

（一）既存抗病性

亦可称为预存抗病性，即病原菌侵染前在寄主内已形成或已存在的性状，实质上这是由抗性遗传基因所决定的，有的可以直接表达出抗性；有的还需要经过激发诱导，其预存抗性才表达。

（二）组织抗病性

寄主植株的器官组织结构在抗病性中的作用占有重要位置。如表皮细胞厚，根、茎木质部结构坚实,导管腔、木质纤维素腔直径较大,并且有多列髓和较厚的细胞壁的棉花品种,均不利枯、黄萎病菌的侵入。所有品种的根、茎结构都有共同的、相似的,均具有初生保护组织的表皮,排列较紧密,位于表皮与中柱之间的皮层,有维管束和髓、髓射线组织构成的中柱组织。由于棉花枯、黄萎病系维管束病害,因此与维管束、髓、髓射线所存在的结构空间关系密切。许多解剖测定已经明确,棉花品种抗病性与维管束组织结构有直接关系。

(三) 生理生化抗病性

植物的生理变化与抗病性有关。当寄主植物受到病原菌侵染时,组织的呼吸强度显著提高;当植物叶部或其他器官失水过多,处于萎蔫状态时,也常出现呼吸强度上升的异常现象。这是因为在萎蔫状态下,细胞中积累的淀粉转变为糖,增加了细胞中可溶性碳水化合物的含量,可利用呼吸底物的增加,增加呼吸强度,使叶温增高。但叶温的变化,还要受到直射光的影响,萎蔫叶片对此有直接的关系。

棉花抗病性与其体内生化物有直接关系,如类萜类、茶酚呋喃前体 (植保素)、单宁、酚类化合物、凝集素等,在抗病中有重要作用。

三、依据寄主和病原菌的互作关系分类

依据寄主和病原菌的互作关系分为垂直抗病性 (vertical resistance) 和水平抗病性 (horizontal resistance)。

(一) 垂直抗病性

寄主对某些病原生理小种具有免疫或高抗性,可是对另一些生理小种则高度感染,表明同一寄主品种对同一病原的不同生理小种具有"专化"反应,寄主品种的抗病力与病原菌小种致病力间有特异的相互作用。它通常受单基因或几个主效基因所控制,杂交后代一般按孟德尔定律分离。这类抗性的遗传行为简单,抗、感差别明显。一般情况下,抗病性对感病为显性,易识别,常被育种家所重视。垂直抗性多表现为过敏性反应。它能把病原菌局限在侵染点和抗定殖的作用。同时,由于它能抵抗某些对它不能致病的小种,因而在发病初期它有减少接种体数量的作用。但这类抗病性常会随病原菌生理小种的变化而丧失。如果在大面积生产上单一地推广具有该类抗性的品种时容易导致侵染它的生理小种上升为优势小种,而被感染淘汰。

(二) 水平抗性

亦称为非专化抗病性 (non-specific resistance)。水平抗性指寄主品种对各个病原生理小种的抗病反应,大体上接近同一水平。它对病原菌的不同小种没有"特异"反应或"专化性",几乎在同一水平线上。它的作用主要表现在能阻止病原菌侵入寄主后的进一步扩展和定殖,表现为潜育期较长,病斑小而少,病原菌的繁殖体的数量相对较少。因而病害发展的速度较缓慢,程度较轻。在农业生产中,人们长期利用水平抗性。但因其抗、感症状表现不如垂直抗性明显,鉴别较难,过去在抗病育种中往往忽视了具有水平抗性的品

种。由于它对病原菌生理小种不形成定向选择的压力，因而不致引起生理小种的变化，也不会导致品种抗性的丧失。所以，在抗病育种中，人们越来越重视具有一定水平抗性品种的选育。现阶段，我国已经推广种植的抗枯萎病品种，几乎多属于此类型，故能比较长期地，并在不同生态地域均保持着较高的抗病性。如川52-128、中植86-1、中棉所12等。

第二节　棉花品种（资源）抗枯、黄萎病鉴定方法

一、病圃设置基本原则

品种（资源）抗病性鉴定是培育抗病、高产、优质新品种的主要物质基础，是充分利用现有品种（资源）的先决条件。通过抗病性鉴定可为育种选用资源或生产上直接应用提供科学依据。从20世纪50年代初开始，我国已开始在重病田病圃筛选鉴定棉花品种的抗病性。

（一）病圃的种类

发病均匀一致的重病田称作病圃。病圃的设置和利用是进行抗病性鉴定的基本条件，没有重而均匀的发病条件就难以对棉花品种资源的抗病性做出可靠的鉴定。

生产要求棉花品种不只单抗棉枯萎病，而且还要兼抗黄萎病等多种病害。所以应根据育种和鉴定目标建立不同的病圃。

按照病圃发生病害种类的不同，可分为纯枯萎病圃、纯黄萎病圃等单一病圃，及枯、黄萎混生病圃和多种病害混生病圃。单一病圃的优点是可以避免多种病害的干扰，有利鉴定不同品种资源对不同病害的抗病性。同时，单一病圃也是选育单抗品种必需的条件。但若利用单一病圃选育兼抗或多抗品种，则由于需选育出对某种病害具抗病性的材料后再在另一病害的病圃重新鉴定选育的兼抗材料，因而年限长、困难大。枯、黄萎病混生病圃或多种病害混生病圃的优点是可在较短时间内选育或鉴定具兼抗或多抗性的材料。除田间病圃外，还可采用病床、花盆、菌钵相结合的方法。这样一年内可进行2～3轮筛选鉴定，缩短了试验周期，加速了抗病品种的选育。人工气候室（箱）可自动调节光照、空气和温、湿度，有利控制发病条件，可以提高鉴定的准确性，并缩短鉴定过程。

（二）病圃的设置

病圃的设置要遵守植物检疫制度，安排在病区或具有良好隔离条件的主栽区，根据实际需要，合理布局。田间病圃要求设置于地势平坦、土壤肥力均匀、排灌方便的棉田，老病区可在发病重的天然病田上再行均匀接种。以枯、黄萎病圃为例，根据枯、黄萎病的主要侵染途径，病圃的接种以土壤接种为宜。接种方法一般有将铡碎的病棉秆和残枝、落叶翻入耕作层，以棉籽或麦粒砂为培养物的菌种，在播种时条施或穴施法、全病田棉秆深翻法、麦粒砂与麦麸土堆置施入法、病菌孢子悬浮液浸种及棉株针刺接种法等。接种量应根据鉴定品种抗病性的要求标准而定。以枯、黄萎病为例，感病对照品种发病株达80%以上为理想标准。接菌量过多，死苗严重，可能将一些耐病材料划为感病材料；接种量过

少，又往往误将感病者划为抗病材料。病圃如果发病率达不到要求，在冬耕时应进行人工接菌，即每公顷均匀地撒施3750kg左右铡碎的病棉秆和残枝、落叶，再翻入耕作层内，并进行冬灌。若冬灌时错过接种时机，可将病棉秆铡碎制作堆肥，春耕时翻入。在接入棉秆的基础上，播种时每穴施8～10粒人工接菌棉籽或2～3g麦粒砂培养物，每公顷培养物75～150kg，到棉花苗期或蕾期，如枯萎病发病不够理想，可结合苗、蕾期追肥，再补接一次人工培养物，也可拌入饼肥同时施下，随即灌水，促使发病。棉花生育期间，如遇天气干旱，要及时浇水，以利病菌入侵和发病均匀。若是新建的病圃，第一、二年可种植感病品种，以便繁殖病菌和观察发病均匀程度。病圃应多设感病品种行，以测定其发病程度及均匀度。若不理想可采用生长期补充接种，冬耕时纵横犁耙等方法，促使病圃发病重而均匀。

（三）病圃采用的菌种

我国各地的枯、黄萎病菌的致病力有明显差异。枯萎病菌存在不同的生理小种。近年来不少省、自治区黄萎病菌出现强致病力的落叶型菌系。根据植物检疫工作要求，严防危险性病害传入无病区，同一病害的病区亦需预防特异的病菌及新的生理小种。因此，建立棉花枯、黄萎病圃尚需根据植物检疫要求，以接种当地菌种为宜，如采用异地混合菌种，可能传入新的生理小种，带来严重的后果。

二、抗枯萎病鉴定方法

（一）室内苗期抗枯萎病鉴定

棉花枯萎病，从幼苗阶段即能侵入，一般潜伏期15～20d表现症状。同一棉花品种对枯萎病的抗性，在苗期和成株期的反应多趋一致。苗期鉴定在人工控制的条件下进行，能在短期内鉴定较多的材料。20世纪90年代以后，因田间病圃衰退，大部分病圃发病较轻。目前室内苗期鉴定成为主要的方法。

1. **鉴定方法**　苗期鉴定的方法很多，如苗钵（纸钵或塑料苗钵）、人工病床等。

（1）纸钵法　纸钵系用旧报纸卷成高10cm，直径7cm的钵，每钵装接菌土壤约250g，将钵放在塑料盆或瓷盘内，准备播种用。

（2）人工病床法　病床一般建于露天，3月中、下旬挖病床，宽约1.3m，长4～5m。3月底到4月初播种，播种前先浇水，再进行方格播种。棉种应进行浸种催芽，行距和穴距均为6.6cm。根据种子量确定每个品种行数，但一般不少于10行，约400株。播种后及时覆盖塑料薄膜。

2. **鉴定材料的准备**　根据鉴定的目的，广泛收集生产上应用的品种和品种资源。种子经浓硫酸脱绒后，进行登记编号，并以当地推广的抗病品种和感病品种为对照。

3. **接菌方法**　纸钵或病床鉴定用的土壤，应选择无菌且比较肥沃的土壤，最好经160℃干热灭菌2h。纸钵用土，将风干土重2%的麦粒砂菌种与土混匀，装入纸钵内即可使用。病床接菌，每平方米床土接病菌培养物250g，均匀撒在床面，与床土混合。每纸钵播种5～10粒，播后覆盖2cm的细沙土。

4. 温室管理 鉴定的棉花品种材料，进入温室或病床后，要掌握温、湿度的变化。白天保持在 20～25℃，夜间 15～18℃，土壤湿度保持在 60％～80％。温室应注意高温的影响，防止棉苗徒长。病床在夜间要及时覆盖塑料薄膜，晴天揭开，促使棉苗健壮生长。出苗 1 个月内是枯萎病发病盛期，必须经常检查发病情况。

5. 病情调查及分级标准 一般进行两次发病调查：第一次在出苗 15～20d，目测发病率 40％左右时分 V 级进行一次调查；当感病对照病指达 50 左右时进行第二次调查。一般情况下以第二次调查数据为鉴定结果。每次鉴定由出苗到调查结束，需一个多月的时间。

棉花枯萎病苗期病情 V 级分级标准。

0 级：健苗；

Ⅰ级：1 片子叶或真叶的局部叶脉呈黄色网状，或子叶轻微变黄萎蔫；

Ⅱ级：2 片子叶或真叶变黄萎蔫，叶脉呈黄色网状；

Ⅲ级：两片真叶或两片以上真叶变黄萎蔫，叶脉呈黄色网状，或出现萎蔫；

Ⅳ级：所有叶片发病，棉苗枯萎或青枯死亡。

（二）田间病圃抗枯萎病鉴定

棉花品种资源田间病圃成株期鉴定是抗枯、黄萎病鉴定的主要方法。病圃要求及设置按前述进行，在发病重而均匀一致的纯枯萎病圃内进行，以确保鉴定结果的准确性。多年抗枯、黄萎病鉴定实践证明，感病对照的病指最好在 45～55 之间，这样鉴定结果才能较真实地代表鉴定品种的实际抗病性能。

6 月下旬至 7 月上旬，棉花现蕾期为枯萎发病高峰期，这时进行 1～2 次发病调查。10 月下旬应进行剖秆检查。

棉花枯萎病成株期病情 V 级分级标准。

0 级：健株；

Ⅰ级：病株叶片有 25％以下表现叶脉呈现黄色网纹状，或变黄、变红、发紫等症状；

Ⅱ级：病株叶片有 25％～50％表现症状，株型稍有矮缩；

Ⅲ级：病株 50％以上叶片表现症状，株型明显矮缩；

Ⅳ级：病株叶片焦枯脱落，枝茎枯死或急性凋萎死亡。

秋季枯、黄萎病剖秆检查 V 级分级标准。

0 级：健株，全株茎秆木质部无病变症状；

Ⅰ级：茎秆木质部的病变部分（木质部变为黄褐色至黑色条纹）占剖面的 1/4 以下；

Ⅱ级：茎秆木质部的病变部分占剖面的 1/4～1/2；

Ⅲ级：茎秆木质部的病变部分占剖面的 1/2～3/4；

Ⅳ级：茎秆木质部的病变部分占剖面的 3/4 以上。

三、抗黄萎病鉴定方法

（一）室内苗期抗黄萎病鉴定

棉花黄萎病在田间自然情况下，一般现蕾后才表现出外部症状，但在温室接种条件下子叶期即可发病。试验证明，用纸钵撕底蘸根定量菌液法进行苗期抗黄萎病鉴定，与田间成株期鉴定结果基本一致。因此，棉花品种资源抗黄萎病鉴定，可在温室内进行苗期鉴定，作为初步筛选，淘汰一批感病品种资源，对一些抗或中抗品种材料进一步做田间鉴定，这样能得到更可靠的结果。

1. 纸钵撕底蘸根法 将制好的纸钵装无菌土壤，放在边缘较高的塑料盆或搪瓷盘内，每盘 32~40 个钵，每个品种最好一盘。播种前沿盆边缘充分浇水，使其自然吸水。每钵播种 5~10 粒，在棉苗第一片真叶平展时，连续 3d 不浇水。接种时将营养钵底撕去（伤部分幼根），放入盛有 10ml 黄萎病菌悬浮液培养皿中，孢子浓度为 1×10^7，待纸钵充分吸尽孢子悬浮液后再移入另一个铺有少量无菌土的搪瓷盘中。

2. 孢子悬浮液的制备 将 PDA 斜面培养的黄萎病菌，每管加含有 0.25% 的链霉素（或氯霉素眼药水）的无菌水 10~15ml，用接种针搅拌制成菌液，然后将管内菌液接于经高压灭菌、内装棉籽或麦粒等培养基的克氏瓶内，在 25℃ 恒温下培养 15d，然后将棉籽菌培养物掏出，碾碎加无菌水搅拌，用纱布过滤。用血球计数板计算孢子液浓度，量取定量孢子悬浮液即可用来蘸根。

3. 温室苗期管理及发病调查 温室管理与枯萎病室内苗期鉴定相同。一般在蘸根后10 多天，就有个别棉苗出现症状，15d 后发病较普遍，目测发病率 40% 左右时，可进行第一次逐株发病调查，当感病对照发病率 80% 左右，病指 50 左右进行最后一次调查。

4. 无底塑钵菌液浇根法 经多年撕底蘸根法应用发现，该方法撕底时伤根较多，这样与田间实际情况有一定差异，因此黄萎发病较重，简桂良（2001）等将其改进为无底塑钵菌液浇根法。

无底塑钵用厚塑料膜制备，为直径 6cm，高 8cm 的圆桶，无底无盖。将制备好的无底塑钵放在塑料盆中，再将灭菌土小心装入其中，准备播种，播种方法与纸钵撕底蘸根法相同，待棉苗长至 1 片真叶时接菌；黄萎病菌孢子悬浮液的制备方法同纸钵撕底蘸根法。

接种方法：先将无底塑钵从盆中取出置玻璃板上，用手握住塑料钵稍用力在玻璃板上转两圈，使底部的棉根产生伤口，随后将塑料钵倒置，将 10ml 菌液缓慢浇于钵底，使菌液完全被吸收；随后将其置于铺有薄薄一层潮湿灭菌土的塑料盆中，1d 后浇 200ml 左右自来水。精心管理，20d 后调查发病情况。

5. 棉花黄萎病苗期 V 级分级标准

0 级：健株；

Ⅰ级：1 片子叶发病，真叶无症状；

Ⅱ级：2 片子叶或真叶发病；

Ⅲ级：2 片或 2 片以上真叶发病；

Ⅳ级：叶片全部脱落或顶心枯死。

（二）田间病圃抗黄萎病鉴定

1. 病圃的选择与接菌 黄萎病田间在自然条件下棉株现蕾时才开始发病，室内苗期鉴定结果有时与田间结果不完全一致。因此，棉花品种资源抗黄萎病鉴定应以田间鉴定结果为主要依据。鉴定以在纯黄萎病圃为好，若在枯、黄萎病混生病圃内进行，材料若不抗枯萎病，往往死苗或感病而干扰黄萎病抗性鉴定的可靠性。8月下旬感病对照发病80％左右较好，发病轻或发病太重都不能真实反映被鉴定品种的抗病性。

2. **病圃接种方法等**　与抗枯萎病鉴定相同。

3. **棉花成株期黄萎病发病 V 级分级标准**

0级：健株；

Ⅰ级：病株叶片有25％以下显病状，即叶片主脉间产生淡黄色或黄色不规则病斑；

Ⅱ级：病株有25％～50％的叶片显病状，病斑大部变为黄色和黄褐色，叶片边缘略有向上卷曲；

Ⅲ级：病株50％～75％叶片表现症状，病斑大多数呈黄褐色，有少数叶片凋落；

Ⅳ级：全株叶片发病，干枯脱落成光秆，或造成早期枯死和全株叶片主脉间突然产生水渍状淡绿色斑块，并迅速萎蔫下垂，导致急性死亡。

四、发病调查结果数据的统计分析

（一）发病率及病情指数

无论苗期室内鉴定还是田间病圃鉴定，抗枯、黄萎病鉴定结果数据的统计分析十分重要。常规统计只计算发病百分率（％）和代表发病强度的病情指数（简称病指）。

$$发病率（％）＝\frac{发病总株数}{调查总株数}×100$$

$$病情指数＝\frac{\sum 级数×每级的病株数}{调查总株数×4}×100$$

（二）相对病情指数

相对病情指数，目前多用在抗黄萎病鉴定结果的分析上。由于黄萎病发病程度与品种抗病性有关外，还受土壤菌量及当年鉴定时的气象条件，尤其是气温的影响，为了降低各年或各期鉴定结果的误差，马存等（1987）、孙文姬等（1997）采用相对抗性指数来评价和划分棉花品种对黄萎病的抗性类型。抗指的计算方法：抗黄萎病鉴定时必须设感病对照，鉴定结束时，先用全国统一规定的感病对照病指50.0，除以本期鉴定感病对照病指实测值，得到的是校正系数 K 值。抗指计算公式如下：

$$相对病情指数＝实测病情指数×K＝\frac{\sum 级数×每级的病株数}{调查总株数×4}×100×K$$

重病年 K 值小于1，求得的相对病情指数比病指实测值小，轻病年 K 值大于1，求得的相对病情指数比实测值大，这样可以缩小年度间病指差异。一般 K 值在0.75～1.25（相当于病指66.67～40.00）之间，校正结果可靠。采用相对抗性指数，抗性反应型划分标准与病指相同。

（三）抗病效果（％）

马存等（1987）采用抗病效果（简称抗效％）来划分棉花品种抗枯、黄萎病的抗性类型，经过 10 多年的试用收到较好的效果。

$$抗效（\%）=100-\frac{感病对照病指-被鉴定品种病指}{感病对照病指}\times100$$

（四）抗病类型的划分

目前一般将棉花品种对枯、黄萎病的抗性分为免疫（I）、高抗（HR）、抗病（R）、耐病（T）和感病（S）五种类型。采用病指、相对病情指数、抗效划分抗性反应类型的标准如下表 13-1。

表 13-1　棉花品种抗枯、黄萎病抗性反应型划分标准

病名	寄主反应	病指	抗指	抗效（%）	病名	寄主反应	病指	抗指	抗效（%）	反应型
枯萎病	免疫	0.0	0.0	100.0	黄萎病	免疫	0.0	0.0	100.0	I
	高抗	5.0以下	5.0以下	90.1以上		高抗	10.0以下	10.0以下	80.1以上	HR
	抗	5.1~10.0	5.1~10.0	80.1~90.0		抗	10.1~20.0	10.1~20.0	60.1~80.0	R
	耐	10.1~20.0	10.1~20.0	60.1~80.0		耐	20.1~35.0	20.1~35.0	30.1~60.0	T
	感	20.1以上	20.1以上	60.0以下		感	35.0以上	35.0以上	30.0以下	S

第三节　我国棉花品种（资源）抗枯、黄萎病鉴定情况

一、抗枯萎病鉴定情况

1956—1963 年，中国农业科学院陕西分院植物保护研究所、棉花研究所合作，对千余个国内外棉花品种进行了抗枯萎病鉴定，结果表明，亚洲棉对枯萎病抗性最强，陆地棉次之，海岛棉最差。鉴定出抗性好的品种材料有川 52—128、中棉所 3 号、鸭棚、147Φ、南通 2 号、川 57—681。江苏南通、四川射洪、山西晋南在 1964 年以前，均已设置了供抗枯萎病鉴定用的人工感染病圃。

罗家龙等（1980）首次对我国保存的3 761个棉花品种资源进行了室内抗枯萎病鉴定，结果表明，高抗枯萎病 164 个，占总数的 4.4%；抗病 187 个，占 5.0%，两项合计占被鉴定材料的 9.4%；耐病 351 个，占总数的 9.4%；感病2 985个，占总数的 80.5%。20世纪 70 年代新疆维吾尔自治区、云南、辽宁、江苏等省、自治区棉花研究所，对本所保存的品种资源进行了抗枯萎病鉴定，取得与上述相类似的鉴定结果。

中国农业科学院植物保护研究所 1986—1988 年在本所温室，对1 211份品种资源进行抗枯萎鉴定，高抗类型占 9.7%，抗病类型占 8.3%，耐病 9.3%，感病 72.6%。对枯、黄萎病表现兼抗的品种有中 31、中 12、中植 86-3、中 715、中 6331、中 5173、中 1316、中植 86-2、陕 3563、陕 2303、冀合 365、冀植 17、冀杂 327、冀棉 14、川 2787、83B-87、徐 86、鲁 4305、苏棉 1 号、丝花中棉和海 7124 等 50 个。

1983 年以后，棉花品种资源抗枯、黄萎病鉴定，被列为国家"六五"至"八五"重大科技攻关项目，由中国农业科学院植物保护研究所、棉花研究所承担，对我国保存的棉花品种资源，包括陆地棉、海岛棉、亚洲棉在内的近4 000个品种资源进行了较为全面的

抗枯、黄萎病鉴定。

20 世纪 90 年代参加全国区试的 60 个棉花品种，经中国农业科学院棉花研究所抗枯萎病鉴定，高抗品种 24 个，其中包括中杂 104、川 239、邯 621 等；抗病品种 13 个，包括中 161、石远 321 和鄂抗棉 3 号等；耐病品种 15 个；感病品种 8 个。高抗或抗枯萎病品种的出现率为 61.7%。

二、抗黄萎病鉴定情况

20 世纪 70 年代是我国棉花抗枯、黄萎病育种大发展阶段，也是棉花种质资源进行大批鉴定阶段，不少育种和植保研究单位开展此项研究。陈振声（1980）采用田间黄萎病圃种植的方法，经过 1973—1980 年 8 年共鉴定品种资源 580 个，鉴定结果：病株率 0.1%～10% 的高抗材料 8 个，占总数的 1.38%；病株率 10.1%～25% 的抗病材料 32 个，占总数的 5.52%；病株率 25.1%～50% 的耐病材料 136 个，占总鉴定数的 23.45%；病株率 50.1%～100% 的感病材料 404 个，占总数的 69.65%。历年感病对照冀邯 5 号平均病株率 76.5%。鉴定出 6 个品种抗枯萎，有兼抗（耐）黄萎性能，即陕 401、陕 416、陕 1155、2037、69 - 221 和 78 - 088。

1983—1986 年，中国农业科学院棉花研究所采用无底纸钵定量蘸菌液法，对 911 份陆地棉资源进行了抗黄萎病鉴定。结果表明，从国外引进材料 195 份，高抗类型 1 个，占 0.51%，为 13R - S - 10；抗病型 13 个，为 B₄₃₁₋₆、HG - BR - 8、萨图 65、阿根廷大毛子、爱字棉 Sj - 1、阿勒颇、BOU79、美棉 12、MO - 3、乍得 2 号、斯字棉 731N、兰布来特 B - L - N 和 71476，占 7.18%；耐病型 29 个，占 14.88%。感病和高感型 151 个，占 77.4%。国内材料 716 份，其中高抗型 1 个，为中 7263，占 0.14%；抗病型 32 个，主要品种有中 12、中 715、中 31、中 8004、中 8010、运安 3 号、锦棉 185、冀合 328 - 1、辽棉 5 号、辽棉 6 号等，占 4.47%；耐病型 155 个，占 21.65%。感病和高感型 528 个，占 73.74%。新疆维吾尔自治区植物保护研究所史大刚等，1986—1990 年对 253 份海岛棉种质资源进行抗黄萎鉴定，结果除 5 个耐病外，其余均为抗病或高抗。对 299 份陆地棉抗黄萎鉴定，结果除塔什干 1 号属耐病型外，其余均属感病型。

1983—1988 年，中国农业科学院植物保护研究所在北京进行苗期抗黄萎病鉴定，供试抗黄萎鉴定的 2 466 份材料中无免疫类型，高抗型 22 个，占 0.89%；抗病型 90 个，占 3.65%；耐病型 519 个，占 21.05%；感病型 1 835 个，占 74.41%。

"七五"期间，以中国农业科学院棉花所为首的棉花种质资源繁种与抗性鉴定协作组，对 4 251 份棉花种质进行抗黄萎病鉴定后，推选出抗黄萎病种质 14 个：御系 1 号、辽 632、68 系选 148、65 - 14、5598（632 - 125）、彭泽 70、红叶矮、红槿 1 号、72 - 2197、德 9169A、帝国红叶棉、爱字棉 SJ - 4、沙抗 73、中无 642。

20 世纪 90 年代初，中国农业科学院植物保护研究所对 232 份棉花品种及资源进行了抗黄萎鉴定，筛选出兼抗枯、黄萎新品种中植 86 - 6 号、辽棉 10 号、冀东 2031、90 抗 282 等。

90 年代新育成参加全国区域试验的品种，由中国农业科学院棉花所统一进行抗黄萎病鉴定，60 个品种中未出现高抗品种，抗病品种有中 158 - 49、中 394、川 239、冀资 123、豫早 275 和 92 - 047 共 6 个品种，耐病品种有邯 624、中杂 104、石远 321 等 22 个，感病品种 32 个。抗或耐黄萎病品种的出现率为 46.7%。

三、我国自育品种与国外引进品种抗病性比较

20 世纪 60～70 年代，我国从国外引进品种较多，尤其是美国和前苏联，引进的大部分品种注明抗枯、黄萎病，但经国内鉴定后大部分为感病，少部分为耐病，其抗病性远不如我国自育品种。如美国抗枯、黄萎病较有名的 SP 系列，抗病性远不如自育的中植 86 - 1 号、中棉所 12 等（表 13 - 2、表 13 - 3）。

表 13 - 2　我国资源抗枯萎病品种与引进美国品种抗病性比较

品种*	病株（%）	病情指数	品种**	病株（%）	病情指数
陕 4	8.1	4.7	陕 4	33.2	24.1
陕 401	8.0	6.7	陕 401	26.4	18.4
中植 86 - 1 号	3.2	2.2	中植 86 - 1 号	12.9	5.7
SP - 21	50.0	36.2	SP - 21	100.0	89.2
珂 5110	52.6	40.8	SP - 31	63.5	46.4
奈尔 210	50.0	32.9	奈尔 1032B	93.0	81.4
珂 312	100.0	64.5	珂 310	96.8	90.5

*　引自中国农业科学院植物保护研究所资料。
**　引自 1977 年山西植物保护研究所苗期鉴定资源。

表 13 - 3　我国自育抗黄萎病品种与引进美、苏品种的抗性比较

品种	7 月 23 日		8 月 23 日	
	病株（%）	病情指数	病株（%）	病情指数
辽棉 5 号	5.6	1.4	3.5	0.9
中 8010	17.0	5.2	22.7	6.8
中 8004	7.3	2.4	9.5	3.3
岱 16	52.3	17.0	58.0	18.9
登思 119	12.5	4.4	36.6	16.7
派 111A	43.4	18.8	64.2	30.2
珂 312	47.7	21.0	50.7	18.3
SP - 21	57.0	30.4	79.4	48.3

注：河北邯郸农业科学研究所黄萎病圃，1974。

20 世纪 80～90 年代均有一些国外棉花品种引入我国试种，经多次鉴定证明，抗枯、黄萎性能比我国自育品种差。我国枯、黄萎病菌种和小种致病力可能与国外不同，但从抗病性上看，我国自育棉花品种的抗枯、黄萎病性能达到国际领先水平。

四、不同棉种抗枯萎病和黄萎病的差异

（一）不同棉种抗枯萎病的差异

罗家龙等 1975—1979 年连续 8 批，在室内苗期抗枯萎病鉴定品种资源3 710个，结果

表明，亚洲棉抗枯萎病性能最强，平均病指 5.34；陆地棉属中度感病，平均病指 34.29；海岛棉和木棉高感枯萎，平均病指分别为 76.85 和 76.40（表 13-4）。

表 13-4　不同棉种对枯萎病苗期抗性鉴定结果

棉种名称	总数	免疫 0		高抗 0.1～10		抗病 10.1～25		耐病 25.1～50		感病 50.1～100	
		数	%	数	%	数	%	数	%	数	%
陆地棉	3 102	13	0.42	99	3.19	137	4.42	260	8.38	2 593	83.59
海岛棉	278							4	1.44	274	98.57
亚洲棉	308	10	3.25	65	21.10	47	15.26	86	27.92	100	32.47
木　棉	17							1	5.88	16	94.11
草　棉	5		0.62		4.42	3	60.00			2	40.00
合　计	3 710	23		164		187	5.04	351	9.46	2 985	80.46

1986—1987 年，马存、孙文姬等对 423 个品种资源进行了抗性鉴定，结果以亚洲棉的抗枯萎病能力最强，所鉴定的 20 个品种均属高抗；陆地棉次之，鉴定的 387 个品种资源中，高抗占 5.9%，抗病占 4.4%，耐病占 7.5%，感病占 82.2%；海岛棉抗枯萎病性最差，鉴定的 16 个品种中，感病占 87.5%，耐病占 12.5%，无抗病类型（表 13-5）。

表 13-5　三大棉种抗枯萎病性比较

棉种	鉴定数（个）	免疫 个	%	高抗 个	%	抗病 个	%	耐病 个	%	感病 个	%
陆地棉	387	0	0.0	23	5.9	17	4.4	29	7.5	318	82.2
海岛棉	16	0	0.0	0	0.0	0	0.0	2	12.5	14	87.5
亚洲棉	20	0	0.0	20	100.0	0	0.0	0	0.0	0	0.0

（二）不同棉种抗黄萎病的差异

尽管不同棉花品种对不同棉黄萎病菌系的抗性存在差异，但棉属三大栽培种的抗性表现，以海岛棉抗黄萎病较强，陆地棉次之，亚洲棉的抗性差。

1981 年陈振声对 581 个陆地棉、海岛棉及海陆杂交种进行抗黄萎病性鉴定。在 9 个海岛棉品种中，高抗类型占 55.6%，抗病占 11.1%，耐病占 11.1%，感病仅占 22.2%；陆地棉鉴定 566 个品种，高抗占 0.53%，抗病占 5.3%，耐病占 23.5%，感病占 70.7%；亚洲棉鉴定 3 个，感病占 66.7%，耐病占 33.3%。说明三大栽培棉种的抗黄萎病性以海岛棉最强，陆地棉次之，亚洲棉最差。

"七五"期间，中国农业科学院棉花研究所、植物保护研究所鉴定陆地棉、海岛棉、亚洲棉的品种资源3 713个。在 152 个海岛棉中，表现高抗的 114 个，占参试海岛棉品种的 75.0%，抗病 32 个，占 21.5%，两者合计 96.5%；陆地棉表现高抗和抗病的分别占 0.67%和 1.64%，合计 2.31%，说明海岛棉的高抗和抗病类型多，陆地棉的感病类型多。

1986—1987 年，中国农业科学院植物保护研究所对陆地棉、海岛棉、亚洲棉 105 个品种在棉枯、黄萎病混生病圃中进行抗性鉴定，海岛棉 25 个品种平均发病率为 3.5%，病指为 1.01；陆地棉 42 个品种平均发病率 49.1%，病指数为 18.18；亚洲棉的平均发病率为 52.1%，病指数 22.91。说明海岛棉的抗黄萎病性显著比陆地棉及亚洲棉强，陆地棉次之，亚洲棉抗黄萎病较差。在同期间鉴定的 1 633 个不同类型棉花品种抗黄萎病性中，海岛棉 57 个品种高抗和抗病类型占参试品种的 57.9%，耐病占 42.1%，无感病类型；陆地棉 1 512 个，抗病的仅占 0.8%，耐病占 21.8%，感病占 77.4%；亚洲棉 64 个品种，感病占 90.6%，耐病占 9.4%，无抗病类型。结果仍说明海岛棉高抗和抗黄萎病性的品种资源多，而陆地棉和亚洲棉感病类型多（表 13 - 6）。

表 13 - 6　三大棉种的品种资源抗黄萎病性比较

棉种	鉴定数（个）	免　疫		高　抗		抗　病		耐　病		感　病	
		个	%	个	%	个	%	个	%	个	%
陆地棉	1 512	0	0.0	0	0.0	12	0.8	330	21.8	1 170	77.4
海岛棉	57	0	0.0	13	22.8	20	35.1	24	42.1	0	0.0
亚洲棉	64	0	0.0	0	0.0	0	0.0	6	9.4	58	90.6

参 考 文 献

陈振声，景洪，王素芳 . 1980. 棉花品种资源抗黄萎病田间鉴定 . 棉花 . 7（3）：24～28

顾本康，马存 . 1996. 中国棉花抗病育种 . 南京：江苏科学技术出版社

简桂良，孙文姬，马存等 . 2001. 棉花黄萎病抗性鉴定新方法——无底塑钵菌液浇根法 . 棉花学报 . 13（2）：67～69

刘士庄，施承梁 . 1984. 棉花枯萎病抗性快速预测法 . 中国棉花 . 11（6）：16～18

刘士庄，张久绪 . 1987. 兔血测定棉枯萎病的应用研究 . 中国棉花 . 14（5）：39～40

罗家龙，夏武顺，吕金殿 . 1980. 棉花品种资源对枯萎病抗性研究 . 中国农业科学 . 13（3）：41～46

马存，孙文姬，简桂良 . 1987. 棉花对枯、黄萎病抗性反应型划分方法的商榷 . 植物保护 . 13（4）：43～44

马存，简桂良 . 2002. 中国棉花抗枯、黄萎病育种 50 年 . 中国农业科学 . 35（5）：508～513

牛玉兰，张久绪，李成葆 . 1987. 棉花抗黄萎病品种苗期鉴定方法研究 . 中国棉花 . 14（1）：37～39

仇元 . 1964. 谈棉枯、黄萎病的综合防治 . 植物保护 . 2（2）：68～69

沈其益 . 1992. 棉花病害基础研究与防治 . 北京：科学出版社

孙文姬，简桂良，马存 . 1997. 用相对抗性指数评价棉花种质抗病性 . 植物保护 . 23（2）：36～37

孙文姬，陈其煐，马存等 . 1990. 棉花种质资源抗枯、黄萎病鉴定 . 中国农业科学 . 23（1）：89～90

谭永久，徐富有 . 1980. 棉花品种抗枯萎病性苗期鉴定方法的研究 . 植物病理学报 . 10（1）：43～48

吴洵耻，张立修，王清和等 . 1984. 怎样快速建成棉花黄萎病人工病圃 . 植物保护 . 10（4）：28

张绪振，李成葆，刘士庄等 . 1989. 兔血凝集反应测定棉花抗枯萎性影响因子研究 . 中国棉花 . 16（2）：37～38

赵宜谦 . 1982. 棉花枯萎病速成病圃 . 植物保护 . 8（5）：4～5

朱荷琴，宋小轩 . 1993. 棉花区试品种抗病性鉴定与评价 . 中国棉花 . 20（6）：29～30

第十四章

棉花枯萎病抗性转化
现象及其应用研究

第一节　棉花枯萎病抗性转化现象的发现

棉花枯萎病抗性转化（Transformation）现象包括两方面：一是病床病株率的逐年逐代下降现象；二是矮化症状的逐年逐代缓解现象。高永成等（1979、1996）对棉花枯萎病抗性转化及应用作了大量研究。

一、病床病株率逐年逐代下降现象

（一）抗性的年间定向变异

原感病品种第一年进入病床，病株率高达90％左右。例如1974年进入病床的有西农3195（1）3、徐142、岱字棉16、西农37-6、西农65（3）2、西农150、中棉所7号7个品种，病床病株率最低的为西农65（3）2，达80％，最高的为中棉所7号，达99.9％，平均为93.2％。表明这些品种确系高感品种，凡病株不论Ⅰ级、Ⅱ级、Ⅲ级、Ⅳ级一律达淘汰的标准，结果在病床中就将有90％左右被淘汰，叶片无病症的只有10％左右的棉苗入选，可以移栽到病圃中。在病圃中再经黄萎病调查和结合农艺性状，所余植株可能只有5％左右。说明用人工病床进行抗选，淘汰非常严格。用其中20～30株最优株的混收种子第二年再进入病床，病株率仍达70％左右。例如，1974年进病床的5个品种，1975年的病床病株率最低66.8％，最高75.1％，平均72.0％，比第一年病床病株率有所减少。其后，病床病株率逐年逐代下降，一般3年可达耐病水平，5年可达高抗水平。因年份间条件不一，处理和对照发病程度均有所不同。故此以病床病株率稳定低于抗病对照品种作为标准，来判断一个品种是否已达高抗水平（表14-1，表14-2）。

表14-1　人工枯萎病床发病株率（1974—1982）年间变异（％）

品　种	年　份							注
	1974	1975	1977	1978	1979	1980	1982	
西农3195(1)3	95.9	66.8	45.3	27.8	7.5	3.7	6.2	定名西农抗411
徐州142	97.4	75.1	44.2	12.7	8.5	5.1	5.4	定名西农徐142抗

（续）

品　种	年　份*							注
	1974	1975	1977	1978	1979	1980	1982	
岱字棉 16	95.6	73.0	—	45.4	12.7	8.6	7.8	定名西农岱 16 抗
西农 37 - 6	84.4	75.1	25.8	23.2	—	—		中途淘汰
西农 150	95.9	81.2	47.4	28.3	—			中途淘汰
西农 65（3）2	80.0	70.2	49.3	25.8	—			中途淘汰
中棉所 7 号	99.9	88.4	77.1	74.8	33.3	11.3		定名西农中 7 抗
莘棉 69 - 1			50.0	—	19.6	6.2		中途淘汰
徐州 73 - 2			37.7		9.9	8.7		中途淘汰
徐州 513					63.6	50.6	35.9	定名西农徐 513 抗
徐州 514					93.5	47.9	23.3	定名西农徐 514 抗
鲁棉 1 优系						63.0	26.9	淘汰
对照（陕 401）	—	—	26.9	24.3	26.6	16.2	10.1	每年更换新种子

* 1976 年因鉴定病情时未排除苗病之干扰，数字报废。

从表 14 - 1 可以清楚地看出，所有原感病品种第一年进病床，病株率一般在 80% 甚至 90% 以上，抗性转化年代愈多，病床病株率愈低，表明抗性水平愈高。直到其病床病株率低于高抗对照品种的病床病株率之时，即该品种的抗性转化过程基本完成。

表 14 - 2　不同抗性转化年代病株率变异

品　种	转　化　年　代							转化完成年数
	1（T_0**）	2（T_1）	3（T_2）	4（T_3）	5（T_4）	6（T_5）	7（T_6）	
西农 3195（1）3	95.9	66.8	58.9	45.3	27.8	7.5	3.7	5
徐州 142	97.4	75.1	59.5	44.2	12.7	8.5	5.1	4
岱字棉 16	95.6	73.0	57.8	45.4	12.7	8.56	11.3	4
中棉所 7	99.9	88.4	80.4	77.1	74.8	33.3		6
徐州 513	63.6	50.6	34.3	35.9	7.4			4
徐州 514	93.5	47.9	39.4	23.3	5.0			4
西农 37 - 6	87.4	75.1	52.9	25.8	23.1			5
西农 65（3）2	80.0	70.2	56.3	49.3	25.8	15.3		5
鲁棉 1	63.0	29.3	26.9	6.4				3
西农 150	95.9	81.2	63.1	47.5	28.6	11.4		4
陕 401 平均*	19.9	19.9	19.9	19.9	19.9	19.9	19.9	—

* 对照陕 401 的病床病株率为 1977—1983 年 7 年平均值。

** T_0 表示从未进入病床培育过的原感病品种，T_1 表示已经过抗性转化了 1 年，以此类推。

以 T_n 作为自变量 x，以病床病株率作为因变量（倚变量）y，求各品种 x，y 的相关系数 r 和回归系数 b 及其估计回归方程式（表 14 - 3）。

表 14 - 3　抗性转化年数和病床病株率的相关和回归关系

品　种	相关系数 $r=$	回归方程 $y=$	回归系数 $b=$
西农 3195（1）3	−0.987 0**	89.382 6−15.266 0x	−15.266 0
徐州 142	−0.976 2**	92.177 6−16.319 3x	−16.319 3
岱字棉 16	−0.986 9**	93.736 0−17.952 3x	−17.952 3
中棉所 7 号	−0.918 6**	107.247 2−13.614 9x	−13.614 9

（续）

品　种	相关系数 $r=$	回归方程 $y=$	回归系数 $b=$
徐州 513	$-0.9516*$	$62.7-12.44x$	-12.44
徐州 514	$-0.9597*$	$82.14-20.16x$	-20.16
西农 37-6	$-0.9782*$	$88.565-17.82x$	-17.82
西农 65（3）2	$-0.9819*$	$82.185-12.93x$	-12.93
西农 150	$-0.9995**$	$97.1995-17.0267x$	-17.0267
鲁棉 1 号	-0.9484	$57.23-17.22x$	$-17.22x$
			平均斜率 $b=-16.1244$

由此看出,除鲁棉1号外,所有品种抗性转化年数和病床病株率的相关系数均达 $F_{0.05}$ 显著水平或 $F_{0.01}$ 极显著水平。说明其病株率随转化年数增加而下降的趋势是很明显的。

从回归系数（斜率）看,抗性转化年数每增加一年,各品种病床病株率下降 $12.44\%\sim20.16\%$,10 个品种平均每年下降 16.12%。表明各品种对枯萎病菌入侵的反应能力和免疫适应性变异的能力不同,抗性转化过程的完成速度不同。

抗性转化需要完成的时间,可能受原始抗性基础和抗性转化过程中病株率每年下降速度即回归系数（斜率）两因素的影响。抗性基础越好,每年下降速度就越快,抗性转化过程完成时间越短。反之,则要较长时间方能完成,多数 $4\sim5$ 年可完成抗性转化过程。

（二）同年病圃抗性对比试验

抗病对照品种陕 401 各年的病株率也不一致,受年份间气候条件的影响。为排除年间条件差异的干扰,多年来还利用筛选培育年数不等的同源材料,在同年同病床或病圃中进行抗性的对比试验,结果也证实培育年数愈长抗性愈高（表 14-4、表 14-5、表 14-6）。

表 14-4　1976 年人工病圃直播抗病性提高效果对比试验结果

（西北农业大学病圃）

供试材料	抗病培育年数	6月4日调查		11月25日剖茎	
		病株率（%）	指数	病株率（%）	指数
3195（1）原材料	0	38.86	18.52	90.36	51.20
3195（1）抗 4-1-1	2	8.70	5.07	53.44	17.24
3195（1）抗 8-2	2	7.63	4.60	48.00	15.00
37-6 原材料	0	8.94	4.47	79.41	40.44
37-6 抗	2	0.00	0.00	38.98	11.44
徐 1818（感病 CK）	0	11.11	4.45	81.81	37.50
陕 401（抗病 CK）	0	0.92	0.92	50.00	14.58

表 14-5　1977 年抗病性提高效果对比试验结果

（西北农业大学病圃）

供试材料	培育年数	人工病床对比试验（5月28日）病株率（%）	病圃直播病情对比,6月14日调查	
			病株率（%）	指数
3195（1）原材料	0	95.90	17.91	10.87
3195（1）抗 4-1-1	3	45.30	2.96	1.97

（续）

供试材料	培育年数	人工病床对比试验（5月28日）病株率（%）	病圃直播病情对比，6月14日调查	
			病株率（%）	指数
3195-150 原材料	0	81.20	19.11	9.33
3195-150 抗	2	47.40	0.00	0.00
中棉所 7 号原材料	0	81.10	16.33	10.58
徐 142 抗	2	77.11	9.95	4.82
徐 142 原材料	0	91.80	30.00	19.45
徐 142 抗	3	44.20	0.00	0.00
65（3）2 原材料	0	80.00	18.09	11.65
65（3）2 抗	3	23.00	1.78	1.38
徐 1818（感病 CK）	0	83.40	10.16	5.28
陕 401（抗病 CK）	0	27.30	0.91	0.64

表 14-6　1978 年人工病床抗病性提高效果对比试验

（西北农业大学病圃）

供 试 材 料	抗病培育年数	病床病株率（%），5月22日调查
3195（1）原材料	0	92.2
3195（1）抗 4-1-1	4	27.8
3195-150 原材料	0	59.8
3195-150 抗	3	9.8
徐 142 原材料	0	97.4
徐 142 抗	4	12.7
中 7 号原材料	0	80.3
中 7 抗	3	74.8
岱 16 原材料	0	83.9
岱 16 抗	3	45.4
65（3）2 原材料	0	99.1
65（3）2 抗	4	25.8
37-6 原材料	0	87.4
37-6 抗	4	23.2
陕 401（抗病对照）	—	20.7

二、矮化症状逐年逐代缓解现象

在集中观察人工枯萎病床病株率的变化上，在病圃抗性对比试验中，逐渐发现枯萎病的矮化症状是一个非常重要和有意义的症状，特别是对解释发生抗性转化现象的原因时，矮化症状具有特别重要的意义。

抗病品种在病圃中生长发育正常，长势旺盛，植株高大；毫无矮化症状；感病品种在病圃中生长发育受阻，节间缩短，植株因而明显矮化、矮小，通常只有抗病品种株高的一半，甚至更低；抗性愈差，矮化愈严重。故矮化程度、株高和长势也成为鉴别抗性高低的重要标志之一。

在抗性转化研究过程中，发现在病床病株率逐年逐代下降的同时，矮化症状有逐年逐代缓解的遗传变异现象。感病品种第一年进入病床病圃，所有棉苗生长发育受阻，瘦弱矮化，与生长旺盛肥大的高抗对照棉苗有明显区别。这些入选棉苗移栽病圃后，在整个生长季节里始终保持矮化特征，最终群体株高只有生长旺盛的高抗对照品种株高的一半左右。以后随着病株率逐年逐代的下降，这些感病品种的棉苗和移栽后的植株生长逐年逐代正常，群体株高逐年逐代增高。至这些原感病品种的发病株率降到 10％以下，其在病床中的棉苗及移栽后的棉株长势和群体高度也达高抗品种水平。这种现象的存在，使得已能根据矮化症状缓解程度，判断一个感病品种的抗性转化水平是否已达到高抗水平，非常有用。

由于发现原感病品种和培育年数不等的相应品种及对照抗病品种之间的群体株高有明显差异，在 1977 年抗性对比试验中随机选择了几个品种对全小区所有棉株的株高进行了逐株测量，并进行了统计分析（表 14 - 7）。

表 14 - 7　1977 年病圃抗性对比试验株高调查

品种	转化年数	病床病株率（％）	总株数（株）	最低（cm）	最高（cm）	变幅（cm）	变异系数（c. v％）	平均株高（cm）	相差（cm）	百分比（％）
原 150	0	81.2	40	30	76	46	18.4	54.1	—	100.0
150 抗	2	47.4	65	43	70	27	10.3	58.2	+4.15	107.7
原中 7 号	0	81.1	57	33	66	33	16.5	50.9	—	100.0
中 7 抗	2	71.1	68	37	79	42	15.4	62.7	+11.75	123.2
原徐 142	0	91.3	31	36	73	37	21.3	53.5	—	100.0
徐 142 抗	1	75.1	61	30	82	52	18.2	59.1	+5.61	110.5
徐 142 抗	3	44.2	50	42	74	32	14.8	64.2	+9.25	117.3
原 3195（1）3	0	95.9	42	34	96	62	15.6	54.3	—	100.0
3195（1）3 抗	3	45.3	63	45	100	55	13.0	73.3	+19.0	135.0
原 65（3）2	0	99.9	49	35	84	49	20.0	57.5	—	100.0
65（3）2 抗	3	49.3	74	47	90	43	6.6	71.7	+13.6	123.7

在抗性转化过程中，病床病株率在下降，而群体株高在上升。不仅群体平均株高在上升，甚至最低和最高植株的株高也在向上升方向变异，说明这是群体性质的变异。同时可看出，株高变异的变幅和变异系数在下降，表明抗性转化过程中群体株高的整齐度在提高。

以徐 142 为例，经相关和回归分析结果表明，转化年数与病床病株率的相关系数 $r=-0.9999$，回归方程为 $y=91.0857-15.6643x$，表明转化过程中徐 142 每转化一年，病床病株率下降 15.66％。转化年数与群体平均株高的相关系数 $r=0.9765$，其直线回归方程 $y=54.3714+3.4214x$，表明每转化一年其群体平均株高上升 3.4214cm。病床病株率与群体平均株高相关系数 $r=-0.9790$，其直线回归方程 $y=74.3044-0.2190x$，表明病床病株率每下降 1％，群体平均株高上升 0.219cm。3 年群体株高变异中，转化过程中群体株高呈台阶式上升变异。在病圃直播抗性对比试验中，肉眼即可明显地看出此种不同转化年数群体株高的台阶式上升变异现象。

1978 年的病圃直播抗性对比试验中，也对一些品种的群体株高进行了逐株测量（表 14 - 8）。

表 14-8　1978 病圃抗性对比试验株高调查

品　种	转化年数	病床病株率（%）	总株数（株）	最低（cm）	最高（cm）	变幅（cm）	变异系数（c. v%）	平均株高（cm）	相差（cm）	百分比（%）	节数	节间距（cm）
陕 401（CK）	—	20.7	45	34	135	101	14.85	112.5	—	—	10.7	10.5
原 3195（1）3	0	92.2	31	18	120.2	84.2	30.41	70.7	—	100.0	8.2	8.6
3195（1）3 抗	4	27.8	48	89	141.0	52	8.55	113.5	42.8	160.6	10.9	10.4
陕 401（CK）	—	20.7	43	55	132	77	12.13	112.2	—	—	11.8	9.5
原 65（3）2	0	99.1	40	61	118.9	57.9	14.97	91.7	—	100.0	—	—
65（3）2 抗	4	25.8	50	88	140.4	52.4	8.85	120.1	28.4	131.0	—	—
原 37-6	0	87.4	37	45.9	117	71.1	15.63	92.6	—	100.0	—	—
37-6 抗	4	23.2	48	92.3	140	47.7	8.88	123.6	31.0	113.5	—	—
陕 401（CK）	—	20.7	41	89	135	46	12.1	117.6	—	—	—	—

从表 14-8 可以看出，基本规律与 1977 年的结果相似，但由于多了一年抗性转化，病床病株率进一步下降；群体平均株高进一步上升，扩大了转化品种和各相应原感品种之间的差距，说明矮化症进一步缓解，群体进一步整齐化。

矮化症状及在抗性转化过程中的矮化缓解现象，早在人工病床中的苗期阶段就已清楚可见。感病品种第一年进病床，除大量死苗和发病出现症状外，仅存的约 10% 的"叶片无病症状"苗，其实也是一些生长发育不正常的弱小苗。它们和病床中生长发育正常而肥壮的抗病对照品种幼苗间有很大的差距。将这些已矮化了的棉苗移植病圃中以后，直到秋后仍表现矮小瘦弱，造成群体株高明显矮化的现象。以后，随着抗性转化年数的增加，无论在病床苗期或在病圃中这种矮化症状都逐年逐代缓解，生长发育和群体株高逐年逐代恢复正常。抗性转化过程完成后，不但发病株率与高抗对照品种相当或略低，而且群体株高也赶上甚至超过高抗对照品种，成为真正的高抗品种。

三、抗性转化过程中生长发育特性的变异

（一）生长特性的变异

从 1978 年病圃抗性对比试验调查资料（表 14-8）表明，抗性转化过程中矮化缓解现象，即群体株高变异和主茎节数与节间长度的变异有关。株高、茎节数、节间长度均与生长有关，属生长因子。矮化缓解过程中的生长势、苗势可能与生活力的变异有关。1985年的抗性对比试验中，对棉花生长势包括出苗势进行了研究，结果得到证实（表 14-9）。说明矮化缓解过程，实质上就是其生活力的逐年逐代的恢复过程。

1. 出苗情况调查　1985 年 4 月 19 日播种，人工开沟，每行 16 穴，2 行区，定距点播，每穴 5 粒，按每穴出一苗为该穴出苗期，全部出苗后统计小区出苗总数，求出田间出苗率，目测记载出苗势（表 14-9）。

由此看出，经抗性转化培育的新品种和相应各原始感病品种相比，出苗早 1d，出苗率提高 28.1%～39.4%，出苗势强，也比高抗对照陕 1155 的各项指标好。说明抗性转化新品种具有种子生活力强的优点，在生产上具有重要意义。因为只有出苗好，才能保证苗全、苗壮，打下丰产基础，特别是在春雨贵如油的关中等棉区，出苗不好，缺苗断垄严重的品种是站不住脚的。几年来，各地反映推广的抗性转化品种出苗好的特点都表现突出。

表 14 - 9　1985 年病圃抗性对比出苗情况调查资料（两重复平均）

材料	转化年数	小区播种粒数	小区出苗总数	出苗率（%）	小区 50%出苗期（日/月）	播种至出苗天数	出苗势
抗岱 16	10	160	139	86.9	1/5	12	＋
原岱 16	0	160	88	55.0	2/5	13	0
相差			+51	+31.9	−1	−1	
抗中 7 号	11	160	124	77.5	1/5	12	++
原中 7 号	0	160	79	49.1	2/5	13	0
相差			+45	+28.4	−1	−1	
抗徐 513	6	160	138	86.3	1/5	12	++
原徐 513	0	160	75	46.9	2/5	13	0
相差			+63	+39.4	−1	−1	
CK（陕 1155）	0	160		46.9	2/5	13	0

2. 棉苗生长势调查　1985 年棉苗完全出苗后，于 5 月 22 日第一次间苗，6 月 15 日第二次间苗，利用间下的棉苗进行了鲜苗重和烘干重测定，求出株鲜重和株干重。6 月 22 日定苗后测量单株高度，7 月 17 日再测量一次，求出两次高度差和平均日增长量（表 14 - 10）。

表 14 - 10　1985 年病圃抗性对比棉苗生长势测定（两重复平均）

材料	转化年数	6 月 15 日测定				22/6苗高（cm）	17/7苗高（cm）	22/6～17/7增长（cm）	平均日增长（cm）	百分比（%）
		鲜重/株（g）	百分比（%）	干重/株（g）	百分比（%）					
抗岱 16	10	4.34	271.3	0.72	240.0	8.35	66.40	58.05	2.32	138.9
原岱 16	0	1.60	100.0	0.30	100.0	4.03	45.70	41.67	1.67	100.0
相差		+2.74	+171.3	+0.42	+140.0	+4.32	+20.70	+16.38	0.65	+38.9
抗中 7 号	11	3.63	343.0	0.63	300.0	7.94	65.10	57.16	2.29	142.2
原中 7 号	0	1.07	100.0	0.21	100.0	2.75	42.90	40.15	1.61	100.0
相差		+2.56	+243.0	+0.42	+200.0	+5.19	+22.20	+17.01	+0.65	+42.2
抗徐 513	6	2.38	290.2	0.40	210.5	5.99	65.50	59.51	2.38	165.3
原徐 513	0	0.82	100.0	0.17	100.0	3.64	39.60	35.96	1.44	100.0
相差		+1.56	+190.2	+0.23	+110.5	+2.35	+25.90	+23.55	+0.94	+65.3
CK（陕1155）	0	2.95	—	0.50	—	6.60	63.40	56.8	2.72	—

由表 14 - 10 可以看出，经抗性转化培育的新品种的单株鲜苗重、单株干物质重、苗高、日增长率都极显著地超过相应各原始感病品种。除日增长率外，所有项目指标也都超过高抗对照陕 1155。说明，抗性定培品种的苗期生活力也具有明显的优势。结合以前的研究和上述种子生活力的研究认为，抗性定培品种的所有生育阶段都有生活力强的显著优势，即对外界生活物质的吸收同化和代谢强度有明显的优势。

（二）抗性转化过程中发育特性的变异

抗性转化过程中生长特性发生变异，其发育特性也发生相应变异。1985 年的病圃抗性对比试验中，对各生育期到达 50% 做了记载（表 14 - 11）。

表 14-11　1985 年病圃抗性对比试验生育期调查

材料	转化年数	播种期（日/月）	出苗期（50%）	播种至出苗天数	开花期（50%）	出苗至开花天数	吐絮期（50%）	开花至吐絮天数	生育天数（播种至吐絮）
抗岱 16	10	19/4	1/5	12	18/7	78	9/9	53	143
原岱 16	0	19/4	2/5	13	21/7	80	2/10	73	166
相差			−1	−1	−3	−2	−23	−20	−23
抗中 7 号	11	19/4	1/5	12	19/7	79	12/9	55	146
原中 7 号	0	19/4	2/5	13	24/7	83	5/10	73	169
相差			−1	−1	−5	−4	−23	−22	−23
抗徐 513	6	19/4	1/5	12	19/7	79	10/9	53	144
原徐 513	0	19/4	2/5	13	24/7	83	3/10	71	167
相差			−1	−1	−5	−4	−23	−18	−23
平均相差			−1	−1	−4.3	−3.3	−23	−20	−23
CK（陕 1155）	0	19/4	2/5	13	20/7	79	10/9	52	144

结果表明，抗性转化品种的出苗期、开花期、吐絮期均早于相应各原感病品种，而且相差天数愈来愈多。出苗期相差 1d，开花期相差 3～5d，吐絮期相差多达 23d。同时各生育阶段（播种—出苗，出苗—开花，开花—吐絮）的完成，也是抗性转化品种早于各相应原感病品种，其中播种—出苗相差 1d，出苗—开花相差 2～4d，开花叶絮相差多达 18～22d。说明原感病品种首年进病床病圃受枯萎病菌之入侵，不仅生长受阻，而且发育也受阻，并明显晚熟。经抗性转化后，其发育能力也逐年逐代恢复，恢复到原品种固有的早熟性。

从 1982 年病圃抗性对比试验中，中棉所 7 号 50％开花期的记载结果看出，在抗性转化过程中发育的恢复也是渐变的，逐步改善的（表 14-12）。

表 14-12　1982 年抗性对比开花期变异

品种	转化年数	50%开花期（日/月）	开花提前天数
原感病中 7 号	0	21/7	—
77 中 7 抗	3	13/7	8
78 中 7 抗	4	13/7	8
80 中 7 抗	6	11/7	10
81 中 7 抗	7	8/7	12

经相关分析转化年数与开花提前天数间相关系数的差异为极显著（$r = 0.9608 > 0.01$），直线回归方程 $y = 1.2 + 1.6x$，表明转化年数每增加一年开花期提前 1.6d。

由以上的研究不难看出，病原菌的入侵对寄主棉花的为害是综合性和多方面的，几乎破坏了其整个生长发育生理代谢机能，包括种子发芽力、发芽势、干物质的积累、生长势、生长速度、生长绝对量、主茎节数、节间长短及群体株高都有严重为害。矮化症状仅为最易被察觉到的生长绝对量，即主茎节数和节间长短及株高上的症状而已。在抗性转化过程中，整个生长发育生理代谢机能都在随着抗性的逐年逐代的提高而逐年逐代地恢复。矮化的缓解过程也是整个生长发育机能恢复过程中最易被发现的变异性状。

第二节　抗性定向培育对棉花产量性状和纤维品质的影响

一、抗性定向培育对棉花产量性状的影响

以前，人们视棉花枯萎病为棉花的绝症，与人类的癌症相提并论，谈萎色变。在发现棉花枯萎病抗性转化现象的存在，并创造了"棉花枯萎病抗性定向培育法"以后，棉花枯萎病变得毫不可怕。因为任何感病品种均可改造为高抗品种，可以放心地在病地上种植，从根本上解除了棉花枯萎病的威胁。但是，对棉花育种工作者来说，抗病毕竟不是首要的选种目标。棉花首要的选种目标是高产，其次是稳产、优质、早熟、适应性广等。抗病只是稳产因子之一，只抗病而不高产在生产上没有前途。因此，非常重视抗性定向培育对棉花产量性状的影响。

（一）病地产量对比

早在 1974—1979 年探索研究阶段，就开始注意抗性转化或抗性定向培育对各供试原感病品种的产量性状的影响进行了调查研究。以下为 1977 年病圃抗性对比试验的调查结果（表 14 - 13）。

表 14 - 13　1977 年病圃抗性对比试验产量因子调查结果

（西北农业大学病圃）

品种名称	培育年数	株数（株）	百分比（%）	株高（cm）	百分比（%）	铃数（个）	百分比（%）	铃重（g）	籽指（g）	衣指（g）	衣分（%）
3195（1）原	0	46	100	56.6	100	309	100	5.7	14.5	6.5	32.6
3195（1）抗	3	67	146	71.7	127	638	207	5.0	12.5	6.3	32.7
3195 - 150 原	0	41	100	54.1	100	438	100	5.6	13.0	6.6	33.8
3195 - 150 抗	1	68	166	58.2	108	515	118	5.4	11.7	6.5	35.7
中 7 原	0	59	100	51.0	100	317	100	4.9	10.8	5.6	36.0
中 7 抗	2	68	115	62.7	123	567	179	5.2	11.5	6.5	37.5
徐 142 原	0	34	100	53.5	100	329	100	5.0	10.0	6.4	37.0
徐 142 抗	3	77	227	62.7	117	458	139	4.3	10.7	6.8	39.4
65（3）2 原	0	50	100	57.5	100	384	100	5.6	11.0	5.3	34.5
65（3）2 抗	3	75	150	71.1	124	473	123	5.2	12.3	5.5	31.7
陕 401	—	69	—	62.5		537		5.3	11.9	7.2	37.3

可以看出，经过抗性转化的品种与相应未经抗性转化的品种相比，株高（生长势）明显提高，小区总株数、小区总铃数明显增加，小区籽棉产量和小区皮棉产量显著增加，籽指、衣指有增有减，铃重多数降低，这是由于小区总铃数显著增加所致。

1982 年病圃抗性对比试验中，采用了同源品种抗性转化即抗性定培年数不等的品系棉籽与各相应原感病品种为感病对照，用当时主要的抗病推广品种陕 401 为高抗对照。结果表明，抗性转化即抗性定培年数愈多，产量愈高（表 14 - 14）。

表 14 - 14　同源品种定培年数不等品系的产量比较

参试品种	定培年数	皮棉（kg/hm²）	与原对照的百分比（%）	与抗对照的百分比（%）
岱 16 原	0	168.8	100	64
77 岱 16 抗	3	281.3	167	107
78 岱 16 抗	4	356.3	211	136
79 岱 16 抗	5	456.0	284	182
中 7 原	0	366.0	100	139
78 中 7 抗	3	628.5	172	239
80 中 7 抗	5	647.3	177	247
81 中 7 抗	6	862.5	236	329
陕 401 抗 K	—	270.0	—	100

（二）抗性定培品种在无病地上的产量表现

1982、1983 年两年，将经过 7 年抗性定培的西农岱 16 抗和中 7 号抗及该两品种的各相应的原感病品种的种子，参加了无病地的常规棉花品种产量比较试验。试验设计采用随机排列多次重复法，5 行区，行长 8m，3 次重复（表 14 - 15）。

表 14 - 15　1982—1983 年岱 16、中 7 号无病地产量比较试验结果（2 年平均）

参试品种	籽棉产量（kg/hm²）	皮棉产量（kg/hm²）	百分比（%）	霜前皮棉（kg/hm²）	霜前花（%）	衣分（%）	生育期（d）
中 7 原	1 512.0	460.5	100.0	207.8	57.4	36.1	164
中 7 抗	1 696.0	527.3	114.5	259.5	61.1	38.8	163
岱 16 原	1 536.0	452.3	100.0	216.8	60.0	36.3	164
岱 16 抗	1 759.5	522.0	115.4	276.0	69.3	37.7	163

结果显示，西农岱 16 抗、西农中 7 抗 2 个抗性定培品种的籽棉、皮棉单产、霜前皮棉、霜前花、衣分均高于其相应同源原感病品种。西农中 7 抗比原高产感病品种皮棉产量增产 14.5%，霜前皮棉增产 25.0%。西农岱 16 抗皮棉产量比原感病品种表现早熟。西农岱 16 抗的霜前皮棉比原感病岱 16 增产 22.8%。

事实再一次证实，在抗性定培过程中，并不存在随着抗性的提高，产量必然下降的现象，抗性和产量性状之间不存在遗传上的反相关关系。即使用传统遗传学的"根据表现型推论基因型"的传统遗传研究法，也未找到抗性基因和低产基因位于同一条染色体上的连锁假说的根据。因为，表现型本身已经证实抗性和产量因子间并不存在什么遗传上的反相关关系。

二、抗性定向培育对棉花纤维品质的影响

棉花纤维品质是一个非常重要的经济性状。棉花纤维是棉纺工业的主要原料，品质的

好坏，直接影响棉纱、棉布等棉纺工业产品的品质优劣。故棉花育种工作者绝不可忽视优质棉的选育。抗性定向培育对棉花纤维品质的影响成为重要研究课题。1978—1982 年西北农学院棉纤维分析室分析了有关抗性定培品种西农徐 142 抗、西农岱 16 抗、西农中 7 抗与各相应原感病品种纤维品质（表 14 - 16）。

表 14 - 16　病圃抗性对比试验纤维品质分析结果
（原西北农业大学棉花纤维分析室）

品种名称	单强 (g)	细度 (m/g)	断裂长度 (km/g)	主体长度 (mm)	品质长度 (mm)	短绒 (%)	测定年份
徐 142 原	3.48	6 827	23.76	24.01	26.50	8.44	1981
徐 142 抗	3.45	6 808	23.49	24.44	26.68	7.80	1981
岱 16 原	2.09	7 527	15.73	31.95	34.97	8.12	1982
岱 16 抗	2.44	6 964	16.99	30.00	32.66	7.99	1982
中 7 原	2.17	8 328	18.07	29.29	32.37	21.08	1982
中 7 抗	2.61	6 518	17.01	29.53	32.58	15.95	1982

从表 14 - 16 中可以看出，在病地上原感病品种因受棉花枯萎病之为害，似有单强下降、细度变细、绒长变短、短绒增加的趋势，但不太显著，甚至有例外现象。说明棉花枯萎病对棉花纤维品质性状发育影响不太大。

为了解在无病菌入侵条件下，抗性定培品种和原感病品种的棉花纤维品质有无差异，结合 1978 年和 1982 年的无病地的常规品种产量比较试验，取棉样进行分析（表 14 - 17）。

表 14 - 17　无病地品种比较试验纤维品质分析结果
（原西北农业大学棉花纤维分析室）

品种名称	单强 (g)	细度 (m/g)	断裂长度 (km/g)	主体长度 (mm)	品质长度 (mm)	短绒 (%)	测定年份
徐 142 原	2.85	6 232	17.76	28.78	31.80	11.30	1978
徐 142 抗	3.26	6 019	19.62	28.80	32.60	13.50	1978
岱 16 原	3.35	5 476	18.34	29.34	32.14	8.38	1982
岱 16 抗	3.17	6 364	20.17	29.40	33.24	5.72	1982
中 7 原	2.78	6 542	18.19	30.60	33.62	7.90	1982
中 7 抗	2.55	6 937	17.69	30.81	34.48	7.41	1982

从表 14 - 17 中可以看出，在无病菌为害条件下，抗性定培品种和原感病品种的纤维品质参数差异不显著，也无明显规律性，缺乏充分理由说明棉花纤维品质与抗性之间存在遗传上的负相关关系。在抗性定向培育过程中，未出现随抗性之提高而降低棉纤维品质的现象。

如果在抗性定向培育过程中能够同步进行优质棉纤维的选择，有没有可能使抗性和纤维品质同步提高呢？1985 年开始，在渭南市全面推广西农岱 16 抗，并开始将优质棉的选育结合到西农岱 16 抗的良种繁育工作中。

在 1989 年，同一时间取各参试品种中部棉铃经室内考种后，经中国农业科学院棉花研究所用 HVT900 系列测试仪分析纤维品质（表 14 - 18）。

表 14-18 1988 年渭南良种繁育效果试验纤维品质分析结果

(中国农业科学院棉花研究所测试)

参试品系名称	2.5%跨长 （mm）	单强 （g）	细度 （m/g）	断裂长度 （km/g）	气纺品质 （分）	缕纱强度 （磅*）
87 岱 16 抗	30.0	4.32	5 840	25.16①	1 877	122.0
86 岱 16 抗	28.7	4.22	5 940	24.97②	1 861	119.7
86 早熟岱 16 抗	29.1	4.51	5 450	24.57③	1 927	114.0
82 岱 16 抗（CK）	28.7	4.35	5 477	23.86④	1 761	110.0
中 12	28.9	4.03	5 593	22.51⑤	1 734	107.0

* 纺织科学的单位。

由表 14-18 看出，经过良种繁育连续地群体品质选择，西农岱 16 抗的棉纤维品质逐年提高。纤维品质综合指标断裂长度由未经良繁的 23.86km/g 提高到 25.16km/g；气纺品质由 1 761 分提高到 1 877 分；缕纱强度由 110.0 磅提高到 122.0 磅。与此同时，丰产性、抗性也有所提高，并未出现随品质的提高而丰产性、抗性下降的现象。说明丰产性、抗性和纤维品质之间也没有遗传上的反相关关系。只要注意三者的同步选择，就可以三者同步提高。应用抗性定向培育法可以选出抗性、丰产性、品质三者兼优的品种。说明抗性定向培育法有实用价值，有发展前途。

第三节 抗性定向培育法与单株系谱和杂交系谱选择相结合的应用

一、抗性定向培育法与单株系谱选择法相结合的应用

抗性定向培育可以与常规的单株系谱法结合，进行抗性和丰产性的同步选择。如西农抗 411、西农抗阴雨 1 号、西农早熟岱 16 抗和浙 110 等都是成功事例。但如果原基础品种是感病的，那么在抗性定培的前两年宜用群体混选法而不宜用单株系选法。因为前两年病床发病率太高，残留群体太小，选择几率太低，甚至于"全军覆没"，无法选择。最好到第三或第四年，抗性达耐病程度，再开始进行单株系谱选择。

抗性定向培育法与单株系谱选择法结合应用时应注意以下两点：

1. **单株不能代表群体** 单株选择可能改善或突出了某一性状，但往往失去原品种的许多原有的优点。因此，抗性定向培育法与单株系谱选择法结合所育成的品种必须更名，并通过品种区域试验和品种审定后方能用于生产，且不能到原品种推广地区去更新或更换原品种。

2. **抗性定向培育法与单株系谱选择法结合** 能够育成高抗品种，但因单株系谱法所依靠的是自然变异，如果原品种群体中尚未出现比原品种群体更高产、优质的单株，则不会选出比原品种更高产和优质的品种，要进一步通过品种区域试验和品种审定就更难说了，这是单株系谱法本身的缺陷引起的。

这方面，曾有过失败的教训。例如，曾在西农抗 411 中用单株系谱法选了数百个单株，种成数百个株行，从其中竟未选出一个系在产量和品质方面能超过原品种的。只选出

在早熟性方面显著超过西农抗 411 的西农抗 34，但绒长则由 33mm 下降到 31mm，品质有所下降。西农抗 411 是由原感病海陆杂交中长绒优质棉西农 3195（1）3 中用抗性定向培育法和单株系谱法相结合而选出的抗病中长绒优质棉。其抗性和丰产性明显提高，但可惜断裂长度由原来的 26～28km 下降到 25～26km。

在西农岱 16 抗的良种繁育过程中，曾用改良混选法育成皮棉产量增产 17%、综合品质参数断裂长度由 23km/g 提高到 25km/g 以上的 87 岱 16 抗。这样的品种明显比原品种好，并且不需要经过品种区域试验和品种审定就可以直接用来更新生产上已推广的原 84 岱 16 抗，使科研成果很快地转化为生产力。那么，单株系谱法与群体选择法相比，到底是哪种方法更好呢？

发现用群体选择法通过逐步提高入选标准的方法，可以有把握地迅速提高原品种的产量、品质或其他性状，与此同时又能保持原品种的其他优点；而单株系谱法做不到。因此，倾向于用群体选择法，多、快、好、省地不断同步提高原品种的抗性、产量和品质，尽可能地延长已推广应用的原品种在生产上的使用寿命，去不断更换生产中已应用的优良综合品种。

二、抗性定向培育法与杂交系谱选择法相结合的应用

西农徐 513 抗、中棉所 12 号和陕 1155 就是利用抗性定向培育法与杂交系谱选择法相结合应用的标志性成果。

以上 3 个棉花品种的育成，特别是中棉所 12 号的育成表明，抗性定向培育法确可以和常规双感杂交系谱选择法相结合起来应用，不论在早代还是晚代均可。这一事实说明在抗病杂交育种中，在病地上进行杂交育种前，选择杂交亲本时，可以不必强求一定要用一个抗源做亲本，从没有抗源的双感杂交组合后代中也可以培育出高抗品种来。可以把思想集中于选择能提高产量和品质的杂交亲本组合，把抗性的提高寄托于杂交后代在病菌的连续入侵作用下的抗性自然形成过程上，并注意抗性、丰产性、品质三者的同步选择。因为早期四川抗源有低产遗传基础，避免使用这类抗源，以避免受其低产遗传基础的影响而减产，这也许正是双感组合加抗性定培法能育成高产、抗病两兼优或高产、优质、抗病三兼优品种的原因。可能发展成为今后棉花育种的方向。当然，在目前已有了中棉所 12 号、西农岱 16 抗、中 7 抗、冀 11 抗、冀 12 抗等高产、优质、抗病三兼优或两兼优品种的情况下，也可以选择这类品种做杂交亲本，以收到事半功倍的效果。应当强调指出，即便是在这种场合下，也不能脱离病床或病圃条件。

抗性定向培育法的应用范围是广泛的，它可以用来改造已定型、已推广或有希望推广的原感病高产、优质品种及原感病的高产、优质的品种资源或原始材料，也可以与单株系谱选择法、杂交系谱选择法、群体选择法或集团选择法、改良混选法等结合选育新品种；也可以与常规的良种繁育法结合，只要注意抗性、丰产性、品质三者同步选择，就可以使已推广的品种的抗性、丰产性、品质三者不断同步提高，以延长已推广品种在生产中的使用寿命。

在条件不具备时，利用天然重病地也可以进行抗性定向培育工作。因为天然重病地也

有病菌的连续存在和入侵在发挥作用。稍有条件的单位，应当建立发病重而均匀的天然病圃，最好是应尽可能采用人工病床病圃相结合的方法进行抗性定向培育。因为在人工病床中可以人为地控制病菌菌种的生理小种类型和剂量，并可以使其最大可能地分布均匀，造成一个更重、更均匀的发病环境条件，以进一步提高抗选的效率。

第四节　抗性定向培育法的扩大应用

一、抗性定向培育法原理应用于棉花抗其他病害及抗寒力

1985 年曾用已经过抗性定向培育 6～12 年的岱 16 抗、中 7 抗、徐 513 抗（供试棉籽均来源于西农棉花枯、黄萎混生病圃 1984 年收获种子）与各相应原感病品种原岱 16、原中 7 号（种子来源于渭南市原岱 16、原中 7 原推广地区 1984 年收获种子）及原徐 513（种子来源于本组无病地繁殖区 1984 年收获种子），在西农棉花枯、黄萎病混生病圃中直播进行抗性对比试验。以陕 1155 为抗病对照品种。采用成对列区对比法设计。小区 2 行，行长 4m，宽窄行（宽行 0.8m，窄行 0.53m），开沟点播，穴距 26.6cm，每行 16 穴，每穴点播粒选种子 5 粒，重复 2 次。

该年 5 月上旬曾发生 1 次多年罕见的寒流，降雨、降温，导致苗病的大发生，棉苗不仅停止生长，并且逐日萎缩，棉叶褪绿，干枯及死苗。经鉴定，认为是以立枯病为主的综合并发症。经过抗性定向培育的品种普遍发病很轻微，棉苗高大肥壮，而各相应的原感病品种发病极严重，棉苗萎缩，矮小，二者差异达极显著。5 月 22 日苗病调查结果见表 14 - 19。

表 14 - 19　1985 年抗性品种抗苗病对比试验

品种名称	培育年数	调查总苗数	死苗率（%）	苗病株率（%）	合计（%）	百分比（%）
岱 16 抗	11	139	7.1	11.1	18.2	58.3
岱 16 原	0	88	20.8	10.4	31.2	100.0
相　差		+51	−13.7	+0.7	−13.0	−41.7
中 7 抗	12	124	5.4	10.7	16.1	32.7
中 7 原	0	79	25.2	24.0	49.2	100.0
相　差		+45	−19.8	−13.3	−33.1	−67.3
徐 513 抗	6	138	4.5	11.2	15.7	30.1
徐 513 原	0	75	25.0	27.2	52.2	100.0
相　差		+63	−20.5	−16.0	−36.5	−69.9
陕 1155（CK）	—	75	15.8	21.4	37.2	—

表 14 - 19 的结果说明，棉花枯萎病抗性定向培育法，不仅能显著地提高棉花的抗枯萎病性，将原感病品种定向改造为高抗品种，而且能够显著地提高棉苗的抗寒力和抗苗病能力。抗寒力和抗苗病能力的提高并非棉花枯萎病抗性定向培育法研究的预期结果，故多年来未曾予以重视。1985 年的特大寒流，使其得以发现。

根据棉花枯萎病抗性定向培育原理方法的启示，认为棉花的抗寒力和抗苗病能力之所以得以显著提高的原因：

第一，是因为有低温和苗病发生的条件存在。因为每年早春3月下旬开始人工病床播种。那时气温很低，即使用了薄膜覆盖，初期苗床中的温度也不会高，特别是在夜间。气温上升后，白天要揭膜通风，也难免遇到低温的侵袭。5月的寒流也经常光顾。低温的存在是棉花苗病发生的条件，寒害和苗病病原菌的入侵，二者同时存在。这些都是抗寒性和抗苗病性形成的首要的、必不可少的前提条件。

第二，抗苗病性是在低温和苗病病原菌入侵条件下，发生了定向性的连续适应性变异，经多年积累的结果。说明棉花寄主在不利的变异条件下，有通过自身的免疫系统改变自身的化学成分，产生抗不利环境条件的适应性变异的能力。同时，这种适应性变异有可能存在获得性遗传机制，逐年逐代累积的能力。只有在适应性变异和获得性遗传逐年逐代累积的共同作用下，原不抗寒、不抗苗病的品种才有可能转化为抗寒、抗苗病的新品种。

第三，每年在人工病床中进行严格的淘汰，也起了很大的促进作用，加速了抗性转化变异的进程。

抗寒力和抗苗病力显著提高现象的发现有重要的理论意义。因为，它说明棉花枯萎病抗性转化现象和抗性定向培育的原理、方法，可以扩大应用于抗棉苗病性的定向培育，也可以扩大应用于棉花抗寒性的定向培育。同时，可扩大应用于棉花的其他抗病性的定向培育，也可能扩大应用于其他作物抗病性的定向培育。

棉花枯萎病和棉花黄萎病均是由土壤病原菌引起的病害，两者比较相近。因此，棉花枯萎病定向培育原理和方法能应用于棉花黄萎病的定向培育，并由中国农业科学院棉花研究所的工作得到证实。早在1965年就开始在黄萎病圃中连续筛选抗黄萎病单株混收，从双交组合中选出抗黄萎病的8004，从感病的中棉所3号中选出抗黄萎病的8010。虽然黄萎病是后期病害，还未研究成功人工接种黄萎病床，所以不能和枯萎病那样在病床中取得很精确的病床病株率，以及逐年逐代的变异参数。但在黄萎病圃中也观察到黄萎病发病率逐年减轻的变化。

1986年新疆维吾尔自治区博乐农五师在棉花黄萎病重病地上开始连续选择抗病株的工作，并取得了显著成绩。新疆维吾尔自治区石河子植物保护站应用抗性定向培育原理、方法改造原高感棉花黄萎病的新陆早1号的抗性，迅速取得了明显效果，并育成高抗黄萎病，产量、品质兼优的691-1抗，解决了新疆维吾尔自治区棉花生产中的燃眉之急。

二、抗性定向培育法原理应用于其他作物

现已知抗性定向培育原理、方法能扩大适用于黄瓜枯萎病、西瓜枯萎病、甘薯黑斑病等抗病品种培育工作。原西北农业大学采用棉花枯萎病抗性定向培育原理、方法改造高感黑斑病的秦薯1号等品种，取得显著成果，育成了高抗黑斑病的秦薯1号抗品种，解决了甘薯生产中烂窖的老大难问题。其方法是改变过去每年刮甘薯储藏窖的墙壁表面土后并喷药杀菌的方法，而设人工接种苗床，有意促其发病，使寄主甘薯产生抗性的适应性变异，外加严格筛选抗病薯块、薯苗，并通过获得抗性的遗传积累作用来改选其抗性。原来甘薯窖一旦发病整窖烂掉，薯块整个腐烂，经过抗性培育成的秦薯1号等品种不烂窖，发病薯块仅有个别病疤，效果明显。

中国农业科学院蔬菜研究所采用"连续 6 年抗病鉴定法",育成能够连作的西抗 1 号和西抗 2 号两个抗西瓜枯萎病新品种,其原理方法和棉花枯萎病抗性定向培育法相似,表明其原始群体中必无原来就有的高抗西瓜枯萎病的单株存在,而是经过 6 年连续在连茬枯萎病地上定向培育出来的。

以上事例说明,可能许多抗逆性并不是自古以来原来就有的,而是在一定条件下重新形成的。只要掌握了其特定的形成条件,就可人为地、有意识地创造条件,进行特定抗逆性的定向培育工作。同时,说明了为什么在自然界中某特定病害的高发病地区容易发现高抗抗源的原因。

第五节 抗性定向培育实践中的问题及其解决

一、抗性定向培育实践中的问题及其解决途径

在抗性定向培育的实践过程中,尽管在抗性的改造方面取得较大成功,但是在与合作单位共同研究过程中,却遇到一些问题。

第一,时间上的滞后现象。经 8 年抗性定向培育的徐 142 抗在五河良种场的品种比较试验中皮棉单产较原徐 142 提高了 17%,抗性已达高抗。但由于原徐 142 在生产上已开始走下坡路,同时,新苗头品种即将育成,西农徐 142 抗由于时间滞后未达到预期效果。

由于育种单位的主要任务可能是要不断育出新品种,对挽救已受到棉花枯萎病威胁的原推广品种的积极性不高。

为了克服抗性定培品种在时间上的滞后现象,1979 年后和徐州地区农科所的合作方式有了改变,每年将从株行圃中入选的下年准备进入预试圃的 20~40 个优系,立即进入人工病床病圃提前进行抗性定培,希望经过 1 年预试圃,2 年品种比较试验圃,2 年区域试验后,通过品种审定决定大面积推广时,抗性定培已经 5 年,能够及时提供已达高抗水平的相应品种的种子,这样可以克服抗性定培品种在时间上的滞后现象,这样的合作可能育成 1~2 个可以推广的品种,但绝大多数品系都要被淘汰,造成巨大浪费。

第二,生态条件不同的地区,远距离异地抗性定培有可能引起某些性状变异。1987年起,开始与河北省邯郸地区农科所、沧州地区农科所、邢台地区农科所等合作,以克服棉花枯萎病不断迅速扩展、蔓延和加重对当地棉花生产的威胁。经过 5 年的合作,成功地如期将原感病冀 11、冀 12、沧 38、邢 W-2 等改造为高抗的冀 11 抗、冀 12 抗、沧 38 抗、邢 W-2 抗。但是,沧州地区农科所反映,抗性定培后的沧 38 抗和原感病沧 38 相比,铃变小了,衣分下降了。非常有可能和生态条件地区不同的远距离异地抗性定培有关。沧州黑龙港地区雨量少,阴雨天少,日照强,有利棉花的生长发育,故铃大、衣分高。而陕西杨凌地处黄河流域棉区的最西部,海拔高,阴雨天多,雨量偏高,日照少,不利棉花的生长发育,故铃小、衣分低。在这样变异的生态条件下连续生长了几年,是完全有可能引起这些性状的遗传变异的。这一现象表明,在生态条件变异下所发生的后天获得性变异也是能遗传的。因此,抗性定向培育工作最好还是由各育种单位自己就地进行为好。

与邯郸地区农科所合作改造冀 11 等抗性的同时，该所自己建立了人工病圃，进行抗性定培工作，从原感病品种（估计为冀 11）中成功地育成了高产、抗病的邯 4104。其霜前皮棉产量、抗性均优于中棉所 12。这一成果表明，只要有棉花枯萎病菌连续存在和入侵的条件（人工病圃），抗性转化现象一定会发生。所以，任何能够建立棉花枯萎病人工病圃的育种单位都可以就地进行抗性定培工作。

二、抗性定向培育法与当前常规育种法的矛盾

在实践过程中，抗性定向培育法和当前的常规系谱育种法间存在 3 个比较明显的差异或矛盾。

第一，抗性定向培育的确定性和常规系谱育种的不确定性。棉花枯萎病抗性定向培育所依靠的是有必然因果关系的自然规律，能够很有把握地在 5 年左右完成把原感病品种成功地改造成为高抗品种的预期目标。而现行的常规系谱育种法依据的是自然变异的"几率"，难以保证在一定的时间内可以育成达到预期目标的新品种的具体时间。因为一般情况下，抗病育种和高产育种相比总是处于从属的地位，在区域试验中总是按单产的高低来确定品种的名次和决选品种，这就使抗性定向培育的确定性随着常规系谱高产育种的不确定性也变得不确定了。

第二，抗性定向培育的集约性和常规系谱育种的大规模性。由于抗性定向培育的确定性，工作规模较小，改造一个原感病品种只需要半个病床和 $100m^2$ 左右的病圃面积就能如期完成预期任务。因此，可以称之为集约型育种法。而由于常规系谱育种的不确定性，没有一定成功的把握，为了增加成功的几率，就不得不尽可能地扩大选种基础材料的群体规模，可以称之为大规模型育种法。这就使得二者的结合应用造成一定的困难。如果从选单株开始就结合应用，则要很大面积的人工病床和病圃，要培养大量的菌种，加上常规系谱法育种的不确定性，就要使抗性定向培育蒙受极大的"无效劳动"的损失。因此，二者不可能早期结合应用，只有经过大量淘汰，只剩下数量较少的有希望的苗头品种时，才可以考虑它们的结合应用。这样，又可能出现时间上的"滞后现象"。

第三，抗性定向培育的群体性和常规系谱育种的个体性。抗性定向培育在改造抗性的同时，希望保持原感病品种的高产性、优质性及其他优良的综合性状不变，这只有在始终保持原品种的群体性的条件下方能达到。所以，抗性定向培育只能采用群体选择法。群体选择法能够在巩固、发展原品种的优良综合性状的基础上，不断克服其缺点，是真实意义的"发展"；而常规系谱育种法从选单株开始，以后一直保持单系状态，一个新品种往往起源于原来的一个单株，由于单株的性状参数和原品种群体性状参数之间可能有很大的区别，提高了某一特性如高产性，往往会丧失许多原有的宝贵的优良特征特性，这不是真实意义的"发展"。

从抗性遗传性状重新形成规律被发现来看，展望未来，各种作物的丰产性因子、优质性因子的遗传的形成规律也是一定可以被发现的。只要能掌握这些性状遗传性形成的条件和规律，人类就一定能对这些丰产性、优质性因子的遗传性状进行人为的有计划的"定向培育"。那时，目前的常规系谱育种法的种种缺陷就会被克服，抗性定向培育法和丰产、

优质育种的结合应用和同步选择就会比现在容易得多。这正是遗传育种学家们今后应该研究的课题和奋斗目标。

在现行的常规系谱育种法依然保持现状不变的情况下，还是可以和抗性定向培育法相结合应用的；但对大多数育种单位来说，目前只能局限于自己建立病圃，在病圃中进行抗性、丰产性和优质性的"同步选择"。应当广义地理解抗性定向培育法。在人工病圃中进行选种，抗性的来源也主要是靠在病菌作用下的抗性自然形成。应采用高产、优质的双感亲本组合，以避免低产抗源的低产遗传基础的不利影响。有条件的育种单位可以在杂交晚代、材料较少的情况下，用人工病床病圃法结合进行抗性定向培育来加速抗性的自然形成。最好能从早代就开始采用群体选择法，一是可以缩小工作规模，二是为了保持遗传基础的复杂性，增强适应性。

参 考 文 献

高永成 . 1996. 棉花枯萎抗性的形成规律 . 西安：陕西科学技术出版社

高永成 . 1979. 棉花抗枯、黄萎病之提高与改造 . 中国农业科学 . 12（3）：31～40

顾本康，马存 . 1996. 中国棉花抗病育种 . 南京：江苏科学技术出版社

沈其益 . 1992. 棉花病害基础研究与防治 . 北京：科学出版社

第十五章

棉花远缘杂交抗枯、黄萎病育种

1993、1995、1996、2002、2003 年棉花黄萎病在我国持续大面积暴发，棉花品种对黄萎病的抗性成为育种的主要目标之一。种植面积和产量占世界 90％以上的陆地棉对黄萎病缺乏真正的抗源。但是，陆地棉的近缘种海岛棉、墨西哥半野生棉及棉属的其他野生种却具有丰富的抗黄萎病性基因。有些野生种，如瑟伯氏棉（*G. thurberi*）、索马里棉（*G. somalense*），甚至对棉花黄萎病免疫。因此，将这些抗性基因转育到陆地棉，创造棉花黄萎病抗源，对控制该病的严重为害具有重要的意义。

第一节　棉花近缘物种及分类

一、以形态学为基础的分类

在分类学上，棉花属于锦葵目（Malvales）、锦葵科（Malvaceae）、棉族（tribe Gossypieae）的棉属（*Gossypium*）。原产于非洲、美洲、大洋洲、亚洲的热带和亚热带干旱地区。棉属早期的分类主要依据形态学特征。瑞典人 Linnaeus（1753）总结前人的研究结果，首先确定了棉属（*Gossypium*），将棉属分为非洲棉（*G. herbaceum*）、亚洲棉（*G. arboreum*）、陆地棉（*G. hirsutum*）和宗教棉（*G. religiosum*）4 个种。1886 年，意大利植物学家 Parlatore 总结前人的研究结果将棉花分为 7 个种，Todaro 收集世界各地的棉种在活体条件下研究，将棉属分为 54 个种，他的专著被誉为棉属分类的第一个界标。英国植物学家 George Watt 于 1907 年发表了《世界棉花的野生种和栽培种》，将棉属分成 29 个种和 13 个亚种，并归纳成 5 个大组。他的分类完全以种子的短绒和纤维、苞叶、花色、花斑、蜜腺等形态特征为基础，种子短绒和纤维有无是他分类的重要标准。尽管将野生棉归入了棉属，但几乎没有考虑地理分布和亲缘关系，把一些亲缘关系很远的、分布于不同地区的棉种归入了同一类。如把澳洲的 *G. sturtii*、美洲的 *G. davidsonii*、*G. harknessii*、夏威夷的 *G. tomentosum*、非洲的 *G. stockii* 归为一组，而把另一些亲缘关系很近的棉种却划归到不同的类型中，如 *G. hirsutum* 和 *G. barbadense* 归为不同的组，这显然是不恰当的。

棉酚腺体被认为是棉族植物独有的特征。Alefeld（1861）是第一个真正认识和描述棉族概念（Gossypieae）的学者，提出了棉族独有的特征——今天被称之为 "棉酚腺体"

的小点（腺点）及具有一个复杂的胚。但是随后的学者却未采纳这一正确的超前概念，直到 1887 年 Dumont 才认识到棉酚腺体在分类学上的价值。

棉属种的形态特征是一年生或多年生的木本灌木或小乔木，叶片全缘，或 3～9 裂片。主茎圆或具微棱，分枝有两种：下部为单轴型的营养枝；上部为假合轴型的果枝。每花有 3 片苞叶。苞叶宽阔、叶状，形成三角苞。苞叶全缘，或有锯齿，有的苞叶很小。花萼呈杯状，上缘平截状、波状或尖齿状。花瓣 5 瓣，覆瓦状排列。花色有白、乳白、黄、红紫，花单生或束生在假合轴型果枝上。雄蕊多数，花丝下部联合成管状，称为雄蕊管；花药单室，子房 2～5 室，花柱棒状，不分离，柱头裂片数和子房室数相等。果实为背面开裂的蒴果。种子上覆盖单细胞的毛或光滑无毛，成熟种子的胚乳薄膜状，子叶卷曲，折叠，常有腺体或苞叶蜜腺，全株有斑点状黑色油点（腺体），全株被毛或无毛。染色体数 $2n=26$ 或 52。

二、根据细胞遗传学分类

1922 年前，苏联细胞学家 Nikolajeva 首次准确地计算出棉花的染色体数目，并确定了新世界棉花栽培种染色体数目为 52，旧世界棉花栽培种染色体数目为 26，为棉花细胞学分类奠定了基础。1928 年 Zaitzev 提出了按照染色体数目分类的棉花分类系统。将栽培棉分为两大组，即旧世界棉和新世界棉。旧世界棉是二倍体（$2n=26$），新世界棉是四倍体（$2n=52$），它们相互杂交极为困难，即使产生了杂种，也是完全不育的。

之后，又将这两个大组各自可再分成两个亚组。旧世界棉通过形态学和地理分布又细分为非洲棉（*G. herbaceum* 和 *G. obtusifolium*）亚组和印度—中国（亚洲）棉亚组（*G. arboreum* 和 *G. nanking*）。新世界棉根据形态学和地理分布细分为 2 个亚组，即南美洲棉亚组（*G. peruvianum*，*G. brasiliense*，*G. vififolium*，*G. barbadense*）和中美洲棉亚组（*G. hirsutum*，*G. punctatum*，*G. mexicanum*，*G. purpurascens*），成功地解决了有绒棉花品种的分类。该分类系统是棉属分类的一大突破，是棉花细胞学分类和自然分类的萌芽。苏联棉花分类学家 Mauer 以其先师 Zaitzev 的概念为基础于 1954 年出版了专著《棉花的分类和起源》一书，获得大多数分类学家的支持。Hutchinson（1947）沿着扎依采夫的思想将 4 个亚组缩减为 4 个单一的种，这种分类处理随后得到了广泛认同。另外，1932 年 Harland 根据染色体数目和能否相互杂交为标准，将棉属分为染色体数 $n=13$ 和 $n=26$ 的两大类，并将棉属野生种加进了分类系统。

三、棉花染色体组概念的建立和分类

美国植物学家 Beasley（1940，1942）根据棉花种间杂种 F_1 花粉母细胞染色体配对情况、形态学和地理分布，把具有 26 个染色体的不同棉种划分成 A、B、C、D、E 5 个染色体组，并把四倍体新世界棉定为 AD 复合染色体组，第一个科学地提出了棉花染色体组的概念，奠定了棉属现代分类学的基础。Beasley 把相互杂交能产生杂种，而且其杂种减数分裂中期染色体配对正常，F_1 通常具有育性的棉种归入同一个染色体组，用同一个大写字母表示，并用脚注数字表明不同的种，A₁指定给草棉，A₂给亚洲棉。B、C、D、E代表这些染色体组与亚洲棉种的 A 染色体组的杂种 1 代染色体配对的下降水平，并分别指定为非洲棉种、澳洲棉种、美洲野生棉种和阿拉伯棉种。他还证明了新世界四倍体棉的双二倍体起源，使这种划分更具有科学依据。随后对棉属细胞学的研究都证明 Beasley 原初关于染色体组关系的观点是正确的。Dauwes（1953）根据细胞遗传学资料建议将亚雷西棉从 B 染色体组转移到 E 染色体组。1966 年 Phillips 对陆地棉×长萼棉的杂种（三倍体）和加倍的六倍体的细胞遗传学的研究，认为长萼棉是一个新的细胞学类型，单独列为 F₁ 染色体组。1979 年 Edwards 根据染色体组型分析将比克氏棉从 C 组分出另立为 G₁ 染色体组。因为比克氏棉染色体组的大小比 C 染色体组的模式种斯特提棉小，甚至比草棉的染色体组还小，着丝点的位置也不同，并且缺少第二缢痕和随体，这样的安排还得到了生化证据的支持，并能同形态学资料更好地统一起来。比克氏棉的花类黄酮、DNA 含量及种子蛋白、酯酶、氨酞酶、过氧化氢酶电泳谱带结果也证明它不同于 C 组其他种。近年 En-drizzi 根据种间杂种的细胞遗传学将原产于澳洲 Kimbley 地区的棉种暂列为 K 染色体组。因此，至今棉属已确定的染色体组有 A、B、C、D、E、F、G、K 和（AD）复合染色体组共 9 个。

　　Fryxell（1979）在《棉族自然史》一书中发表了棉属的分类系统，将棉属分为 4 个亚属、7 个组、10 个亚组、共 39 个种。其中二倍体种 33 个，$2n=2x=26$；四倍体种 6 个，均为 AD 染色体组，$2n=4x=52$。在此基础上加上近年来新发现并定名的新种，棉属现共有约 50 个种和变种，并列出了棉属的种归属的染色体组及分布（表 15-1）。关于四倍体棉种达尔文氏棉（G. darwinii）和茅叶棉（G. lanceolatum）是否是独立的种，目前有不同的看法，本表仍列为独立的种。

表 15-1　棉属（Gossypium）的种及分布

染色体组	种　名	定名年代	分　布
A₁	草棉（G. herbaceum L.）	1753	旧世界栽培种
A₂	亚洲棉（G. arboreum L.）	1753	旧世界栽培种
B₁	异常棉（G. anomalum）	1860	非洲西南和撒哈拉附近
B₁	桑纳氏棉（G. anomalum subsp. senarense）		
B₂	三叶棉（G. triphyllum）	1862	非洲西南
B₃	绿顶棉（G. capitis-viridis）	1950	佛得角群岛
	三叉棉（G. trifurcatum）		
C₁	斯特提棉（G. sturtianum）	1863	澳大利亚中部
C₁₋ₙ	南岱华氏棉（G. nandewarense）	1964	澳大利亚东南部
C₂	鲁滨逊氏棉（G. robinsonii）	1875	澳大利亚西部
C-	澳洲棉（G. australe）	1858	澳大利亚中部
C-	皱壳棉（G. costulatum）	1863	澳大利亚西北部
C-	杨叶棉（G. populifolium）	1863	澳大利亚西北部
C-	坎宁汉氏棉（G. cunninghamii）	1863	澳大利亚北部
C-	长茸棉（G. pilosum）	1974	澳大利亚西部
C-	小丽棉（G. pulchellum）	1923	澳大利亚西北
C-	奈尔逊氏棉（G. nelsonii）	1974	澳大利亚中部
	林地棉（G. enthyle）		

（续）

染色体组	种　　名	定名年代	分　　布
C-	小小棉（G. exiguum）		
	伦敦德里棉（G. londonderriense）		
	马全特氏棉（G. marchantii）		
	显贵棉（G. nobile）		
	圆叶棉（G. rotundifolium）		
D₁	瑟伯氏棉（G. thurberi）	1854	墨西哥、美国亚利桑那州
D₂₋₁	辣根棉（G. armourianum）	1933	墨西哥、美国加利福尼亚
D₂₋₂	哈克尼西棉（G. harknessii）	1853	加拉帕戈斯群岛
D₃₋d	戴维逊氏棉（G. davidsonii）	1873	墨西哥、美国加利福尼亚
D₃₋k	克劳茨基棉（G. klotzschianum）	1853	加拉帕戈斯群岛
D₄	旱地棉（G. aridum）	1911	墨西哥的太平洋岸
D₅	雷蒙德氏棉（G. raimondii）	1932	秘鲁
D₆	拟似棉（G. gossypioides）	1913	墨西哥
D₇	裂片棉（G. lobatum）	1956	墨西哥
D₈	三裂棉（G. trilobum）	1824	墨西哥西部和中部
D₉	松散棉（G. laxum）	1972	墨西哥格雷罗
D-	特纳氏棉（G. turneri）	1978	墨西哥格雷罗
	施温迪茫棉（G. schwendimanii）		
E₁	司笃克氏棉（G. stocksii）	1874	巴基斯坦、阿拉伯和东非
E₂	索马里棉（G. somalense）	1904	索马里东北部
E₃	亚雷西棉（G. areysianum）	1895	阿拉伯南部
E₄	灰白棉（G. incanum）	1935	阿拉伯南部
	伯纳迪氏棉（G. benadirense）		
	伯里切氏棉（G. bricchetti）		
	佛伦生棉（G. vollensenii）		
F₁	长萼棉（G. longicalyx）	1958	非洲东部
G₁	比克氏棉（G. bickii）	1910	澳大利亚中部
(AD)₁	陆地棉（G. hirsutum）	1763	新世界栽培种
(AD)₂	海岛棉（G. barbadense）	1753	新世界栽培种
(AD)₃	夏威夷棉（G. tomentosum）	1865	夏威夷群岛
(AD)₄	黄褐棉（G. mustelinum）	1907	巴西东北
(AD)₅	达尔文氏棉（G. darwinii）	1907	加拉帕戈斯群岛
(AD)₆	茅叶棉（G. lanceolatum）	1877	墨西哥西部

　　注：染色体组用字母和脚注注明的种表示已经过了细胞遗传学研究，有字母没有脚注的种表示染色体组暂列，细胞学未确定，新种则未列出归属的染色体组及分布。

第二节　棉花近缘物种的可利用特性

　　现代栽培棉品种经过了长期的人工选择，在产量、综合农艺性状、综合纤维品质方面，无论野生棉种，还是栽培棉的原始种系都无法与之相比。但是，栽培品种的抗病性、抗虫性、抗逆性都远不如野生棉种及栽培棉的原始种系。此外，野生棉还具有一些特有的性状（栽培棉缺乏的），如种子无腺体（无棉酚）—植株有腺体，细胞质雄性不育，改良栽培品种纤维强度和细度的潜在特性等。总之栽培棉的近缘物种是改良棉花品种的巨大资源库。表 15-2 和表 15-3 分别列出了棉花野生种和原始种系（races）已知的可利用特性。

表 15-2 棉属野生种的可利用特性

棉种	染色体组	可利用的性状和特性
异常棉	B_1	抗叶跳虫、棉铃虫、卷叶虫、红蜘蛛等，抗角斑病，对黄萎病免疫，纤维细、纤维拉力强，苞叶窄，收花杂质少
斯特提棉	C_1	抗霜冻，能短期抗 0～8℃低温、抗萎病，对黄萎病免疫，纤维状根系对根腐病有抗性，对光周期不敏感，束纤维强度高，铃期短
澳洲棉	C_3	抗干旱，对黄萎病免疫，种子无腺体植株有腺体
瑟伯氏棉	D_1	抗棉铃虫、红铃虫、棉象鼻虫，抗短期 -6℃低温，抗黄萎病，本身无纤维，但具有改进纤维长度、细度和拉力的潜力，结铃性强
辣根棉	D_{2-1}	抗棉叶跳虫、蓟马、棉铃虫、斜纹夜蛾、棉象鼻虫等，具有纤维强的潜在的特性，全株光滑，苞叶早落，能提高皮棉光洁度
哈克尼西棉	D_{2-2}	抗干旱，抗红蜘蛛，抗黄萎病，苞叶早落，能提高皮棉的光洁度，胞质雄性不育
戴维逊氏棉	D_{3-d}	抗盐碱，抗干旱，棉毒素含量高，对棉铃虫有抗性，抗棉蚜。对黄萎病 1 号小种感染，而对 2 号小种具抗性
旱地棉	D_4	抗干旱，高籽指，强纤维，对黄萎病免疫
雷蒙德氏棉	D_5	抗干旱，抗角斑病、抗锈病，对黄萎病免疫，抗叶跳虫、棉铃虫，具有提高纤维细度和拉力的潜在能力，生长势旺，高衣指
三裂棉	D_8	抗干旱，抗低温，抗细菌性病，对黄萎病免疫
司笃克氏棉	E_1	极抗干旱，纤维可纺性能好
索马里棉	E_2	抗干旱，抗棉铃虫，高强纤维，长绒，种子有腺体无棉酚
亚雷西棉	E_3	非常抗干旱，极早熟
长萼棉	F_1	高籽指，强纤维
比克氏棉	G_1	全株密被硬茸毛，能抗吮吸口器害虫，能大量开花结果。闭花受粉，种子无棉毒素，对黄萎病免疫
夏威夷棉	$(AD)_3$	抗叶跳虫，无蜜腺，能减少害虫虫口，棉铃有抗生作用，抗干旱，纤维细，拉力强
黄褐棉	$(AD)_4$	对黄萎病免疫
达尔文氏棉	$(AD)_5$	抗干旱和根结线虫，高纤维细度

表 15-3 栽培棉原始种系（races）已知的可利用特性

原始种系	可利用的性状和特性
G. hirsutum races Mexicanum	抗黄萎病
Punctatum	耐寒、抗旱、抗叶跳虫、抗角斑病、高抗枯萎病，高纤维强度和细度，低棉酚
Palmeri	抗吮吸昆虫
Marie-galante	抗茎象鼻虫
Taxonomic races of *Gossypium*	抗红铃虫，高油
Wild accessions of *Gossypium*	抗棉象鼻虫，抗棉黄萎病
Brasiliense	抗象鼻虫
Sinense	抗枯、黄萎病，长绒、高细度
Ceruum	抗萎病，长绒、大铃、高衣分
Burmanicum	纤维高细度和强度
Bengalense	高衣分和抗角斑病
Rozi	抗根腐病和棉铃虫
Nadam	抗旱和抗象鼻虫

第三节 棉花近缘物种的抗病性

选育和利用抗病品种是控制棉花枯、黄萎病最经济有效的措施，而抗源是抗病育种的物质基础。对枯萎病来说，我国通过棉花抗病育种和抗病品种的推广，已得到基本控制。但是，对我国抗枯萎病棉花品种的系谱分析发现，其抗源狭窄，71.43%的抗病品种来源于岱 15 的衍生品种。抗性来源狭窄对目前依赖抗病品种防治棉花枯萎病的体系可能是十分脆弱的，一旦枯萎病菌生理小种改变，对生产可能造成极大的为害。因此，对棉花抗枯萎病育种来说，应重点发掘新的棉花枯萎病抗源。在我国棉花种质资源材料中，亚洲棉高抗枯萎病，抗病品种占 80% 以上，是最重要的抗源。1985 年陕西省植保所对 348 个亚洲棉品种进行枯萎病苗期抗性鉴定，病指在 $1\sim25$、$25.1\sim50$、$50.1\sim100$ 的品种分别为 288 个、34 个和 26 个，分别占总数的 82.8%、9.8% 和 7.4%。项显林（1988）主编的《中国的亚洲棉》对我国亚洲棉抗枯萎病的鉴定结果按发病率 25%、$25.1\%\sim50.0\%$、$50.1\%\sim100\%$ 三级分为抗、耐、感的品种数分别为 269 个、26 个和 10 个，抗病品种占 88.20%，耐病占 8.52%，感病占 3.28%。陆地棉栽培品种同亚洲棉的种间杂交，与陆地棉同野生棉的种间杂交相比较容易成功，并且陆地棉与亚洲棉的基因重组也没有大的障碍。因为 A_2 与（AD)$_1$ 中的 A 亚组是同源的，减数分裂时可以同源配对或部分同源配对，形成 8 个二价体和 1 个四价体或 13 个二价体。因此，有必要通过种间杂交将亚洲棉对枯萎病的高抗特性转育到陆地棉，丰富栽培陆地棉枯萎病抗源的多样性。

一般认为，陆地棉栽培品种中不存在对棉花黄萎病免疫的抗源，高抗的类型也寥寥无几。马存（1999）甚至认为我国保存的陆地棉品种、品系及资源也无真正达到高抗者。在棉属的 4 个栽培棉种中，海岛棉对黄萎病的抗性最高，60% 的材料是高抗类型，20% 抗病，10% 耐病，15% 感病。尽管海岛棉对黄萎病的抗性高，且海陆杂交容易，基因重组也没有大的障碍，多数研究认为海岛棉对黄萎病的抗性受显性单基因或不完全显性单基因控制。但是，海岛棉的抗黄萎病特性却没有转育到陆地棉，其原因尚不清楚，有待进一步研究。陆地棉和亚洲棉多数品种都感黄萎病，陆地棉栽培品种几乎没有高抗黄萎病的类型，$70\%\sim80\%$ 的品种、品系感病，其余 $20\%\sim30\%$ 为耐病；亚洲棉 70% 感病，约 20% 耐病，10% 抗病，高抗类型极少；草棉耐黄萎病。尽管栽培陆地棉多数品种感黄萎病，但陆地棉的野生种系对黄萎病的抗性却很高。如陆地棉半野生种墨西哥棉（G. ssp. *mexicanum*），对黄萎病的抗性表现为显性单基因遗传。前苏联育种家利用墨西哥棉与陆地棉栽培品种（C-4727）杂交转移抗黄萎病特性，杂种 F_1 抗病，是显性，F_2 抗病植株与感病植株的比为 3：1，表现为单显性基因遗传，从这一杂交组合育成了抗黄萎病（Ⅰ型生理小种）的品种塔什干 1 号、2 号和 3 号。

在陆地棉的近缘物种中，棉属野生种是抗黄萎病的最大资源库，这是对棉花黄萎病免疫的唯一资源。但对这一重要资源的利用却十分有限，多数的研究仅停留在种质资源的抗性鉴定上，对其抗性机制缺乏研究。据顾本康、钱思颖研究，二倍体野生棉种异常棉、斯特提棉、澳洲棉、雷蒙德氏棉、三裂棉、旱地棉、瑟伯氏棉、索马里棉、比克氏棉及四倍体野生种黄褐棉对棉花黄萎病免疫。松散棉、拟似棉、裂片棉耐黄萎病，而戴维逊氏棉、长须棉、纳尔逊氏棉却高感黄萎病。野生棉对黄萎病抗性的利用虽然已有一些尝试性的研究，一些野生棉与陆地棉的杂交后代已选出了抗病品种或品系，但野生棉对黄萎病的免疫特性却没有转育到陆地棉，这有待进一步深入研究。

第四节　棉花远缘杂交的技术与方法

棉花种间杂交育种，因存在种间生殖隔离问题，与陆地棉品种间杂交、系统选育相比，技术难度要大得多。但它所创造的种质多样性，突出的特异优良性状是品种间杂交无法相比的。进行棉花种间杂交育种必须解决三道难关，即种间杂交的不亲和性、杂种的不育性及迅速获得种间育种群体以及选出特优性状的新种质乃至新品种。

一、棉花种间杂交的不亲和性

棉花远缘杂交，除同一染色体组内的不同种的杂交（如陆地棉×海岛棉、亚洲棉×草棉）外，种间杂交一般不易成功，难以获得有生活力的杂种。其原因有花粉管生长受抑制、不能正常受精、胚和胚乳夭亡、致死配套基因使杂种夭亡等，这些现象统称为杂交不亲和性。

（一）四倍体栽培棉与二倍体栽培棉杂交的不亲和性

四倍体栽培棉与二倍体栽培棉的杂交，花粉在异种柱头上的萌发和在花柱中的生长，不论正交还是反交基本上是正常的，都不是造成杂交困难的主要原因。早在1935年冯泽芳在亚洲棉和陆地棉的杂交中就观察到正反交都在授粉后24 h内，于花柱基部出现花粉管，认为杂交成功率低不是由于花粉管生长慢，而是其他原因。山田登（1939）在《亚洲棉和陆地棉杂交的花粉管的发育》中指出，大多数花粉管能正常生长，并于授粉后的24 h进入胚珠，少数胚珠已受精。胡适宜（1965）、Pundir（1972）通过详细的胚胎学研究证实了上述结论，指出杂交授粉受精过程基本正常，与自交相比，只有很小的差异，不可能成为四倍体栽培棉与二倍体栽培棉杂交的主要障碍。

Beasley（1940）首先研究了亚洲棉与出现陆地棉杂交正反交的杂种胚和胚乳的发育。陆地棉×亚洲棉于授粉后4～6d胚乳出现不正常，第七天停止发育，这时胚的发育还是接近正常的，第8～10d多数杂交铃脱落，少数铃能生长。亚洲棉×陆地棉胚珠发育正常，胚乳在授粉后7～9d停止发育，15d完全消失，胚乳解体前，胚的发育是正常的。Weaver（1957，1958），Punder（1972），Govila（1969）和梁正兰（1982）等都对陆地棉与亚洲棉的杂交障碍进行了研究，发现在亚洲棉×陆地棉中，杂种胚乳在授粉后10d前后开始解体，约第十五天完全解体，胚乳始终不形成细胞，杂种胚几乎不能分化，形成各种畸形胚。而陆地棉×亚洲棉则胚乳能形成细胞壁或过早形成细胞壁（授粉后7d），胚乳一旦形成细胞就开始解体，绝大多数胚停止生长、不分化，只有极少数胚可发育成熟，通过人工培养可长成正常植株。有人认为杂种胚、胚乳的解体与胚和胚乳的遗传组成比例失调有关。一般情况下，不同倍性的棉种之间的杂交，以倍性高的亲本做母本，倍性低的做父本，容易

获得成功。如陆地棉与亚洲棉的杂交，陆地棉做母本容易获得有生活力的杂种。Weaver
发现，当亚洲棉或陆地棉做母本与棉属的人工六倍体（$2n=78$）杂交时，胚乳能生长发
育，但始终不能形成细胞壁，胚不能正常分化，衰败的速度随杂交两亲本的染色体数量差
异的增大而加快，即衰败的速度依次为（$2x \times 6x$）、（$2x \times 4x$）、（$4x \times 6x$）。在（陆地棉×
索马里棉）六倍体与陆地棉的杂交中也发现六倍体做母本比陆地棉做母本更容易成功，陆
地棉做母本，即 $4x \times 6x$，虽然受精、早期的胚和胚乳发育都基本正常，但到鱼雷胚时，
杂种胚乳液化成水状，导致胚停止发育。反交，即 $6x \times 4x$，则胚和胚乳发育都比较正常，
可收到大量的饱满种子。在不同倍性的棉花种间杂交中，以倍性高的亲本做母本，倍性低
的做父本容易获得杂种，而反交往往失败，这似乎是棉花种间杂交的一般规律。

（二）四倍体栽培棉与二倍体野生棉杂交的不亲和性

棉属种间杂交的不亲和性反应可以在授粉后到杂种成熟的某一个阶段或多个阶段发生
（何鉴星，1991）。不同种间杂交所表现不亲和性反应也不一样。但是，在花粉的萌发时
期，棉属内不同种的杂交，未发现严重的不亲和性反应，授粉后 4h 野生棉花粉在陆地棉
柱头上的萌发率均在 90％以上，与陆地棉自交相当，表明异种花粉在陆地棉柱头上可顺
利萌发。陆地棉做母本，二倍体野生棉做父本时，野生棉花粉管在陆地棉花柱中生长缓
慢，而且都低于陆地棉自交（表 15-4），有花粉管进入的胚珠少（表 15-5），受精率
低。但不同的杂交组合之间有很大的差异。陆地棉×瑟伯氏棉，陆地棉×三裂棉，每授粉 100
朵花，得到的杂种胚仅 10 个左右，但胚发育较好，容易成苗；陆地棉×司笃克氏棉，尽
管每授粉 100 朵花得到的成熟胚达到 67 个，但胚细长，子叶发育不全，杂交种子成苗率
低；陆地棉×戴维逊氏棉或克劳茨基棉，很容易得到胚，每授粉 100 朵花，可得到 200 多
个胚，但胚子叶多坏死，极难得到杂种；在授粉后 18d 之前杂种胚和胚乳发育都是正常
的，这时胚发育到了鱼雷期，授粉后 18~22d，杂种胚从鱼雷期向子叶期发育，胚从子叶
表皮原细胞开始坏死，到杂交棉铃成熟时，杂种胚仅剩下胚根。

表 15-4　野生棉花粉管在陆地棉花柱中的生长速度 （mm/h）

时间（h）	G. davidsonii	G. thurberi	G. trilobum	G. stockii	G. bickii	Selfed G. hirsutum
0~4	0.89	1.09	1.02	1.17	0.83	1.21
4~8	0.60	0.30	0.29	0.82	0.53	1.13
8~12	0.41	0.54	0.17	1.08	0.50	0.91[a]

a. 授粉后 12 h 陆地棉自交已有大量花粉管进入子房，测量的花粉管生长速度偏低。

Phillips 发现陆地棉×克劳茨基棉的胚和幼苗致死是温度敏感型致死。杂种在 30℃时
发生坏死，但在 40℃时则能正常发育。二倍体戴维逊氏棉与任何四倍体棉种之间的杂交，
长期未获得杂种是因为含有致死配套基因。Lee 和 Smith 发现戴维逊氏棉与一个无腺体的
海岛棉品系 15-4 杂交，能获得成活的三倍体杂种。已查明海岛棉无腺体 15-4 的基因型
为 2（le_1le_2），陆地棉和海岛棉的一些其他栽培品种的基因型都是 2（Le_1Le_2），来自戴维
逊氏棉的配套致死基因被确定为 Le^{dav}。Le 等位基因与 Le^{dav} 的任何组合都是致死的，不是
使胚死亡就是幼苗死亡。

表 15-5　棉属种间杂交有花粉管胚珠百分率

杂交组合	授粉后 24 h			授粉后 48 h		
	观察子房数	观察胚珠数	有花粉管胚珠（%）	观察子房数	观察胚珠数	有花粉管胚珠（%）
G. hirsutum 自交	5	196	51.53	5	163	79.75
G. hirsutum×*G. davidsonii*	5	174	4.60	5	161	6.83
G. hirsutum×*G. thurberi*	5	175	0.57	5	102	0.98
G. hirsutum×*G. trilobum*	5	151	1.99	10	382	0
G. hirsutum×*G. stockii*	5	178	5.62	6	198	9.09
G. hirsutum×*G. bickii*	10	319	0.94	20	651	0.77
G. hirsutum×*G. barbadense*	5	130	52.31	5	186	63.98
G. hirsutum×*G. herbaceum*	5	199	23.12	6	209	50.24
G. hirsutum×*G. arboreum*	8	243	32.92	5	168	61.31
G. arboreum 自交	5	127	49.61	6	161	81.37
G. arboreum×*G. davidsonii*	5	118	13.56	5	128	22.66
G. arboreum×*G. bickii*	5	130	11.54	6	150	20.67

陆地棉×比克氏棉，花粉管生长缓慢，每授粉 100 朵花仅能得到 8 个胚，并且胚根生长点发育不良，胚根顶端成截形，较难得到杂种。亚洲棉×比克氏棉，很容易获得杂种胚，但所有杂种胚萌发后胚根生长点都萎缩，停止生长，这种根尖萎缩现象在杂种后代中可持续多代发生（李炳林，1987）。

陆地棉×索马里棉，得到杂种胚不难。但杂种胚细长，不易萌发，并且在不同陆地棉品种间有很大的差异。陆地棉中植 86-1×索马里棉的杂交容易成功，很可能陆地棉与索马里棉杂交的可交配性在陆地棉品种间存在基因型差异。

陆地棉×斯特提棉、陆地棉×长须棉及陆地棉×雷蒙德氏棉则很容易得到杂种（图版 Ⅳ-1）。

陆地棉×拟似棉虽然很容易得到杂交种子，但 F_1 植株全部死亡；当杂种 F_1 长到 10～12 节时期，由于维管束形成层失去活性，韧皮部和皮层解体，木质部导管被堵塞，在皮层、韧皮部和髓中形成肿瘤。杂种肿瘤的发生受 3 对等位基因遗传体系—G^o、G^x 和 G^y 的控制。G^x 和 G^y 是肿瘤发生的基因型，具有这种基因型的二倍体杂种会死亡。含有 G^x 和 G^y 的多倍体杂种其肿瘤形成的水平依赖于 G^o 等位基因的量，即具有 $G^o G^x G^y$、$G^o G^o G^x G^y$、$G^o G^o G^o G^x G^y$ 基因型的植株分别具有多数肿瘤、很少肿瘤和没有肿瘤（Phillips 1972，1976）。

二、克服棉花种间杂交不亲和性的方法

（一）植物激素保铃——胚培养法

为克服棉花种间杂交不亲和性及杂种 F_1 的不育性，梁正兰等（1999）创立了"棉花种间杂交新方法"，即把杂交铃喷（滴）植物激素、离体培养杂种胚、试管内同步进行染色体加倍三者相结合。棉花种间杂交授粉后，在杂交铃苞叶内侧喷或滴赤霉素

（GA₃）和萘乙酸（NAA），杂交铃结铃率在授粉后 45d 达 75%～100%。不用植物激素处理，杂交铃在授粉后 5d 开始脱落，14d 几乎全部脱落，用 100 mg/L GA₃ 和 100 mg/L NAA 混合液使用，滴 1～3 次（每天 1 次）就可达到 80%～100% 的保铃效果，而对照组杂交结铃率低于 5%。植物激素处理还能促进杂种胚及胚乳的发育。植物激素处理杂交铃每授粉 100 朵花可得到种间杂种成熟胚 8.9～220 个，对照则大多数组合不能得到成熟胚。

梁正兰等（1977—1978）用怀特培养基（1934）加以修改，pH5.6 调为 pH7，并加入秋水仙素 7.5mg/L（二倍体做母本）或 10mg/L（四倍体做母本），杂交授粉后 30d（二倍体做母本）或 40～45d（四倍体做母本）采摘棉铃，在无菌条件下剥出杂种胚接入试管，于 28～30℃ 光照条件下培养，约 20d 后，小苗长出 2～3 片真叶时移入花盆。这一方法的优点是操作简单、成功率高，杂种胚拯救与染色体加倍一步完成，加倍彻底，杂交的当年可获得可育株，育性恢复率高，可育株率达 25%～100%。采用这一技术已获得 15 个野生棉种与陆地棉的种间杂种，包括陆地棉×比克氏棉、陆地棉×索马里棉、草棉×比克氏棉等 3 个新杂种。

（二）种间杂交的胚珠离体培养技术

Beasley 和 Ting（1973、1974）研究棉花纤维离体发育的条件，修改 MS 培养基，研究出适用棉花胚珠离体培养的 BT 培养基，培养开花后 2d 的已受精棉花胚珠，附加 GA₃ 和 IAA 的培养基能促进棉纤维的发育，胚珠在培养 4 周后，胚能萌发长成植株。胚珠培养技术应用于所有的栽培棉花均获得成功，包括新世界四倍体种，陆地棉和海岛棉以及旧世界二倍体种，草棉和亚洲棉等。

Stewart 和 Hsu（1977、1978）首先将 Beasley 和 Ting 的胚珠培养技术应用于棉花种间杂交杂种胚的拯救。他们将 BT 培养基稍作修改，培养 8～10 周后转移到生根培养基，可以将授粉后 2d 的种间杂交胚珠培养成幼苗。他们通过胚珠培养获得了 10 个新的种间杂种。但是该方法的缺点是时间长、方法繁琐、成本高、幼苗成活率低。他们还证实采用梁正兰的方法将生根培养基的 pH 从 5.6 调高到 7.0 后，解决了杂种胚根变黑枯萎的现象，提高了成苗率。

（三）亲本染色体加倍法

在染色体数目不同的种间杂交时，先将倍性低（染色体数目少）的亲本人工加倍成同源多倍体，然后再与倍性高的亲本杂交，可提高杂交结实率。Golosov 用 4x 草棉×陆地棉，结实率达到 39%。孙济中等用亚洲棉与陆地棉杂交，成铃率约 0.2%，几乎得不到种子；用人工合成的四倍体亚洲棉与陆地棉杂交时，成铃率平均在 30% 以上，有的组合达 40%。这一方法虽然克服了一些杂交障碍，但是对克服 F₁ 不育性的效果不是很理想。

三、棉花种间杂种 F₁ 的不育性

棉属种间杂种中，来自相同染色体组不同种的杂种，如陆地棉×海岛棉，亚洲棉×草棉，瑟伯氏棉×雷蒙德氏棉，一般能成活，减数分裂时染色体可正常配对，并且是可育的或有一定的育性。相反，不同染色体组间的杂种，即使能成长到开花阶段，往往也是不育的或是低育性的。因为减数分裂时染色体通常不能配对或只能部分配对，导致染色体不能正常地分配到有功能的花粉或卵细胞中去。一般情况下，棉花种间杂种的育性取决于减数分裂中期Ⅰ形成二价体的频率。二价体的频率越高，育性也越高。二倍体棉种同一染色体组内的杂种减数分裂中期Ⅰ每个细胞一般形成 12～13 个二价体，单价体少于 1 个，个别组合单价体可达 1.5 个（表 15 - 6）。因此，减数分裂基本上是正常的。不同染色体组间的杂种每个细胞二价体少于 12 个，单价体都在 2 个以上（表 15 - 7），有些涉及 E 组的杂种（如索马里棉×比克氏棉）甚至多达 25 个单价体。这些单价体散布在赤道板两侧，后期Ⅰ不能正常分配到两极，有些则随机分配到核中，有些落后最终丢失，有些则单独或几个集合形成微核。这些异常现象导致形成多分孢子，每个小孢子中大多没有完整的染色体组，最后形成畸形的小花粉粒，导致 F_1 不育。

表 15 - 6　棉属二倍体种同一染色体组内的杂种的染色体配对*

杂　　种	染色体构型				交叉数/二价体
	Ⅰ	Ⅱ	Ⅲ	Ⅳ	
A×A					
arboreum×herbaceum	0.00	13.00	0.00	0.00	
herbaceum×arboreum	0.20	12.90	0.00	0.00	
arboreum×herbaceum	0.22	11.13	0.04	0.85	1.17
arboreum×herbaceum	0.08	11.90	0.00	0.93	
B×B					
anomalum×triphyllum	0.06	12.97	0.00	0.00	
anomalum×triphyllum	0.10	12.95	0.00	0.00	1.92
C×C					
sturtianum×australe	0.00	13.00	0.00	0.00	
D×D					
thurberi×aridum	0.10	12.95	0.00	0.00	1.73
armourianum×thurberi	0.00	13.00	0.00	0.00	1.57
thurberi×raimondii	0.19	12.90	0.00	0.00	
armourianum×thurberi	0.60	12.70	0.00	0.00	
harknessii×thurberi	0.80	12.60	0.00	0.00	
davidsonii×klotzschianum	0.10	12.95	0.00	0.00	
klotzschianum×davidsonii	0.02	12.99	0.00	0.00	1.89
armourianum×aridum	0.04	12.98	0.00	0.00	1.70
harknessii×lobatum	0.10	12.95	0.00	0.00	1.72
raimondii×gossypioides	1.14	12.43	0.00	0.00	1.67
E×E					
somalense×areysianum	0.20	12.90	0.00	0.00	
stockii×areysianum	1.57	12.22	0.00	0.00	
stockii×somalense	0.70	12.65	0.00	0.00	

*　主要参考 Ndungo V（1988）收集的数据整理。表中数据，如有多个研究报告，则为平均数。

表 15 - 7　棉属二倍体种不同染色体组间的杂种染色体配对

杂　种	染色体构型				交叉数/二价体
	I	II	III	IV	
A×B					
arboreum×anomalum	2.75	10.71	0.09	0.40	1.46
herbaceum×anomalum	2.38	11.8	0.015	0.00	1.405
herbaceum×triphyllum	1.67	12.13	0.01	0.01	1.54
anomalum×arboreum	2.66	10.66	0.21	0.35	1.45
anomalum×herbaceum	2.62	11.67	0.00	0.02	1.45
A×C					
arboreum× sturtianum	2.80	9.80	0.65	0.38	1.32
herbaceum×sturtianum	16.07	4.83	0.07	0.02	1.21
herbaceum×australe	18.05	3.84	0.09	0.00	1.04
A×D					
arboreum×thurberi	9.61	7.80	0.19	0.05	1.16
arboreum×raimondii	13.79	5.90	0.09	0.04	1.05
arboreum×armourianum	21.49	1.95	0.06	0.05	1.16
A×E					
arboreum×stockii	16.65	4.67	0.00	0.00	1.21
stockii×arboreum×	17.75	4.10	0.10	0.00	1.13
herbaceum×stockii	19.6	3.20	0.00	0.00	1.05
somalense×arboreum	21.51	2.10	0.10	0.00	1.24
A×G					
arboreum×bickii	15.57	5.15	0.00	0.00	1.10
herbaceum×bickii	17.77	3.85	0.77	0.77	1.22
B×C					
anomalum×sturtianum	9.23	8.09	0.09	0.07	1.12
anomalum×australe	13.11	6.17	0.09	0.06	1.11
B×D					
anomalum×thurberi	15.90	4.98	0.01	0.00	1.09
anomalum×davidsonii	22.75	1.63	0.00	0.00	1.08
anomalum×klotzschianum	17.45	4.26	0.01	0.00	1.07
anomalum×aridum	21.15	2.35	0.05	0.00	1.03
anomalum×raimondii	18.83	3.57	0.01	0.00	1.04
B×E					
anomalum×stockii	20.57	2.70	0.00	0.00	
anomalum×somalense	23.40	1.30	0.00	0.00	
anomalum×areysianum	23.09	1.45	0.00	0.00	
C×D					
sturtianum×thurberi	24.52	0.70	0.00	0.00	
sturtianum×armourrianum	16.27	4.58	0.13	0.05	
sturtianum×harknesii	24.56	0.72	0.00	0.00	
sturtianum×davidsonii	19.45	3.15	0.05	0.02	1.06
aridum×sturtianum	7.81	8.98	0.05	0.02	1.26
lobatum×sturtianum	15.13	5.33	0.07	0.00	1.12
robinsonii×davidsonii	12.77	6.44	0.09	0.02	1.12
klotzschianum×australe	19.33	3.33	0.00	0.00	
E×C					
somalense×australe	23.70	1.11	0.00	1.02	1.72
E×G					
somalense×bickii	25.58	0.21	0.00	0.00	1.00

　　主要参考 Ndungo V（1988）收集的数据整理。表中数据，如有多个研究报告，则为平均数。

二倍体棉种染色体组间的杂种，其育性与减数分裂时形成单价体和二价体的多少有关。单价体少、二价体多的杂种，如 A×B 的杂种，可育性较高；相反，单价体多，二价体少的杂种，如 E 与 A、B、C、D、G 染色体组间的杂种，其杂种的育性较低。

四倍体棉种（2n＝4x＝52）与二倍体棉种（2n＝2x＝26）的杂种 F_1 是三倍体（2n＝3x＝39），三倍体杂种是高度不育的。一般来说，AD×A 或 AD×D 的杂种，由于二倍体 A 染色体组与（AD）的 A 亚组、二倍体 D 染色体组与（AD）的 D 亚组是同源的或部分同源的，只有一个染色体组没有同源染色体存在，减数分裂中期Ⅰ出现 13 个左右的单价体，其余染色体可异源配对成二价体或多价体（只有 AD×D_6 是例外，单价体可达到 20 个以上，因为四倍体棉种与拟似棉的杂种存在染色体部分不联会现象），这些杂种是低育性的，通过大量回交，有时可获得回交后代。钱思颖（1995）采用直接回交法得到了陆地棉与辣根棉种间杂种的回交后代，并育成了种质材料。四倍体棉种与二倍体 B、C、E、F、G 染色体组棉种的杂种，减数分裂中期Ⅰ的单价体都在 20 个以上（表 15-8），因为 B、C、E、F、G 没有一个染色体组与 AD 同源，AD×E 的杂种染色体基本不能配对，单价体多达 35～38 个。这些杂种的育性比 AD×A 和 AD×D 的杂种更低，几乎是完全不育的。

表 15-8　棉属四倍体×二倍体的染色体配对

杂　　种	染色体构型						交叉数/二价体
	Ⅰ	Ⅱ	Ⅲ	Ⅳ	Ⅴ	Ⅵ	
AD×A							
hirsutum×herbaceum	13.00	2.00	0.00	9.00	0.00	0.00	
hirsutum×arboreum	13.00	8.00	0.00	1.00	0.00	1.00	
hirsutum×herbaceum	13.00	13.00	0.00	0.00	0.00	0.00	
hirsutum×arboreum	13.00	13.00	0.00	0.00	0.00	0.00	
AD×B							
hirsutum×anomalum	25.05	6.34	0.33	0.06	0.00	0.00	1.09
AD×C							
hirsutum×sturtianum	24.18	5.82	0.53	0.03	0.00	0.00	1.10
hirsutum×robinsonii	25.08	5.76	0.75	0.06	0.00	0.00	1.06
hirsutum×australe	26.76	5.44	0.40	0.04	0.00	0.00	1.04
barbadense×sturtianum	32.5	3.10	0.00	0.00	0.00	0.00	1.00
AD×D							
hirsutum×thurberi	13.39	12.46	0.27	0.00	0.00	0.00	1.54
hirsutum×armourianum	13.77	12.56	0.11	0.00	0.00	0.00	1.52
barbadense×armourianum	13.98	12.03	0.33	0.00	0.00	0.00	
hirsutum×aridum	13.15	12.06	0.55	0.02	0.00	0.00	1.70
hirsutum×raimondii	12.57	12.07	0.56	0.16	0.00	0.00	1.90
barbadense×raimondii	12.98	12.83	0.12	0.00	0.00	0.00	1.81
hirsutum×gossypioides*	30.13	4.39	0.03	0.00	0.00	0.00	1.11
hirsutum×lobatum	13.31	4.30	0.30	0.00	0.00	0.00	
barbadense×lobatum	13.00	12.15	0.51	0.04	0.00	0.00	1.76
hirsutum×trilobum	13.50	12.45	0.20	0.00	0.00	0.00	1.54
barbadense×trilobum	12.70	12.40	0.50	0.00	0.00	0.00	
AD×E							

（续）

杂　种	染色体构型						交叉数/二价体
	I	II	III	IV	V	VI	
hirsutum×stockii	35.20	1.90	0.00	0.00	0.00	0.00	
barbadense×stockii	37.90	0.50	0.00	0.00	0.00	0.00	1.00
hirsutum×areysianum	35.98	1.45	0.04	0.00	0.00	0.00	1.02
AD×F							
hirsutum×longicalyx	22.25	6.78	0.93	0.09	0.01	0.00	1.17
AD×G							
hirsutum ×bickii	33.24	2.67	0.095	0.048	0.00	0.00	1.23

主要参考 Ndungo V（1988）收集的数据整理。表中数据，如有多个研究报告，则为平均数。

* 部分 D 与 D_6 不联会，因此单价体数远远超过 13。

四、克服棉花种间杂种不育性的方法

（一）大量授粉和重复授粉法

四倍体栽培棉种与 A 组或 D 组棉种杂交的 F_1，一般自花授粉不孕，如果授以大量的四倍体栽培棉花粉，同时用植物激素保铃，有时也可获得有生活力的回交种子。因为四倍体棉与 A 组或 D 组杂交的三倍体杂种，有两个染色体组是同源（部分同源）的，只有一个染色体组是非同源的，少数配子可以得到一个完整的染色体组，附加少数非同源染色体组的染色体，形成有功能的配子。大量授粉或重复授粉，加上激素保铃的作用，只要有一个胚珠受精，就有可能获得种子。用大量的杂种花粉给四倍体棉授粉或给杂种自交授粉，应用激素保铃，有时也能产生种子，因为雄配子中也有少量可育花粉。

（二）杂种染色体加倍法

用秋水仙素处理远缘杂种，使染色体加倍，产生异源多倍体，是克服棉花种间杂种 F_1 不育性的有效方法。F_1 雌、雄配子的败育，主要是因为杂种染色体不配对或配对染色体太少，减数分裂行为异常，导致不能形成有功能的配子。染色体加倍后，杂种的每一个染色体都有一个与其完全同源的染色体，减数分裂时可以同源配对形成二价体，不正常的分裂行为得到大大改善，育性得到不同程度的恢复，杂种自交和回交都可结实。四倍体棉与二倍体棉的杂种经过染色体加倍后获得异源六倍体，往往杂交的两个种的亲缘关系越远，其六倍体的稳定性反而更好，雌、雄配子近乎完全可育。E 染色体组与陆地棉的亲缘关系较远，人工合成的异源六倍体，如（陆地棉×索马里棉）异源六倍体（图版IV-2），自交 8 代仍然是稳定的六倍体。相反，AD×A 或 AD×D 的异源六倍体稳定性却较差。其原因是四倍体棉的 A 亚组与二倍体棉 A 染色体组或四倍体棉的 D 亚组与二倍体棉的 D 染色体组是同源的。这种六倍体杂种由于部分同源染色体的异源配对形成多价体，使减数分裂异常。

自 1937 年发现秋水仙素对恢复杂种育性的作用后，很快就应用到了棉花种间杂种上。用秋水仙素加倍棉花染色体的方法有两种：一种是秋水仙素直接处理 F_0 胚、杂种枝条生长点或侧芽；一种是梁正兰（1978）创造的将秋水仙素加入到胚培养基中，秋水仙素处理与胚培养同步进行，能使胚细胞充分加倍。Beasley（1940）报道，0.2％秋水仙素处理嫁接的棉花种间杂种 F_1 24 h，杂种育性恢复率在10％以上。秋水仙素处理顶芽、枝条及种子时应避免阳光直接照射，因在光照下处理枝条易死亡，秋水仙素的浓度高，则处理时间应短一些，反之，则要长一些，这一方法的缺点是加倍的枝条往往是嵌合体。

梁正兰等（1977—1978）用怀特培养基（1934）加以修改，pH5.6 调为 pH7，并加入秋水仙素 7.5mg/L（二倍体做母本）或 10 mg/L（四倍体做母本），培养棉花种间杂种胚，20d 后小苗长出 2～3 片真叶时移入花盆。这一方法的优点是操作简单，杂种胚拯救与染色体加倍一步完成，加倍彻底，杂交的当年可获得可育株，育性恢复率高，可育株率达 25％～100％。

（三）嫁接及环境条件对棉花种间杂种育性的影响

低温、昼夜温差大、短日照、嫁接教养及杂种的长期保存等可提高杂种的育性。梁正兰（1992）用陆地棉与比克氏棉杂交获得杂种 F_1，自交回交均不结实，细胞学研究证实是三倍体（2n＝3x＝39），将它嫁接到陆地棉上，7 个嫁接株中，3 株恢复了育性。在秋季和冬季低温室内，昼夜温差大的条件下，用陆地棉与嫁接株回交收到了种子，并获得了回交后代，但夏季回交都未得到种子。不育的杂种在温室长期保存也有利育性的恢复。梁正兰曾得到一株草棉×比克氏棉杂种，细胞学研究证实是二倍体，自交及用陆地棉授粉都未获得种子，温室保存 11 年后，在冬季温室内收到 5 个天然授粉铃，共 17 粒种子。

第五节　棉花远缘杂交抗枯、黄萎病育种

一、棉花远缘杂交育种的策略与技术

（一）染色体组相同亲缘关系近的种间杂种的回交

用栽培陆地棉品种对杂种 F_1 或加倍后的杂种进行连续回交是棉花种间杂交育种不可缺少的一环，所有棉花种间杂交育种成功的例子都是用陆地棉回交了至少 2～3 次。栽培陆地棉与四倍体棉种及栽培棉的原始野生种系的杂种，虽然具有野生种的某些抗病虫性，但同时带有野生棉的大量不利性状，野生性状明显。营养生长期长，呈现很强的杂种优势；对光周期敏感，结实率低，不孕子率高；杂种后代疯狂分离，即使自交多代仍然很不稳定，难以获得综合两个亲本优良性状的重组类型；长期自交，分离个体往往趋向于二亲类型，生产上无法直接利用，即使是栽培陆地棉与海岛棉的杂种直接利用也有很大的难度。选择合适的优良陆地棉亲本进行连续回交是解决这一问题的关键，一般需要连续回交2～3 代。由于 F_1 的基因型是一致的，因此无须选择，可将全部 F_1 用于回交。从 BC_1 开始每代回交都需要选择具有供体棉种的目的性状，并且育性高、综合农艺性状好、少带野生棉的不利性状的单株。由于在做杂交的时期（7～8 月），除了育性可以确定外，其他农艺

性状的选择很不准确。因此，回交时要选择大量的重点单株做父本进行回交，根据考种结果确定第 2 年种植的回交组合，或者回交和自交选择间隔进行。

（二）四倍体棉种×二倍体棉种的种间杂种的回交

在棉花种间杂交育种中，四倍体棉种×二倍体棉种的种间杂交，多数是陆地棉栽培种与二倍体棉种（包括栽培二倍体棉和野生二倍体棉种）的杂交。这类种间杂种的 F_1 是三倍体，三倍体是不育的或育性极低，直接回交往往难以成功。首先要将不育的三倍体加倍成可育的或部分恢复育性的双二倍体（六倍体），然后选择综合农艺性状优良的高产型陆地棉品种与双二倍体回交，产生五倍体杂种（BC_1）。五倍体 BC_1 的育性依不同的杂交组合有较大的差异，多数杂交组合的五倍体是雌配子育性高于雄配子，并且雌雄配子传递供体棉种（二倍体野生棉种）的染色体有很大的差异。一般雄配子传递供体染色体的能力很低，因而对五倍体进行回交时，正反交的结果有很大的差异。五倍体做母本的回交后代，有较多的供体染色体，野生性状明显，BC_2 代性状疯狂分离，育性很低；五倍体做父本的回交后代，农艺和生物学性状很快就恢复到轮回亲本栽培陆地棉的性状。因为五倍体的雄配子一般不传递附加染色体。因此，育种者在五倍体的回交时需要根据育种的目的及所用的杂交组合决定回交的策略。对 BC_2 的回交也是如此。如果从野生棉转育的目的性状已整合到陆地棉染色体上，则回交时以陆地棉做母本，可缩短育种周期。相反，如目的性状在附加染色体上，则应该以陆地棉做父本回交，以免目的性状丢失，待目的基因易位到陆地棉染色体后，再以陆地棉做母本回交，消除野生棉带来的不利性状，使杂种恢复到陆地棉型。其次是回交的代数，对于回交的后代育性低的组合，回交的代数就要多，回交后代具有较多的供体种的性状及带有不利性状，回交的代数也要多。

（三）三元杂种在棉花种间杂交育种中的作用

棉花三元杂种是由三个不同的棉种杂交产生的远缘杂种。如果首先杂交的是两个二倍体棉种，或二倍体棉种与四倍体棉种的杂交，则先将杂种 F_1 染色体加倍成双二倍体，即异源四倍体或异源六倍体，使杂种恢复育性或部分恢复育性，再用四倍体栽培棉与它回交产生三元杂种；如果首先杂交的是两个四倍体棉种，则其 F_1 直接与四倍体栽培棉回交产生三元杂种。三元杂种用陆地棉品种再回交 2～3 次，综合农艺性状和育性基本恢复到陆地棉类型，就进入常规的育种程序，选育棉花品种。三元杂种育种策略尤其适用于 A 基因组（亚洲棉和草棉）和 D 基因组的基因向陆地棉品种渐渗。A 基因组和 D 基因组杂交产生的加倍四倍体与陆地棉杂交，由于陆地棉（AD）$_1$ 染色体组的 A_h 和 D_h 亚组与 A 和 D 基因组均有同源，因此，基因渐渗容易成功。事实上，在棉花种间杂交育种中多数成功的杂交组合都是来自三元杂种。如美国的 PD 种质及品种主要来源于 Beasley 的亚洲棉—瑟伯氏棉—陆地棉三元杂种。这些种质已经成为棉花品质改良的重要优质基因源。我国的种间杂交新品种石远 321 是来自海岛棉—瑟伯氏棉—陆地棉三元杂种（梁正兰，1996）。该品种丰产性表现尤为突出，在国家棉花区试中成为多年来增产幅度最大的品种，3 年累计推广面积 $9.333×10^3$ hm^2。1999 年在新疆维吾尔自治区策勒县 0.35 hm^2 示范田上，石远 321 与秦远 4 号平均皮棉创 3 790 kg/hm^2 的高产记录。法国 IRCT 在科特迪瓦培育的许多高产优质品种都是以三元杂种 HAT（*G. hirsutum-G. arboreum-G. thurberi*）和 HAR（*G. hirsutum-G. arboreum-G. raimondii*）为基础选育的。目前非洲许多推广品种都与这两个三元杂种有亲缘关系。陆地棉和海岛棉这两个主要栽培棉种，尽管许多优良性状是互补的，如陆地棉的高产性能、广适应性，海岛棉的优质纤维、高抗黄萎病性能，它们相互杂交也没有障碍，然而陆地棉与海岛棉杂交育种的实践证明成功的例子却很少。因为它们的 F_2 及随后的世代迅速恢复到亲本型，导致选择优良重组体失败。因此，要组合这两个种的互补优良性状可能要利用三元杂种组合来打破遗传连锁的负相关。在三元杂种［（陆地棉×索马里棉）异源六倍体×海岛棉］的花粉母细胞中期Ⅰ染色体构型中，观察到形成异源三价体和棒状二价体的频率远远高于二元杂种［（陆地棉×索马里棉）异源六倍体×陆地棉］，说明三元杂种有利提高染色体易位频率，使不同的基因组间发生异源易位。

（四）棉花异源附加系的创制及在育种中的作用

附加系是指一个或一对异源染色体附加到一个物种染色体组上的品系。附加的异源染色体是一个被称为单体附加系。附加的异源染色体是一对被称为双体附加系。棉属二倍体野生种中，如斯特提棉、比克氏棉、索马里棉、异常棉等，都具有棉花育种所需要的重要经济性状的基因源。通过陆地棉与野生棉的种间杂交合成的双二倍体，常存在染色体组间的互作及带有较多的不良性状。双二倍体与陆地棉回交培育而成的附加系（图 15-1）避免了整套异源染色体组的影响，还能鉴定不同异源染色体在陆地棉遗传背景下对不同性状控制的效应，确定重要经济性状所在的特定染色体。附加系通过其附加染色体与陆地棉染色体的易位还可创制易位系，使异源的目的基因整合到陆地棉染色体组，实现种间基因

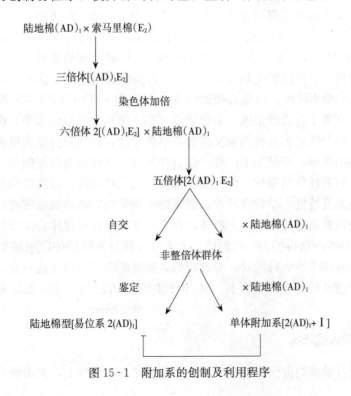

图 15-1 附加系的创制及利用程序

渐渗。

单体附加系附加的异源单体在雌雄配子中的传递频率有很大的差异，一般雌配子传递率高，雄配子传递率很低，而且不同的附加系传递率不一样。陆地棉的索马里棉单体附加系雄配子几乎不传递异源索马里棉染色体，因此，通过单体附加系自交很难获得二体附加系，但是双单体附加系和多重单体附加系自交后代却有一定比例的二体附加系产生。单体附加系自交会分离出陆地棉型植株（2n＝52）和单体附加系植株（2n＝52＋1），在陆地棉型植株中可鉴定出少数易位系。到目前为止棉花中已获得陆地棉附加异常棉、斯特提棉、索马里棉等棉种染色体的异源附加，但没有一个棉种有整套附加系。

（五）回交的技术问题

棉花种间杂交育种的低代群体往往育性很低，有些杂种低世代的育性与 F_1 差不多，蕾铃脱落率高，种子发芽率低，畸形株多。要获得一个较大的育种群体，需要解决回交困难的技术问题。应用植物激素处理杂交幼铃可显著提高回交的成铃率和结实率，其方法与 F_1 杂种的回交一样，在低世代得到的回交种子一般种皮厚而坚硬，很难发芽，剥去种皮则有利胚的萌发，对较难获得回交后代的杂种可结合胚培养技术拯救杂种胚。

二、棉花种间杂交育种中重组体的选择

（一）种间杂种低世代的选择

陆地棉×野生棉种（二倍体）的 BC_2 代是种间杂交育种中的一个关键世代。这一世代的育性，植物学性状都发生疯狂分离。因此，能否得到一个大群体的 BC_2 代是选择特异优良性状的关键。BC_2 代是开始进行选择的第一个世代，选育的重点是恢复育性及特异性状的选择。BC_2 代种植时宜稀植，为扩大 BC_3 或 BC_2F_2 代群体创造条件，BC_2 重点植株移入温室保存。陆地棉×二倍体野生棉种的 BC_2 代群体是由五倍体回交获得的，正反交所获得的 BC_2 代群体是完全不同的，以陆地棉做母本，五倍体（BC_1）做父本所获得的 BC_2 代群体，绝大部分是恢复了育性的植株，染色体恢复到了陆地棉的倍性水平，株型及经济性状也接近陆地棉。但与陆地棉品种间杂交的分离群体相比，株间差异要大得多，选择时要注意两种极端类型的单株，一是选丰产性，综合性状好，育性完全恢复的单株种成 BC_2F_2 代株行，选择具有目的性状的单株，如抗病、抗虫、优质纤维等，以后按常规的育种程序进行选种。另一类是育性低，结铃性较差，带有野生棉染色体的植株或带有较大片段的野生棉染色体，这类植株需进行回交扩大群体，再进入常规的育种程序。以陆地棉做父本，五倍体（BC_1）做母本所获得的 BC_2 代群体，大多数植株是非整倍体，附加了一到多条野生棉染色体，植株有许多野生棉性状，育性很低，需要继续进行回交或自交，选育重点以恢复育性和选择有意义的特异性状为主。BC_1F_2 代的选择方法与五倍体做母本的 BC_2 的选择方法相似。

（二）重组单株的选择

种间杂交选择单株的世代要求其分离群体最好在 500 株以上，大田种植条件下，群体

中 5％的单株结铃在 15 个以上。陆地棉×二倍体野生棉种在 BC_2、BC_2F_2 代或 BC_1F_3 代才能达到这一要求。对小群体（500 株以下）的选择要注意一些特优性状，有些单株综合性状并不很好，但具有某些特优性状，如高比强、高衣分、特大铃、特长绒、抗病虫等，必须多留种，扩大后代群体再进行选择。对较大的群体，则综合性状和特优性状的选择同步进行。

种间杂交与陆地棉品种间杂交相比，分离世代较长，稳定慢，但具特优性状的类型较丰富，要注意连续多代选择及株间交配再选择。

（三）高世代选择及再回交

对种间杂交的高世代（第四、第五代以上）的选择要注意单株选择与株行、株系的选择相结合。对丰产性、综合性状还不很理想，而又具有某些特异优良性状的株行、株系，在选择的同时，还要与陆地棉的优良亲本材料再回交继续选择，特优性状、抗病虫性与综合农艺性状改良同步进行。种间杂交低代群体，由于单株数太少，不可能在病圃进行抗病性选择，到第四、五代时，杂种群体的单株个数已达数百株至数千株，这时对选择抗病性的材料必须进入病圃选择，以免丢失抗病基因。种间杂交的低世代，由于是以恢复育性和选择特异性状为主，多数是采取回交的策略，选择到的目的性状，其基因型是处于杂合状态，高世代选择时必须适时进行人工自交、人工选择与自然选择相结合。

三、棉花种间杂交育种程序的建立及取得的成就

中国科学院遗传发育所（前身为遗传所）在研究棉属种间杂交不亲和性、杂种不育性及克服方法的基础上，联合国内的育种单位经过多年试验，建立了棉花种间杂交育种程序（梁正兰等，2001）：①应用"种间杂交新方案"（见本章第四节）快速获得 F_1 可育杂种；②采用多品种做母本与野生种杂交，提高杂交成功率，并使最适"杂交组合"的选配成为可能；③低代杂种用"组合品种"（即多父本）授粉，形成多样性群体，并提高优良重组体的出现频率；④掌握时机用陆地棉做母本回交显著缩短分离世代；⑤多试点评选品比，丰产性、优质性与抗病性同步选择，人工选择与自然选择相结合。这个育种程序具有成功率高，可操作性强，育种年限短，可广泛应用等优点。

应用"种间杂交新方案"先后用 14 个野生种和一个半野生种与陆地棉杂交成功。除2 个种现为低代杂种外，其余 12 个种均已有了 8～18 代可育群体，成为珍贵的基础材料。从这些材料出发育成了具有特优性状的新型种质资源：①高强纤维（27.4～33.3g/tex）；②特长绒（36.5～40.65mm）；③高衣分（47.4％～48.6％）；④优良纤维细度（麦克隆：3.7～4.0）；⑤大铃（7.6～9.95g）；⑥抗棉蚜（抗级Ⅰ）；⑦抗棉铃虫（抗级Ⅰ）；⑧兼抗枯萎病、黄萎病（病指：枯萎 0～8，黄萎 8～25）；⑨抗干旱、盐碱（抗级Ⅰ、超抗旱 CK BPA68）；⑩红花紫斑陆地棉型新种质（图版Ⅳ-3）。通过与育种单位合作到 1999 年育成了 8 个棉花种间杂交新品种（表 15-9）和 8 个新品系。

表 15 - 9　已审定正在推广的种间杂交新品种

品 种 名 称	杂 交 组 合	审定年月	增产（%）		到 1999 年累计推广面积（hm²）
			区试	生产试验	
石远 321（冀棉 24）	海岛棉×*G. thurberi*×陆地棉	1996.4	19.7	26.5	933 300
远 91406（秦远 4 号）	陆地棉×*G. sturtianum*	1998.2	13.8	17.2	20 000
远 820（晋棉 21）	（陆 × *G. anomalum*）×（陆 × *G. thurberi*）	1997.4	11.3	17.1	16 700
远 2918（晋棉 27）	（陆 × *G. bickii*）×（陆 × *G. thurberi*）	1999.5	11.0	15.0	300
远 394（豫棉 11）	陆地棉×亚洲棉	1994.4	10.2	10.1	415 300
远 2（秦荔 514）	陆地棉×亚洲棉	1990.12	18.9*	20	55 500
远 3（秦荔 534）	陆地棉×亚洲棉	1990.12	22.0	23	38 700
远 345	陆地棉×亚洲棉				
合 计					1 479 800

　　注：CK：秦荔 534 为辽 7 号，秦远 4 号为中棉所 19，晋 21 为晋棉 10 号，其余均为中棉所 12。
　　＊ 为全国联合攻关试验数据。

四、棉花种间杂交抗枯、黄萎病育种实例

（一）棉花种间杂交抗枯萎病育种

　　我国棉花种质资源中，亚洲棉高抗枯萎病，是最重要的抗源。据冯纯大（1996）的系谱分析，亚洲棉是我国棉花枯萎病抗源的四大来源之一。陕西棉花研究所用陆地棉和亚洲棉的杂交后代 55—90 做亲本，选育出 3619、陕棉 5 号（65—141）两个抗枯萎病品种，从 3619 系选出陕棉 11 和冀棉 3 号，从陕棉 11 系选出威 73—78、威 73—145、陕 1340 等 3 个抗病品种；以 3619 为母本，用陕棉 4 号和 3719 混合授粉，选出陕棉 10 号。从陕棉 5 号系选出 76—282、鲁协 1 号、中植 86—1 等 3 个抗病品种。中植 86—1 是 20 世纪 80 年代曾在生产上大面积推广的抗枯萎病品种，用它做杂交亲本又选育出 10 多个品种（图 15-2）。

　　20 世纪 80 年代，中国科学院遗传研究所用陆地棉科遗 2 号与亚洲棉完紫杂交，通过胚培养和试管内秋水仙素加倍获得可育杂种，再用陆地棉回交选育成育种材料，与陕西棉花所合作选育出远 2（秦荔 514）、远 3（秦荔 534）两个抗枯萎病种间杂交品种。

（二）墨西哥半野生棉抗黄萎病的转育

　　前苏联育种家十分重视棉花种间杂交育种，一个典型的成功例子就是对墨西哥半野生棉（*G. hirsutum* ssp. *mexicanum* v. *nervosum* Mauer，2n＝4x＝52）抗黄萎病的利用。他们认为现有栽培品种中没有抗黄萎病的免疫类型，棉花抗黄萎病育种需向野生种寻找抗源。墨西哥半野生棉是生长在墨西哥的一种多年生灌木，半匍匐状，枝丫丛生，单轴枝长，假合轴枝短，耐寒，叶 3 裂，无毛，叶脉隆起，黄色小花，花瓣有紫斑，小圆铃无尖喙，3～4 室，绒褐色，短而软，耐寒，抗黄萎病，由单显性基因控制。它与陆地棉杂交没有障碍，容易成功。陆地棉 C - 4727 与它杂交，F_1 抗黄萎病为显性，F_2 抗病株与感病株

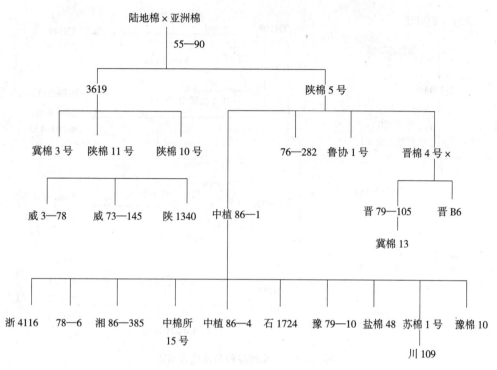

图 15-2 我国亚洲棉血缘抗枯萎病品种（系）简图

的比率符合 3∶1，BC_1F_1 抗感比率接近 1∶1。F_1 和 F_2 的形态特征倾向墨西哥半野生棉。杂种用 C-4727 回交，选育成塔什干 1 号、2 号、3 号新品种，具有丰产抗病（抗黄萎病生理小种Ⅰ型），在黄萎病区，其产量比 108 夫成倍增长，成为前苏联中亚地区的主要推广品种。

（三）二倍体野生种抗黄萎病的转育

前苏联育种家认为可靠的抗性材料应在原产地，棉花黄萎病分布中心在北美洲，在那里野生棉种与病菌通过突变和自然选择共同进化。已知许多 D 染色体组的二倍体野生棉对黄萎病免疫，如瑟伯氏棉、雷蒙德氏棉、三裂棉、旱地棉。瑟伯氏棉的高强纤维潜力通过三交种转育到陆地棉已得到育种者的认同，但是这个三交种育种计划中同时也成功选育出了优良的抗黄萎病品种，如 Acala SJ-1。Beasley（1940）首先得到了三交种（亚洲棉×瑟伯氏棉×陆地棉），从此三交种育种系在美国和世界上其他地区的棉花改良计划中占据了重要地位。Kerr 通过三交种育种计划发放了育种系 TH108、TH171 和 TH458。它们得到了极大的改进，超过了原来的三交种材料。TH108 被回交改良育成了 TH149 和 Delcot277，其中 Delcot277 是抗黄萎病品种。在 PD 育种计划中，TH108、TH171 被 Culp 和 Harrell 用做 PD 系统的重要种质资源，发展成高强纤维的 PD 种质。John 和 Turner 利用三交种材料 TH458，与 Early Fluff 回交 2 次，与 Acala 51 杂交产生 AXTE-1，再与 Acala 1517 D 杂交育成了抗黄萎病、纤维品质优良的 Acala SJ-1。显然三交种在这些育种计划中发挥了关键的作用。图 15-3 为美国的三交种及相关育种计划简图。

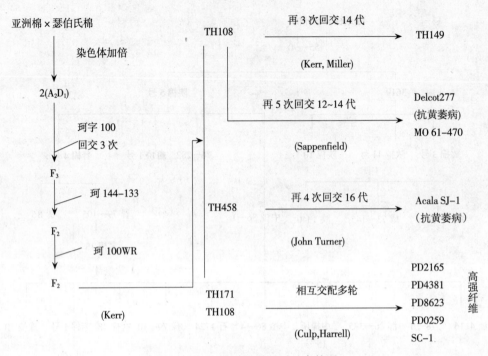

图 15-3　三交种品种品系选育简图

河北省石家庄市农业科学院利用中国科学院遗传研究所提供的（陆地棉×二倍体野生棉）种质材料，这些材料涉及 8 个二倍体野生棉种衍生系，通过株行内优株互交选择，病圃黄萎病抗性鉴定，有 4 个种间杂交组合选出了综合农艺性状、纤维品质、产量和抗病性都极大地改进了的品种和品系（表 15-10），这些品种（系）都是来源于对黄萎病免疫的二倍体野生种。

表 15-10　种间杂交抗黄萎病材料的性状

品种（系）	种间杂交组合	衣分 （%）	2.5%跨长 （mm）	比强 （g/tex）	马克隆值	病指	对照病指
石远 185*	陆地棉×斯特德氏棉	37.4	29.4	25.6	4.3	6.60	44.0
94068*		40.0	27.3	27.1	4.7	3.14	56.25
94083*		44.4	26.9	25.9	5.4	1.52	62.16
94094*		37.9	27.5	28.7	4.2	11.29	33.33
91M305	陆地棉×比克氏棉	41.1	32.0	19.8	4.9	18.8	25.0
91M329		40.3	29.0	23.7	5.1	11.8	25.0
3123		43.8	28.8	23.1	5.4	8.1	25.0
91M165	陆地棉×瑟伯氏棉	39.2	28.9	19.4	5.1	4.8	25.0
石远 321*		39.9	30.2	20.4	4.3	41.05	73.87
2022*	陆地棉×雷蒙德氏棉	40.6	25.3	22.2	5.6	26.3	32.4

*　1994 年结果，其余为 1991 年结果。

参　考　文　献

冯纯大，张金发，刘金兰等 . 1996. 我国抗枯萎病棉花品种（系）的系谱分析 . 棉花学报 . 8（2）：

65～70

何鉴星，梁正兰，孙传渭．1991．棉属栽培种与野生种杂交的不亲和性．遗传学报．18（2）：140～148

何鉴星，姜茹琴，张新雪等．2000．陆地棉×索马里棉异源六倍体杂种的细胞遗传学和纤维特性．科学通报．45（16）：1742～1747

李炳林，张伯静，张新润．1987．亚洲棉与比克氏棉杂交的研究．遗传学报．14（2）：121～126

梁正兰，孙传渭．1982．棉花远缘杂交．北京：科学出版社

梁正兰．1999．棉花远缘杂交的遗传与育种．北京：科学出版社

梁正兰，姜茹琴，钟文南．1992．陆地棉×比克氏棉 F_1 细胞学观察及育性恢复的研究．植物学报．34（12）：931～936

梁正兰，姜茹琴，钟文南．1994．草棉×比克氏棉 F_1 性状观察及其育性的细胞学研究．植物学报．36（增刊）：160～164

梁正兰，姜茹琴，钟文南等．1996．三元杂种（海岛棉—瑟伯氏棉—陆地棉）的研究及新品种选育．作物学报．22（6）：673～680

梁正兰，姜茹琴，钟文南等．2001．棉花种间杂交技术创新及育种程序的建立．中国科学．（C辑）31（2）：120～124

马家璋译．1984．棉铃发育、棉籽品质和育种方法论文选译．中国农业科学院棉花研究所

马存，简桂良，孙文姬．1999．我国棉花品种抗黄萎病鉴定存在的问题和对策．棉花学报．11（3）：163～166

潘家驹．1998．棉花育种学．北京：中国农业出版社

钱思颖，周保良，黄骏麒等．1995．陆地棉 86‐1（*G. hirsutum* L.）与辣根棉（*G. armourianum* Kearn.）种间杂种及其利用的研究．作物学报．21（5）：592～597

孙济中，刘金兰，聂以春．1985．亚洲棉与比克棉杂种一代形态性状与细胞遗传的研究．中国农业科学．（5）：26～30

眭书祥．1995．棉花抗黄萎病育种研究初报．中国棉花．22（6）：12～13

项显林，沈端庄．1989．中国的亚洲棉．北京：农业出版社

郑泗军，季道藩，许复华．1991．陆地棉野生种系开花反应的遗传和枯萎病抗性的鉴定．国际棉花学术讨论会文集，北京：中国农业科技出版社

周有耀．1988．棉花遗传育种．北京农业大学出版社

Beasley J O. 1940. The production of polyploids in *Gossypium*. J. Hered. 31：39～48

Beasley J O. 1940. Hybridization of American 26‐chromasome and Asiatic 13‐chromasome species of *Gossypium*，J. Agri. Res. 60（3）：175～181

Culp T W，Green C C. 1992. Performance of obsolete and current cultivars and Pee Dee germplasm lines of cotton，Crop Sci. 32：35～41

Culp T W，Harrell D C. 1973. Breeding methods for improving yield and fiber quality of upland cotton（*Gossypium hirsutum* L），Crop sci. 13：686～689

Douwes H. 1953. The Cytological relationships of *Gossypium areysianum* deflens. Journal of Genetics. 51：611～624

Endrizzi J E，Turcotte E L and Kohel R J. 1985. Genetics，cytology，and evolution of *Gossypium*，Adv. Genet. 23：271～375

Edwards G A and Anwar Mirza M. 1979. Genomes of the Australian wild species of cotton，Ⅱ. The designation of a new G genome for *Gossypium bickii*，Genet. Cytol. 21：367～372

Fryxell P A. 1979. The natural history of the cotton tribe（*Malvaceae*，*Tribe gossypieae*）. Texas A & M University Press College Station and London

Green C C, Culp T W. 1990. Simultaneous improvement of yield, fiber quality and yarn strength in upland cotton. Crop Sci. 30: 65~69

Ndungo V, Demol J, Marĕchal R. 1988. L'amĕlioration du cotonnier Gossypium hirsutum L. par hybridation interspĕcifique. Facultĕ des Sciences Agronomiques de l'Etat Gembloux-Belgique

Narayanan S S, Singh J, Varma P K. 1984. Introgressive gene transfer in Gossypium. Goals, problems, strategies and achievements, Cot. Fib. Trop. 39 (4): 123~135

Phillips L L and Strickland M A. 1966. The cytology and phylogenetics of the diploid species of Gossypium, Amer. J. Bot. 53: 328~335

Phillips, L L. 1966. The cytology of a hybrid between Gossypium hirsutum × G. longicalyx, Can. J. Genet. Cytol. 7: 91~95

Phillips L L. 1976. Interspecific incompatibility in Gossypium. Ⅲ. The genetics of tumorigenesis in hybrids of G. gossypiodes. Can. J. Genet. Cytol. 18: 365~369

Phillips L L. 1977. Interspecific incompatibility in Gossypium. Ⅳ. Temperature conditional lethality in hybrids of G. klotzschianum, Amer. J. Bot. 64: 914~915

Phillips L L. and J. F. Merrit. 1972. Interspecific incompatibility in Gossypium. I. Stem histogenesis of G. hirsutum×G. gossypiodes. Amer. J. Bot. 59: 203~208

Stewart J McD. and Hsu C C. 1978. Hybridization of diploid and tetraploid cottons through in-ovule embryo culture, J. Hered. 69: 404~408

Stewart J McD. and Hsu C C. 1977. In-ovule embryo culture and seedling development of cotton (Gossypium hirsutum L.), Planta. 137: 113~117

USDA, Genetics and cytology of cotton 1948—1955, Southern Cooperative Series Bulletin. 47

USDA, 1968. Genetics and cytology of cotton 1956—1967, Southern Cooperative Series Bulletin. 139

USDA, 1981. Preservation and utilization of germplasm in cotton1968－1980, Southern Cooperative Series Bulletin. 256

Weaver J B. 1957. Embryological studies following interspecific crosses in Gossypium. Ⅰ. G. hirsutum ×G. arboreum. Amer. Bot. 44 (3): 209~214

Weaver J B. 1958. Embryological studies following interspecific crosses in Gossypium. Ⅱ. G. arboreum ×G. hirsutum. Amer. Bot. 45(1):10~16

第十六章

生物技术抗棉花枯、黄萎病育种

第一节　抗病基因及防御基因

植物抵御病原微生物的侵害有一系列复杂而有效的保护机制。在不亲和的互作模式中，植物在病原菌"激发子"的诱导下，形成氧化激增，细胞膜通透性增加，壁蛋白交联，局部细胞死亡，即过敏性坏死性反应（hypersensitive response，HR），一系列的相关基因的表达使得这种抗性水平逐渐扩展到整株，形成对病原菌侵染的广谱抗性，即系统获得性抗性（SAR）。在亲和互作模式中，植物虽然也产生类型的抗性，但其应变速度慢，而且强度较差。因此，利用基因工程技术向敏感植物导入单一的抗病基因或信号传递途径中能激发植物防御机制的基因，可以使植物的防卫反应强度提高或反应速度加快，增强植物的抗病性能力，这是植物广谱抗病基因工程的理论基础。

植物抗病性从不同角度有不同的分类。从群体遗传上，根据寄主植物与病原菌的相关性把抗病性分为垂直抗性和水平抗性。垂直抗性主要是单基因决定的，针对特定小种，又称为单基因抗性或小种专化性抗性；水平抗性主要是多基因决定的，针对非特定小种，即对多个小种有效，故又称为广谱抗性。从植物对病原菌侵染的反应角度分，植物抗病性可分为过敏反应的抗病性和非过敏反应的抗病性。过敏反应指植物对病原菌（主要是非亲和性小种或非本植物的病原菌）侵染后，细胞、组织快速死亡，从而将病原物限制在侵入点，防止其进一步蔓延扩散的现象。单基因抗性有显性、部分显性和隐性等类型。这些抗病基因仅对一种病原菌或一个小种有效。但也发现一些与病毒侵入有关的抗病基因对其他病原菌也有效。这类基因在抗病育种中被广泛利用，但往往由于新小种的出现而失去抗病性，其抗病性的持久性是限制其利用的主要因素。多基因抗性是多个基因微效反应的指示性状，属于数量性状。

在植物与病原菌的相互作用中，有两者之间的亲和性作用和非亲和性作用。

防御基因是指植物在病原物激发子（包括特异性和非特异性激发子）诱导下，提高识别、信号传递以及诱导植物体表达防御反应相关的一类基因，它在植物抗病性表达中具有重要作用。主要有几丁质酶基因、β1，3-葡聚糖酶基因、富含羟脯氨酸糖蛋白（HRGP）基因、富含甘氨酸糖蛋白（GRP）基因、病程相关蛋白基因、乙烯和酚类化合物合成酶基因等涉及植保素和木质素等与抗病性有关的物质产生的一些蛋白和酶的基因。在植物体内这些基因多以基因家族存在。

第二节 抗病（防御）基因的克隆及利用

在分子生物学高速发展的今天，抗病基因和防御基因的克隆利用也得到了相当重视，而且取得了良好的进展。

自从 1985 年首先克隆了第一个抗病基因西红柿抗细菌叶斑病基因 *pto* 以来，已有近 50 个抗病基因被克隆出来。

一、抗病基因的主要克隆方法

（一）图位克隆法

本方法 1986 年首先由 Alan Coulson 提出，用该方法分离基因是根据目的基因在染色体上的位置，而基因的 DNA 系列及其产物并不需要知道，但必须具有与目标基因紧密连锁的分子标记，再以它作为探针从 DNA 文库中筛选阳性克隆，实现染色体步移；如侧翼标记与目标基因连锁十分紧密或共分离，则无需步移就可直接着陆，获得含目标基因的大片段克隆，然后对含目标基因的大片段克隆做亚克隆或以大片段克隆做探针筛选 cDNA 文库，将目标基因确定在一个较小的 DNA 片段上，并进行系列分析，最后通过遗传转化进行功能鉴定，获得抗病基因。1993 年 Martin 等首次利用图位克隆法分离获得抗霜霉病基因 *Pto* 之后，各国科学家又成功分离克隆了拟南芥的 *RPS2*、*RPM1*、*RPP5*、*RPP*1，番茄抗病基因 *Prf*、*I2*、*Cf2*、*Cf-4*、*Cf-9*、*MI*，烟草抗花叶病毒 *N*，亚麻抗锈病基因 *L*6、*M*，水稻抗白叶枯病毒 *Xa*21、*Xa*1，甜菜抗线虫基因 *Hs*1*Pro*-1，大麦抗白粉病基因 *Mlo*，玉米抗锈病基因等十多个。目前克隆的抗病基因中 60% 是利用图位克隆法获得的。染色体步查法，当抗病基因与一个已克隆的 DNA 紧密连锁时，而抗病基因又在遗传上已经做好图时即可用此方法克隆。但往往在小基因组的植物中比较容易成功。如拟南芥即已用本方法克隆了抗斑生丁香假单胞基因 *RPM* 1 基因，在鉴定出与目的基因连锁分子标记，并构建了高密度的遗传图谱和物理图谱后，再通过染色体步查克隆植物抗病基因，如水稻抗白叶枯病的 *Xa*21。

（二）转座子标签法

主要是利用转座子可随机插入到植物染色体中，如果已知转座因子正好插入到希望分离的抗病基因的中间，由于它的插入导致基因结构的改变，从而使植物原有抗病性的改变，获得原来具有抗性的植物变成感病的突变体，再用转座子作为探针来分离标记的位点，以得到抗病基因的全系列。用本方法最早分离抗病基因是 1992 年 Johal 玉米抗圆斑病基因 *Hm*1，随后玉米抗锈病（*Puccinia sorghi*）的基因 *Rg*1。目前这种技术已广泛应用于各种目的基因的分离克隆，在植物中应用最多的转座子是 T-DNA 以及玉米转座子 Ac/Ds 等。用本方法分离克隆的抗病基因有玉米抗圆斑病菌（*Cochliobolus carbonum*）基因 *Hm*1、烟草抗花叶病毒基因 *N*、番茄抗叶霉病基因 *Cf*9、亚麻抗叶锈病基因 *L*6。由于转座子在插入植物染色体时是随机的，目的性不强，本方法的应用有不少的前提条件，使其应用受到一定的限制。

（三）差异表达法

主要是利用某种蛋白质与抗病基因的相关性，一旦一种蛋白质或 RJ 基因的 RNA 被鉴定，即可通过双向电泳比较抗病和感病株系的蛋白质差异，以发现抗病基因编码的蛋白质。最早应用此方法对植物抗病基因进行克隆的是 G. Bruening 等（1988），他们在豇豆中发现一个基因编码的一种蛋白酶抑制剂能阻碍花叶病毒加工其聚蛋白翻译产物，但在用双向电泳来比较仅有 R 基因差异的近等基因系时并未分离获得 R 基因的产物。由于这种蛋白质在植物体内往往含量很少，虽有人用聚合链式反应驱动的减量试验（PCR drive subtraction experiment），使在 R 基因上有区别的两个近等基因系可以在基因组 DNA 或 RNA/cDNA 水平上被减量，从而使含有 R 基因的同源片段被克隆和富集。本方法虽在基因克隆中是标准方法，但在植物抗病基因克隆上并无多少成功的例证。

（四）利用病原菌无毒/有毒基因产物与抗病基因产物的特异性结合特性法

在病原菌与植物寄主的互作中，一般认为病原菌产生的毒素是结合到寄主植物的毒素作用位点上，而抗病基因则通过其产物阻止其结合，或编码一种酶使毒素分解。这一途径已通过燕麦冠锈病菌（维多利亚长蠕孢）的互作中得到证实。病原菌的毒素专化性地吸附到燕麦上一种分子量 1×10^5 u 的蛋白质（被称为毒素结合蛋白，victorin binding protein，VBP）上，用抗体来筛选 cDNA 文库，编码 VBP 的 cNDA 已克隆出来。分析表明，其性质为甘氨酸脱羧酶复合物（Glycine decarboxylase complex，GDC）。另一种是病原菌的无毒基因产物与抗病基因编码的蛋白质结合，它们相互作用后产生一种信号，诱导一系列的抗病反应。目前已从植物病原细菌中克隆了大量的无毒基因（Avr），包括从棉花角斑病菌中克隆了 10 多个无毒基因，并将其转导入棉花中，证实了棉花角斑病的基因对基因的关系。在真菌病原菌中也有这种小种专化性的无毒基因产物与抗病基因的互作。如小麦云纹病菌（Rhymchosporum secalis）编码的多肽，仅在带有抗病基因 RRs1 的大麦上诱导抗病；豆刺盘孢 α 小种产生的糖蛋白只有在抗病品种上才能诱导植保素的积累；番茄黄枝孢（C. fulvum）含有 Avr9 基因小种能分泌一种 29 个氨基酸的多肽，仅在含有 cf9 的番茄品种上诱导坏死性反应。

（五）异源基因克隆法

以从不同生物中已克隆的具有相同功能的基因为探针钓取相类似的基因是最成功的方法。目前已克隆成功系列性的植物抗病基因大部分是由这种方法克隆的。如德国科学家克隆的第一个甜菜抗线虫基因，随后他们以此基因设计引物从另一个抗线虫的甜菜品种中成功克隆了另一个抗线虫基因；又如水稻抗白叶枯病的 Xa23。利用已克隆出的抗病基因的保守顺序，并借助 PCR 技术对很多相近似的基因的克隆是最简便的方法之一，对在植物抗病性信号传达的蛋白激酶和 G 蛋白以及目前已克隆的抗病基因大部分含有富含亮氨酸系列等保守区域的特征，这种方法对未来克隆新的抗病基因是经济有效的。

（六）候选基因法

针对已克隆的抗病基因所编码的蛋白质结构中具有保守结构的特点，设计出简并引物，从而克隆出新的抗病基因。如 Yu 等根据烟草 N 基因和拟南芥的 *RPS2* 基因的 NBS 区同源系列设计出简并引物，从大豆中扩增并克隆出 11 类含 NBS 系列的片段，其中 6 个定位于已知的大豆抗病基因附近，*Rsv1*、*Rpv*、*Rps1*、*Rps2*、*Rps* 及 3 *rmd*；Leister D 等从马铃薯中扩增、克隆出与已知抗病基因保守系列同源的片段，其中一个与马铃薯抗线虫基因 *Gro*1 位点共分离，另一个定位于第 11 染色体的抗晚疫病基因 *R7* 位点附近。

（七）互补克隆法

用抗病个体 DNA 克隆转化感病个体来筛选抗病个体，从而用它来克隆有关的抗病基因。

二、抗病基因的结构特点

通过对已克隆出来的近 50 个抗病基因的分析，发现植物抗病基因虽然其抵御的病原菌种类不同，有病毒、细菌、真菌、线虫，但它们的功能产物均存在保守结构特征，说明不同抗病基因对不同病原的反应有相似的信号传递系统。

（一）抗病基因编码的蛋白质结构具有相似性

根据抗病基因编码的蛋白质结构特征，可将抗病基因分为下列几类

（1）富含亮氨酸重复（Leucine-rich repeat，LRR）的跨膜受体蛋白。如番茄 *Cf2*、*Cf*-4、*Cf*-9，甜菜抗线虫基因 *HslPro*-1。有人认为 LRR 结构域与激发子识别有关，跨膜结构域将蛋白锚定在膜上，将识别信号传递到细胞内其他信号蛋白质上。

（2）含核苷酸结合位点（nucleotide binding site，NBS）和富含亮氨酸重复的胞内受体蛋白（NBS-LRR）。包括拟南芥的 *RPS2*、*RPM1*、*RPP5*、番茄抗病基因 *Prf*、水稻的 *Xa*1，烟草抗花叶病毒 N，亚麻抗锈病基因 *L6* 等，但这些抗病基因的产物的结构却不尽相同。这些基因可能与蛋白质的相互识别有关。这类基因与植物细胞内的激发子相互作用有关。

（3）含编码丝氨酸—苏氨酸蛋白激酶（serine-threorine kinase，STK）的抗病基因。这类基因的产物直接与病原菌的无毒基因产物相互作用，而丝氨酸—苏氨酸蛋白激酶可能参与蛋白质的磷酸化作用，因而在细胞间的信号传递过程中起作用。主要有 *Pto* 基因。

（4）含类受体蛋白激酶（LRR-TM-STK）的抗病基因。其基因产物蛋白包括胞外的 *LRR* 和胞内的 *STK*。如水稻的 *Xa*21 基因，其胞外单独的 *LRR* 结构域赋予水稻对白叶枯病的 6 个小种的抗病性。

（5）含编码一个依赖于 NADPH 的 HC 毒素还原酶的基因。这类基因产物在 NADPH 存在下，可解除病原菌中形成的 HC 毒素而表现抗性，其代表为玉米的 *Hm*1 基因，是已克隆的惟一一个不符合基因对基因理论的基因。

（6）含跨膜蛋白的抗病基因。其代表为大麦抗白粉病基因 *mlo*，其编码 533 个氨基酸的跨膜蛋白，可能是作为防卫反应的负调控因子。

（二）抗病基因往往成族存在，构成基因家族

根据抗病基因的分布特点，基因家族又可分成两种类型。

（1）同抗病基因分布于不同的染色体上。如番茄中的 I2 基因组即存在于不同染色体上，组成一个抗病基因家族。目前已有 3 个相似的抗病基因被定位在 3 条染色体上。

（2）抗病基因紧密连锁，多个抗病基因共处于一个复合位点组成基因家族。如番茄的 *Pto* 基因是由 5～7 个同源抗病基因组成一个复合位点，其中 *Fen* 基因是该基因家族中的一员，负责对有机磷杀虫剂的敏感性，与 *Pto* 基因有 80% 的同源性；而 *Prf* 基因是和 *Pto* 基因紧密连锁的另一个位点。

第三节　棉花抗枯、黄萎病生物技术育种

黄萎病和枯萎病是为害棉花的世界性病害，号称棉花的"癌症"，防治难度大，至今尚无特效的药剂。培育和利用抗病性品种是最有效和经济的防治手段。实践证明，在枯萎病的防治上是确实有效的，通过培育和种植抗枯萎病品种，使我国的棉花枯萎病得到良好的控制，在南北方棉区该病的为害在 20 世纪 80 年代末被彻底遏止。然而，随着枯萎病的控制，90 年代开始，棉花黄萎病的为害却日益严重，尤其是 1993 年在我国大面积暴发为害，发病面积高达 266.7 万 hm^2。黄萎病已发展成为害我国棉花可持续发展的重要障碍之一。提高棉花品种的黄萎病抗性已成为我国棉花科技工作者的主要目标之一。但利用常规育种方法很难改善其抗性。随着生物技术的发展，转基因方法的进步和完善，国内外相继开展了转基因抗病棉花的研究，经过几年的努力，目前已取得了可喜得进展。

一、用于提高棉花抗病性的基因

目前，国内外用于棉花抗病基因工程的基因主要有两类：一类为病程相关蛋白（PR protein）基因，包括各种来源几丁质酶基因（*Chi*）、葡聚糖酶基因（*Glu*）、葡萄糖氧化酶基因（*GO*）等；另一类为各种植物源的抗菌蛋白基因，目前已报道和利用的有萝卜抗真菌蛋白（*AFP*）、天麻抗菌蛋白（*Afp*-1）、商陆抗菌蛋白基因（*Afp*-2）等。中国农业科学院植物保护研究所与生物技术研究所、中国科学院上海植物生理研究所、新疆维吾尔自治区石河子大学等单位合作开展了棉花抗黄萎病和枯萎病的基因工程研究，利用上述一些基因导入到我国目前的主栽品种中，目前已选育出如 B261、B267、B46、B365、B9801 等一些新株系。

二、转基因抗病棉花取得的新进展

通过几年的努力，国内外均已将上述有关基因导入到棉花中，并从中选出一批抗病性

有显著提高的棉花新品种（系）。如中国农业科学院生物技术所、植物保护研究所和江苏省农科院合作选出 B261、B267、B46、B9801 等一些新株系；中国农业科学院植物保护研究所与中国科学院上海植物生理所合作选出 B365、B623 等一些新株系。新疆维吾尔自治区石河子大学与中国科学院遗传所和中国农科院植物保护研究所合作选出 SW1、SW2、SW3 等品系。新疆维吾尔自治区天彩公司与中国科学院遗传所合作选出抗病彩色棉花。澳大利亚学者选出转葡萄糖氧化酶基因棉花株系（表 16-1）。

表 16-1　国内一些转基因抗病棉花新品系及其基因

品系名称	基　　因	枯萎病抗性	黄萎病抗性	培　育　单　位
B9801	*Chi*	抗	耐	中国农科院生物技术所、植保所等
B261	*GO*	高抗	抗	中国农科院生物技术所、植保所等
B46	*Chi*	高抗	耐	中国农科院生物技术所、植保所等
B365	*AFP*	高抗	耐	中国科学院上海植物生理所、中国农科院植保所等
SW1	*Chi*	高抗	抗	新疆维吾尔自治区石河子大学、中国农科院植保所等
SW2	总 DNA	抗	耐	新疆维吾尔自治区石河子大学、中国农科院植保所等
彩 009	*Chi*	抗	耐	新疆维吾尔自治区天彩公司和中国科学院遗传所

三、转基因抗病棉花对各种棉花病害的抗性

为明确转基因抗病棉花对生产上最重要的两个病害——枯萎病和黄萎病的抗病性，中国农业科学院植物保护研究所采用温室纸钵土壤接菌法对枯萎病抗性进行鉴定，田间人工病圃法对黄萎病抗性进行鉴定。同时，对苗期病害和棉铃病害的抗性进行了比较。结果表明，这些转基因棉花对这两种病害的抗性比其受体均有显著提高。如转葡萄糖氧化酶基因的 B99261，1999—2001 年在北京温室和中国农业科学院植物保护研究所黄萎病病圃鉴定，其枯萎病病指为 4.8，达高抗水平，而其受体新陆早 7 号枯萎病病指高达 58.6，为感病品种；1999 年在北京病圃表现出良好的抗黄萎病性能，在发病高峰的 8 月下旬，发病率仅37.1%，病指 13.6，达抗病水平；而其受体新陆早 7 号黄萎病病指高达 65.7，为感病品种。

（一）转基因棉花对枯萎病的抗性

简桂良等对转几丁质酶基因（*Chi*）、转葡萄糖氧化酶基因（*GO*）、萝卜抗真菌蛋白（*AFP*）、天麻抗菌蛋白（*Afp*-1）等的棉花新株系的枯萎病抗性进行了测定，结果表明，大部分株系均有提高（表 16-2）。

表 16-2　转几丁质酶基因抗虫棉 B99619 与受体抗虫棉 GK19 抗枯萎病性比较

品　　种	发病率（%）	病情指数	相对病指	比 GK19 提高（%）
B99619	15.73	8.99	7.87c	64.61
GK19	37.43	24.74	22.24b	
中棉所 12	5.88	4.90	4.29c	
鄂荆 1 号	66.67	57.14	50a	

表中数据后的字母为多重比较结果，相同字母表示差异不显著，不同字母表示差异显著（下同）。

表 16-3 转抗病基因彩色棉新品种（系）抗枯萎病性

品种（系）	发病率（%）	病情指数	相对病情指数	抗病类型
彩 B5-1	21.95	10.98	15.15	T
彩 B5-2	32.50	15.63	21.56	S
彩 B5-3	14.63	5.49	7.57	R
彩 B5-4	49.02	23.04	31.79	S
彩 B5-5	28.89	20.00	27.60	S
彩 B5-6	40.00	20.63	28.46	S
彩 B5-7	17.31	7.21	9.95	R
彩 B5-8	10.71	3.57	4.93	HR
彩 B5-9	14.06	5.86	8.09	R
彩 B5-10	25.00	8.98	12.40	T
新彩棉 1 号	60.32	39.43	39.43	S
新彩棉 3 号	61.76	42.62	42.62	S
86-1	11.94	3.36	4.63	HR
鄂荆 1 号	60.32	36.11	50.00	S

注：校正系数 K=50/36.11=1.38；HR=高抗，R=抗病，T=耐病，S=感病

（二）转基因棉花对黄萎病的抗性

简桂良等对转几丁质酶基因、转葡萄糖氧化酶基因、天麻抗菌蛋白（Afp-1）等的棉花新株系的枯萎病抗性进行了测定。结果表明，在前期的黄萎病抗性上差异不大，但对后期的黄萎病抗性大部分株系均有提高（表 16-4、16-5）。

表 16-4 转几丁质酶基因抗虫棉 B99619 与受体抗虫棉 GK19 抗黄萎病性比较

品 种	6 月 20 日		7 月 20 日		8 月 20 日		比 GK19 提高%
	发病率（%）	病指	发病率（%）	病指	发病率（%）	病指	
B99619	7.21	2.84	29.35	11.29b	45.48	15.63c	51.52
GK19	7.13	3.17	29.70	11.36b	74.52	32.24b	
中棉所 12 号	4.69	1.43	31.64	11.32b	79.54	35.76b	
鄂荆 1 号	31.47	14.76	59.77	28.44a	94.95	46.76a	

表 16-5 转抗病基因彩色棉新品种（系）抗黄萎病鉴定结果

品种（系）	发病率（%）	病情指数	相对病情指数	抗病类型
彩 B5-1	71.59	36.38	31.34b	T
彩 B5-2	53.26	22.87	19.69ab	R
彩 B5-3	79.61	40.68	35.04b	S
彩 B5-4	78.27	38.26	32.95b	T
彩 B5-5	71.70	35.0	30.15ab	T
彩 B5-6	80.07	38.74	33.13b	T
彩 B5-7	57.51	22.21	19.13a	R
彩 B5-8	69.55	55.66	47.94c	S
彩 B5-9	77.18	62.46	53.79c	S
彩 B5-10	84.18	70.08	60.36c	S

（续）

品种（系）	发病率（%）	病情指数	相对病情指数	抗病类型
新彩棉 1 号	76.98	36.63	31.55b	T
新彩棉 3 号	77.46	32.71	28.17ab	T
文 5	64.32	28.50	24.55ab	T
鄂荆 1 号	90.56	58.05	50.00c	S

（三）转基因棉花对苗期病害抗性

由表 16 - 6 可看出，B99261 对棉花苗期病害立枯病、炭疽病和枯萎病抗性显著高于受体早 7 号，略高于中 12。B99267 除对枯萎病抗性有显著提高外，对其他病原菌均未表现出明显抗性。但 B99261 和 B99267 都不抗红腐病。

表 16 - 6　转 GO 基因棉和常规棉苗病比较

品种名称	立枯病	枯萎病	红腐病	炭疽病
B99261	18.00b	0.46b	6.00a	10.33b
B99267	45.22a	0.88b	5.72a	19.35a
早 7 号	43.23a	5.62a	6.33a	13.83b
中 12	33.10ab	1.72b	6.50a	10.33b

（四）转基因棉花对铃期病害抗性

对转 GO 基因棉花品种对棉花铃期病害炭疽病、黑果病、疫病和红腐病的抗性测定结果见表 16 - 7。发现转基因棉 B99267 和 B99261 对棉铃炭疽病、黑果病和疫病的抗性均高于受体早 7 号，其中疫病抗性增加达到显著水平。但不抗棉铃红腐病。

表 16 - 7　转 GO 基因棉和常规棉铃病发病率比较

品种名称	炭疽病	黑果病	疫　病	红腐病
B99261	0.69a	0.70a	0.86b	0.23a
B99267	0.99a	0.90a	1.13b	0.21a
早 7 号	1.22a	1.65a	2.52a	0.16a
中 12	2.23a	1.98a	1.94ab	0.38a

四、转基因抗病棉花对各种农艺性状的影响

（一）转基因棉花对产量结构的影响

简桂良等对转几丁质酶基因的抗虫棉的产量结构进行了比较。根据 9 月 15 日对 3 个重复各 15 株的各种主要农艺性状的测定，结果表明（表 16 - 8），株高差异不明显，但果枝数则 B99619 比其受体增加 2 个左右，增加显著，这可能与其抗病性的提高有关。在果枝数增加的同时，单株的成铃数也比其受体有所提高，单株的成铃数增加将近 1 个，但提

高不显著，而与其出发品种泗棉 3 号比增加了 4 个以上，增加显著；而与成铃数比，脱落数则相反，出发品种泗棉 3 号的脱落数最多，平均单株的脱落数最高达 16.7 个，而 B99619 则仅 9.53 个，减少 40％以上。在试验中还发现，B99619 与 GK19 的铃柄明显比其出发品种泗棉 3 号长，为此，我们特意对铃柄长度进行了测定。测定结果表明，B99619 与 GK19 的铃柄分别达到 3.25cm 和 3.29cm，而泗棉 3 号则仅 2.72cm，差异显著，这证实了前人的结果。由于导入了 *Bt* 基因，铃柄的长度明显增长。同时，从 9 月中旬的测定结果看，B99619 已基本无花蕾，而 GK19 和泗棉 3 号则还有花蕾，说明导入外源基因后，选出的株系有早衰的现象。但将几丁质酶基因（*Chi*）导入抗虫棉中对抗虫棉的主要农艺性状的影响不大。

表 16-8 转几丁质酶基因（*Chi*）株系与受体的主要农艺性状比较

株系	株高（cm）	果枝数（个）	成铃数（个）	花蕾数（个）	脱落数（个）	铃柄长（cm）
B99619	89.86a	13.64a	21.11a	0a	9.53b	3.25a
GK19	89.02a	11.96b	20.13a	0.23a	11.13b	3.29a
泗棉 3 号	88.25a	11.98b	17.07b	0.2a	16.77a	2.72b

刘慧君等对转 *GO* 基因棉花株系与其受体品种的产量结果进行了比较。结果表明，单株成铃数与蕾铃脱落数，早 7 号单株成铃数 15.8、蕾铃脱落数 16.0；中 12、B99267 和 B99261 单株成铃数分别为 20.0、21.2、22.0，蕾铃脱落数分别为 9.8、11.0、8.9。经生统分析，中 12 和 B99267 成铃数显著多于早 7 号，B99261 极显著多于早 7 号。对比蕾铃脱落数，这 3 个棉花品系均显著少于早 7 号（表 16-9）。

B99261、B99267 花蕾数分别为 0.9 个和 0.5 个，在 4 个品种中花蕾最少，但这两个转基因品种成铃数最高，说明 *GO* 基因导入后，棉花更早熟。

表 16-9 转 *GO* 基因棉和常规棉农艺性状比较

品种	株高（cm）	果枝数	果柄长（cm）	成铃数	花 蕾	脱落数
B99261	85.7c	11.5a	3.3a	22.0a	0.9ab	8.9b
B99267	90.7bc	12.0a	4.0b	21.2a	0.5b	11.0b
早 7	97.7a	11.0a	2.6c	15.8b	2.3a	16.0a
中 12	93.5ab	11.0a	2.8bc	20.0a	1.0ab	9.8b

（二）对棉花纤维品质的影响

刘慧君等对转 *GO* 基因棉花株系与其受体品种的纤维品质进行了比较（表 16-10），结果表明，99261、B99267 的比强度分别为 29.4 和 30.5cN/tex，早 7 号的比强度为 27.6cN/tex，说明两个转基因品种的纤维品质比其受体有明显提高。在绒长方面，B99261 和 B99267 分别为 29.3 和 28.8cm，比受体早 7 号略有降低。从马克隆值来看，B99261 的马克隆值为 4.7，纤维粗细适中，与中 12 相当；B99267 为 4.2，纤维较细；早 7 号为 4.9，纤维较粗。

表 16-10　转 *GO* 基因棉和常规棉纤维品质比较

株系	纤维长度（mm）	整齐度（％）	比强度（cN/tex）	伸长率（％）	马克隆值
B99261	29.3	81.9	29.4	6.7	4.7
B99267	28.8	84.2	30.5	7.1	4.2
早 7	29.8	82.4	27.6	6.8	4.9
中 12	29.1	83.1	25.5	7.0	4.6

简桂良等对转几丁质酶基因的抗虫棉的株系与其受体品种纤维性状进行了比较。结果表明，导入几丁质酶基因绒长和衣分有所降低，但差异不明显。铃重有所提高，但提高不明显，而与其出发品种泗棉 3 号比较，则 B99619 和 GK19 的绒长和衣分均提高显著，但铃重则下降显著（表 16-11）。

表 16-11　转几丁质酶基因株系与受体的纤维性状比较

株　系	绒长（mm）	衣分（％）	铃重（g）	籽指（g）
B99619	34.7a	36.1a	4.3b	10.8
GK19	35.3a	37.0a	4.2b	10.9
泗棉 3 号	33.8b	35.5b	5.0a	11.6

导入几丁质酶基因后，是否对其纤维品质有所影响，结果表明，马克隆值和比强度有所提高，衣分降低了 1％，但差异不明显。而与出发品种泗棉 3 号比较，B99619 和 GK19 的长度和比强度有提高，但马克隆值则变化不大（表 16-12）。

表 16-12　转几丁质酶基因（*Chi*）株系与受体的纤维品质比较

株系	长度（mm）	整齐度（％）	比强度（cN/tex）	伸长率（％）	马克隆值
B99619	29.4	82.5	31.5	7.3	4.5
GK19	30.4	83.8	31.2	7.9	4.0
泗棉 3 号	28.5	83.4	27.3	7.1	4.4

（三）转几丁质酶基因抗虫棉 B99619 与其受体抗虫棉 GK19 抗虫性的比较

1999—2001 年简桂良等在北京对 B99619 和 GK19 的抗虫性，在室内采用室内棉叶接虫法，比较测定了 6～9 月每月棉株主茎展开叶的杀虫能力（表 16-13）。结果表明，B99619 的抗虫性与其受体 GK19 相比，在前期（6 月）对棉铃虫的杀伤力差别不大，而后期其杀虫性比 GK19 不仅未下降，相反还有所提高。分析其原因可能是几丁质酶基因与 Bt 基因有协调表达的作用。

表 16-13　B99619 与其受体 GK19 在各生育期的抗虫性比较（幼虫死亡率,％）

品　　种	6 月 20 日	7 月 20 日	8 月 20 日
B99619	70.0	70.0	83.0a
GK19	72.0	58.0	46.0b
中棉所 12 号	10.0	0.0	0.0c

五、转基因抗病棉花存在的问题及展望

虽然转基因抗病棉花取得了很好的进展，但也还存在一些问题有待解决，其中突出的有下列几方面。

1. 稳定遗传问题　由于转基因抗病棉花主要由农杆菌介导和花粉管通道法这二种方法培养，国内主要由花粉管通道法导入基因。这些方法对基因的导入均是随机的，插入位点也是一种随机行为，有可能是单位点插入，也可能多位点插入。如是单位点插入则比较容易稳定，而如果是多位点插入则很难稳定。我们在研究中即发现有的株系是多位点插入，其后代经 3 年 6 代的连续测定还在分离之中，至今未纯合。

2. 抗病性的连续和稳定　由于棉花黄萎病是一个由广谱寄生性真菌大丽轮枝菌（*Verticillium dahliae*）引起的维管束病害，其抗病性在陆地棉中是一种数量性状，由多个基因控制，病原菌的变异也较快，在陆地棉中就有抗病性不稳定的问题，转基因抗病棉花也存在这问题。如 SW1 在 2000 年表现出很好的抗病性，接近高抗黄萎病水平，但2001 年则抗病性表现就没这么好，仅达到耐病水平。这种现象在其他转基因抗病棉花中也存在，似乎有随着世代的增加抗病性在下降的倾向。如何保持转基因抗病棉花的黄萎病抗性稳定是未来转基因棉花应重视的主要问题。

刘慧君等对转 *GO* 棉花 4 代和 8 代株系的黄萎病抗病性，在北京黄萎病病圃进行了测定，从 6 月 24 日到 8 月 26 日每 7d 调查 1 次各品系的黄萎病发病情况（表 17 - 14）制成曲线如图 16 - 1。可以看出，转基因株系 B99267（4、8 代）和 B99261（4、8 代）抗黄萎病性能比受体早 7 号有明显提高。其中第四代 B99261 抗病性最好，高于耐病对照中 12，达到抗病水平。B99261（8 代）和 B99261（4 代）相比，抗病性显著下降，而 B99267 随着世代的增加抗病性并无明显变化，抗病性趋于稳定，这可能与外源基因插入位点有关。

表 16 - 14　转基因棉和常规棉黄萎病发生情况比较

日期（月/日）	6/24	7/1	7/8	7/15	7/22	7/29	8/6	8/12	8/18	8/26
B99261（Ⅷ）	7.31	10.06	10.58	14.55	12.91	19.60	18.20	20.98	13.75	15.71
B99267（Ⅷ）	7.25	9.26	9.97	11.00	10.11	15.22	13.32	14.77	12.56	12.70
早 7	21.08	20.97	18.07	19.69	15.27	22.43	21.38	24.09	17.06	22.02
中 12	5.82	7.52	9.08	9.46	11.79	18.76	13.98	14.50	11.27	12.55
B99261（Ⅳ）	6.48	6.20	4.60	9.01	7.59	11.54	12.56	8.30	10.28	8.15
B99267（Ⅳ）	8.12	9.25	11.33	11.05	10.39	14.51	16.97	15.70	16.52	16.83

3. 抗病性如何与品种的农艺性状结合　转基因抗病棉花由于导入了外源基因，这些基因由于结合了高表达的启动子，其在棉花中的大量表达，势必消耗棉花的光合产物。澳大利亚学者报道，虽然转基因抗病棉花的枯、黄萎病抗性得到了提高，但其生长受到了不同程度的影响，植株变矮，生长发育迟缓。我国的研究并未发现这种现象，但抗虫棉研究中也有棉铃变小，产量下降的问题，值得引起重视。我国研究的一些转基因抗病棉花其产量水平均达不到目前生产上推广的常规品种的产量。如何提高这些转基因棉花的经济产量是未来转基因抗病棉花应研究的主要问题之一。

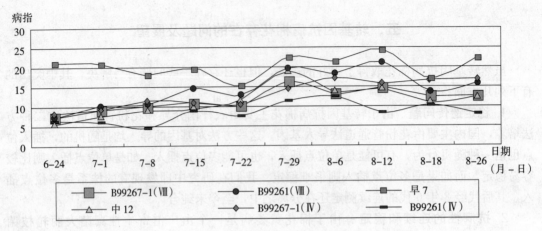

图 16-1　不同世代转基因抗病棉品系黄萎病消去规律

参 考 文 献

陈大军，简桂良，李仁敬等.2003.转天麻抗真菌蛋白基因彩色棉新品系抗枯、黄萎病研究.分子植物育种.1（6）：422～425

简桂良，邹亚飞，刘慧君.2003.导入 *Chi* 基因对抗虫棉各种农艺性状的影响.见：彭友良主编.植物病理学研究进展.北京：中国农业科技出版社

简桂良，卢美光，王志兴等.2004.*Chi* 基因导入对转 Bt 棉花抗病虫性的影响.农业生物技术学报.12（4）：478～479

贾士荣.2001.转基因棉花.北京：科学出版社

刘慧君，简桂良，邹亚飞.2003.*GO* 基因导入对棉花农艺性状及抗病性的影响.分子植物育种.1（6）：431～434

Bailllieul F，Genetet I，Kopp M，et al. 1995. A new elicitor of the hypersensitive response in tobacco：a fungal glycoprotein elicits cell death，expression of defence genes，production of salicylic acid，and induction of systemic acquired resistance. Plant J. 8（4）：551～560

Bent A F，Yu I C. 1999. Applications of molecular biology to plant disease and insect resistance. Advance in Agronomy. 66：251～298

Cao H，Glazebrook J，Clarke J D. 1997. The Arabidopsis NPR1 gene that controls systemic acquired resistance encodes a novel protein containing ankyrin repeats. Cell. 88：57～63

Century K S，Shapiro A D，Repetti P P，et al. 1997. NDR1，a pathogen-induced component required for Arabidopsis disease resistance. Science. 278（5345）：1963～1965

Chen Z，Silva H，Klessig D F. 1993. Active oxygene in the induction of plant systemic acquired resistance by salicylic acid. Science. 262：1883～1886

Clarke J D，Volko S M，Ledford H et al. 2000. Roles of salicylic acid，jasmonic acid，and ethylene in cpr-induced resis-tance in Arabidopsis. Plant Cell. 12（11）：2175～2190

Ellis J，Dodds P，Pryor T. 2000. Structure，function and evolution of plant disease resistance genes. Currr. Opin Plant Biol. 3（4）：278～284

Gray J，Close P S，Briggs S P，et al. 1997. A novel suppressor of cell death in plants encoded by the L1S1 gene of maize. Cell. 89：25～31

Gusui Wu，Barry J S，Ellen B L，et al. 1995. Disease resistance conferred by expression of gene encoding H$_2$O$_2$-generating glucose oxidase in transgenic potato plants. Plant Cell. 7：1357～1368

Keen N T. 1999. Plant disease resistance：progress in basic understanding and practical application. Advances in Botanical Research. 30：292～328

Lauge R，De Wit P J. 1998. Fungal avirulence genes：structure and possible functions. Fungal Genet Biol. 24（3）：285～297

Martin G B，Brommonschenkel S H，Chunwongse J，et al. 1993. Map-based cloning of a protein kinase gene conferring disease resistance in tomato. Science. 262，1432～1436

第十七章

我国棉花抗枯、黄萎病
育种的主要成就

第一节　棉花枯、黄萎病抗性鉴定进展

品种资源是抗病育种的物质基础，尤其是抗源的收集、创造、鉴定和筛选是选育抗病品种的重要的手段。

一、抗枯、黄萎病鉴定方法的进展

20世纪50年代四川省简阳棉花试验站等单位即开始在重病田进行抗枯、黄萎病鉴定工作，至今自然病圃或人工病圃田间鉴定仍然是抗性鉴定的主要方法。病圃田间鉴定具有鉴定结果准确、方法简便、经济、效果好等优点。70年代，中国农业科学院棉花研究所等单位改用水泥池（槽），人工接种黄萎病菌，进行抗性鉴定，收到较好的效果。水泥池鉴定的优点是土壤菌量容易掌握，且分布均匀，便于控制，缺点是发病往往重于大田。

为寻找快速鉴定方法，70年代末至80年代中国农业科学院植物保护研究所、棉花研究所等单位经过多年试验研究，均认为纸钵撕底蘸根法是快速、准确、易操作的温室苗期抗黄萎病鉴定的良好方法。抗枯萎病温室鉴定为纸钵菌土法。该方法目前已成为国内抗病鉴定的常用方法。但该方法发病较重。90年代初，简桂良、孙文姬等对撕底蘸根法进行了改进，改为无底塑钵菌液浇根法，克服了发病重，纸钵易破的缺点，鉴定结果与田间结果基本一致。

为了探索新的快速抗黄萎病鉴定方法，80年代末不少单位开展了采用黄萎病菌毒素鉴定法。如戴光辉等（1989）利用棉花品种根冠细胞对黄萎病菌毒素的敏感性，章元寿等（1991）用棉花大丽轮枝菌毒素进行抗黄萎病鉴定研究，获得一些试验结果，应进一步深入研究。

二、棉花品种资源抗枯萎病鉴定进展

20世纪70年代末罗家龙等首次对我国保存的3 761个棉花品种资源进行了室内抗枯萎病鉴定，结果表明，高抗枯萎病164个，占总数的4.4%，抗病187个，占5.0%，两项

合计占被鉴定材料的 9.4%。孙文姬等（1990）从 1972—1988 年在北京温室内，北京及河南新乡田间，对 3 677 份（次）品种资源进行了抗枯、黄萎病鉴定，其中 1 211 份材料进行抗枯萎病鉴定，结果高抗类型占 9.66%，抗枯萎病类型占 8.26%，耐病占 9.25%，感病占 72.58%。对枯、黄萎病两病兼抗、耐的材料有中棉所 31、中棉所 12、中植 86 - 3、中棉所 715、中棉所 6331、中棉所 5173、中棉所 1316、86 - 2、陕 3563、陕 2303、冀合 365、冀植 17 号、冀杂 327、冀棉 14 号、川 2787、83B - 87、鲁 4305、苏棉 1 号、丝花中棉和海 7124 等 50 个。史大刚等（1991）1986—1990 年对海岛棉 253 份，陆地棉 299 份种质材料进行了抗枯、黄萎病鉴定，看到海岛棉对枯萎病表现抗病的有 4 份材料，耐病的有 13 份材料；陆地棉对枯萎病除金塔草棉表现耐病外，其余均为感病。

棉花品种资源抗枯、黄萎病鉴定被列为"六五"至"八五"国家重点科技攻关项目，由中国农业科学院植物保护研究所、棉花研究所承担，对我国保存的棉花品种资源，包括陆地棉、海岛棉和亚洲棉，近 4 000 个品种资源进行了较为全面的抗枯、黄萎病鉴定，并将鉴定结果输入国家种质资源库。

另外，朱荷琴等（1998）对 20 世纪 90 年代参加全国抗病棉花品种区域试验，包括黄河区试、长江区试、麦套棉区试和夏棉区试的 60 个品种，抗枯、黄萎病鉴定结果表明，高抗枯萎病品种 24 个，其中包括中杂 104、川 239、邯 621 等；抗病品种 13 个，包括中 161、石远 321 和鄂抗棉 3 号等；耐病品种 15 个，感病品种 8 个。高抗或抗枯萎病品种出现率 61.7%，抗黄萎病的品种有 158—49、中 275 和 92—047 等 6 个品种；耐黄萎病品种有邯 624、中杂 104、石远 321 等 22 个；感病品种 32 个。抗或耐黄萎病品种的出现率为 46.7%。

三、棉花品种资源抗黄萎病鉴定进展

陈振声（1980）采用田间黄萎病病圃种植的方法，在 1973—1980 年，经过 8 年鉴定品种资源 580 个，鉴定结果：病株率 0.1%～10% 的高抗材料 8 个，占总数的 1.38%；病株率 10.1%～25% 的抗病材料 32 个，占总数的 5.52%；病株率 25.1%～50% 的耐病材料 136 个，占总鉴定数的 23.45%；病株率 50.1%～100% 的感病材料 404 个，占总数的 69.65%。历年感病对照冀邯 5 号平均病株率 76.5%，鉴定出了 6 个品种抗枯萎，有兼抗（耐）黄萎性能，即陕 401、陕 416、陕 1155、2037、69 - 221 和 78 - 088。

李成葆等 1983—1986 年，采用无底纸钵定量蘸菌液法，对 911 份陆地棉资源进行了抗黄萎病鉴定。结果表明，从国外引进的 195 份材料中，高抗类型 1 个，占 0.51%，为 13R - S - 10，抗病型 14 个，为 B_{431-6}、HG - BR - 8、萨图 65、阿根廷大毛子、爱字棉 Sj - 1、阿勒颇、BOU79、MO - 3、乍得 2 号、斯字棉 731N、兰布来特 B - L - N 和 71476，占 7.18%；耐病型 29 个，占 14.88%；感病和高感型 151 个，占 77.4%。国内材料 716 份，其中高抗型 1 个，为中 7263，占 0.41%；抗病型 32 个，主要品种有中棉所 12、中棉所 715、中 31、8004、8010、运安 3 号、锦棉 185、冀合 328 - 1、辽棉 5 号、辽棉 6 号等，占 4.47%；耐病型 155 个，占 21.65%；感病和高感型 528 个，占 73.74%。孙文姬等 1983—1988 年对 2 466 份品种资源进行抗黄萎病的鉴定，其中 394 份材料在温室用纸钵撕底蘸根法，2 072份在田间黄萎病圃鉴定。鉴定结果：高抗型22个，占0.89%；抗病类型90个，占3.65%；耐病型519个，占21.05%；感病类型1 835个，占74.41%。对枯、黄萎病表现兼抗（耐）的材料有中棉所31、中棉所12、中植86-3、中棉所6331、中5173、中棉所1316、中植86-2、陕3563、陕2303、冀合356、冀植17、冀杂327、冀14、川2787、83B-87、徐86、鲁4305、苏棉1号、丝花中棉和海7124等50个。史大刚等（1991）对253份海岛棉种质资源进行抗黄萎病鉴定，结果除5个耐病外，其余均为抗病或高抗。对299份陆地棉抗黄萎病鉴定，结果除塔什干1号属耐病型外，其余均属感病型。

"七五"国家科技攻关期间，以中国农业科学院棉花研究所为主持单位的棉花种质资源繁种与抗性鉴定协作组，对4 251份棉花种质进行抗黄萎病鉴定后，推选出抗黄萎病种质14个：御系1号、辽632、68系选148、65-14、5598（632-125）、彭泽70、红叶矮、红槿1号、72-2197、德9169A、帝国红叶棉、爱字棉SJ-4、沙抗73、中无642。上述抗黄萎病鉴定结果均已输入国家种质资源库。

四、棉花三大栽培种抗黄萎病性能的差异

刘嘉科（1962）在1955—1961年对90个不同棉花品种进行抗黄萎病鉴定后指出，棉花种间及品种间抗黄萎病性能差异很大。在海岛棉、陆地棉及亚洲棉（中棉）3个栽培种中，以海岛棉抗黄萎病性能最强，一般只在叶部表现轻微病症，陆地棉抗黄萎性能不及海岛棉，而亚洲棉抗黄萎病性能最差。

马存等1986—1987年在北京及河南新乡田间对3大棉种抗黄萎病性能研究结果表明，海岛棉抗黄萎病能力最强，北京田间纯黄萎病圃鉴定资源57个，其中高抗型材料13个，占22.8%；抗病型20个，占35.1%；耐病型24个，占42.1%；无感病型材料。河南新乡田间鉴定海岛棉25个，平均病指仅1.0。亚洲棉抗黄萎性能最差，北京鉴定材料38个，平均病指22.9。陆地棉抗黄萎病性能介于两者之间，北京鉴定1 512个材料，无高抗型；抗病型12个，占0.8%；耐病型330个，占21.8%；感病型1 170个，占77.4%。新乡鉴定42个，平均病指18.2。如何将海岛棉高抗黄萎病性能转育到陆地棉是抗黄萎病育种的重要研究课题。

第二节　50年来棉花抗病品种选育的主要成就

国外棉花抗病育种工作开始较早，1895年美国农民Rivers选育出世界上第一个抗枯萎病的海岛棉品种Rivers，20世纪40年代育成陆地棉抗枯萎病品种Coker100，70年代育成并推广了对枯、黄萎病各具抗性和耐性的陆地棉品种有Coker310、McNair210、Coker5110、Coker 312、Sp21、Acala SJA、Acala SJ5、Acala 1517/AE-1、Locker 77、岱字棉55、Coker304等品种，前苏联育成高抗黄萎病的塔什干1至6号。

我国棉花抗病育种工作在新中国成立初期即已开始，1952年四川省农业科学研究所、西南农业科学研究所和简阳农业试验点组成枯萎病防治工作组，深入到射洪县棉花枯萎病

区与当地干部结合，采用系统育种方法，从当地推广的感病品种德字531枯萎病严重病田中，选无病单株，经多年连续选育，于1956年选育出我国第一个抗枯萎病的抗源品种——川52-128。后来又从岱15中系选育成川57-681，这两个抗源品种的育成，拉开了我国棉花抗病育种的序幕。

50多年来，我国棉花抗病育种工作发展迅速，成绩显著，尤其是20世纪80年代取得的成绩更为突出。至1990年，先后育成抗枯、黄萎病品种（系）共95个，其中50年代5个，60年代13个，70年代29个，80年代48个。70年代育成品种的丰产性已接近同一时期推广的感病品种的水平，80年代育成品种的丰产性已达到和超过感病品种的水平。80年代末育成的品种不但抗枯萎病，而且兼耐黄萎病。

20世纪90年代以后，各育种单位抗病育种与常规育种结合，抗病品种区试与常规区试合并，育成品种150多个，大部分品种抗枯萎病，部分品种兼抗（耐）黄萎病，并且向抗病、抗虫等多抗方面发展。

从50年代到90年代，在不同时期育出了满足当时生产急需的抗病、高产、品质优良的抗病品种。如抗枯萎病抗源品种川52-128、抗枯萎耐黄萎品种陕1155、中植86-1、中棉所12等，这几个品种在80年代分别获得国家技术发明一、三、二、一等奖。

1972年，全国棉花枯、黄萎病综合防治协作组提出以抗病品种为主的综合防治棉花两病的策略，我国棉花枯、黄萎病综合防治工作得到迅速发展，抗病品种（主要是抗枯萎病）面积由1977年的16.7万 hm^2，发展到1990年的233.3万 hm^2，占全国植棉总面积的44.1%，枯萎病的严重为害基本得到控制。据不完全统计，1975—1993年全国累计推广抗病品种1533.3万 hm^2，增产皮棉17.25亿 kg，折合人民币172.5亿元。目前棉花抗病品种约占植棉总面积的85%，每年增加收入在40亿元以上。棉花抗枯、黄萎病品种选育及推广为我国棉花的持续高产、稳产做出了重大贡献。

50余年来，按采用的育种方法，研究规模及涉及的领域，育成品种的特性，适应范围及产量水平等，可分为五个阶段。

一、早期枯萎病抗源的选育

即20世纪50年代。自1956年选育出抗源品种川52-128之后，1957年又从种植岱字15品种的棉花枯萎病重病田中选育出抗枯萎病的川57-681和川57-50。辽宁省棉麻研究所于1950—1957年从关农1号中选育出我国第一个早熟、抗黄萎病的品种辽棉1号，随后又从锦育22中选育出抗黄萎病的辽棉5号。以上5个品种具有强而稳定的抗病性，在当时的枯、黄萎病重病田种植，起到了保苗、保产的作用。但因经济性状如衣分率较低，丰产性与感病品种有一定差距等，这几个品种未能在生产上大面积推广，但给人们展示了选育抗病品种的前景。

20世纪50年代抗病育种所采用的方法主要是系统育种法，即把丰产性好的品种种植在严重病田内，从中选无病或发病较轻的单株，再连续在重病田内选择，逐年积累和增加抗性。这一阶段选育出的抗病品种，抗病性较强，而且稳定，大多数成为后来抗病育种的重要抗源。

二、高抗枯萎病、高产品种的选育

即 20 世纪 60 年代。主要是运用抗源创造杂交品种的时期。根据我国 20 世纪 50 年代育成的首批抗病品种棉铃小、衣分率低、晚熟、丰产性远不能满足生产需求的特点，采用杂交育种与系统育种相结合的方法共育出 13 个品种：抗枯萎病的有陕 4 号、陕 401、陕 8 号、陕 9 号、川 62 - 200、抗病洞庭棉、晋棉 68 - 389；耐枯萎病的有陕 6 号、中 3 号、商丘 17 号、南通 2 号；抗黄萎病的有中 8010、中 8004。这一阶段陕西省棉花所做出的成绩最突出，育成 5 个品种，其中陕 401 在 20 世纪 70 年代中期推广面积达 13.3 万 hm^2，对减轻当时枯萎病严重为害发挥了重要作用。育成的 13 个品种中，采用系统育种法育成的品种 4 个，杂交育种育成的品种 9 个，占据了主导地位。杂交育种能有效地克服系统育种的缺点，从而找到了解决提高抗性与丰产性相结合问题的途径。60 年代，抗病品种的产量水平比 50 年代有较大幅度的提高。例如，陕 4 号在枯萎病重病田比对照品种中 3 号增产 21.7%，衣分、绒长亦相应有所提高；陕 401 的丰产性又比陕 4 号有较大提高。这些抗病品种在 70 年代初推广面积较大，不仅有效地减轻了枯萎病的严重为害，而且育成了多种类型的抗性材料，为以后的育种工作提供了宝贵的资源。

三、兼抗枯、黄萎病品种的选育

即 20 世纪 70 年代。这一阶段育成并有一定推广面积的品种共 29 个。其中较突出的品种是中国农业科学院植物保护研究所育成的高抗枯萎病品种中植 86 - 1。抗枯萎病的品种还有川 73 - 27、陕 3563、鲁协 1 号、鲁抗 1 号、棉乡 1 号、碧抗 1 号等，占育成品种总数的 75.9%；抗黄萎病的主要有 316、3723、中 9 号等，占总数的 17.2%；兼抗枯、黄萎病的品种有陕 1155、中 3474 等，占总数的 6.9%。

20 世纪 70 年代开始，从事棉花抗病育种工作的单位逐渐增多，主要产棉省的植保科研部门与育种部门相结合，开展抗病性鉴定、抗源收集及抗病育种工作。1972 年，成立了全国棉花枯、黄萎病综合防治研究协作组，有 18 个省（直辖市）的棉花所及农业高等院校、业务行政、生产部门的 43 个单位参加，出现了育种与植保专业协作，专业育种与群选群育相结合等形式，使抗病育种工作出现了前所未有的大好局面。

这一阶段不仅育成的品种多，而且品种的抗病性、丰产性比上一阶段有显著的提高。同时，也积累了较丰富的抗病育种经验，其中很重要的一条经验是加强基础研究工作。1972—1976 年及 1982 年两次进行了全国棉花枯、黄萎病分布的普查，初步摸清了江西主要为枯萎病区，甘肃和贵州为黄萎病区，其余 17 个省（自治区、直辖市）为枯、黄萎病混生病区。与此同时，1972—1973 年及 1980 年两次组织 23 个研究单位，对我国 15 个省（自治区、直辖市）的枯萎病菌的种和生理型进行鉴定，初步查清了我国枯、黄萎病菌的类型与分布，为制定育种目标和抗病品种的合理布局提供了依据。有关部门还组织了棉花育种方面的理论研究。陕西、江苏、河北、辽宁等省及北京农业大学等许多单位对抗性机制和抗性遗传进行了研究，观察到棉株的组织结构、氨基酸含量、过氧化物酶、同工酶、单宁等与抗枯、黄萎病有关。抗性遗传方面，初步研究了各种抗源的遗传情况，为杂交育种等提供了科学依据。

全国的棉花抗病品种区域试验网则利用各地不同生态条件观察所有育成品种在不同棉区的抗性、丰产性和适应性的表现情况，同时也起到了示范、宣传和推广作用。70 年代不仅培育出的品种多，而且通过全国区域试验和各省区域试验审定的品种亦多。其中中植86 - 1 推广面积达到 33.3 万 hm^2，推广面积在 3.3 万 hm^2 以上的品种还有川 73 - 27、鲁抗1 号、鲁协 1 号、辽 7 号、陕 3563、陕 5245。

四、20 世纪 80 年代抗枯、黄萎病品种的选育

此阶段我国棉花抗病育种出现了集中兵力、协作攻关的新局面。由国家科委、计委和农业部联合组织全国 11 个主产棉省的科研、教学等 19 个单位的科技力量，从 1983 年起开始了"六五"、"七五"棉花育种攻关，分为优质多抗、专用棉、抗性品质鉴定、基础理论四个专题，主攻优质、高产、多抗三方面综合性状的提高。具体指标：培育出新品种的枯萎病情指数 10 以下，纤维断长 22.5km 以上，经各协作单位通力合作，育成大批优良抗病品种，有不少品种超过攻关要求的指标。据统计，1981—1990 年仅参加全国棉花抗病品种区域试验的新品种（系）就达 42 个：晋棉 7 号（4023）、晋 206、晋 79 - 105、晋 1729、晋 1812、陕 8092、陕 904、鲁 74 - 61、鲁 229 - 1、鲁 1024、鲁 5677、鲁 115、勃棉 4 号、平度 28、冀植 17、冀棉 7 号（321）、冀棉 14（3016）、冀合 328、冀棉 13（36 - 3）、冀 8425、石选 37、石 8409、豫 7910、刘庄 3 号、洛 06、中 31、中 7263、中 12（381）、中 6331、中 206、中植 86 - 4、川 414、川 109、绵四 - 3、川盐 80 - 14、盐棉 48、湘棉 10 号、湘 86 - 385、鄂 5601、浙 4114 等。还有参加省级抗病区域试验和全国常规区域试验并经过审定的抗病品种 6 个：辽棉 7 号、川盐 1 号、苏棉 1 号、豫棉 4 号、鲁棉 7 号、秦棉 1 号。

表 17 - 1　1949—1989 年全国育成的棉花抗病品种及育种方法

年代	品种数目	比 50 年代增长倍数	抗枯萎病品种		抗黄萎病品种		兼抗两病品种		系统选育		杂交育种	
			个数	%	个数	%	个数	%	个数	%	个数	%
50	5	0	3	60.0	2	40.0	0	0	5	100	0	0
60	13	1.6	11	84.6	2	15.4	0	0	4	30.8	9	69.2
70	29	4.8	22	75.9	5	17.2	2	6.9	17	58.0	12	41.4
80	48	8.6	27	56.2	1	2.1	20	41.7	5	10.4	43	89.6
总计	95		63	66.3	10	10.5	22	23.2	31	32.6	64	67.4

注：1. 资料引自谭联望，我国棉花抗枯萎病育种的进展，中国农业科学，1982（3）。

2. 80 年代品种资料系作者根据各省和全国抗病区域试验总结摘编。

这一时期，通过全国区域试验鉴定，向不同棉区推荐三批优良品种。

第一批 1982—1984 年，推荐适宜长江流域枯萎病区种植的抗病品种湘棉 10 号，22点次平均皮棉单产比对照中植 86 - 1 增产 5.2％，是 1977 年以来长江流域第一个增产率超过对照 5％的品种，1985 年湖南省农作物品种审定委员会通过审定，至 1989 年累积推广

4.3 万 hm²；推荐适宜黄河流域病区种植的品种有晋棉 7 号（临汾 4023）、冀棉 7 号（冀合 321）、陕 8092、中 31 等，其中晋棉 7 号连续 3 年平均皮棉单产比对照陕 5245 增产 14.9%，表现了高产、稳产、早熟、品质好的特点，1985 年推广面积 4.3 万 hm²，随之成为黄河流域抗病品种区域试验的对照品种。

第二批 1985—1986 年，推荐适合于黄河流域枯、黄萎病混生病区种植的冀棉 14（原冀合 3016）和中 12（原中 381）两个品种。前者品质优良，断裂长度达 23.8km，居区域试验各品种之首位，且兼抗性好，1987 年河北省通过审定，1989 年推广 6.0 万 hm²。中 12 是 20 世纪 80 年代抗病育种最突出的成就。该品种高抗枯萎病，兼耐黄萎病，高产、稳产，纤维品质较好，适宜黄河流域和长江流域枯、黄萎病区种植。在黄河、长江流域的区域试验中，中 12 的霜前皮棉单产比对照晋棉 7 号和中植 86-1 分别增产 17.6% 和 11.5%，先后经河南、山东、山西、浙江等 5 省审定或认定，1989 年通过国家品种审定委员会审定，至 1992 年在全国推广面积达 166.7 万 hm²，是我国抗病品种中推广面积最大的品种（表 6-2）。此外，推荐适宜不同地区种植的抗病品种还有盐棉 48、川 414、鲁 1024 等。

第三批 1987—1988 年，向黄河流域病棉区推荐兼抗品种中 6331、冀合 372 和豫洛 06 等。这几个品种的兼抗性及品质又有所提高。

从 1989 年开始，全国棉花常规品种区域试验与全国棉花抗病品种区域试验合并，这标志着我国棉花抗病育种进入了一个以培育抗病品种为主的新时期，丰产、抗病、优质成为棉花育种家共同追求的目标。

表 17-2　全国棉花抗病区域试验 16 年推荐代表品种主要性状

	年份	推荐批数	品种	皮棉产量和性状				早熟性	纤维品质				抗病性			
				产量（kg/hm²）	比对照增产（%）	铃重（g）	衣分（%）	霜前花（%）	强力（g）	细度（m/g）	断长（km）	主体长度（mm）	品质指标	枯萎病病指	黄萎病病指	对照品种
黄河流域	1974	1	陕 401	869.1	3.51	5.3	36.60	75.70	3.84	5 700	21.9	27.8	2 466	3.90	11.5	陕棉 4 号
	1977	2	陕 5245	884.7	16.90	5.2	36.70	82.00	3.45	6 210	21.3	27.3	2 231	2.70	9.4	陕 401
	1980	3	陕 1155	1 087.5	5.35	5.6	37.15	71.80	3.54	6 178	21.7	28.5	2 192	4.50	6.5	陕 5245
	1983	4	晋棉 7 号	1 140.6	14.90	5.4	38.60	87.10	3.60	6 335	22.1	27.6	2 406	5.10	21.0	陕 5245
	1986	5	中 12	1 379.1	17.60	5.4	42.78	91.08	3.60	6 161	22.8	30.2	2 428	6.67	14.1	晋棉 7 号
长江流域	1974	1	陕 401	907.4	16.04	5.3	38.66	58.58	3.84	5 700	21.9	27.8	2 466	3.90		陕棉 4 号
	1977	2	中植 86-1	1 083.0	25.70	4.3	40.20	68.96	3.44	5 768	19.8	27.9	2 179	0.75		陕 401
	1984	3	湘棉 10 号	1 035.0	5.24	5.0	42.60	81.53	3.51	5 773	20.2	27.0	1 964	1.62		86-1
	1986	4	中 12	1 269.8	11.5	5.3	40.92	89.50	4.13	5 549	22.8	29.6	2 349	2.01		86-1

资料引自：李广娴、杨付新，全国棉花抗枯萎病品种区试 16 年，中国棉花，1989，16（2）：36～37

五、20 世纪 90 年代以后抗枯、黄萎病品种的选育

这一阶段育成近 50 个不同类型的品种，具有下述几个特点。

（一）育成并通过审定的品种多、类型多

1989 年开始，全国棉花常规品种区域试验与抗病品种区域试验合并，大部分育种单

位常规育种与抗病育种合并，这标志着我国棉花抗病育种进入一个新的时期。抗枯、黄萎病，高产、优质成为各种类型棉花育种家的共同目标。这一阶段育成并通过审定的品种近50个，绝大部分对枯萎病有良好的抗病性，部分品种对黄萎病有较好的耐病性其中夏棉、低酚棉、杂交棉以及抗旱棉等，大部分对枯萎病有较好的抗性，如夏棉品种中16、低酚棉冀无252、湘棉16、杂交棉中29、晋棉13、赣棉8号等。

（二）育成品种抗枯萎病性能水平较高

朱荷琴等（1998）对20世纪90年代参加国家品种区域试验，包括黄河区试、长江抗病区试、麦套棉区试和夏棉区试三轮试验的60个品种，进行抗枯、黄萎病分析，结果看到，参加品种抗枯萎病性水平较高，而抗黄萎病性和兼抗性水平较低。90年代以来参试品种的抗病性发展趋势为抗枯萎病性在达到较高水平后趋于稳定；抗黄萎病性和兼抗性为上升趋势。不同熟性品种的抗病性有明显差异，表现为早熟棉品种的抗枯、黄萎病性和兼抗性均优于中熟棉品种。来自黄河流域棉区参试品种的抗病性明显优于来自长江流域棉区的参试品种。

（三）育成抗黄萎病性能有大幅度提高的一批新品系

1993年黄萎病大发生的条件下，在江苏省泗阳县仓集镇品种比较试验田鉴定结果，盐棉48黄萎病发病率59.5%，病情指数25.8，泗棉3号发病率52.6%，病情指数26.8，而江苏省淮阴市种子公司育的淮阴910的发病率仅为2.5%，病情指数0.51，并且在江苏省大丰县品种比较试验田也获得相似结果。中国农业科学院植物保护研究所育成的双抗新品系中植86-6，1993年参加河南省棉花品种区域试验，在郑州试点，对照中棉所12原种因黄萎病落叶成光秆的重病株率19.2%，而中植86-6重病株率仅为8.5%；在周口地区农科所试点，中棉所12黄萎病发病率43.3%，中植86-6发病率为19.0%。两个试验点中植86-6比中棉所12的抗黄萎性能分别提高55.7%和54.5%。该品系1994年参加河南省生产试验，并在豫、鲁、冀3省黄萎病重病田示范333.3hm²。1996年示范面积达到1.33万hm²。90年代初四川省棉花研究所育成抗黄萎病抗源种质川737、川2802，经多年多个省鉴定结果，川737平均病指19.0，川2802平均病指17.0，感病对照中植86-1等平均病指44.8，中棉所12平均病指25.3。鉴定结果还表明，上述两个抗源品种对我国黄萎病三大生理型11个不同菌系均有很好的抗性，并高抗枯萎病。利用这两个抗源已育出一批抗黄萎病性能好的材料。

1997年，中国农业科学院植物保护研究所育成抗黄萎病棉花新种质BD18，经6年8省（直辖市）18个单位27次抗黄萎病鉴定，结果平均病指11.7，感病对照平均病指57.5，BD18抗黄萎病接近高抗类型，并且抗枯萎病。到1999年已有8个省16个单位，利用BD18为抗源，育出一批抗黄萎病性能有显著提高的新品系。

新疆维吾尔自治区石河子大学农学院与新疆维吾尔自治区生产建设兵团农五师农科所等合作，1994年将辽棉15的总DNA，利用花粉管通道法导入受体90-2中，选育出抗黄萎病的新品系9456D。1998年经中国农业科学院植物保护研究所抗黄萎病鉴定，黄萎病指15.60，抗性在被鉴定的238个品种中名列第一。

河南省经济作物所1999年育成高抗枯萎病，兼抗黄萎病的豫棉19（春矮早），1996

年中国农业科学院棉花研究所鉴定，黄萎病指 13.1，枯萎病指 1.6。该品种在河南、河北、山东黄萎病区得到大面积推广。

（四）抗病育种开始向抗病、抗虫和多抗方面发展

20 世纪 90 年代初抗病育种者将抗虫性作为育种目标，抗虫育种者也将抗病性作为自己的育种目标，并已育出一些抗病兼抗虫的新品种（系）。例如，河南省棉花所育成抗枯萎病兼抗螨虫的品种豫棉 8 号，1992 年通过河南省审定。四川省棉花所育成抗枯萎病兼抗蚜虫的新品种川棉 109，1993 年通过四川省审定。

1992 年棉铃虫在全国，尤其是北方棉区暴发，使黄河流域棉区植棉面积迅速压缩，抗虫性成为棉花育种家的主要育种目标。90 年代中期，美国转 Bt 基因抗虫棉 33B 进入我国，90 年代末具有我国自主知识产权的转 Bt 基因抗虫棉 GK 系列品系开始大面积示范，SGK321 审定及推广，到 2000 年抗虫棉在黄河流域棉区已经得到普及，2003 年起在黄河流域的山东、河南、河北省几乎全部是转 Bt 基因抗虫棉。抗虫、兼抗枯、黄萎病的多抗育种成为 21 世纪棉花育种的发展方向。

第三节　抗病品种综合性状的提高

一、抗病性的提高

50 多年来，我国自育的品种抗病性不断提高。例如，20 世纪 50 年代育成的抗枯萎病品种川 52-128 枯萎发病率 32.3%，病指 17.2，60 年代育成的陕 401 枯萎病发病率降低到 9.5%，病情指数 4.0，而 70 年代育成的中植 86-1，经全国区域试验，两年 45 个试验点鉴定，枯萎病平均发病率仅 2.5%，病情指数 1.4，与感病品种比，防病效果达 97.7%。我国自己选育的抗枯、黄萎病品种比国外引进品种抗性强，这可能由于生态条件与病原菌生理小种不同所致。例如，经中国农业科学院植物保护研究所鉴定，从美国引进的抗枯萎病品种登思 118，发病率 20.0%，病情指数 11.1；而中植 86-1 发病率仅为 3.2%，病情指数 2.2。1977 年陕西植物保护研究所将美国推广面积较大的抗病品种 SP37 等与中植 86-1 进行苗期室内鉴定，SP37 发病率为 63.5%，病情指数 46.4，而中植 86-1 发病率 12.9%，病情指数 5.7（表 17-3）。

表 17-3　我国自育抗枯萎病品种与引进美国品种抗病性比较

品种*	病株率（%）	病情指数	品种**	病株率（%）	病情指数
陕 4	8.1	4.7	陕 4	33.2	24.1
陕 401	8.0	6.7	陕 401	26.4	18.4
中植 86-1	3.2	2.2	中植 86-1	12.9	5.7
登思 118	20.0	11.1	SP-21	100.0	89.2
珂 5110	52.6	40.8	SP-37	63.5	46.4
奈尔 210	50.0	32.9	奈尔 10328	93.0	81.4
珂 312	100.0	64.5	珂 310	96.8	90.5

*　引自中国农业科学院植物保护研究所资料。

**　引自陕西植物保护研究所苗期资源鉴定，1977。

1974 年河北省邯郸地区农科所，在黄萎病重病田将国外引进的品种与我国自育品种进行抗性比较，辽棉 5 号、中 8004 在 8 月 23 日发病率分别为 3.5％和 9.5％，病情指数分别为 0.9 和 3.3，而引进品种抗性最好的派马斯特 111A（表 17 - 4）同期发病率达到36.6％，病情指数为 16.7，抗病性比我国自育品种差。上述试验鉴定结果说明 70 年代我国自育的棉花抗病品种的抗性已达国际先进水平。

表 17 - 4　我国抗黄萎病品种与引自美、苏品种的抗性比较

品　种	7 月 23 日		8 月 23 日	
	病株（％）	病情指数	病株（％）	病情指数
辽棉 5 号	5.6	1.4	3.5	0.9
中 8010	17.0	5.2	22.7	6.8
中 8004	7.3	2.4	9.5	3.3
岱 16	52.3	17.0	58.0	18.9
登思 119	12.5	4.4	36.6	16.7
派 111A	43.4	18.8	64.2	30.2
珂 312	47.7	21.0	50.7	18.3
SP - 21	57.0	30.4	79.4	48.3

注：河北省邯郸地区农科所黄萎病圃，1974。

80 年代育成的品种不但抗枯萎病，而且兼抗黄萎病的性能普遍提高。在育成的 48 个品种中，有 20 个兼抗（耐）黄萎病，占育成总数的 41.7％。其中，中棉所 12 和冀棉 14抗枯萎病性能与 20 世纪 70 年代育成的中植 86 - 1 相当，而且对黄萎病有较好的耐病性。90 年代育成的部分品种抗黄萎病性能比中棉所 12 有大幅度的提高，如淮阴 910、中植86 - 6、川 737、川 2802、BD18、9456D、豫棉 19 等。尤其是豫棉 19，在 90 年代末在河南、山东、河北得到大面积推广，年度最大面积 33.3 万 hm^2 以上，对控制黄萎病的为害发挥了积极作用。

二、丰产性的提高

20 世纪 50 年代育成的川 52 - 128 等品种衣分率仅为 31.3％，丰产性较差，所以未能大面积推广。60 年代育成的陕 401 衣分率达到 38.0％，丰产性有了显著的提高，在枯萎病重病田发挥了抗病增产的效果。

20 世纪 70 年代中国农业科学院植物保护研究所育成高抗枯萎病、高产品种中植 86 -1，衣分率达 39.8％，在 1976—1977 年全国抗病品种区域试验中，两年 45 个试验点平均比陕 401 增产 18.9％。在 1976—1978 年黄河流域无病田与常规感病品种比，增产 5.7％。中植86 - 1 的育成说明 70 年代育成的抗病品种丰产性已接近或达到常规感病品种的水平（表 17 - 5）。

20 世纪 80 年代育成的抗病品种在丰产性上有更进一步的提高。长期以来，棉花抗病育种存在着产量、品质、抗性三者呈负相关的难题。通过全国联合育种攻关，选育出的中棉所 12 和冀棉 14 两个综合性状较好的品种，初步改善了抗病、产量、品质三者的关系，使其均衡协调发展，其中抗性及产量已达到国际先进水平。例如，中棉所 12 在黄河流域

表 17-5　1976—1978 年 86-1 在黄河流域无病田与常规品种丰产性比较

年　份	品　　种	试验点次	皮棉产量（kg/hm²）	比感病对照增产（%）
1976	中植 86-1	2	1 185.0	16.1
	徐州 142	2	1 026.0	
1977	中植 86-1	3	969.0	0.2
	徐州 142 等	3	955.5	
1978	中植 86-1	12	975.0	5.3
	徐州 142	12	955.5	
平均	中植 86-1	17	1 009.5	5.7
	徐州 142	17	963.0	

抗病区域试验中，两年平均皮棉单产达 1 380kg/hm²，与同期的黄河、长江两流域常规区域试验对照种冀棉 8 号和泗棉 2 号 1 380kg/hm² 的丰产性完全相同。1987 年黄河流域无病田生产试验，中棉所 12 皮棉产量高达 1 554kg/hm²，比对照冀棉 8 号（1 486.5kg/hm²）增产 4.5%（表 17-6）。1986 年中美高产品种联合试验，在美国，冀棉 8 号产量居首位，在国内同期中棉所 12 产量超过冀棉 8 号。这一结果间接说明中棉所 12 的丰产性达到国际先进水平。据全国抗病区域试验，应用模糊数学综合评判，按产量、抗病、纤维品质、出苗等 18 个性状，综合求出模糊评判值，并计算模糊值的变化率。结果表明，两流域各批品种的综合性状逐步提高，变化梯度较大。事实说明，80 年代我国棉花抗病育种的水平得到明显提高，其中中棉所 12 品种综合性状结合得更好，标志着我国 80 年代育种已取得突破性进展，跨入了国际先进行列。

表 17-6　1987—1988 年黄河流域无病地棉花生产试验产量性状

年份	品种	试点数	皮棉产量		霜前皮棉产量		
			kg/hm²	为对照（%）	%	（kg/hm²）	为对照（%）
1987	中 12	3	1 554.0	104.5	95.3	1 482.0	106.5
（偏旱年）	冀棉 11	3	1 393.5	93.0	97.1	1 353.0	97.2
	冀棉 8 号（CK）	3	1 486.5	100	93.6	1 392.0	100
1988	豫棉 4 号	5	996.0	106.9	76.1	757.5	113.7
（偏涝年）	中 6311	5	942.0	101.1	74.4	700.5	105.2
	中 12	2	972.0	104.0	78.2	760.5	114.1
	冀棉 8 号（CK）	5	931.5	100	71.5	666.0	100

注：1987—1988 年黄河流域棉花品种试验总结。

　　20 世纪 90 年代已不再分抗病育种和常规育种，育成的各类型品种绝大多数具有良好的抗枯萎病性能，丰产性及品质均较好，推广面积大的品种是豫棉 19，成为 90 年代抗枯、黄萎病育种的代表品种。

三、纤维品质的提高

　　20 世纪 50 年代和 60 年代，我国的育种在重视丰产性和抗病性的同时，对纤维品质的改良注意不够，因此，育成品种的纤维品质较差。70 年代末育成的抗病品种中植 86-

1、陕 1155 的纤维品质已经相当或略好于当时推广的常规品种鲁棉 1 号和中棉所 8 号（表 17 - 7）。80 年代对育成品种的纤维品质提出了较高的要求，各育种单位十分重视提高品种的纤维品质，育成品种的纤维品质又有明显的提高（表 17 - 8）。

表 17 - 7　1979 年抗病品种与常规感病品种纤维品质比较

品种	试验类型	衣分 (%)	分梳绒长 (mm)	主体长度 (mm)	细度 (m/g)	强力 (g)	断裂长度 (km)	品质指标	综评等级
中植 86 - 1	抗病区试无病点	40.7	31.3	27.5	5 750	3.95	22.7	2 313	上等优级
陕 1155	抗病区试无病点	37.0	30.1	28.3	6 098	3.51	21.3	2 092	一等优级
鲁棉 1 号 (CK)	抗病区试无病点	37.4	30.4	—	—	—	—	—	—
中棉所 8 号	黄河流域区试无病地	42.7	29.5	26.8	6 288	3.50	21.9	2 206	上等一级
鲁棉 1 号 (CK)	黄河流域区试无病地	35.0	29.8	29.0	5 858	3.34	19.8	2 079	上等一级

表 17 - 8　我国棉花抗病品种综合性状的提高

代表品种	育成时间	抗病性病指	绒长 (mm)	衣分 (%)	强力 (g)	细度 (m/g)	断长 (km)	皮棉产量 (kg/hm²)	对照品种	比对照增产 (%)
川 57 - 681	1952—1956	抗枯 12.8	31.0	31.2	—	—	—	750.0	—	—
陕 401	1963—1969	抗枯 3.2	30.0	38.0	3.84	5 700	21.89	885.0	陕 4	12.1
中植 86 - 1	1972—1977	抗枯 1.4	30.3	39.8	3.63	5 783	21.00	1 062.0	陕 401	18.9
中 12	1983—1987	兼抗	30.7	41.0	3.95	5 765	22.80	1 378.5	晋棉 7	15.6

*　资料引自马存、陈其煐，我国棉花抗枯、黄萎病育种研究进展，中国农业科学，1992（1）：50～57。

90 年代育成的 150 多个各种类型品种，绝大多数抗枯萎病。杨伟华等（2001）对我国"六五"至"九五"期间棉花品种的纤维品质进行了研究分析比较，结果见表 17 - 9。

表 17 - 9　"六五"至"九五"期间我国棉花品种纤维品质概况

时　　期		六五（1981—1985）	七五（1986—1990）	八五（1991—1995）	九五（1996—2000）
品种个数		35	41	70	111
2.5 跨长（mm）	平均值	29.2	29.5	29.4	29.0
	上下限	26.4～31.0	27.2～31.7	27.0～32.6	26.7～32.8
比强度（CN/tex）	平均值	19.9	20.3	20.6	21.3
	上下限	17.6～22.2	16.9～22.4	15.2～24.9	18.1～25.9
麦克隆值	平均值	4.3	4.4	4.4	4.5
	上下限	3.9～4.8	3.9～5.1	3.7～5.5	3.4～5.7

从表中看到，纤维长度"六五"至"九五"没有变化，比强度由"七五"的 20.3CN/tex 提高到"九五"的 21.3CN/tex。麦克隆值差异不大，但有纤维变粗的趋势。

第四节　我国棉花抗病品种大面积应用效果

我国在 20 世纪 50 年代育成的棉花抗病品种，由于丰产性较差等原因，并未在生产上大面积推广应用。60 年代末，陕西省棉花所育成的陕 401 的丰产性大幅度提高，70 年代初开始大面积推广应用。依据主栽的抗病品种，可将我国棉花抗病品种应用情况大致分为四个阶段。

一、陕棉为主阶段（1970—1977）

1970 年陕西省棉花所育成抗枯萎病品种陕 401，经陕西及全国抗病品种区域试验鉴定，表明该品种在枯萎轻病田比感病品种对照增产 17.3%，在重病田比感病品种对照增产 42.1%。1972 年，在农业部的领导下成立了全国棉花枯、黄萎病综合防治研究协作组。1973 年协作组提出以种植抗病品种为主的综合防治棉花枯、黄萎病的策略，并在河南新乡县，陕西泾阳县、三原县、高陵县，江苏常熟县等地建立以抗病品种为主的综合防治示范区，对全国采用抗病品种来防治枯、黄萎病工作起了重要的推动作用。到 1986 年，陕西泾阳、三原、高陵 3 个县的 2.67 万 hm² 示范区，枯萎病发病率由 40%～50% 压低到 5% 以下，皮棉产量翻了一番。陕 401 在河南新乡、山东潍坊、山西运城等地示范推广也产生了良好的抗病增产效果。70 年代初开始组织进行全国棉花抗病品种区域试验，后来分为黄河流域抗病区域试验和长江流域区域试验两个组，不断地向全国推荐通过区域试验的抗病良种，也对全国棉花抗病品种的推广应用起到了重要作用，20 世纪 70 年代末，陕 401 在全国各主要枯萎病区推广面积达 13.3 万 hm²。另外，陕 112、陕 416、川 62 - 200，抗病洞庭棉等抗枯萎病品种也有一定种植面积。至 1977 年，全国抗病品种种植面积约 16.7 万 hm²，其中，陕西关中泾惠灌区、山西运城、河南新乡、江苏常熟、四川射洪等地区枯萎病的严重为害得到减轻。

二、中植 86 - 1 为主阶段（1978—1986）

1978 年中国农业科学院植物保护研究所选育的高抗枯萎病、高产品种中植 86 - 1，通过全国抗病品种区域试验，两年 13 个省 45 个试验点次平均比对照陕 401 增产 18.9%，成为我国长江流域和黄河流域高水肥病区推荐推广的品种。1978—1980 年中植 86 - 1 在河南、山东、江苏、浙江等省重病区示范，据 1.5 万 hm² 示范区资料统计，平均比感病对照徐州 142、岱 15 增产 67.4%；在无病田试验，皮棉产量比徐州 142 等略有增产。中植 86 - 1 在长江流域棉区的江苏、浙江、安徽、湖北抗病增产效果更好。江苏省的苏州、南通、盐城是枯萎病严重发生区，70 年代末抗病品种很少，1980 年开始推广 86 - 1，至 1984 年种植面积超过 13.3 万 hm²。浙江省慈溪县是著名的高产棉区，又是老的枯萎病重病区，70 年代中期开始推广陕 401，因试种结果产量低于当地常规品种，至 1977 年最大种植面积仅 614.2hm²，1977 年引进中植 86 - 1 种子 10 000kg，由于高抗枯萎病、丰产性好，种植面积迅速扩大，到 1985 年达 4.1 万 hm²，占全省植棉总面积的 45.6%。70 年代末陕西省棉花所育成兼抗枯、黄萎病的陕 1155，80 年代初山东潍坊地区农科所等单位育成鲁抗 1 号，四川棉花所育成川 73 - 27，山西临汾小麦所育成晋棉 7 号，这些品种在 80 年代中期推广面积均在 6.7 万 hm² 左右。到 1984 年，全国抗病品种种植面积达 82.5

万 hm^2，实现我国棉花抗病品种第一次大规模更换。全国主要枯萎病重病区的为害得到初步控制。到 1986 年全国抗病品种面积达 100 万 hm^2。

三、中棉所 12 为主阶段（1987—1992）

1987 年中国农业科学院棉花所育成的中棉所 12，经全国抗病区域试验及多年示范，表现出兼抗枯、黄萎病，丰产性好等优良特性，在河南、山东、河北、陕西、山西、浙江等省枯萎病区迅速得到大面积推广。河南省农业厅认为，加快推广中棉所 12 是河南棉花生产的战略措施。在 1987 年中棉所 12 刚刚通过全国区域试验时，河南省已推广 8.5 万 hm^2，新乡县 1988 年在良繁区种植 1 333 hm^2，皮棉单产达 1 537.5 kg/hm^2，比全县其他品种平均增产 24.2%；扶沟县种植 1 933 hm^2，每 667 m^2 平均增产 90 kg。1990 年中棉所 12 在河南省种植面积达 38 万 hm^2，按皮棉单产增产 112.5 kg/hm^2 计算，全省共增产皮棉 4275 万 kg，按 6 元/kg 计算，净增经济效益 2.5 亿元。山东省 80 年代末全省植棉面积 133.3 万 hm^2 左右，是我国当时最大的产棉省，也是枯萎病为害最严重的省份之一。推广高产抗病品种效益十分显著。由于中棉所 12 抗病性强、丰产性好，山东省抗病品种推广面积由 1987 年的 11.5 万 hm^2，增加到 1989 年的 41.5 万 hm^2，1990 年又翻了一番，增加到 84.9 万 hm^2（中棉所 12 占 56.3 万 hm^2）。同种植常规品种相比，1990 年至少挽回皮棉损失 142 650t，按 6 元/kg 计算，增加收入 8.56 亿元。中棉所 12 在陕西、山西、河北、浙江等省种植面积也迅速扩大，获得抗病、高产的良好效果。1990 年中棉所 12 种植总面积达 120 万 hm^2，实现了以中棉所 12 为主的抗病品种第二次大规模更换。1992 年中棉所 12 种植面积达 166.7 万 hm^2，成为我国种植面积最大的自育棉花品种之一。

另外，盐棉 48、鲁 80 - 9、冀 14、中 17、中植 86 - 4 等也有较大面积的种植。1990 年全国抗病品种总面积达 236 万 hm^2，占全国植棉总面积的 44.1%。枯萎病在全国范围内得到控制。1975—1993 年全国累积推广棉花抗病品种 1 533.3 万 hm^2，增产皮棉 17.25 亿 kg 以上（表 17 - 10）。

表 17 - 10　我国主产棉省抗病品种面积增长情况

省份	年份面积	1982 年抗病品种面积（万 hm^2）	1984 年抗病品种面积（万 hm^2）	1989 年抗病品种面积（万 hm^2）	1990 年抗病品种面积（万 hm^2）	1990 年植棉总面积（万 hm^2）
山东		7.54	10.11	41.51	84.91	148.3
河南		3.64	7.33	46.67	20.0	84.9
河北		2.37	4.65	11.6	21.42	86.7
陕西		8.38	11.87	8.13	10.0	10.0
山西		1.29	6.95	9.33	9.33	8.9
江苏		6.43	31.87	30.29	35.32	54.3
浙江		1.61	3.47	4.24	5.75	6.8
四川		4.09	5.37	11.27	11.27	11.3
其他省合计		0.71	1.13	4.67	4.67	87.7
总计		36.72	82.59	167.71	236	535.5

四、黄萎病严重为害（1993—）

20 世纪 90 年代初，棉花抗枯萎病品种在全国各主产棉区普及，1993 年黄萎病在全国暴发成灾，表明种植的棉花品种不能满足抗黄萎病的要求，抗病品种应用从 1993 年开始进入新的阶段。这一阶段的特点是枯萎病被控制，生产上急需抗黄萎病性能好的品种；由于高抗（抗）黄萎病抗源缺乏等原因，抗黄萎病育种进展缓慢。由于棉铃虫和黄萎病的为害，黄河流域棉区植棉面积迅速压缩（由 1992 年的 355 万 hm^2，压缩到 1999 年的 122 万 hm^2）是本阶段的特点。

参 考 文 献

陈振声，陆景洪，王素芳.1980.棉花品种资源抗黄萎病田间鉴定.棉花.（3）：20~21

房卫平，王家典，孙玉堂等.2000.优质抗病高产棉花新品种——豫棉 19.中国棉花.28（7）：27~28

顾本康，马存.1996.中国棉花抗病育种.南京：江苏科学技术出版社

罗家龙，夏武顺，吕金殿.1980.棉花品种资源对枯萎病抗性研究.中国农业科学.（3）：41~46

马存，孙文姬，石磊岩等.1992.三大棉种对棉花主要病虫害抗性初步研究.植物保护学报.19（1）：81~86

马存.1987.80 年代我国棉花抗病育种新进展.中国农学通报.（3）：33~34

马存，陈其煐.1992.我国棉花抗枯、黄萎病育种研究进展.中国农业科学.25（1）：50~57

马存，简桂良，郑传临等.2002.中国棉花抗枯、黄萎病育种 50 年.中国农业科学.35（5）：508~513

棉花种质资源繁种与抗性鉴定协作组.1992.棉花优异种质资源简介（三）.中国棉花.19（2）：14~16

石磊岩，孙文姬.1987.棉花黄萎病苗期室内鉴定方法.植物保护.（1）：42

孙文姬，陈其煐，马存.1990.棉花种质抗枯、黄萎病鉴定.中国农业科学.23（1）：89

孙文姬，简桂良，马存等.1999.抗黄萎病棉花新种质 BD18 及其利用.作物品种资源.（3）：1~3

史大刚，宋天凤.1991.棉花种质抗枯、黄萎病鉴定.新疆农业科学.（4）：168~169

谭永久，徐富有.1980.棉花品种抗枯萎病苗期鉴定方法研究.植物病理学报.10（1）：43~48

谭永久，李琼芳，蔡应繁等.1995.棉花抗黄萎病新抗源种质川 737、川 2802 的抗性研究.棉花学报.7（3）184~188

吴功振.1982.我国棉花高抗枯萎病的抗源品种.棉花学报.（4）：17~18

新疆生产建设兵团棉花生物技术育种组.1993.转导外源总 DNA 创造棉花新种质.作物品种资源.（3）：4~5

杨伟华，项时康.2001.20 年来我国自育棉花品种纤维品质分析.棉花学报.13（6）：371~383

章元寿，王建新，顾本康等.1991.用棉花黄萎病菌毒素检测棉花抗病性的研究.植物保护.（4）：2

朱荷琴，宋小轩，孙君灵等.1998.国家棉花品种区域试验 90 年代试验品种抗病性评述.棉花学报.10（6）：303~306

第十八章

我国棉花抗枯、黄萎病育种的主要经验、问题及对策

[棉花枯萎病和黄萎病的研究]

第一节　我国棉花抗枯、黄萎病育种的主要经验

一、建立发病重而均匀的病圃

50年来育成的抗病品种全部是在枯、黄萎病圃内经多年连续选择育成的。因此，病圃是抗病育种必不可少的物质基础条件。由于枯、黄萎病田间自然分布为核心分布，田间发病不均匀，在一般重病田选择容易被假象蒙蔽，因此，必须建立发病重而且均匀一致的病圃。

（一）病圃在抗病育种工作中的重要性

我国20世纪50年代育成的抗源品种川52-128、川57-681，是由感病品种在枯萎重病田，连续多年选抗性好的单株育成的，也就相当于在病圃内育成的。

60年代陕西省棉花研究所在棉花抗病育种工作，采用什么样田间条件问题上走过弯路。开始他们是在无病或轻病地上进行杂交、选择和培育，企图先获得丰产、优质材料，再在病圃鉴定抗病性，想一举获得丰产、优质的高抗品系。由于主次倒置，出现的情况是大批材料不抗病，只选到少部分耐病材料，效果差，步伐慢，不能适应生产上的要求。通过实践，他们认识到，选育高抗品种在一般病田或轻病田条件下不容易达到目的。因为这些病地发病不均匀，所选材料常易被假象所迷惑，抗病的本性不能充分表现出来。因此，他们从基础试验开始，就在发病重而均匀的病地上进行材料的创造、连续培育及选择。由于所创造的基础材料具有抗病和耐病的本性，以后又经过"重病"条件的考验和以抗病性为主要目标的选择，不论用杂交育种或系统育种所选的材料，一般都具有一定的抗病性。经过多年的实践，他们认识到病圃在抗病育种工作中的重要性。

60年代末河北省邯郸地区农科所开始进行抗黄萎病育种，经过几年实践认识到，选育抗病品种只能在病地条件下选择培育，且要求发病严重、均匀，才能显示出材料间的抗病性差异。因此，培养一个好病圃，是搞好抗病育种的根本。

中国农业科学院植物保护研究所1970年开始进行抗枯、黄萎病品种选育工作，由于吸取了陕西等省的经验，1971年就在河南新乡重病田建立了枯、黄萎病混生病圃，由于未走弯路，在短期内就选育出抗枯萎病、高产品种中植86-1。70年代开始开展抗病育种的单位，基本上都是先建病圃，各种抗病育种程序均在发病重而均匀的病圃进行，容易选

育出抗性好，并且抗性稳定的材料。

（二）病圃的种类

应用最广泛的是枯、黄萎病混生病圃。另外，还有纯黄萎病圃和纯枯萎病圃。关于建立病圃的方法，各育种单位积累了丰富的经验。一般利用枯、黄萎重病田，在冬耕时把带病棉秆铡碎，撒于发病较轻的地块，耕入田内，进行补充接菌。也可用人工培养的病原菌培养物补充接菌。若在无病田块建立病圃，用带病棉秆或病菌培养物接菌均可。接菌后先种植 1～2 年感病品种，即可成为符合要求的病圃。

不少单位在水泥池内接入病菌，进行抗枯、黄萎病鉴定或育种，称作病池，实际也是病圃的一种形式。也可分为纯枯萎病池、纯黄萎病池和枯、黄萎混生病池。由于病池容易保持病菌致病力等原因，病池的发病率及强度往往高于大田的病圃。

（三）枯萎病圃的衰退及减缓衰退的措施

20 世纪 80 年代不少棉花抗病育种单位发现，枯萎病圃多年连作抗病品种后，再种植感病品种枯萎发病率显著降低，这种现象称作枯萎病圃衰退。徐富有（1985）认为，抗枯萎病品种连作 3 年以后土壤内枯萎菌致病力显著减弱。吴夫安（1985）认为，土壤内枯萎病菌量随抗病品种连作年限增加而减少。马存等在河南新乡连作抗病品种中植 86 - 1 号 10 年以上的田块，与果园未种过棉花的农田，接种相同量枯萎病菌条件下，种植感病品种。前者发病率 9.8%，病指 4.4，后者发病率 57.1%，病指 28.9。各育种单位均认为衰退后的病圃再接入大量枯萎病菌，枯萎发病率仍然很低。

关于减缓枯萎病圃衰退的措施，在棉田面积允许的情况下，最好同时建立两个病圃，第一个病圃使用 3～5 年，有轻微衰退现象出现后，改种感枯萎病品种，使用第二个病圃。有的育种单位每 1～2 年秋季用带菌棉秆接菌，可减缓病圃衰退，在病圃内大量施用有机肥料，尤其施入马粪是减缓病圃衰退的较好方法。

二、不断调整育种目标

育种目标是依据当时生产需要及研究工作水平而确定的，经过努力可以完成的研究指标。正确确定育种目标，是进行棉花抗病育种研究的前提。在枯萎病严重为害而抗源缺乏的 20 世纪 50 年代，应该把提高抗病性作为棉花抗病育种的主攻目标；在获得一定数量抗源之后，再继续改进其丰产性和纤维品质。实践证明，先攻抗病，再攻产量、质量的策略是正确的。

（一）以提高抗病性为主攻目标时期

20 世纪 50 年代抗枯、黄萎病的品种资源十分缺乏，四川省棉花所以提高抗病性为目标，选育出川 52 - 128，川 57 - 681，虽然丰产性及品质较差，但成为我国抗病育种的著名抗源。

陕西省棉花研究所是我国开展棉花抗病育种最早的单位之一。60 年代在确定育种目标方面取得了很多宝贵经验。该所抗病育种初期，把"高产、优质、中早熟、抗枯黄萎病"定为育种的总目标。结果是主次不分，把几个标准并列，长期育不出适合病区栽培的新品种。思想上有片面观点，未抓住主要矛盾。选种目标动摇不定，重点不突出，时而重高产，时而重绒长，时而又重抗病性。因此，所选、引的材料不是在病地上死苗严重，就是虽有抗病性而在无病地上产量不突出，效果总是不大。通过反复的实践，取得正反两方面经验，使他们认识到对待棉花良种，必须运用"一分为二"的观点。比如徐州1818、鄂光棉、新岱棉等良种在陕西省无病区表现高产、优质，但在病地严重死苗，不能发挥良种的作用；抗病品种川52-128在重病区引种得到较高的产量，而在无病区种植，却又因其衣分低，丰产性差成为劣种。因此，在任何条件下都十全十美的品种是没有的。要解决病区的良种问题，首先要解决"抗病性"这一主要矛盾，选种目标应以"抗病"为重点，兼顾其他农艺性状。在方向明确、重点突出以后，先后创造了一批抗病类型，经过鉴定、培育，选育出高抗枯萎病并有一定丰产性的品种陕棉4号、陕65-141等。

（二）在保证抗病的基础上，提高丰产性和品质

20世纪70年代枯萎病的抗源已经比较丰富，在保证抗病性的基础上提高丰产性和品质，是各抗病育种单位一致的育种目标。陕西省棉花研究所认识到，在"抗病性"这一主要矛盾初步得到解决后，高抗材料中衣分、品质、丰产性等农艺性状又上升为主要矛盾。在保证抗病性的同时，突出丰产性状的选择，选育出具有高抗枯萎病，丰产性状优于陕棉4号，衣分较高的陕401、陕416和纤维品质优良的陕112。在早期的棉花抗病育种方面取得了突出的成绩。

中国农业科学院植物保护研究所从1970年开展抗病育种工作，就提出在抗病的基础上猛攻高产、优质的育种目标。经过近十年的努力，从陕65-141中系选育出高抗枯萎病、高产品种中植86-1，经过无病田的区域试验证明，丰产性已达到或略高于当时推广的感病丰产品种。因此，中植86-1成为我国第一个既抗病又高产，在枯萎病区得到大面积推广应用的抗病品种。在这一育种目标的指导下，我国在70年代末至80年代初，育出几十个既抗病又丰产的棉花抗病品种。

（三）兼抗枯、黄萎病，高产优质，是对抗病育种提出的更高要求

20世纪80年代抗病育种已经有了较好的基础，具有较丰富的抗源，棉花抗病育种被列为国家重点科技攻关项目。由于我国自育棉花品种的纤维品质较差，以及枯、黄萎病混生棉田面积不断扩大，对抗病育种提出了更高的要求，把抗病（兼抗枯、黄萎病）、高产、优质作为育种攻关目标。中国农业科学院棉花研究所依据这一育种目标，经过近十年的努力，育成兼抗枯、黄萎病，高产、优质的中棉所12，使我国棉花抗病育种达到国际领先水平。80年代育成抗病品种48个，有20个抗（耐）枯、黄萎病，在丰产性及纤维品质上也有较大提高。

（四）抗虫兼抗枯、黄萎病，高产、优质，是棉花育种的理想目标

1989年全国棉花抗病品种区域试验与常规区试合并，多数棉花育种单位抗病育种组

与常规育种组合并，抗病、高产、优质成为棉花育种者的共同目标。

1993年棉花黄萎病在全国南、北棉区严重发生，引起棉花育种界的重视。1994年3月召开的全国棉花育种攻关会上，把提高品种抗黄萎病性能列为育种攻关的主要目标。

1992年棉铃虫在全国各主产棉区暴发成灾，尤其是北方棉区更是造成巨大损失。由于棉铃虫对化学农药产生很高的抗药性，化学防治成本逐年增高，对环境等的污染也逐年加重，抗虫棉的选育势在必行。90年代中期，美国转Bt基因抗虫棉引入我国。1997年中国培育出有自主知识产权的转Bt基因抗虫棉GK系列后，又育成转双价Bt基因抗虫棉SGK321等，抗虫性、丰产性均超过美国的抗虫棉。因此，抗虫、抗病（兼抗枯、黄萎病）、高产、优质已成为21世纪棉花育种的理想目标。

三、重视抗源的挖掘

抗源是抗病育种的物质基础，重视抗源的收集、创造、筛选和利用，是获得抗病品种的重要手段。

（一）20世纪50年代育出早期的抗源品种

1951年，原四川农业试验站在全省棉花病害调查中发现棉花枯萎病为害。1952年由植保、育种、植棉能手组成以选育抗病品种为中心的防治研究工作组，采用单株选择、系统比较、人工诱发病圃鉴定的方法从重病区射洪县紫云乡的德字棉531品种中，选育出高抗枯萎病品种川52-128。尔后，又从射洪和三台县大面积种植岱字15重病田中选育出高抗枯萎病品种川57-681。由于这两个品种高抗枯萎病、兼耐黄萎病，抗性范围广，适应地区宽，抗性遗传稳定性好等优点，50～70年代被全国各省抗病育种用做枯萎病抗源。据吴功振1982年以前统计，有9个育种单位用川52-128做抗源，育成10个品种，如陕棉9号（陕112）、陕棉8号（陕416）等。有27个育种单位用川57-681为抗源，育成抗病品种68个，其中推广面积较大的有陕401、陕5245、陕3563、洛60、豫抗1号、鲁抗1号（74-61）、浙120等。

（二）各时期育成品种，成为下个时期育种的抗源

川52-128、川57-681等早期的抗源，是20世纪60年代抗病杂交的主要亲本。随着抗病品种农艺性状的提高，70～80年代多数育种单位因早期的抗源衣分率低，丰产性差不再用做抗源，各个时期育成的抗性好，丰产性也好的品种成为下一个时期的抗源。如70年代利用60年代育成的陕4、陕401等为抗源进行抗病育种。中国农业科学院植物保护研究所70年代以陕棉5号（陕65-141）为抗源，系选育成高抗枯萎病、高产品种中植86-1。中植86-1又成为80年代育种的抗源，以中植86-1为母本，杂交育成盐棉48、苏棉1号、江苏C-2、石远321等品种；以中植86-1为父本杂交育成中棉所15、新洋54、湘棉15、豫79-10、中植86-4等品种，均有较大种植面积。80年代末至90年代育成的兼抗枯、黄萎病品种中棉所12、豫棉19（春矮早）等，也都是下一个时期杂交育种较好的抗源。

（三）通过品种资源抗枯、黄萎病鉴定，发掘抗源

对我国保存的棉花品种资源进行抗病性鉴定，是发掘抗源的主要手段。罗家龙等（1980）对我国保存的3 716个棉花品种资源，在室内进行抗枯萎病鉴定；陈振声等（1980）对2 465个品种资源在田间进行抗黄萎病鉴定。这是对我国棉花品种资源抗病性进行较为全面的收集、整理及抗性鉴定工作，提出一批抗枯、黄萎病的抗源材料。

棉花品种资源抗枯、黄萎病鉴定，被列为国家"七五"重点科技攻关项目，中国农业科学院棉花所、植物保护研究所等单位，对包括陆地棉、海岛棉、亚洲棉在内的3 713份棉花品种资源进行抗黄萎病鉴定：在151份海岛棉中，表现高抗的114份，占75.5%；抗病的32份，占21.2%；两项合计为96.7%。陆地棉中，表现高抗和抗病的各占0.67%和1.64%，合计为2.13%。说明海岛棉对黄萎病多数为高抗和抗病，而陆地棉对黄萎病多数为感病类型。对3 412份棉花品种及资源进行抗枯萎鉴定：表现为高抗的材料97份，占2.3%，其中多数为亚洲棉；抗病类型83份，占2.2%；两项合计为5%。鉴定结果表明，多数海岛棉对枯萎病表现为感病类型。

至1990年底，已将3 240份棉属种质资源的抗枯萎病鉴定结果数据，及3 222份种质资源抗黄萎病数据，输入我国国家种质资源数据库。

（四）利用远缘杂交创造抗病新种质

80年代初，中国科学院遗传研究所等单位开展棉属种间远缘有性杂交研究，创造出一批抗病材料，进一步丰富了我国抗病棉的抗源。90年代初，河南省经济作物所用上述远缘杂交后代为抗源，杂交育成抗枯萎病兼耐黄萎病的新品系豫远394，河北省石家庄农科院与中国科学院遗传所合作，利用远缘杂交方法，育出石远321，并且有较大面积的种植。

（五）利用现代生物技术，创造抗枯、黄萎病新种质

80年代末，中国科学院上海生物化学所与江苏省农业科学院经济作物所开展外源DNA导入棉花，选育抗病品种的工作，将高抗枯萎病品种川52-128的DNA导入感病品种苏棉1号和苏棉3号等，创造出了一批抗性高的材料。

90年代中期转基因抗病虫植物，成为热门研究项目。中国农业科学院生物技术研究所、植物保护研究所、中国科学院上海植物生理研究所、遗传研究所等单位均开展了转基因抗黄萎病棉花育种研究，提出一批抗黄萎病性能有明显提高的新品系。

新疆维吾尔自治区石河子大学农学院与新疆维吾尔自治区生产建设兵团农五师农科所等合作，1994年采用花粉管通道法，将供体辽棉15总DNA导入受体90-2中，后代经多年抗黄萎病鉴定，筛选育成抗黄萎病十分突出的新品系9456D。

四、深入开展棉花抗病性遗传规律研究

20世纪50年代，抗病育种主要是在重病田（病圃）进行连续筛选获得抗病植株。60

年代初，刘嘉科（1962）经过多年抗枯、黄萎病育种实践，看到棉花的抗萎性不但能够发生变异，而且抗萎性有可能累积增强并稳定遗传。如 1018‐6 是由锦育 22 群体中经过定向连续选育成的。以关农 1 号品种的发病率作为 100，锦育 22 在 1952 年的相对发病率为63.8％，经过定向选择，1954 年降低到 54.6％，1955 年降低到 36.4％，而在 1958 年则仅为 25.2％。又如 1018‐6、1018 和 1019，经过按纤维品质的粒选，种子后代间的发病率，1018 比 1019 相差 5.7％，而再经过一次株选后，这个差异便发展到 14.3％，而且固定成为 1018‐6 的抗萎性。

通过有性杂交，也有可能使抗萎性累积增加。如用辽棉 1 号做母本与抗萎品种 C3210杂交，再把辽棉 1 号×C3210 组合杂种做母本与抗萎品种 108Φ 杂交，从 1960 年鉴定结果看出，辽棉 1 号的发病率为 36.4％，辽棉 1 号×C3210 的杂种发病率降低到 29.0％，而（辽棉 1 号×C3210）×（108Φ 与富台中棉混合花粉）组合杂种的发病率则降低到20.4％。

从以上结果可以看出，不论定向连续选择或用抗萎品种定向有性杂交，抗萎性通过有性世代的几次重复，由量的增加到质的增加固定，有可能达到品种稳定程度。

王远（1980）通过多年抗病育种，从大量的杂交组合中看出，抗萎基因是显性性状基因。杂交的双亲均为感病，后代表现抗病性最差；双亲之一具有抗萎性，后代表现抗萎，而且随着亲本抗萎性的提高，一般抗萎性有增长的趋势（表 18‐1）。

表 18‐1　杂交后代抗萎性遗传表现

组合类型	组　合	生长期病株（％）
双感	高密 933×徐州 1818	100
双感	4963‐04×苏棉 1 号	97.3
感耐	3765×萧县大铃	54.1
感抗	陕 4×鄂岱	27.5
耐抗	陕 427×陕 3619	19.6
耐抗	中长 1 号×陕 401	10.8
双抗	陕 401×川 62‐200	5

抗病品种与感病或耐病品种杂交，从后代的表现看，用高抗萎品种做父本，其后代的抗萎性传递力强。从而启示我们，可选择耐病、丰产、优质的品种做母本，高抗萎品种做父本，使之结合起来，培育出丰产、优质的高抗枯、黄萎病品种。所选育的抗病品种大都是采用耐病、丰产、优质品种做母本的。比如陕 4 的亲本为中 3×（57‐681＋辽棉 2 号）。陕 112 的亲本为陕 3×川 52‐128，陕 401 的亲本为陕 3×（川 52‐128＋徐州 1818＋60‐5）×57‐681，就是利用中 3 号和陕 3 号的丰产和耐病特性。

江苏省南通地区农科所（1997）70 年代刚开始进行抗病育种时，由于缺乏抗性材料，做了一些耐病品种与感病品种杂交组合，结果后代抗性差，未选到抗性材料。总结这一教训，1972 年引进了一些抗病性强的材料做亲本，做了不同类型的组合，结果子一代抗性表现以双亲均为抗病力最强；一方为抗病，另一方为耐病的次之，其中抗病材料做母本的抗性传递力强于耐病材料做母本的；双亲中一方为抗病，一方为感病的又次之；耐病材料与耐病材料杂交的抗性未见提高（表 18‐2）。

表 18 - 2　亲本与子一代抗病性关系（1973 年蕾期）

组合类型	组合数	发病率（%）		病情指数	
		范围	平均	范围	平均
抗病×抗病	2	20.00～27.27	23.64	5.0～9.09	7.05
抗病×耐病	2	11.11～40.00	25.56	3.7～12.90	8.30
耐病×抗病	7	20.00～60.71	44.17	5.0～28.70	14.97
抗病×感病	3	21.43～76.92	49.45	7.14～32.70	20.42
耐病×耐病	4	44.44～30.90	56.07	19.44～51.19	28.48

感病材料和抗病材料杂交，后代抗病性明显优于双亲抗病性平均值，呈显性遗传（表18-3）。

表 18 - 3　亲本与子一代抗性关系（1976 年蕾期）

组　　合	母本发病程度		父本发病程度		父母本平均		子一代发病程度	
	发病率（%）	病情指数	发病率（%）	病情指数	发病率（%）	病情指数	发病率（%）	病情指数
丰棉 16×陕 416	50.00	23.13	17.39	8.70	33.70	18.42	7.69	5.77
陕 416×丰棉 16	17.39	8.70	50.00	28.13	33.70	18.42	6.90	1.20
丰棉 16×52－128	50.00	28.13	6.25	3.91	28.13	17.19	10.53	2.63
丰棉 16×57－681	50.00	28.13	12.00	5.00	31.00	16.57	9.35	3.05
京良 2 号×陕 721	60.00	51.67	6.89	4.31	33.45	27.19	26.08	14.39
陕 721×京良 2 号	6.89	4.31	60.00	51.67	33.45	27.19	28.00	12.00

因此，在选配杂交组合时必须有一方为抗病性强的亲本，这样才容易在后代中选出抗病品种。

江苏省盐城市新洋试验站、北京农业大学、陕西省棉花研究所、江苏省南通地区农科所等单位从抗、感亲本的大量杂交后代分析中发现，双亲均为感病的，其后代抗病性差；双亲抗性中等或一方感病，一方抗病，则后代多为耐病，少数超双亲；双亲均为抗病或一方抗病一方耐病，则后代抗病性较强（表 18-4）。

表 18 - 4　亲本与 F₁ 代抗病性关系

组合类型	剖秆病情指数（江苏盐城市新洋试验站）	剖秆病情指数（北京农业大学）	铃期病情指数（陕西省棉花所）	蕾期病情指数（江苏南通地区农科所）
抗×抗（R×R）	1.2	—	18.2	7.1
抗×耐（R×T）	21.7	21.4	—	8.3
抗×感（R×S）	37.2	22.2	—	20.4
感×感（S×S）	65.0	—	52.1	—
感×耐（S×T）	—	66.7	—	28.5
感×抗（S×R）	—	41.9	33.3	—
耐×耐（T×T）	—	—	30.3	—
耐×抗（T×R）	—	29.3	25.0	15.0

多数抗病育种家认为，棉花对枯萎病菌的抗性呈不完全显性遗传。在抗、感亲本的正反杂交中，用抗病品种做母本的，子一、二代的抗病性比用感病种做母本的为优，表现出母本效应。但一些专家经试验后指出，对枯萎病菌的抗性为多基因控制的数量性状，其遗

传的基因作用以加性效应为主。校百才（1985）的试验表明，对枯萎病菌抗性的一般配合力方差大于特殊配合力方差，说明加性效应显著。李俊兰（1987）对 4 个抗×感组合后代的分析指出，对枯萎病菌的抗性遗传中的加性效应达到了显著水平。

我国对黄萎病菌的抗性遗传研究较少。1987 年南京农业大学根据陆地棉抗×感，感×抗的 33 个组合，各 6 个世代的研究结果指出，各组合的 F_2 均为 3 抗∶1 感；其自交世代也符合 1 抗∶1 感的分离比例，说明棉花对黄萎病菌的抗性为显性单基因遗传；由 F_2 和 F_1 对隐性亲本测交结果也证明这一点。某些组合正反交 F_1 的母本效应不明显，说明抗性受细胞质影响的可能性不大。等位性测验表明，所用抗病品种中的抗性基因可能是等位的，但在一个感×感组合后代中出现抗、感植株分离现象，因而也不能排除基因互作的可能性。

张天真等（2000）总结 1982 年起，18 年 4 个轮次，对棉花黄萎病抗性遗传育种所取得的结果表明，棉花黄萎病抗性表现为多个显性基因的遗传模式。

五、不断改进育种方法，提高抗病育种技术水平

20 世纪 50 年代，我国抗病育种采用了系统选育、杂交育种、复合杂交、杂交与其他方法相结合，直至近年来开展的生物技术育种等，经历了由传统方法到现代育种技术的发展过程。从抗病性鉴定上看，由田间种植鉴定发展到温室苗期鉴定。

系统选育是抗病育种的主要方法之一。它具有方法简便、快速，育成的新品种性状稳定等特点。50 年代育成的 5 个品种全部是采用系统选育的方法育成的。70 年代中国农业科学院植物保护研究所等单位采用系统选育法，从生产上应用的陕 65-141、陕 4、陕 401 等品种，继续选育，育成高抗枯萎病、丰产性亦好的中植 86-1，以及川 73-27 等 17 个品种，占 70 年代育成品种总数的 58.6%。原西北农业大学等单位利用人工接菌的病床结合病圃，进行定向选择，把抗病单株从群体中筛选出来，从感病的徐州 142 中，选出 142 抗病品系，并且基本上保持徐州 142 原有的丰产性。

杂交育种是促进基因分离、重组、累加，创造新类型的主要手段。60 年代陕西省棉花所用 50 年代系统选育的品种为抗源，进行了大量的杂交工作，育成一批抗病性强、丰产性有明显提高的品种材料陕 4 号、陕 401、陕 3563 等。从形式上看，70 年代出现了系统选育和杂交育种并举的局面，但实际上不少品种是利用高世代杂交后代，进行再选择而育成的。杂交育种仍然是 70 年代育种的主流。80 年代育成的 48 个品种中有 43 个是用杂交育种方法育成的，占总数的 89.6%。说明杂交育种在 80 年代占了重要地位。经过多年杂交育种的实践，各育种单位在抗源的选择及杂交方式的选用等方面积累了较为丰富的经验。

在抗源选择方面，近年来不再选用 50 年代丰产性较低的抗源，而改用新育成的丰产性好的品种，或已定型的中间材料，这就避免了在提高抗病性的同时因抗源的某些缺陷而带来低产、品质差等副作用。事实进一步证明，早期发现的抗源材料的抗性遗传是稳定的。

从杂交方式看，因育种目标由单抗到兼抗甚至多抗，不但要求丰产性好，而且要求优

质，因此复合杂交和回交、多父本杂交方式的应用较为普遍。只有通过多次杂交或复合杂交，才有可能抗性、丰产性及优质性结合起来。中国农业科学院棉花所 1971—1978 年曾对 306 个杂交组合进行统计分析，入选优系的材料以用复合杂交方式育成的为最多，占 75％。1981—1987 年在全国用杂交育种方式育成的 18 个抗病品种中，有 7 个是采用复合杂交育种方式育成的。抗病性、丰产性及品质兼优的中棉所 6331 就是用复合杂交方式选育成功的实例。在中棉所 12 选育中，将各具特点并能互补的优良姊妹系混合，组成遗传基础较为丰富的近亲混合系（MR2），这是多系品种概率的延伸、发展和实际应用，也是群体遗传理论，在棉花抗病育种工作中的成功应用，是棉花育种方法的创新。

80 年代以后，我国不少育种单位开展了生物技术育种的研究，通过组织培养，外源 DNA 导入和外源基因导入，不仅克服和打破了棉花远源杂交后代不育的困难，而且扩展和改良了现有棉花品种的遗传组成，为抗病育种提供了更丰富、更优质的种质材料。中国科学院上海生物化学研究所与江苏省农科院经济作物所协作，用抗枯萎病抗源川 52-128 和中植 86-1 的总 DNA，从棉花柱头导入感病丰产、优质品种中，从而选出抗病、丰产优质的一批新优系，为生物技术在棉花抗病育种中的应用开创了良好的开端。

进入 90 年代，转基因抗黄萎病育种成为热门研究课题，中国农业科学院生物技术研究所、植物保护研究所、中国科学院遗传研究所、新疆维吾尔自治区石河子大学等单位，先后开展了此项研究，到 21 世纪初已选育出一批抗黄萎病转基因棉花新品系。

第二节　棉花抗黄萎病育种存在的问题及对策

由于采取了以抗病品种为主的综合防治，经过 20 年的努力，20 世纪 80 年代末枯萎病的严重为害被控制。但是，90 年代黄萎病为害逐年加重，1993、1995、1996、2002、2003 年黄萎病连续大发生，每年损失皮棉 10 万 t 以上，提高棉花品种的抗黄萎病性能，成为 90 年代以后的主要育种目标，因此，本节主要讨论抗黄萎病育种中存在的主要问题及解决问题的对策。

一、黄萎病抗性遗传规律不清，应进行深入研究

棉花对黄萎病的抗性遗传国内外有过不少的研究，但抗性遗传方式迄今尚有争议。Fahmy 于 1931 年首先报道了棉花抗黄萎病性的遗传，随后 Barrow、Wilhelm、Verhalem 和 Rmupaxsuegsb 等对此有过研究。但由于所用的材料及鉴别抗性的手段及菌系的不同，所获得的研究结果却不尽相同。如 Barrow 用陆地棉耐病品系 Acala9519 与感病品系 Acala227 杂交，并用非落叶型菌系 SS-4 刺茎接种，认为 Acala9515 的耐病性由单一显性基因控制。此外，还有一些学者用陆地棉或海岛棉抗、感亲本进行抗性遗传试验，也得到类似结果；但也有些研究表明棉花对黄萎病抗性遗传是数量性状控制的。

我国学者开展棉花抗黄萎病遗传研究相对较晚。南京农业大学以潘家驹为首的研究组，在 1983—1991 年间开展了三轮研究，采用 11 个抗感亲本进行杂交，用致病力强弱不同的菌系，采用单菌系和混合菌系接种，用病菌孢子悬浮液或病菌毒素进行接菌的方法，

结果则因所用菌系不同而异。若用单菌系接菌，则试验所用的 4 个菌系抗性均表现为显性单基因控制的遗传方式。当用混合菌系接菌，抗性从正向趋显性和负向趋显性都有，而用多菌系的毒素混合液接菌时，亲本杂交组合普遍表现为感病，表明抗病性可能是多个单基因控制。陕西棉花所研究结果认为，抗性是由微效多基因控制的。不同学者，不同菌系研究结果不同，这可能与寄主和寄生物之间的关系，不同菌系间的互作，棉花不同生育阶段抗病性的表现，试验时的温度等气象条件等多方面的因素有关。总之，黄萎病抗性遗传是较为复杂的，应进行大量的深入研究，才能获得较为可靠的结论。

二、高抗黄萎病的抗源缺乏，应采取多种措施筛选和创造抗源

我国现存的棉花品种资源约 5 000 份，经过几十年的抗黄萎鉴定结果看到，高抗（抗）黄萎的资源均为海岛棉，不能直接利用。虽然在陆地棉品种及资源中提出一些抗性较好的品种或资源，但这些材料的抗黄萎性能大部分属耐黄萎类型。20 世纪 90 年代育成的川737、川 2802、中植 86 - 6、BD18、9456D 等，经过多年多点鉴定，均达不到高抗，仅为抗病或高耐。用这些抗源做杂交亲本育成一批抗性较好的材料，但抗病性不理想，在生产上未大面积应用。因此，急需采用多种措施筛选和创造高抗黄萎病抗源，来满足抗黄萎病育种的需要。

三、育种方法单一，抗性遗传基础狭窄，应采用多种方法
加速抗黄萎病育种进程

我国棉花抗枯萎病育种，采用病圃系统选育及有性杂交取得良好的效果，但应用于抗黄萎病育种方面效果并不理想。高永成（1997）早在 20 世纪 70 年代初，就提出在人工病床连续选择可把感枯萎病丰产品种改造成抗枯萎病、丰产品种的连续定向选择理论，并选育出抗病徐州 142 等品种。但不少单位采用此法进行抗黄萎病育种收效不大。

我国至今育成 200 多个抗枯、黄萎病品种，其抗源基础十分狭窄，基本上是少数几个抗源及其后代相互杂交选出来的。据冯纯大等（1996）分析，至 1996 年我国育成的 204个抗枯萎病品种（部分品种兼耐黄萎病），其中有川 52 - 128、岱字 15、中棉所和乌干达棉血缘的品种达 189 个。其中有川 52 - 128 及其衍生品种 16 个，占 8.47%；有中棉所血缘的品种 29 个，占 15.34%；有乌干达血缘的 9 个，占 4.76%；而来自岱字 15 的有 135个，占 71.43%，其中川 57 - 681 及其衍生品种 110 个，占上述总数 189 的 58.2%。说明我国棉花抗枯、黄萎病育种遗传基础十分狭窄。

应采取多种方法和措施，加速抗黄萎病育种进程。首先，应进一步抗源筛选、抗性遗传和利用研究。"六五"至"九五"筛选和育出一批抗源品种，但只停留在筛选上，而缺乏对这些抗源的抗性遗传等方面进行研究，更未进行很好的利用。第二，到目前为止，抗枯萎病育成的品种，绝大多数是系选和普通有性杂交育成，实践证明采用这些传统的单一方法，在抗黄萎育种上收效不大。应采取远缘杂交、生物技术等多种方法进行抗黄萎育种工作。第三，野生棉、半野生棉、海岛棉及棉属近缘植物，含有较为丰富的抗黄萎病基

因，如何将这些基因转育到陆地棉，创造高抗黄萎病的抗源和新品种，是十分重要的研究课题。

第三节　抗黄萎病鉴定存在的问题及对策

一、抗黄萎病鉴定存在的问题

（一）各品种介绍中黄萎病指数据与该品种实际抗性有较大差距

马存等（1999）根据《中国棉花》1990—1996 年刊出的通过全国或省级审定的品种抗黄萎病数据，发现不少品种抗黄萎病实际性能，与介绍的数据有较大差距。黄河流域棉区 1990—1996 年刊于《中国棉花》通过审定的品种共 44 个，其中有抗黄萎数据的品种 29 个（表 18-5），无数据的 15 个。病指在 10 以下的有 8 个品种，即中棉所 17 病指为 5.0，中棉所 19 为 4.3，中棉所 12 为 9.19，豫棉 8 号为 1.2（另一数据为 23.2），豫棉 10 号为 1.86，晋 13 为 6.3，晋 15 为 2.35，陕早 2876 为 4.03（另有数据为 24.9）。病指在 20 以下的品种有 11 个，病指在 20～35 的品种有 13 个，病指在 35 以上的有 2 个。评价为抗或兼抗的品种有 8 个，耐黄萎的有 10 个，不明确说明抗或耐的品种 10 个，其中尚有 6 个品种有两组差异很大的数据。品种介绍中抗黄萎数据有对照品种的仅有 4 个。长江流域棉区，1990—1996 年刊于《中国棉花》，通过审定品种 40 个，9 个品种有黄萎病指数据，31 个品种无数据。其中 3 个品种病指为高抗或抗黄萎病，即湘棉 16，病指 1.2，为高抗，苏棉 5 号，病指 18.59，苏棉 9 号，病指 16.67，两品种为抗病，其余有 6 个品种耐病，1 个品种为感病。

表 18-5　黄河流域棉区 1990—1996 年已审定棉花品种抗黄萎病情况汇总

品种名称	育成单位	审定省份及时间（年/月）	黄萎病指	对照品种及病指	试验类型	抗黄评价	中国棉花年（期）
中棉所 16	中棉所	豫、鲁 90	18.9		全国区试	耐黄	91（1）
中棉所 17	中棉所	鲁 90	5.0 2.6		豫套试 鲁抗比	兼抗	90（6）
中棉所 18	中棉所		14.8		全国区试	耐黄	91（1）
中棉所 19	中棉所	豫 93/3 陕 92/12	4.3 11.8		陕豫 省区试	兼抗	93（5）
中棉所 20	中棉所	冀 94	19.5		冀区试	兼抗	94（10）
中棉所 21	中棉所	冀 94	9.19			抗黄	95（3）
中棉所 22	中棉所	豫 94/3	20.1		中棉所鉴定	耐	95（3）
中棉所 23	中棉所	冀 95/5	19.4			耐	95（10）
中棉所 24	中棉所	豫 95/5	12.1		豫植保所	兼抗	95（11）
中棉所 25	中棉所	豫 95/5	25.3		豫区试	耐黄	95（10）
豫棉 8 号	豫经作所	豫 92	23.2 1.2	中 12，26.2 中 12，1.6	中棉所 省区试		92（1）
豫棉 9 号	豫经作所	豫 93/4	29.5			耐黄	94（6）
豫棉 10 号	郑州农科所	豫 93/4	1.86		生产试验		94（3）

（续）

品种名称	育成单位	审定省份及时间（年/月）	黄萎病指	对照品种及病指	试验类型	抗黄评价	中国棉花年（期）
豫棉 11	豫经作所	豫 94/4	22.4		中棉所鉴定		94（11）
豫棉 13	豫七里营	豫 95/6	21.4		省植保所	耐黄	95（11）
鲁棉 11	鲁棉花中心	鲁 92/4	21.6		省区试	耐	96（9）
			40.95		黄河区试	感	
鲁棉 12	鲁棉花中心	鲁 93/5	11.82			耐	
晋棉 13	晋棉花所	晋 93/4	6.3				93（5）
晋棉 15	晋植保所	晋 94/3	2.35	中 12，4.95	晋棉所	兼抗	94（10）
晋棉 18	晋文水县科委	晋 95/4	14.17		省区试	抗黄	95（11）
晋棉 19	晋棉花所	晋 95/4	23.35				95（9）
冀棉 18	冀棉花所	冀 93/4	12.7，28.29		省区试		94（5）
石远 321	冀石市农院	93	41.5				96（11）
陕早 2786	陕棉花所	陕 90/12	24.9		黄河联试		91（3）
			4.03		陕棉鉴定		
陕 6192	陕棉花所	陕 95/1	24.49	中 12，24.8	省区试	兼抗	95（9）
锦棉 5 号	辽锦州市所	辽 93/11	26.7			耐黄	94（10）
辽棉 12	辽经作所	辽 94/6	11.38		本所鉴定	较抗黄	95（5）
辽棉 13	辽经作所	辽 94/11	22.9				95（6）
新陆早 5 号	石河子所	新 94/11	15.3	新 1，25.2			96（12）

多年实践表明，表中所介绍的病指 10 以下，为高抗的 8 个品种没有一个真正达到高抗，甚至目前全国保存的陆地棉品种、品系及资源也无真正达到高抗者。同样表中 11 个病指 20 以下的品种也达不到抗黄萎病的水平。造成这一结果的原因是多方面的，主要原因有：一是鉴定用的试验田，黄萎病病菌菌量小；二是鉴定当年该地区夏季连续高温，黄萎发病很轻；第三未设感病或耐病对照，抗性程度难以比较；第四缺乏专门单位进行鉴定，发病调查等多方面存在问题。

（二）抗黄萎鉴定方法不规范

各地对抗黄萎病鉴定无严格规定。如对鉴定用的病圃发病程度无明确要求，缺乏植保部门的把关鉴定。多数未设感病对照，甚至耐病对照也没有。因此，鉴定结果病指往往较低，误认为抗性较好。

（三）单纯用病指判定抗性程度，存在较大问题

每一品种黄萎病指高低是由多种因素决定的。首先，是鉴定用的病圃，黄萎病菌菌量越大，发病越重；第二，是鉴定当年夏季温度，夏季 7、8 月份气温高发病轻，若连续高温则发病很轻，反之，夏季低温、多雨病重；第三，与调查时间也有一定的关系，一般 8 月下旬至 9 月初为黄萎发病高峰期，也是调查最佳时期。由于病指受上述多个因素影响，因此，单纯用病指高低来衡量某一品种抗病性的程度，必然存在问题。

（四）审定品种时，对品种的抗黄萎病性能缺乏明确要求

目前全国及各省对被审定品种抗黄萎病性能无明确要求，品种介绍中黄萎病指高低是

否与品种本身抗性一致，无人过问或追查。因此，不少育种部门尚未将提高品种抗黄萎病性能列入主要育种目标，也因为这一原因，中棉所 12 育成至今，虽然通过审定的品种 100 多个，但抗黄萎性能好于中棉所 12 的品种很少。这也是导致棉花黄萎病连年流行为害的主要原因之一。这一问题应引起各育种单位及有关部门的重视。

二、提高棉花抗黄萎病鉴定技术水平的对策

（一）制定统一的抗黄萎病鉴定规程

目前黄萎病已成为棉花继续高产的主要障碍，各育种单位已把提高抗黄萎性能列为重要育种目标，现急需种子主管部门尽早制定棉花品种抗黄萎鉴定规程，供各省试行。要求鉴定用的病圃（或重病田），发病重而均匀一致，感病对照品种病指应在 50 左右。抗性鉴定时应设感病（或耐病）对照。应委托有鉴定经验的植保部门承担鉴定任务，每年及时写出较为准确可靠的鉴定结果报告。

（二）采用相对病情指数或抗病效果来判定每一品种抗病性

由于黄萎病病情指数是由土壤菌量、气象及品种抗病性多种因素决定的，单纯用病指来判定每个被鉴定品种的抗病性存在较大问题，必须寻找新的能判定棉花品种抗黄萎病性能的方法和标准。早在 1987 年马存即提出应用抗病效果来评价棉花种质的抗病性。孙文姬等（1997）提出用相对抗性指数来评价棉花品种抗黄萎病性能。

中国农业科学院植物保护研究所 1986 年将 50 个棉花品种同时分别在河南新乡和北京本所黄萎病圃进行鉴定，因新乡干旱气温高黄萎病发病轻于常年，感病对照中植 86‑1 病指仅 22.8；而北京多雨气温低，发病重于常年，感病对照中植 86‑1 病指 62.24。按病指标准和抗效标准进行抗性反应型划分，结果见表 18‑6（仅列抗性不同的 11 个品种）。

表 18‑6　用病指标准和抗效标准划分反应型比较

| 品　种 | 黄萎 1986 年新乡 | | | | 黄萎 1986 年北京 | | | |
	病指	抗效（%）	病指标准反应型	抗效标准反应型	病指	抗效（%）	病指标准反应型	抗效标准反应型
中棉所 12	10.54	52.5	因病轻无法评价	T	41.28	33.2	S	T
冀棉 7 号	19.41	12.4		S	49.08	21.2	S	S
中植 86‑3	10.01	54.9		T	25.29	59.3	T	T
冀合 3016	10.46	52.8		T	41.67	33.0	S	T
晋棉 7 号	19.41	12.5		S	49.08	13.2	S	S
陕 65‑141	18.46	16.7		S	44.37	28.7	S	S
鲁抗 1 号	16.39	26.1		S	52.48	15.7	S	S
徐州 142	27.89	−25.3		S	62.50	−4.2	S	S
岱字 16	21.67	2.9		S	51.78	16.8	S	S
岱字 15	18.38	17.1		S	61.67	0.9	S	S
CK 中植 86‑1	22.18			S	62.24		S	S

从表中可以看出：①新乡鉴定结果因病指过低，无法用病指标准来划分抗性反应型；②两地病指差异虽然较大，但用抗效标准所划分的反应型两地基本一致，说明抗效标准比

病指应用范围广；③中棉所 12、冀合 3016，1984、1985 年在北京黄萎病圃鉴定结果两品种均属耐或抗黄萎，但 1986 年病指分别为 41.28 和 41.67，按病指标准被划分为感病型 S，而用抗效标准均应划分为耐病型 T，划为耐病型更能真实的反应这两品种的实际抗性。说明抗效标准可校正因病指过高或过低产生的试验误差。

在棉花种质抗枯、黄萎病鉴定中，因受环境条件和土壤中菌量等诸因素的影响，常使同一品种在不同年份、地点和时间鉴定结果数值差异较大。如果按照以往用病情指数实测值直接表示某一品种的发病程度（定量）和划分抗性反应型（定性），评价结果将出现较大误差，无法客观反映某一品种的抗病水平。为了克服和缩小不同生态条件下鉴定结果的差异，孙文姬等（1997）提出用相对抗性指数（后改为相对病情指数）评价棉花种质的抗病性，即将原病情指数校正成相对抗病指数（I_R），以评价棉花品种发病程度和抗病反应型。即在一期试验结束后，先用全国统一规定的感病对照品种标准病指 50.0，除以本期感病对照病指，求得校正系数 K 值，然后将本期被鉴定品种的病指实测值乘以校正系数 K 值，即得被鉴定品种相对病情指数，其公式如下：

$$相对病情指数 I_R ＝ 被鉴定品种病指 \times 校正系数 K 值$$

$$K ＝ \frac{规定感病对照标准病指 50.0}{本期感病对照病指}$$

I_R 这个统计量的含义是指当本期感病对照的病指为 50.0 时，被鉴定品种相应的病情指数，划分抗性反应型的 I_R 值范围与原病指标准相同。重病年 K 值小于 1，求得的 I_R 值比病指实测值小，轻病年 K 值大于 1，求得的 I_R 值比病指实测值大，由此，起到缩小差异的作用。要求感病对照品种是稳定的高感品种，各期鉴定中 K 值范围掌握在 0.75～1.25（相当于病指 66.67～40.0）之间校正结果可靠。

认 1984 年和 1986 年北京人工黄萎病圃两年鉴定结果统计为例，1984 年为正常偏轻，感病对照李台 8 号病指 45.04，K 值为 1.11，经校正 12 个品种平均病指由 27.02 略上升为 29.99；1986 年是重病年，感病对照李台 8 号病指 61.99，K 值为 0.81，经校正 12 个相同品种平均病指由 42.51 下降为 34.43，两年间的平均病指相差绝对值由 15.49 减少为 5.70，其间差异程度缩小了 63.2%，取其两年相对病情指数平均值即可客观反映该品种的抗性水平。如冀合 3016 在 1984 年和 1986 年病指实测值分别为 24.04（耐病）和 41.67（感病），病指相差绝对值为 17.63，校正后相对病情指数分别为 26.68（耐病）和 33.75（耐病），相差绝对值为 7.07，差异程度缩小了 60%。两年平均相对病情指数为 30.22，为耐病型，客观反映了冀合 3016 的抗性水平（表 18-7）。

表 18-7　1984、1986 年棉花种质田间抗黄萎病鉴定结果统计

种质名称	病情指数实测值							相对病情指数						
	1984 年		1986 年		1984、1986 年			1984 年		1986 年		1984、1986 年		
	病指	反应型	病指	反应型	相差绝对值	平均病指	反应型	抗指	反应型	抗指	反应型	相差绝对值	平均抗指	反应型
中 31	14.60	R	32.95	T	18.35	23.78	T	16.21	T	26.69	T	10.48	21.45	T
中 715	22.90	T	38.67	S	15.77	30.79	T	25.42	T	31.32	T	5.90	28.37	T
陕 3215	21.88	T	28.75	T	6.87	25.32	T	24.29	T	23.29	T	1.00	23.79	T

（续）

种质名称	病情指数实测值						相对病情指数						
	1984 年		1986 年		1984、1986 年		1984 年		1986 年			1984、1986 年	
	病指	反应型	病指	反应型	相差绝对值	平均病指	反应型	抗指	反应型	抗指	反应型	相差绝对值	平均抗指	反应型
79207	19.15	R	25.79	T	6.64	22.47	T	21.26	T	20.89	T	0.37	21.08	T
81089	18.80	R	21.81	T	3.01	20.31	T	20.87	T	17.67	R	3.20	19.27	R
冀合 3016	24.04	T	41.67	S	17.63	32.86	T	26.68	T	33.75	T	7.07	30.22	T
爱子棉 Sj - 3	20.83	T	48.53	S	27.70	34.68	S	23.12	T	39.31	S	16.19	31.22	T
古巴斯字棉	25.00	T	47.50	S	22.50	36.25	S	27.75	T	38.48	S	10.73	33.12	T
陕 1155	24.57	T	30.02	T	5.45	27.30	T	27.27	T	24.32	T	2.95	25.79	T
中 10	46.21	S	70.23	S	24.02	58.22	S	51.29	S	56.89	S	5.60	54.09	S
岱 15	42.71	S	61.67	S	18.96	52.19	S	47.41	S	49.95	S	2.54	48.68	S
徐州 142	43.53	S	62.50	S	18.97	53.02	S	48.32	S	50.63	S	2.31	49.48	S
平均	27.02	T	42.51	S	15.49	34.77	T	29.99	T	34.43	T	5.70	32.21	T
CK 李台	45.04	S	61.99	S	16.95	53.52	S							

经多年田间抗枯、黄萎病鉴定的实际应用，表明采用相对病情指数（I_R）评价棉花品种的抗病程度和抗性反应型，是当前较为理想的统计方法，解决了不同生态条件下鉴定结果差异的校正问题，准确性高，可比性强，方法简便，并仍沿用几十年来的病情指数概念，容易被人们理解和掌握。建议全国范围内能统一应用该方法，便于对鉴定结果的资料进行横向、纵向比较和汇总，为棉花种质资源的筛选和利用提供方便，为抗病品种的审定和推广提供科学依据。

（三）全国及各省品种审定时，对棉花品种抗黄萎病性能应该提出明确的标准

虽然目前黄萎病为害十分严重，但因品种审定时对抗黄萎病性能无明确要求，因此，多数育种者对提高品种抗黄萎病性能未列为育种主攻方向，这也是 1990—1996 年通过审定的近百个品种抗黄萎病性能均较差的重要原因。到 21 世纪初这一问题仍然存在，尤其是黄河流域棉区，如果品种不抗黄萎病推广就会受到很大限制。今后通过审定的品种，黄萎病相对病情指数应在 20～25，高耐，接近抗病（具体标准可通过全国性会议制定）。对抗黄萎病性能突出的新品系（抗指 20 以下）审定时，丰产性可略低些，增产率 5％左右即可考虑通过审定。

参 考 文 献

冯纯大，张金发，刘金兰等 . 1996. 我国抗枯萎棉花品种（系）的系谱分析 . 棉花学报 . 8（6）：65～70

顾本康，马存 . 1996. 中国棉花抗病育种 . 南京：江苏科学技术出版社

高永城 . 1979. 棉花抗枯萎病性提高与改造 . 中国农业科学 . 12（3）：31～40

郭长佐 . 1997. 棉花抗枯萎病育种的遗传表现 . 中国棉花 . 24（10）：21～22

河北邯郸地区农科所 . 1978. 棉花抗黄萎病育种体会 . 棉花 . 5（3）：16～19

黄兹康 . 1996. 中国棉品种及其系谱 . 北京：中国农业出版社

江苏省南通地区农业科学研究所 . 1997. 棉花抗枯萎病育种的几点体会 . 中国棉花 . 24（6）：16～18

蒋克明.1984.棉花抗枯、黄萎病育种工作的探讨.山西棉花通讯.(1)：47~48

刘嘉科.1962.棉花抗黄萎病育种问题.中国农业科学.(2)：46~52

罗家龙，夏武顺，吕金殿.1980.棉花品种资源对枯萎病抗性研究.中国农业科学.13(3)：41~46

马存，简桂良，郑传临.2002.中国棉花抗枯、黄萎病育种50年.中国农业科学.35(4)：508~513

马存，简桂良，宋建军等.1992.棉花枯萎病菌[*Fusarium oxysporum* f. sp. *vasinfectum* (Atk) Sndyner & Hansln]的抑菌土研究.棉花学报.4(2)：77~83

马存.1987.80年代我国棉花抗枯、黄萎病育种工作的新进展.中国农学通报.(3)：33~34

马存，陈其煐.1992.我国棉花抗枯、黄萎病育种研究进展.中国农业科学.25(1)：50~57

马存，简桂良，孙文姬.1997.我国棉花品种抗黄萎病育种现状、问题及对策.中国农业科学.30(2)：58~64

马存，简桂良，孙文姬.1999.我国棉花品种抗黄萎病鉴定存在的问题及对策.棉花学报.11(3)：163~166

马存，孙文姬，简桂良.1987.棉花对枯、黄萎病抗性反应型划分方法的商榷.植物保护.13(4)：43~44

马奇祥.2000.棉花抗病品种区域试验中几个问题的商榷.中国棉花.28(10)：37~38

陕西省棉花研究所.1975.棉花抗枯萎病育种.中国农业科学.8(2)：54~59

沈其益.1992.棉花病害——基础研究与防治.北京：科学出版社

孙文姬，简桂良，马存等.1997.用相对抗性指数评价棉花种质抗病性.植物保护.23(3)：36~37

谭联望.1998.关于棉花抗黄萎病育种攻关的思考.中国棉花.25(10)：2~4

谭联望.1990.中棉所12的选育及其种性研究.中国农业科学.23(3)：12~19

王远.1980.对棉花抗枯、黄萎病品种选育的几点认识.作物学报.6(1)：27~34

吴传德.1985.棉花抗枯萎病品种连作防病效果研究.植物保护学报.12(3)：195~200

吴功振.1980.我国棉花高抗枯萎病的抗源品种.棉花.7(3)：24~28

新疆生产建设兵团棉花生物技术育种课题组.1999.转导外源总DNA创造棉花新种质.作物品种资源.(3)：4~5

徐富有.1985.抗病品种连作后病菌致病力变异的初步研究.中国棉花.12(4)：17

杨代刚.2000.棉花抗病育种的实践.中国棉花.28(9)：27~29

张天真，周兆华，闵留芳等.2000.棉花对黄萎病的抗性遗传模式及抗(耐)病品种的选育技术.作物学报.26(6)：673~680

Allen S J. 1995. The rise and fall of Verticillium wilt of cotton in NSW. In：Oqle H. J. (eds), Fifth Graduate Seminar in Plant Patholagy and Mycology.

Bell A A. 1992. Verticillium wilt. In：Hillocks, R. J. (eds.), Cotton Diseases. UK. CAB International.

Barrow JR. 1970. Critical requirements for genetic expression of Verticillium wilt tolerance in Acala cotton. Phytoparholagy. 60：559~560

Barrow J R. 1970. Heterozygosity in inhertance of Verticillium wilt tolerlance in cotton. Phytoparholagy. 60：301~303

Bird L S. 1982. The MAR (multi - adversity resistance) system for genetic improvement of cotton. Plant Disease. 66(2)：172~176

Kalanderv S. 1990. New sources of cotton resistance to *Verticillium dahliae* Kleb. Prceedings of the Fifth International Verticillium Symposium.

Verhalem L M A. 1971. Quantitative genetic study of Verticillium wilt resistance among selected lines of Upland cotton. Crop Science. 11：407~412

第十九章

棉花枯、黄萎病的防治

第一节　棉花枯、黄萎病的防治策略

一、早期的防治策略

20 世纪 60 年代，我国棉花枯、黄萎病发病面积较小，植棉面积的 80% 以上是无病区。根据不同病区的防治方法，后来从贯彻"预防为主、综合防治"的植保总方针出发，提出"保护无病区，消灭零星病区，压缩轻病区，改造重病区"的防治策略，并制订了划分不同病区的标准。

无病区：无病株；

零星病区：发病株率 0.1% 以下；

轻病区：发病株率 0.1%～1.0% 之间，无发病中心；

重病区：发病株率 1.0% 以上，或有明显的发病中心。

（一）保护无病区

保护无病区的关键措施，是严格执行植物检疫制度及条例，健全植物检疫机构，加强植物检疫工作。

1. **坚持开展广泛、细致的调查**　逐田、逐村、逐乡、逐县调查枯、黄萎病发病情况。一旦发现立即划分疫区，实行封锁，彻底消除。1974 年，浙江省萧山县农业局报道了该县自 1964 年以后 6 次传入棉花枯萎病，6 次予以扑灭的经验。开展调查不是一劳永逸，要年年做，连续做，及时发现，及时处理。

无病区病害的来源，主要是由于调种不慎或自病区运入带病的棉籽饼、棉籽壳、棉柴等携带病菌而来，因此，检疫部门必须严格控制，不准上述物品引入无病棉区。

2. **坚决贯彻执行 20 世纪 60 年代关于"四化一供"的种子工作方针和种子消毒**　做到种子生产专业化、加工机械化、质量标准化、品种布局区域化和以县为单位统一组织供应种子。不从病区调运棉种，以确保无病。在确有必要引种的特殊情况下，必须同植物检疫单位密切配合，事先认真进行产地检验，所调种子，不论数量大小，都必须进行种子消毒处理。种子消毒处理方法：

（1）棉籽浓硫酸脱绒，402 闷种。由中国农业科学院棉花研究所 1986 年提出。方法是棉籽浓硫酸脱绒后，用 55～60℃ 2 000 倍液杀菌剂 402 热药液浸种 30min，可达到棉籽带菌彻底消毒的效果。

（2）多菌灵浸种。由江苏省农业科学院植物保护研究所提出，消毒方法是用 0.5％多菌灵盐酸盐溶液，棉籽和药液比为 1∶4，冷浸 24h。具体操作是将多菌灵 5g、25ml 稀盐酸溶液，再加入 975ml 水，加入 0.3％的平平加作为助剂，配成 1 000ml 药液即可浸种。

（二）消灭零星病区

消灭零星病区的办法，除了植保专业人员的经常认真调查外，还要动员群众，在间苗、定苗、中耕、施肥、整枝等各道工序操作时，结合调查田间是否有可疑病株或病株，既经确认为枯、黄萎病株，除了拔除外，要在病株处做好标记，进行土壤药剂处理，彻底铲除病源。

零星病株的铲除方法，曾用挖换病土，把病原菌移出地外，这一办法虽然有效，但费工多、费力大，并不经济。20 世纪 60 年代研究出多种化学药物铲除枯、黄萎病株的方法。主要药物有氯化苦、二溴乙烷、二溴氯丙烷、粗二二乳剂、溴甲烷等。

1. **氯化苦** 在病株周围 $1m^2$ 内打孔 25 穴，每穴相距 20cm，注药深度为 15～20cm，每穴用药量 5ml，每平方米共用药 125ml，防治效果 90％以上。

2. **二溴乙烷** 在温室水泥池内或瓷钵内试验，每平方米病土用 81ml 70％的二溴乙烷，溶于 40.5kg 水中，灌施，两周后播种，防病效果较好。

3. **二溴氯丙烷** 每平方米病土用 90ml 80％的二溴氯丙烷，溶于 40.5kg 水中，灌施，铲除效果也较理想。

4. **粗二二乳剂** 粗二二乳剂即 DD 混剂，石油化工厂的废液加 2％～5％乳剂混合而成，其主要杀菌成分为二氯丙烯和二氯丙烷。室内试验每平方米病土用粗二二乳剂 200ml，加水 40kg，灌溉，其铲除效果也好。

5. **溴甲烷** 这是 20 世纪 90 年代才引入我国的有效土壤熏蒸剂，在西方已应用数十年。方法是将病区土壤翻松，整平，并盖上地膜，每公顷土地用 525kg，即 $10m^2$ 用一罐（581g）溴甲烷熏蒸 15～20d，最好在夏季高温时实施，效果最好，最早不能早于 4 月中旬，气温低于 20℃以下时将影响其效果。熏蒸完后应揭开地膜晾晒 7～10d，使气体完全释放，否则对棉苗有一定的影响。溴甲烷熏蒸可有效地控制土壤中的枯萎病和其他有害生物，包括杂草等。

（三）压缩轻病区

轻病区和零星病区一样，处于中间地位，具有向重病区或零星病区以至无病区转化的可能性。因此，对这类病区病害防治的中心措施是，采取综合措施，立足于压低和控制棉枯、黄萎病的为害，促使其向无病区方面转化。综合防治的措施，包括轮作、换种、种子药剂处理，以及严格控制病田棉籽、棉饼、棉柴和地面枯枝、落叶的传病等。

1971 年，河南省沁阳县普查棉花枯、黄萎病，发现 8 个乡，16 个村是轻病区，面积达 $87.3hm^2$。县领导部门对此十分重视，决心消灭枯、黄萎病。具体方法：①县里派出 3 个工作组，领导普查与防治工作，对发病乡、村派专人落实防治措施，进行验收；②发动群众，讲清棉枯、黄萎病的为害性，在现场举办训练班，培训普查和防治人员，做到块块普查，株株不漏，有病就治；③制订查治方案，要求各村建立病田档案，病田中的病株一律拔除，连同枯枝、落叶一起集中烧毁，病田棉花单收、单轧、单放；④发病村只准交售皮棉。棉籽一律做高温榨油用，不准自留，病村所需棉种，由县统一调拨，并进行浓硫酸脱绒和 402 浸种处理；⑤发病棉田一律改种粮食作物，3 年内不准种棉。

由于采取上述措施，1973 年普查时，发病面积降至 6.7hm² 以下，由轻病区变为零星病区。

（四）改造重病区

由于重病区造成的为害最大，发病严重时造成病田缺苗断垄，甚至绝产失收，所以，人们历来重视重病区的防治。20 世纪 60～70 年代针对改造重病区提出下面几项措施。

1. **种植抗病品种**　选育和推广抗枯、黄萎病品种，对防治两病改造重病区为轻病区或零星病区，是最有效的方法。

2. **改变棉田生态条件，控制病害发展**　由于棉花枯、黄萎病在低洼地块发病重，所以在这些地区挖排水渠，降低地下水位，以及深翻改土，平整棉田，改变棉田的生态条件，有利控制病害的发生和发展。

长江流域棉区多雨，要特别注意排水，除棉田要做到深沟高畦，排水畅通外，还要注意雨后天晴及时中耕，必须及时清沟排渍，使棉苗根部通气良好，减少病害。

3. **加强栽培管理，提高棉株抗病力**　棉田增施底肥和磷、钾肥，切忌偏施氮肥，可以减轻棉枯、黄萎病的为害。

无菌土营养钵育苗移栽，可以保证壮苗、全苗。试验证明，育苗移栽比直播减轻病株率 70.1％。勤中耕松土，可以提高地温和降低湿度，控制病害的发展。

4. **杜绝病害传播**　除注意调种、棉饼、棉壳、带菌粪肥的传播以外，特别要防止田间作业的传播。将田间间苗、定苗、整枝、打杈的棉苗、枝叶全部带出田外，深埋或烧毁，禁止沤肥。拔棉柴后，扫尽棉田落叶、烂铃，集中烧毁，不混入土杂肥，不用病土垫圈、沤肥，可以减轻枯、黄萎病的为害。

5. **实行轮作倒茬**　在黄河流域棉区及其他北方棉区，一般认为采取两年三茬的轮作措施，即小麦—玉米—棉花，有减轻发病作用。重病田改种小麦、玉米 5 年以上，再种棉花。在长江流域棉区，采取水旱轮作对防治棉枯、黄萎病有显著作用，种植水稻一年后播种棉花，发病率为 2.62％，死苗率为 0.7％；连作棉田发病率 35.3％，死苗 30.6％。其中以连种水稻 2 年的效果最好。

二、以抗病品种为主的综合防治策略

（一）"以抗病品种为主，综合防治棉花枯、黄萎病"策略的提出

20 世纪 60～70 年代初，枯萎病在四川、陕西、江苏、河南等省高产棉区严重为害。当时四川和陕西育成的抗枯萎病品种川 52-128、陕 4 号、陕 401 在上述省份重病区示范，收到良好的保苗、保产效果。

1972 年 7 月在西安召开的全国棉花枯、黄萎病防治研究协作会议纪要中写道："在重病区，采用以种植抗病品种为主的综合防治措施，收到显著效果，不少乡村改变了低产面貌。"

20 世纪 60 年代末至 70 年代初，在保护无病区，消灭零星病区，压缩轻病区方面做了大量工作，但因棉种大量调运检疫消毒不严，病区在不断扩大。在零星病区采用挖出病土，化学药剂铲除病点，轮作倒茬等多种措施并用，但这些方法费工、费力，今年铲除几个病点，第二年又会出现更多的病点。消灭零星病区在理论上可行，但实际很难达到消灭。因此，零星病区逐渐变成轻病区。而推广抗病品种的示范区重病区逐渐得到控制，病情下降，从重病区向轻病区和零星病区发展，并使产量不断提高。因此"以抗病品种为主，综合防治棉花枯、黄萎病"的策略在短期内被广大科技工作者和棉农所接受。

（二）"以抗病品种为主，综合防治棉花枯、黄萎病"策略的应用效果

1972 年全国棉花枯、黄萎病综合防治协作组成立，开始就在四川射洪、陕西泾三高（即泾阳、三原、高陵三个县）、江苏常熟、河南新乡建立以抗病品种为主，综合防治棉花枯、黄萎病的样板田（示范区），并收到良好的效果。

陕西省在泾三高三个县建立示范样板田 2.7 万 hm^2，推广抗病品种陕 4 号、陕 401 等。1972 年样板区枯萎发病率 40% 左右，到 1975 年枯萎发病率压低到 5% 以下，样板区皮棉产量翻了一番。四川、江苏、河南等省的样板区也获得相似的防病、高产效果。至 1976 年样板区面积达到 8 万 hm^2 以上。随着新育成抗病品种丰产性和优质性的提高，抗病品种推广面积迅速扩大，到 1986 年达到 100 万 hm^2，1990 年达到 233.3 万 hm^2，占全国植棉总面积的 44.1%，棉花枯萎病的严重为害得到控制。

第二节　棉花枯、黄萎病的农业防治

20 世纪 60～70 年代枯、黄萎病为害逐年加重，对应用农业措施防治枯、黄萎病进行了大量研究，主要措施有轮作倒茬、地膜覆盖、无病土育苗移栽及加强田间管理等，到目前仍然是两病综合防治中不可缺少的重要措施。

一、轮作倒茬

全国各枯、黄萎病区都有连作导致病害逐年加重的调查数据。如陕西省高陵县植保站 1981 年调查，连作 2 年枯萎发病率 1.75%、3 年为 4.10%、4 年为 7.77%。新疆维吾尔自治区农科院在石河子纯黄萎病区调查，连作 2 年发病率 12.2%、病指 8.75，连作 3 年发病 15.3%、病指 8.82，连作 4 年发病 30.2%、病指 20.70，连作 6 年发病率 53.0%、病指 32.80。因此，棉农有"一年轻两年重，三年四年不能种"，"头年一个点，二年一条线，三年四年一大片"的顺口溜。轮作倒茬可以防治多种病虫害，应用轮作防治病虫害，提高农作物的产量在我国已有悠久的历史。水旱轮作比旱田轮作防治枯、黄萎病效果更好。

（一）旱田轮作

1957 年四川省简阳棉花试验站研究证明，枯萎重病田，用非寄主作物轮作两年，可以减轻发病率10.4%～39.4%。1959 年陕西泾阳县在枯萎重病田，经过小麦、玉米两年轮作，枯萎病发病率由原来的 85% 降低到 35%，死苗率由 50% 降低到 20%。黄仲生等（1980）在北京市平谷、通县试验，将棉花与小麦、玉米实行 3～4 年轮作，防病效果达到 95% 以上，轮作 6 年未查到病株，说明旱田轮作 5～6 年能达到良好的防病效果（表 19-1）。

表 19-1　轮作对防治枯萎病的作用
（1972—1977 年，北京）

调查地点	棉花品种	面积（hm²）	发病类型	倒茬年限	发病率（%）
通县百家地渠西	徐州 1818	0.33	重病田	一年	9.7
通县大马庄大队	徐州 1818	3.33	重病田	三年	1.0
通县公庄大队	徐州 1818	1.33	重病田	四年	0.4
平谷县马各庄大队	徐州 1818	0.53	重病田	六年	0

（二）水旱轮作

各地试验结果均证明水稻与棉花轮作防治枯、黄萎病效果比旱田轮作好。早在 1959 年江苏南通报道，种植 1 年水稻，再种棉花，枯萎发病降低 68.9%，种两年防效比种 1 年再提高 15.39%，种 3 年水稻再种棉花，发病率降低 99.24%。

20 世纪 70 年代，长江流域棉区对水、旱轮作防治枯萎病做了很多试验研究工作。张廷坚等 1977—1978 年在湖北新州县枯萎病田试验结果，连作重病田枯萎发病率 54.5%、病指 36.8，轮作 1 年水稻后再种棉花，发病率 8.8%、病指 4.87，防病效果 86.8%，种两年水稻后再种棉花，发病率 3.2%、病指 1.3，防病效果 96.5%，种 3 年水稻再种棉花枯萎发病率 1.2%、病指 0.6，防效 98.4%。江苏常熟县试验，夏季种植一季水稻后移栽棉花，黄萎发病率 35%、光秆率 7%，种植两季水稻，第二年种棉花，黄萎发病率降低到 12%、光秆率 2%，对照发病率 99%、光秆率达 81.0%。

安徽棉花所张辅志 1971—1981 年，在东至县试验证明，无论沙壤土和壤土，进行稻棉 1～5 年轮作，在原枯萎发病率 21.74%～99.2% 的田块，随着水稻种植年限的增加，田间枯萎发病率逐年降低，轮作 1 年防效 85.2%，两年防效 98.9%，3 年防效 99.2%，轮作 4～5 年田间防效达 100%。

二、地膜覆盖

20 世纪 80 年代地膜覆盖逐渐成为棉花高产的一项主要栽培措施。南、北棉区均有盖膜可减轻枯、黄萎病的报道。李经仪等（1983）在南京江苏省农业科学院植物保护研究所重病田试验研究盖膜与不盖膜（对照）枯萎田间发病情况及土壤根际周围 10cm 土样内菌落数量，结果见表 19-2。

表 19‑2　地膜覆盖与不覆盖病指消长和土壤菌量比较

调查日期（日/月）	植株病症调查				土壤内菌落数量（个/g 土）	
	地膜覆盖		对　照		地　膜	对　照
	发病率（%）	病指	发病率（%）	病指		
24/5	16.33	5.73	32.33	13.27	7.67×10^3	6.67×10^3
31/5	23.00	7.33	48.33	20.60	3.43×10^3	6.27×10^3
14/6	29.67	17.47	50.67	33.80	4.40×10^3	2.53×10^3
28/6	25.67	14.67	57.67	35.73	1.80×10^3	8.80×10^3
12/7	31.00	17.13	47.00	31.93	1.47×10^3	1.20×10^3
26/7	29.00	18.27	43.33	34.00	4.07×10^3	6.20×10^3
14/8	15.00	11.67	32.33	29.27	3.87×10^3	5.73×10^3
28/8	16.33	12.80	40.00	33.00	6.80×10^3	9.40×10^3
13/9	68.33	33.00	83.00	50.87	4.40×10^3	5.87×10^3

1. 蕾期发病高峰与后期剖秆的病情比较　从 5 月 24 日至 9 月 13 日的 9 次调查结果表明，地膜覆盖的枯萎病的发病率、病指明显减轻。蕾期覆膜的病率为 25.67%，病指为 14.67；不覆膜的则分别为 57.67% 和 35.73，覆膜比不覆膜病指降低 58.94%。后期剖秆检查，覆膜的发病率为 68.33%，病指为 33.00；不覆膜的则分别为 83.0% 和 50.87，覆膜比不覆膜的枯萎病指降低 35.13%。

2. 地膜覆盖与不覆盖棉田土壤中棉枯萎病菌量的分析　棉田在地膜覆盖的 95d 中，分离土壤 10cm 处枯萎病菌量共 9 次，其中只有 5 月 24 日、6 月 14 日、7 月 26 日 3 次覆盖的菌量略高于对照外，其余均显著地低于对照。蕾期与吐絮后期的菌量减少尤为明显。覆盖的平均每克土壤含菌量为 2.73×10^3 个和 4.4×10^3 个，不覆盖每克土壤含菌量为 5.27×10^3 个和 5.87×10^3 个，覆盖比对照菌落数减少 48.2% 和 25.0%。

张卓敏等（1987）在山西中熟棉区的永济县，中早熟棉区的襄汾县，特早熟棉区的平遥县，进行盖膜与不盖膜对枯、黄萎病减轻效果的试验。同时，对发病轻重不同田块、不同年份、棉花不同播期防病效果进行了比较。

（1）不同棉区多点对比试验发病盛期统计结果（表 19‑3）　处理枯萎病情指数为 5.39～37.5，对照 11.39～59.11，相对防治效果 23.68%～52.68%，平均为 34.97%。初步看出不同生态条件下，棉田覆盖，对枯萎病均有明显的减轻作用，且试验结果经回归稳定性测定：$b=0.84$（$b<1$）具有广泛的应用范围。黄萎病方面，覆盖处理中有部分点次比对照表现为减轻趋势，而有的点次则表现加重趋势，综合结果看出两者之间无明显差异。

表 19‑3　地膜覆盖对棉花枯、黄萎病防治效果
（1983 年，山西）

地点	品种	处理	枯萎病				黄萎病			
			发病率（%）	病指	死苗率（%）	相对防治效果（%）	发病率（%）	病指	死苗率（%）	相对防治效果（%）
永济南苏	晋棉	覆盖	42.63	37.53	25.04	34.28	14.45	7.38	0	7.52
		不覆盖	61.81	57.11	45.22	—	17.89	7.98	0	—

（续）

地点	品种	处理	枯萎病				黄萎病			
			发病率（%）	病指	死苗率（%）	相对防治效果（%）	发病率（%）	病指	死苗率（%）	相对防治效果（%）
永济白坊	岱16号	覆盖	29.64	24.14	13.03	23.68	22.23	13.36	0	−7.14
		不覆盖	38.02	31.63	16.62	—	20.01	12.47	0	—
襄汾文臣	盖棉1号	覆盖	22.99	18.30	9.48	29.23	4.25	2.3	0	12.21
		不覆盖	31.63	25.86	14.39	—	4.52	2.62	0	—
平遥丰依	黑山棉	覆盖	7.01	5.39	2.87	52.68	2.87	2.17	0.09	−4.33
		不覆盖	14.87	11.39	4.99	—	2.73	2.07	0.08	—

（2）不同潜势病田覆盖后对病害的作用（表19-4）　枯萎重病田相对防治效果为30.2%，轻病田为52.68%，表明棉田覆盖后对轻病田或重病田均有一定的防治作用。

表19-4　地膜覆盖对不同类型病田枯萎病防治效果

（1983年）

病田类型	处理	发病率（%）	病指	死苗率（%）	相对防效（%）
重病田	覆盖	31.75	26.66	15.85	30.20
	露地	43.78	38.20	25.39	—
轻病田	覆盖	7.01	5.39	2.87	52.68
	露地	14.87	11.39	4.99	—

（3）不同年份覆盖对枯萎病防治作用　3年试验结果表明，处理相对防治效果为20.88%～35.48%，平均为27.42%。表明不同年份病田覆盖后均对枯萎病有着明显的防治作用。

（4）不同播期覆盖对枯萎病防治作用试验结果　3月27日、4月5日和4月15日播种相对防效依次为34.20%、35.48%和13.20%，显示出不同播期的处理对枯萎病均有一定的控制作用，尤以4月5日播期表现更优。

三、无病土育苗移栽

各地实践证明，棉花育苗移栽不但是一项增产措施，也是一项减轻枯萎病为害的措施，用不带枯萎病的土壤，结合改用无病种子，可推迟和减轻枯萎病为害。

1972年西北农学院在陕西3县7乡的调查结果表明，凡采用无病营养土进行育苗移栽的，较同一田块、同一品种直播棉花的枯萎病菌情显著减轻，其防病效果为38.32%～73.72%（表19-5）。该校高陵县基点对育苗移栽及直播棉田病害发展的调查情况表明，直播田5月10日出现病株，5月31日发病率5.3%，6月7日发病率猛增到38%；而育苗移栽田5月31日前未发现病株，6月7日发病率仅为0.24%，无病土育苗移栽大大推迟了田间发病时间。

表 19-5 棉花无病土育苗移栽防治枯萎病效果

(1972 年)

调查日期及地点	处理	品种	调查株数	发病株数	发病率（%）	病指	较直播减轻(%)
6 月 16 日， 周至县城关	移栽 直播	陕 4 号	1 370 670	9 13	0.66 1.94	— —	65.98
6 月 17 日， 周至县哑柏	移栽 直播	徐州 142	500 330	195 235	39.00 71.21	21.60 43.56	50.64
6 月 23 日， 兴平县汤坊	移栽 直播	徐州 1818	1 000 700	81 98	8.10 14.00	4.13 7.36	43.88
6 月 24 日， 兴平县丰仪	移栽 直播	徐州 142	400 500	223 358	55.75 71.60	21.13 44.38	52.46
6 月 27 日， 高陵县红庆	移栽 直播	鄂光棉 陕棉 1 号	200 200	82 130	41.00 65.00	17.50 28.38	38.32
6 月 28 日， 高陵县东风	移栽 直播	徐州 1818	300 300	40 121	13.33 40.33	5.42 19.50	72.20
6 月 28 日， 高陵县东风	移栽 直播	徐州 1818	500 500	99 289	19.80 59.80	7.70 29.30	73.72

1973 年中国农业科学院植物保护研究所在河南新乡王屯基点枯萎病严重病田进行育苗移栽防治枯萎病试验，结果表明，无病土育苗移栽田 5 月 28 日发病率 10.6%，死苗率 1.2%，病土钵育苗移栽发病率 30.4%，死亡率高达 23.2%，到 6 月 20 日无病土育苗田发病率虽然与病土育苗田差距缩小，但死苗率仍为 1.2%，而病土育苗田，死苗率达到 32.5%，无病土育苗田皮棉产量比对照增产明显。

黄仲生 1972 年在北京市平谷县马各庄村试验，同一块病田，同一品种，蕾期发病高峰期调查，直播的枯萎发病率 63.6%，无病土育苗移栽发病率 21.4%，移栽比直播发病率减轻 66.2%。

山东省安邱县棉办 1985 年调查，无病土育苗移栽枯萎发病率 2%，病土育苗发病率 30%，防效达 93%。

无病土育苗移栽可以减轻枯萎病发病率和降低死苗率。这是由于棉苗早期处于无病土条件下，避免了病菌对幼苗的侵染，当幼苗移入病田，待新根长入带有病菌的大田土壤后，病菌开始侵入，逐渐使棉苗发病，此时棉苗已经长大，抗病力大大增强，发病率显著降低，严重病田发病率虽然也较高，但死苗率明显减轻，因此达到防治枯萎病、增加产量的效果。

四、其他农业措施

（一）清洁田园

枯、黄萎病株的残枝、落叶都带有病原菌。这些病株残体留在田间必然会增加土壤中病原菌数量，从而加重发病程度。因此，要求在田间操作，如间苗、定苗、整枝、打杈时，把这些残体带出田外烧毁或深埋。

（二）良好的排水与灌溉

各地多次调查资料表明，地势低洼，排水不良，地下水位较高的地区发病严重。据北京市通县 1970 年的调查，同一块棉田，北边高，南边低，低处容易积水，土壤湿度大，北边高处枯萎病发病率仅为 1％，南边发病率高达 44％。陕西省植保所 1973 年在泾阳县调查，同一块种植中棉所 3 号的棉田，一半用井水灌溉，另一半用渠水漫灌，前者枯萎病发病率 15.9％，后者发病率 26.2％。

（三）薄荷茬对枯萎病有减轻作用

江西一农民介绍，在枯萎重病田种植一年薄荷后，再种植棉花，连作 8 年未见枯萎发病。李玉奎（1986）用薄荷田土盆栽，枯萎发病率 23.8％，对照发病率 67.8％。在大田调查，薄荷茬棉花枯萎病发病率 30.0％，相邻菜地枯萎发病率 61.3％。经室内试验证明，薄荷根分泌物对枯萎病菌有抑制作用。

（四）豆饼追肥、油菜压青对枯萎病有减轻作用

豆饼是较好有机肥料，也可减轻枯萎病为害。董友根（1986），每 667m² 用新鲜豆饼粉 25kg 沟施，以混合化肥 10kg 为对照，蕾期枯萎发病高峰期豆饼处理发病率 3.9％，对照发病率 7.3％。说明豆饼做肥料有减轻枯萎病为害的作用。

张卓敏等（1986）报道，油菜压青有减轻枯萎病为害的作用。油菜压青田枯萎病发病率 4.8％，对照田发病率 11.2％。用油菜压青土盆栽，枯萎发病率 27.0％，对照发病率 73.6％。说明油菜压青不但可培养地力，还可减轻枯萎病的为害。

（五）良好的田间管理，可减轻枯、黄萎病为害

各地调查结果表明，凡枯、黄萎病发病严重地块，大部分地势低洼，排水不良，多年连作，管理粗放，在抗病品种缺乏的 20 世纪 50～60 年代，这种情况更是普遍。良好的栽培管理，可减轻枯、黄萎病的为害。

在棉花苗期，适当密植，早间苗，晚定苗，间除枯萎病苗及弱苗，留足预备苗，及时移栽补苗。及时中耕除草，提高地温，促进壮苗早发，提高棉株本身的抗病能力。

施肥种类、时期、数量等对枯、黄萎病发病也有一定影响。河南农学院 1977 年试验证明，单独施用氮肥的比单独施用磷、钾肥发病率显著提高，氮、磷、钾混合用比单独施用氮肥的发病率降低。陕西关中棉农有用氨水减轻枯萎发病的经验，每 667m² 棉田施 50～70kg 氨水，有促进枯萎病轻病株恢复生长的作用。

深耕对枯萎病发病轻重有一定影响。耕的深可把地表的枯枝、落叶、烂铃等翻埋到土壤深层，促使病残体分解腐烂，减轻病菌的积累。

从国内外资料看，枯、黄萎病对土壤酸碱度要求不严格。如长江流域四川、湖北、江苏土壤偏酸，冀、鲁、豫棉区土壤偏碱，枯、黄萎病发病均较严重。

第三节　棉花枯、黄萎病的化学防治

棉花枯、黄萎病是典型的土传病害，幼苗期病菌从根部侵入，整个生育期在棉株维管束内为害，造成发病。枯、黄萎田间发病后用化学药剂很难防治，至今尚无有效的防治药剂。20世纪60～70年代，我国枯、黄萎病发病面积占棉田面积的20%以下，80%的棉田是无病田，从植物检疫、保护无病田的目的出发，对棉种带菌消毒处理方法进行了较多的研究，为了达到"消灭零星病区"的目的，对枯、黄萎零星病点进行了铲除研究；90年代以后，黄萎病为害逐年加重，生产上缺乏抗黄萎高产良种，不少单位试用植物生长调节剂，如缩节安、黄腐酸类等药剂进行了黄萎病的防治，取得了一定的防效。

一、带菌种子的消毒处理

20世纪60年代初，仇元等（1963）采用0.15%～0.20%二硝基硫氰代苯药液，用55～60℃热浸带菌棉种，不但达到杀菌效果，而且有增加田间出苗率的作用；70、80年代不少单位对带菌种子消毒进行了研究，效果较好的是棉籽浓硫酸脱绒、402乳油（乙烷硫代磺酸乙酯乳油）闷种及多菌灵药液冷浸等。

（一）棉籽浓硫酸脱绒及402闷种

中国农业科学院棉花研究所提出的棉籽浓硫酸脱绒及402乳油闷种：先将浓硫酸盛于砂锅中在火炉上加热至110～120℃；棉籽放入砌嵌在两个火炉中间的缸盆里加温，烘到20～30℃，每次脱绒的棉籽按10kg计算，一般加入相对密度为1.7的粗浓硫酸1 000ml。脱绒时，将热浓硫酸徐徐倒在棉籽上，边倒边搅拌，直到棉籽变黑发亮、短绒完全脱尽为止。随即移至另一缸盆中，用清水反复搓洗，再移至铁筛中，用流水冲洗至水色，水味不显酸味为止。棉籽在冲洗过程中可以结合进行水选，捞除漂浮的棉籽，选留沉底的饱满种子，准备做402乳油温汤浸闷。

402闷种，先将定量热水倒入缸中，调至65℃左右，再将定量的402乳油倒入，搅拌均匀，最后将脱绒过的棉籽倾入缸中，用麻袋或木盖将缸口盖严，防止药液挥发，进行温汤浸闷。所用药液浓度为2 000倍液，即50kg水中加入70%的402乳油50ml，药液量为棉籽量的3倍，在浸闷过程中搅拌2～3次，使上下温度一致，保持在50～60℃之间，半小时后取出，可以随处理随播种，也可以晾干后备用。据报道这种处理的杀菌效果可达100%（表19-6）。

表19-6　棉花枯、黄萎病种子消毒田间试验结果

试验处理	试验年份	种子类型	剖秆检查鉴定			病秆分离鉴定			
			检查总株数	可疑病株	分离株数	枯萎病		黄萎病	
						病株数	发病(%)	病株数	发病(%)
对照(种子未经处理)	1970	病田混收种子	11 637	83	—	—		—	

（续）

试验处理	试验年份	种子类型	剖秆检查鉴定			病秆分离鉴定			
			检查总株数	可疑病株	分离株数	枯萎病		黄萎病	
						病株数	发病(%)	病株数	发病(%)
对照(种子未经处理)	1971	病株单收种子	7 556	171	171	119	1.75	3	0.040
	1972	病田混收种子	5 788	11	11	10	1.80	0	0
	1970	病田混收种子	4 378	1	1	0	0	1	0.023
浓硫酸脱绒处理	1971	病株单收种子	6 258	4	4	0	0	0	0
	1972	病株单收种子	4 595	0	—	—	—	—	—
浓硫酸脱绒后再用70%	1970	病田混收种子	5 128	0	—	—	—	—	—
402 2 000 倍液温汤浸闷	1971	病株单收种子	5 662	0	—	—	—	—	—
30min 处理	1972	病株单收种子	4 281	0	—	—	—	—	—
	1972	病田混收种子	3 567	0	—	—	—	—	—

（二）多菌灵浸种

江苏省农业科学院植物保护研究所试验，用 0.5%（有效成分）的多菌灵（甲基苯并咪唑氨基甲酸酯）盐酸盐液，按棉籽和药液 1∶4 的比例冷浸 24h，可达到种子处理检疫标准。具体做法是将多菌灵 5g，以 25ml 稀盐酸溶解，再加入 975ml 水，加入 0.03% 的平平加作为助剂，配成 1 000ml 的药液即可使用，其杀菌效果如表 19 - 7。

表 19 - 7　不同处理对棉枯萎病带菌种子铲除效果比较

试验地点	处　理	定苗前检查		剖秆检查		合　计		
		总株数	病株数	总株数	病株数	总株数	病株数	病株率(%)
无锡稻麦良种场	0.5%多菌灵盐酸液	5 444	0	3 543	0	8 987	0	0
	对照	1 800	18	1 062	714	2 862	732	25.58
盐城新洋农业试验站	0.5%多菌灵盐酸液	25 883	0	3 009	0	28 892	0	0
	浓硫酸脱绒及	20 454	0	2 948	0	23 402	0	0
	402 浸种对照	20 955	0	2 513	1	23 468	1	0.004
安徽池州地区试验站	0.5%多菌灵盐酸液	18 845	0	3 489	0	22 334	0	0
	浓硫酸脱绒及	1 939	0	1 299	0	3 238	0	0
	402 浸种对照	10 761	21	2 106	5	12 867	26	0.2

二、枯、黄萎病零星病点药剂处理

针对 20 世纪 70 年代提出的"消灭零星病田"的策略，北方棉区不少省市植保部门，对药剂铲除枯、黄萎零星病点进行了较多的研究。如中国农业科学院棉花研究所对氯化苦铲除零星病点进行了研究，取得良好铲除效果。山东省棉花枯、黄萎病综合防治协作组，经过多年室内外试验研究，认为二溴乙烷、二溴氯丙烷、粗二二乳剂、氨水以及 1,3 -二氯丙烯等均收到较好的铲除效果。

（一）氯化苦

1. 施药类型

（1）氯化苦原液　原液含有效药量 98％以上。施用时，拔除病株，清除病残体，以病株为中心标定 1m² 范围，均匀地打 25 个孔，每孔应用土壤注射器注射施药 125ml。施药后采用封闭措施，铲除效果达 100％。

（2）氯化苦乳剂　乳剂含有效药剂量 90％，系原液加入适量的乳化剂而成。经改进的剂型，催泪作用降低，在没有专用施药工具的情况下，也可以施用。应用时首先以病株为中心，标定 1m² 消毒处理范围，翻松土壤 30～40cm 深，将氯化苦按 100ml/m² 对水 20kg 稀释，灌浇在土壤中，最后封闭土表。

2. 施用氯化苦的关键技术

（1）土壤温、湿度对药效的影响　氯化苦具有挥发性强，对温度敏感的特点。温度愈高，挥发愈快，穿透力愈强，铲除效果亦愈佳。同时，在土壤中残留药害的排放相应加快。

（2）施药深度、范围与灭菌效果　棉枯、黄萎病菌在初发病的零星病田，一般聚集在 0～30cm 土层，尤其耕作层最多。因此，原液注射深度和乳剂渗透深度，以 0～30cm 或 0～40cm 为佳。在标定范围内，要求药剂均匀分布，以免影响效果。

（3）药剂对水量与渗透分布的关系　乳剂对水稀释的作用在于促进药剂的渗透与分布，与药效无直接关系，主要取决于土壤的含水量。土壤含水量大，对水量相对减少，但土壤含水量大到一定程度，最好延缓施用时间。在一般情况下，土壤所需氯化苦乳剂量对水 20～25kg/m²，即可保证药液均匀渗透，达到病菌分布的土层中，发挥灭菌作用。

（4）施药后覆盖封闭的作用　棉枯、黄萎病菌在土壤表层集聚较多，是铲除的要害层次。由于氯化苦挥发性强，如不加覆盖封闭，待药剂溢散至地表，将迅速散失至空间，起不到灭菌的应有作用。为提高灭菌效果，必须施药后立即将施药点用湿土踏实或用泥浆封闭严密。

（5）施药与播种的间隔期　在棉花生长期施药，铲除效果好，但对周围棉花生育影响较大，故不提倡。在棉田休闲期施药处理，速效性有所延缓，在施药 10d 后将土壤翻动 1 次，可促进药效挥发作用，施药后 20d，药害基本消除。所以，在施药后 20～30d 播种棉花，对种子发芽、棉株生长安全无恙。

（二）二溴乙烷

在温室水泥池的试验，病土用 81ml/m² 70％二溴乙烷，溶于 40.5kg 水中灌施，两周后播种，防病效果较好。

1973 年山东临邑棉花原种场用二溴乙烷处理一发病中心 10m²，其中曾发现 4 株枯萎病株，第二年检查原发病中心的 91 株棉花，未见发病。

1975 年在山东高密水西曹疃村的 0.5hm² 棉田中查出 30 株枯萎病株，拔除后用 500 倍液的二溴乙烷处理，每病点处理 0.33m²，用药液 5kg，两周后在原地点播用浓硫酸脱绒、402 乳油温浸处理的徐州 1818 棉种，经 3 次调查及剖秆检查，未见病株。

（三）二溴氯丙烷

病土用 90ml/m² 80％的二溴氯丙烷，溶于 40.5kg 水中，灌施，铲除效果也较理想。

1973 年秋季，山东滨县棉花原种场处理一个面积达 60m² 的发病中心，其中有枯萎病株 29 株，用上述药量灌施，1974 年在原发病中心处生长的 496 株棉花，均未发生枯萎病。曹县棉花原种场用二溴氯丙烷处理一个面积为 4m² 的发病中心，其中有枯萎病株 12 株，第二年在原发病中心处未再发现病株。

（四）粗二二乳剂

粗二二乳剂即 DD 混剂，石油化工厂的废液加 2%～5% 乳剂混合而成。其主要杀菌成分为二氯丙烯和二氯丙烷。

1975 年山东高密水西乡曹疃村的一个发病中心 7m²，有 12 株枯萎病株，灌施 220ml/m²、溶于 45kg 水中的粗二二乳剂处理，第二年在现蕾前、蕾铃期及剖秆检查，均未发现病株。马戈庄村的一个发病中心 22m²，有 20 株枯萎病株，用粗二二乳剂处理，第二年未发现病株。因此，无论是室内试验还是大田试验，用粗二二乳剂作为铲除剂，是可行的。

三、生长调节剂防治棉花黄萎病

（一）缩节安对棉花黄萎病发生的影响

1993 年黄萎病大发生，马存、简桂良 8 月下旬到冀、鲁、豫主产棉区考察，三省均有棉农反映，喷施生长调节剂后，黄萎发病减轻。如河南尉氏县永兴乡一块棉田分属二兄弟，其中一户在 7 月中旬用过缩节安调控（每 667m² 2g），发病率仅 38.0%，病指 11.5，重病株率 2%；而另一家未用缩节安化控，发病率则高达 81.0%，病指 51.8，重病株率 45%。这种现象在河北肥乡县张达乡张达村也有。山东省临清市大辛庄乡柳庄村，则更具说服力，一农户种植 0.5hm² 鲁 3389，其中 0.4hm² 喷过 2 次生长调节剂，而另 0.1hm² 由于调节剂已用完，故未喷第二次，在 8 月下旬，田间发病情况区别很明显，用过 2 次的棉花生长旺盛，青枝绿叶，长势喜人，黄萎病的发病率仅 37.5%，病指 18.4，重病株率 14%，而只用 1 次的这一小部分，发病率高达 80.5%，病指 58.3，重病株率 56.2%。这些实例均说明缩节安有减轻黄萎病的作用。

为了进一步证明缩节安对黄萎病有减轻发病的效果，简桂良、马存 1994、1995 年在河南新乡县棉田进行缩节安防治黄萎病试验。董志强、何钟佩等（2000）对缩节安减轻黄萎发病机理进行了研究。

1. 缩节安防治黄萎病田间效果　试验在河南省新乡县小冀镇王屯村多年单作棉花的重病地进行。种植感病品种中植 86-1，播种时间 4 月 17 日。所用缩节安系中国农业大学化控室提供。试验共 7 个处理，分别为 20mg/kg 喷施 1 次（相当于 15g/hm²），20mg/kg 喷施 2 次；40mg/kg 喷施 1 次（相当于 30g/hm²），40mg/kg 喷施 2 次；60mg/kg 喷施 1 次（相当于 45g/hm²），60mg/kg 喷施 2 次；清水喷施 2 次（空白对照）。重复 3 次，随机排列，每小区 4 行，行长 10m，小区面积 40m²。分别于棉花黄萎病发病初期的 7 月 10 日以所需量，用工农 16 喷雾器按常规药量（喷施 450kg/hm² 药液）分别喷施，隔 10d 再喷第 2 次。试验结果表明，各处理的发病率、病情指数（2 年平均）见表19-8。从表中可看出，喷施缩节安后病情的发展受到明显的抑制，在喷施 10～20d 后病指相对减退率为 47.82%～62.71%。在发病高峰的 8 月 20 日调查，病指相对减退率可达 48.86%～67.78%，防治效果最好的为 20mg/kg、40mg/kg 喷施 2 次。生产上以低浓度喷施 2 次，间隔 7～10d 为好，可有效地抑制黄萎病的蔓延。

表 19-8　喷施缩节安防治棉花黄萎病效果

处　　理	07-31		08-20	
	病情指数	病指相对减退率	病情指数	病指相对减退率
20mg/kg 1 次	3.75	54.89	11.12	44.73
20mg/kg 2 次	8.04	61.29	11.27	67.78
40mg/kg 1 次	7.73	60.55	10.45	64.39
40mg/kg 2 次	10.29	58.79	12.45	66.71
60mg/kg 1 次	7.29	47.82	10.70	48.86
60mg/kg 2 次	5.05	62.71	9.63	52.52
CK	8.24		12.34	

化学调控剂对棉花黄萎病的控制和调节作用，我国研究不多，国外有人曾有过报道，Buchenauer 等对一种植物生长抑制剂 Pydanon 有过研究，结果表明接菌前用灌根的方式以每株 200mg 处理，可减轻棉花及番茄黄萎病的为害。Erwin 等则对另一种植物生长调节剂 Tributyi phosphonium chioride 有过研究，结果表明在温室用土壤处理可抑制棉花黄萎病的为害，在大田以 40 或 80μg/ml 的浓度喷施 2 次，可使棉花黄萎病减轻，并使棉株体内的病菌含量减少，棉花增产 21%～30%。

2.　缩节安抑制黄萎病作用机理　目前我国植棉业以应用缩节安为主的化控技术已普遍推广。该项技术革新已成为协调棉花生长发育，提高棉株对环境的适应性能以及促进增产的重要措施。应用缩节安后棉花可以提高对生物逆境（病、虫等）忍耐力的效应早已引起国内外学者的研究兴趣。Basf 首次报道缩节安可以减轻黄萎病为害。Khasanov 得到了相同的结论。Erwin 等试验证明，缩节安明显减少棉花叶柄内大丽轮枝菌数量；孔令甲、夏珍芳等认为，缩节安促进了侵填体的形成，阻碍了大丽轮枝菌的繁殖和在木质部导管中的传递。Corden 研究发现，番茄木质部汁液中高浓度的钙离子增强了植物对镰刀菌的抗性。Robinson 和 Hodges 研究证明，高氮引起的质外体空间较高浓度的氨基酸和酰胺有利真菌孢子的萌发和生长。化控技术基于调节内源激素系统，增强根系吸收运输无机离子的能力，协调无机离子间浓度与运输量的平衡，从而对增强棉株的抗病性起着积极的作用。

董志强、何钟佩（2000）以正常棉株、感黄萎病棉株和缩节安系统化控感黄萎病棉株为试材，对棉株受到黄萎病菌胁迫后木质部汁液中无机离子运输量和含量的变化以及缩节安系统化控对黄萎病的作用机理进行了研究。

试验于 1995—1996 年在中国农业大学附近树村试验地进行，试验以中棉所 12 为试材，设置缩节安系统化控处理即播前浸种（200mg/kg）、6 月 21 日（80mg/kg）、7 月 12 日（150mg/kg）、8 月 7 日（250mg/kg）叶面喷施，设清水对照，重复两次。小区面积 104m²，8 行区，大小行种植，密度 7.5 万株/hm²。8 月 12 日重感病期，在缩节安系统化控处理区和对照区分别选取 20 株三级感病棉株及正常棉株，取伤流液（收集 12h）为测试材料，等离子体方法测定伤流中 P、Ca、Mg、B、Mn、Fe、Al、Ba、Cr、Cu、Mo、Ni、K、Na 的浓度，离子浓度与相应棉株 12h 伤流量的乘积为离子运输量。缩节安系统化控小区感病棉株简称 DPC-H，对照区感病棉株简称 CK-H，对照区未感病棉株为 CK。结果见表 19-9。

表 19-9　缩节安处理对棉株 12h 伤流中无机离子运输量的影响

单位：μg/株

	Al	Ba	Mn	Cr	Cu	Mo	Ni	Fe	Na	B	Zn	Ca	P	K	Mg
CK	2.451	2.29	4.8	0.383	1.038	0.185	0.15	14.34	55	118	20.6	2 754	810	1 808	862
CK-H	0.004	0.01	0.06	0.011	0.02	0.002	0.002	0.126	6.48	0.31	0.25	47.4	18.1	103	24.2
DPC-H	2.088	0.82	2.25	0.198	0.411	0.195	0.07	6.78	61.5	2.52	8.22	1 539	540	738	387
CK-H 比 CK 下降（%）	99.84	99.6	98.7	97.13	98.07	99.03	98.4	99.12	88.2	99.7	98.8	98.3	97.77	94.3	97.2
DPC-H 比 CK 下降（%）	14.8	64.3	53	48.3	60.4	−5.52	51.9	52.73	−12	97.9	60.2	44.1	33.33	59.2	55.1

结果表明，棉株感染黄萎病后伤流量降低，伤流中无机离子的运输量减少。伤流中 P、Ca、Mg、B、Mn、Fe、Al、Ba、Cr、Cu、Mo、Ni 的浓度降低，K、Na 的浓度上升。缩节安处理增加了感病棉株的伤流量中各无机离子的运输量；提高了 P、Ca、Mg、Mn、Fe、Al、Ba、Cr、Cu、Mo、Ni 的浓度，降低了 K、Na、B 的浓度。缩节安处理增强了棉株抵抗黄萎病菌侵染的能力，两年试验结果表明，缩节安系统化控区感病株率分别比对照下降了 76.21% 和 52.87%，显著降低了棉株的感病株率。

（二）黄腐酸类防治棉花黄萎病的效果

田世民等（1999）用生化黄腐酸制剂克黄枯和黄腐酸 1 号，在田间喷雾进行黄萎病防治试验。选择地块为重茬 6 年的棉田，供试品种为当地感病品种。药剂浓度分别为 300 倍液和 600 倍液。处理前的 7 月 20 日调查，整个地块黄萎病发病率为 29.5%，病情指数为 8.5。选择发病程度一致的棉株定株挂牌作为供试棉株，每处理 10 株。自 7 月 25 日起，每 6d 喷药 1 次，共喷药 3 次。分别在第一次用药后 10d 和 20d 田间调查两次（表 19-10）。

表 19-10　不同药剂处理的病情指数

药　剂	浓度（倍液）	用药前	用药后 10d	用药后 20d	相对防效（%）
克黄枯	300	50.0	43.8	37.5	25.0
克黄枯	600	31.3	31.2	25.5	25.0
黄腐酸 1 号	300	25.0	31.3	33.8	—
黄腐酸 1 号	600	43.8	44.0	53.5	—
对照	—	40.1	44.1	57.1	

从调查结果看，生化黄腐酸制剂克黄枯两种浓度处理均有明显的防效。防治效果均有 25%，而黄腐酸 1 号无防治效果。

（三）其他化学药物及微肥对枯、黄萎发病的影响

李玉奎（1997）用安索菌毒清（河北沧州昆虫药剂厂提供），黄腐酸盐（河南郑州绿野高新技术实业公司提供），棉花用生化黄腐酸（河北唐山全来生物工程公司提供），益微

（中国农业大学植物生态工程研究所提供），军丰3号（中国人民解放军总参工程兵化工厂提供）等。杨代刚等（1993）用光合微肥2 000mg/kg，DPC30mg/kg混合液，光合微肥2 000mg/kg和链霉素500mg/kg混合液，链霉素500mg/kg，丰鲜宝40mg/kg等。袁红霞等用40％抗枯威可湿性粉剂400倍液和800倍液（河南农大康拓公司生产），50％多菌灵可湿性粉剂600倍液（江苏镇江农药厂生产），黄腐酸盐600倍液（河南绿野公司生产），绿风95（河北徐水生物工程公司生产）600倍液，0.5％藜芦碱水剂400倍液（河南创世生物公司生产），高锰酸钾1 000倍液（西安化学试剂厂生产），缩节安60mg/kg（河南豫珠公司分装）等上述化学药物、生化试剂及微肥用来防治棉花枯、黄萎病虽然取得了一些效果，但均存在一些问题，如防治效果不稳定，年度间防效差异大，受气象因素影响较多，有的年夏季高温黄萎发病受到明显抑制，与防效不易区分。

因此，上述药物防治枯、黄萎病的效果应进一步多年、多次试验示范方可推广应用。

参 考 文 献

陈其煐. 1980. 科学技术成果报告——棉花枯、黄萎病综合防治研究. 北京：科学技术文献出版社

陈其煐. 1992. 棉花病害防治新技术. 北京：金盾出版社

陈其煐，李典谟，曹赤阳. 1990. 棉花病虫害防治及研究进展. 北京：中国农业科技出版社

董志强，何钟佩，翟学军. 2000. 缩节安抑制棉花黄萎病效应及其作用机理研究初报. 棉花学报. 12（2）：77～80

黄仲生，陈文良，舒秀珍. 1980. 京郊棉花枯萎病及其防治研究. 植物保护学报. 7（3）：165～171

顾本康，李经仪. 1984. 中国棉花病害研究及其综合防治. 北京：农业出版社

顾本康，陈春权，李经仪. 1986. 棉花黄萎病带菌棉籽的消毒技术研究简报. 植物保护. 12（1）：33～34

简桂良，马存. 1994. 适时应用生长调节剂控制黄萎病的为害. 植保技术与推广. 414～447

简桂良，马存. 1999. 缩节安对棉花黄萎病发生发展的影响. 棉花学报. 11（1）：45～47

李玉奎. 1997. 棉花黄萎病化学防治. 中国棉花. 24（8）：14～15

李成葆，郭金城，李玉奎等. 1986. 棉花枯萎病种子消毒方法研究. 中国棉花. 13（6）：36～38

李经仪，顾本康. 1983. 地膜对枯萎病控制效果的研究. 中国棉花. 10（5）：41

李玉奎. 1986. 薄荷根分泌物对土壤棉花枯萎病菌的抑制作用. 中国棉花.（4）：46

李成葆，郭金城，李玉奎等. 1986. 棉花枯萎病种子消毒方法研究. 中国棉花.（6）：36～38

卢国政，田世明. 1998. 9.5％生化克黄枯悬浮剂防治棉花枯、黄萎病初报. 中国棉花. 25（10）：21～22

陆郝胜. 1986. 轮作防治棉花黄萎病. 中国棉花. 13（4）：41～42

南京市植物检疫站. 1982. 多菌灵胶悬剂浸种防治棉花枯萎病示范. 中国棉花. 9（3）：44～45

仇元，周国顺. 1963. 棉花枯、黄萎病种子带菌及消毒研究. 中国农业科学.（5）：4～8

沈其益. 1992. 棉花病害基础研究与防治. 北京：科学出版社

沈其益. 1984. 中国棉花病害研究及其综合防治. 北京：农业出版社

田世民，方正. 1999. 克黄枯防治棉花黄萎病的效果. 中国棉花. 27（7）：40

王清和，张立新，周凯南等. 1984. 棉花枯、黄萎病根围病原菌铲除剂的研究. 见：全国棉花枯、黄萎病综合防治协作组、中国农业科学院植物保护研究所主编. 中国棉花病害研究及综合防治. 北京：农业出版社

王连方. 2001. 治枯灵防治棉花枯、黄萎病药效试验. 农业科技通讯.（2）：29

肖忠珍，杨代刚，刘辉等. 1995. 几种药剂防治棉花黄萎病的效应初报. 中国棉花. 22（1）：22～

23

杨代刚，刘辉，肖忠珍. 1997. 黄萎病棉田喷施微肥，药剂和激素的效应. 中国棉花. 24（6）：36

袁红霞，李洪连，李为. 1998. 不同药剂处理防治棉花黄萎病研究. 中国棉花. 25（9）：11～12

张辅志. 1982. 稻棉轮作防治棉花枯、黄萎病. 植物保护. 8（5）：6～7

张卓敏，李建社，张慧杰. 1987. 塑膜覆盖对棉花枯、黄萎病防治作用的研究. 中国棉花. 14（4）：35～36

张卓敏. 1986. 油菜压青对棉花枯萎病防治作用的研究. 中国棉花. 13（6）：38

钟艳龙，王锐，杨栋等. 1999. 克黄枯防治枯、黄萎病田间试验报告. 中国棉花. 27（4）：41～42

种子消毒联合试验协作组. 1974. 全国棉花枯萎病种子消毒试验总结. 棉花. （1）：26～28

Buchenauer H. Erwin D C. 1976. Effect of the plant growth retardant Pydanon on Verticillium wilt of cotton and tomato [J]. Phytopathology. 66：1140～1143

Basf A G. 1978. Pix（mepiquat-chloride）growth regulator for cotton. Agrochemical of our Time

Erwin D C，Tsai S D，et al. 1976. Reduction of the severity of Verticillium wilt of cotton induced by the growth retardant，Tributy [（5-chlaro-2-thieny）methyl] phosphonium chloride. Phytopathology. 66：106～110

Erwin D C. 1979. Growth retardants mitigate Verticillium wilt and inflrence yield of cotton. Phytopathology. （69）：283～289.

Khasanor T. 1986. A growth bioregulator for cotton. Khlopkovodstvo（6）：23～24.

Perrenqud S. 1977. Potassium and Plant Health. Int Potash Berne

第二十章

棉花枯、黄萎病的微生态学
与生态防治

研究植物微生态学可以更好地了解植物根部病原物与根际微生物之间的相互关系，可以弄清根际微生物在植物病害发生中的作用和影响，对深入研究植物对土传病害的抗性机制，以及土传病害的生物防治和生态防治具有十分重要的理论价值和实践意义。国内外学者在棉花枯、黄萎病微生态学研究方面也进行了一些有益的探索，取得了一些研究进展。

第一节　棉花枯萎病的微生态学

一、抗、感枯萎病棉花品种根际微生物数量分析

李洪连等（1990）利用选择性培养基，采用稀释分离法对抗、感枯萎病棉花品种根际微生物数量在不同生育阶段进行了系统分析。结果表明，棉花品种对枯萎病的抗性与根际微生物数量（包括真菌、细菌和放线菌）之间具有明显相关性。

（一）抗、感枯萎病棉花品种根际真菌数量分析

对棉花抗枯萎病品种中植 86-1 和冀棉 7 号，感病品种河南 69 和鲁棉 1 号的根际真菌数量，在春播和夏播地 2～3 叶期、6～7 叶期和现蕾期分别进行了测定（表 20-1）。

表 20-1　棉花抗、感枯萎病品种根际真菌数量

单位：10^4 cfu/g 干土

生育期	春　播				夏　播			
	中植 86-1（抗）	冀棉 7 号（抗）	河南 69（感）	鲁棉 1 号（感）	中植 86-1（抗）	冀棉 7 号（抗）	河南 69（感）	鲁棉 1 号（感）
2～3 叶期	11.77	12.56	6.03	7.49	22.55	18.37	10.14	8.66
6～7 叶期	28.24	23.95	6.99	5.36	27.11	29.07	15.88	9.44
现蕾期	13.15	13.00	6.39	5.60	36.39	28.17	19.84	13.73
平均值及差异比较	17.79	16.50	6.46	6.15	28.68	25.20	15.29	10.61
	A	A	B	B	A	A	B	B

注：差异比较中字母不同表示差异极显著，下表同。

分析结果表明，无论春播或夏播，抗病品种根际真菌数量都明显多于感病品种，其差异达到极显著水平。但两个抗病品种之间和两个感病品种之间单位土壤中根际真菌数量的差异不显著。这表明对根际真菌来说，抗病品种的根际效应大于感病品种。

从播期来看，无论抗病品种或感病品种，夏播的根际真菌数量都明显高于春播。从棉花的3个生育时期来看，春播两个抗病品种中以6～7叶期根际真菌数量最多，2～3叶期和现蕾期较少；两个感病品种在3个生育时期变化不大。夏播除冀棉7号现蕾期略少于6～7叶期外，其余3个品种都是随生育期生长而逐渐上升。

（二）棉花抗、感枯萎病品种根际放线菌数量分析

对不同播期和生育时期棉花抗、感品种的根际放线菌数量进行了测定（表20-2）。结果发现无论春播和夏播，抗病品种中植86-1根际放线菌数量都明显多于其他品种，差异达到极显著水平。抗病品种冀棉7号春播与中植86-1相比，根际放线菌数量明显减少，虽然比两个感病品种增多，但差异不显著；夏播时冀棉7号根际放线菌数量显著少于中植86-1，但显著多于两个感病品种，其差异都达到极显著水平。两个感病品种之间无论春播和夏播都无明显差异。

表20-2　棉花抗、感枯萎病品种根际放线菌数量

单位：10^6 cfu/g 干土

生育期	春　播				夏　播			
	中植86-1 （抗）	冀棉7号 （抗）	河南69 （感）	鲁棉1号 （感）	中植86-1 （抗）	冀棉7号 （抗）	河南69 （感）	鲁棉1号 （感）
2～3叶期	7.63	6.28	4.49	3.79	13.69	8.07	4.14	4.94
6～7叶期	23.32	13.44	13.30	10.36	14.70	12.89	6.08	4.62
现蕾期	28.84	12.44	10.87	7.98	16.50	12.03	5.62	4.47
平均值及	19.93	10.72	9.55	7.37	14.98	11.21	5.27	4.68
差异比较	A	B	B	B	A	B	C	C

从播期来看，除冀棉7号夏播放线菌数量略多于春播外，其余几个品种都是春播数量大于夏播，这与根际真菌数量的变化恰恰相反。从不同生育期来看，抗病品种中植86-1根际放线菌数量无论春播和夏播都是随着生育期而增加，其余几个品种除鲁棉1号在夏播几个生育期基本持平外，都是6～7叶期根际放线菌数量最多，现蕾期次之，2～3叶期最少。

（三）棉花抗、感枯萎病品种根际细菌数量分析

对棉花抗、感枯萎病品种不同播期及不同生育期根际细菌数量进行了分析（表20-3）。无论春播或夏播抗病品种中植86-1根际细菌数量都显著多于两个感病品种；与春播冀棉7号相比差异不显著，而与夏播的冀棉7号相比则差异达到极显著水平。冀棉7号与两个感病品种相比，除春播显著多于河南69外，其余差异不显著。两个感病品种根际细菌数量虽有差异，但也未达到显著水平。从播期来看，抗病品种和感病品种夏播各生育期根际细菌数量都明显多于春播，这与根际真菌数量的变化一致。从生育期看，无论春播或夏播，抗病品种还是感病品种，其变化趋势都一致，即根际细菌数量随生育期增加显著增多。

表 20 - 3　棉花抗、感枯萎病品种根际细菌数量

单位：10^8 cfu/g 干土

生育期	春 播				夏 播			
	中植 86 - 1 (抗)	冀棉 7 号 (抗)	河南 69 (感)	鲁棉 1 号 (感)	中植 86 - 1 (抗)	冀棉 7 号 (抗)	河南 69 (感)	鲁棉 1 号 (感)
2～3 叶期	13.27	4.23	2.98	6.05	21.74	8.47	12.15	6.42
6～7 叶期	19.39	12.80	4.46	14.27	78.45	51.59	37.85	54.39
现蕾期	102.13	92.05	56.93	59.27	141.65	98.06	90.93	93.07
平均值及 差异比较	44.92 A	36.36 AB	22.12 B	26.53 B	80.61 A	52.71 B	46.98 B	51.29 B

二、抗、感枯萎病棉花品种根际真菌区系分析

李洪连等（1991）研究发现，除了抗、感品种在根际微生物数量上存在明显差异外，在根际微生物区系组成上也存在一定差异。

（一）春播棉花抗、感枯萎病品种根系真菌区系分析

对春播棉花抗枯萎病品种中植 86 - 1 和冀棉 7 号，感病品种河南 69 和鲁棉 1 号的根际真菌区系在 2～3 叶期、6～7 叶期和现蕾期分别进行了分析（表 20 - 4）。

分析结果表明，棉花根际真菌区系组成十分复杂，各类真菌中以青霉属（*Penicillium*）、曲霉属（*Aspergillus*）、镰刀菌属（*Fusarium*）等种类较多，不同的棉花品种其根际真菌属数、种数、种类及优势种均不相同，每个品种都有自己独特的根际真菌区系组成。一般来说，抗病品种根际真菌种类较多，区系组成相对复杂，其根际真菌优势种多为曲霉（*Aspergillus* spp.）、青霉（*Penicillium* spp.）和疣孢漆斑菌（*Myrithecium verrucaria*）等，而感病品种根际真菌优势种则为粉红黏帚霉（*Gliocladium roseum*）、双胞镰刀菌（*Fusarium dimerum*）和黑根霉（*Rhizopus nigricans*）等。两类品种之间有明显的差异。另外，每个品种三个不同生育期根际真菌区系也有明显变化，一般以 6～7 叶期种数最多。

表 20 - 4　春播棉花抗、感枯萎病品种根际真菌区系分析

品种 名称	生育期	区 系 分 析		
		属数	种数	优 势 种
中植 86 - 1 (抗)	2～3 叶期	12	20	互隔交链孢，黑曲霉，皱缩青霉
	6～7 叶期	14	23	杂色曲霉，粉红黏帚霉，微紫青霉
	现蕾期	9	17	土生曲霉，杂色曲霉，鲜绿青霉
	合计	19	35	
冀棉 7 号 (抗)	2～3 叶期	10	18	杂色曲霉，粉红黏帚霉，微紫青霉
	6～7 叶期	12	20	土生曲霉，圆弧青霉，疣孢漆斑菌
	现蕾期	11	18	黑曲霉，杂色曲霉，疣孢漆斑菌
	合计	14	30	

（续）

品种名称	生育期	区　系　分　析		
		属数	种数	优势种
河南 69 （感）	2～3 叶期	10	14	双胞镰刀菌，粉红黏帚菌
	6～7 叶期	9	17	双胞镰刀菌，粉红黏帚菌
	现蕾期	11	15	粉红黏帚菌，鲜绿青霉，黑根霉
	合计	13	27	
鲁棉 1 号 （感）	2～3 叶期	11	16	双胞镰刀菌，粉红黏帚菌，黑根霉
	6～7 叶期	11	16	粉红黏帚菌，黑根霉
	现蕾期	9	16	杂色曲霉，鲜绿青霉，黑根霉
	合计	14	27	

注．各生育期优势种是指该种真菌菌落出现频率占总菌落数的 20% 以上。合计属数和种数是指 3 个生育期该品种根际真菌所出现的总属数和种数，每个生育期相重复的属或种已扣除，合计项优势种是指该种根际真菌在 3 个生育期中出现频率均很高。

抗病品种中植 86-1 三个生育期共分离出 19 属 35 种根际真菌，其中 2～3 叶期 18 属 20 种，6～7 叶期 14 属 23 种，现蕾期 9 属 17 种，以 6～7 叶期种数最多。三个生育期根际真菌种数、种类和优势种也各不相同。特别是优势种变化很大，如 2～3 叶期和 6～7 叶期优势种无一相同，6～7 叶期和现蕾期也只有杂色曲霉（A. versicolor）相同，其余两种则不同。说明生育期对根际真菌区系组成也有较大影响。另一个抗病品种冀棉 7 号三个生育期共分离出 14 属 30 种真菌，其中 2～3 叶期 10 属 18 种，6～7 叶期 12 属 20 种，现蕾期 11 属 18 种，也是以 6～7 叶期种数最多。在优势种方面，除疣孢漆斑菌在各生育期均为优势种外，其余各优势种则差异很大。

感病品种河南 69 三个生育期共分离出 13 属 27 种根际真菌，其中 2～3 叶期 10 属 14 种，6～7 叶期 9 属 17 种，现蕾期 11 属 15 种，与两个抗病品种相比，其总种数和各生育期种数均有不同程度的减少，并且以 2～3 叶期和 6～7 叶期差别较大。从各生育期优势种来看，河南 69 与两个抗病品种明显不同，其优势种主要是粉红黏帚菌和双胞镰刀菌，在抗病品种根际真菌区系中表现为优势种的曲霉和青霉属各种中，除现蕾期的鲜绿青霉（P. viridicatum）外，其余均未出现。

另一个感病品种鲁棉 1 号三个生育期共分离出 14 属 27 种根际真菌，其中 2～3 叶期和 6～7 叶期均为 11 属 16 种，现蕾期 9 属 16 种，各生育期种数完全一致。与感病品种河南 69 相比，总种数和各生育期种数均相差不大。但与两个抗病品种相比则有较大程度的减少，特别是前两个生育期。从优势种来看，鲁棉 1 号各生育期优势种主要是黑根霉和粉红黏帚菌，与河南 69 相差不大，而与两个抗病品种相比则有明显不同，尤其是 2～3 叶期和 6～7 叶期差异更大。

（二）夏播棉花抗、感枯萎病品种根际真菌区系分析

夏播不同抗性品种在三个生育期根际真菌区系分析结果表明，各类真菌中仍以青霉属和曲霉属种数较多，而镰刀菌无论种数或出现频率均明显下降。各品种之间根际真菌区系组成差异仍然很大，但其差异较春播相比有所减小。抗病品种各生育期根际真菌种数虽仍

多于感病品种，但其差异已较春播明显减小。各品种三个生育期中仍以 6～7 叶期根际真菌种数最多。从优势种来看，杂色曲霉在 4 个品种各生育期均为优势种，这与春播显著不同。除杂色曲霉外，抗病品种根际真菌优势种还有黑曲霉（A. niger）、青霉（Penicillium spp.）等，而感病品种，鲁棉 1 号主要是黑根霉，河南 69 各生育期优势种则变化较大。

以上研究结果表明，棉花根际真菌区系十分复杂。每一品种都有自己独特的根际真菌区系，其种类、优势种都不同于其他品种。造成这种差异的原因，可能主要是与根系分泌物和脱落物的不同有关。由于根系分泌物和脱落物成分相当复杂。主要是糖类、氨基酸、维生素、微生物生长的刺激或抑制物质等，其成分的微小变化则可引起根际微生物区系组成上的巨大差异。

棉花抗、感枯萎病品种根际真菌区系组成存在着十分明显的差异。抗病品种根际真菌种数相对较多，其优势种多为青霉和曲霉，而感病品种优势种主要为黏帚菌、黑根霉和双胞镰刀菌等。这种差异在 2～3 叶期和 6～7 叶期比现蕾期、春、夏播更为明显。测定结果发现，青霉和曲霉对棉花枯萎病菌有较强的抑制作用，而黑根霉和双胞镰刀菌抑制作用不明显，黏帚菌抑制作用较弱。

播期和生育期对棉花根际真菌区系组成影响很大，这可能是由于植株所处的环境不同或发育阶段的不同，其体内的生理生化代谢以及根系的分泌物和脱落物也可能存在差异，从而导致根际真菌区系组成上的不同。另外，土壤条件（如温度、湿度等）的变化也会引起根际真菌区系组成上的改变。

三、不同抗性棉花品种根际真菌对枯萎病菌的抑制作用

李洪连等（1992）测定了不同抗性棉花品种根际真菌对枯萎病菌的抑制作用。测定结果表明，无论春播或夏播，棉花抗病品种根际真菌区系对棉花枯萎病菌具有抑制作用或较强抑制作用的种类和比例都高于感病品种。与感病品种各生育期相比，抗病品种根际真菌优势种对枯萎病菌的抑制作用也较强。

（一）不同抗性品种根际真菌区系中抑制菌

在棉花抗病品种中植 86 - 1 和冀棉 7 号，感病品种河南 69 和鲁棉 1 号的春播和夏播的 2～3 叶期、6～7 叶期及现蕾期，分别就其根际真菌区系中各成员对枯萎病菌的抑菌作用进行了测定（表 20 - 5）。结果表明，无论春播，还是夏播，在 2～3 叶期和 6～7 叶期，抗病品种根际真菌区系中对棉花枯萎病菌具有抑制作用或较强抑制作用的种数都明显多于感病品种，具有抑制作用的种数占根际真菌总数也多于感病品种。如抗病品种中植 86 - 1 在春播前两个生育期根际真菌区系中对枯萎病菌具有抑制作用的种数分别为 15 种和 18 种，分别占根际真菌总数的 75.0% 和 78.3%，而同期的感病品种河南 69 具有抑制作用的种数分别只有 8 种和 11 种，占 57.1% 和 64.7%，显著低于抗病品种。但在现蕾期，这种差异则明显减小，如抗病品种中植 86 - 1，根际真菌抑制菌的种类分别为 13 和 14 种，分别占总种数的 76.5% 和 77.8%；而感病品种河南 69 春、夏播现蕾期根际真菌具有抑制作

用的种类分别为 11 和 12 种，分别占总数的 73.3% 和 80.0%，其夏播现蕾期对枯萎病菌具有抑制作用的真菌比例甚至高于抗病品种。从播期来看，除鲁棉 1 号外，其余各品种具有抑制作用的种数比例基本上都是夏播高于春播。感病品种在现蕾期抑制菌比例明显大于前两个生育期，但抗病品种生育期之间差异不明显。

表 20-5 不同抗性品种根际真菌对枯萎病菌抑制作用

品种名称	播期	生育期	根际真菌总种数	抑制菌种数*	抑制菌比例（%）	平均
中植 86-1	春播	2～3 叶期	20	15	75.0	76.8
		6～7 叶期	23	18	78.3	
		现蕾期	17	13	76.5	
	夏播	2～3 叶期	14	11	78.8	77.5
		6～7 叶期	21	16	76.2	
		现蕾期	18	14	77.8	
冀棉 7 号	春播	2～3 叶期	18	14	77.8	73.3
		6～7 叶期	20	14	70.0	
		现蕾期	18	13	72.2	
	夏播	2～3 叶期	13	10	76.9	79.6
		6～7 叶期	18	15	83.3	
		现蕾期	14	11	78.6	
河南 69	春播	2～3 叶期	14	8	57.1	65.0
		6～7 叶期	17	11	64.7	
		现蕾期	15	11	73.3	
	夏播	2～3 叶期	12	8	66.7	70.5
		6～7 叶期	17	11	64.7	
		现蕾期	15	12	80.0	
鲁棉 1 号	春播	2～3 叶期	16	10	62.5	68.8
		6～7 叶期	16	10	62.5	
		现蕾期	16	13	81.3	
	夏播	2～3 叶期	12	7	58.3	67.2
		6～7 叶期	17	11	64.7	
		现蕾期	14	11	78.8	

* 抑制菌中包括具有竞争作用的根际微生物种类。

（二）不同抗性棉花品种根际真菌优势种对枯萎病菌抑制作用分析

在春播和夏播的 2～3 叶期、6～7 叶期和现蕾期，分别对棉花抗、感枯萎病品种根际真菌优势种及其对棉枯萎病菌的抑菌效果进行了测定。

结果表明，不同品种以及同一品种在不同播期和不同生育期其根际真菌优势种均有很大差异。但总的来说，抗病品种根际真菌优势种主要以青霉（*Penicillium* spp.）和曲霉（*Aspergillus* spp.）为主，而感病品种则以黏帚菌（*Gliocladium* spp.）和黑根霉（*Rhizopus nigricans*）等为主。同时，无论春播或夏播，抗病品种各生育期根际真菌优势种均对棉枯萎病菌有一定的抑制作用，其中约 50% 具有较强的抑制作用。而感病品种根际真菌优势种抑制作用多表现较弱或无明显的抑制作用。说明抗病品种根际真菌优势种对棉枯萎病的抑制作用明显强于感病品种，并且这种差异在 2～3 叶期和 6～7 叶期更为明显。

以上研究表明，棉花对枯萎病的抗性与根际中存在较多的颉颃性微生物有一定关系。抗病品种根际真菌区系中对枯萎病菌具有抑制作用的种类较多，并且根际真菌优势种对枯萎病菌的抑制作用也明显强于感病品种。这一研究结果与 Neal 等（1970）、Atkinson 等（1974）在小麦上发现抗病品种根际中存在着较大数量的颉颃菌群体的结论相吻合。抗病品种根际中有较大的对枯萎病菌抑制作用较强的抗生菌群体，而此群体的存在保护着根系免受病菌的侵染，从而使植株表现为抗病，而感病品种的这种保护较弱。从研究的结果来看，植株现蕾后抗、感品种根际真菌区系组成差异减小，并且夏播抗、感品种之间的差异也小于春播，这与王守正等报道现蕾后植株抗病性增强，夏播棉比春播棉枯病发病轻的结果相吻合。说明棉花对枯萎病的抗性，不仅与植株形态结构和生理生化代谢有关，与根际微生物区系也有密切关系。从理论上讲，棉花枯萎病菌主要存活于土壤，并从根部侵入，而根际则是病菌侵入根系的必由之路，如果根际中存在着较多数量和种类的颉颃性微生物，势必对病菌侵入产生阻碍作用，从而减少了病菌侵染机会，使植株表现为抗病。

由此可见，有目的地采取一些措施，如施用对颉颃性微生物有益的肥料来改变植物的根际微生物区系组成，促使颉颃菌比例增加，或促使对病菌具有较强抑菌效果的根际微生物种类成为优势种，将会对土传病害的防治起到积极的作用。

四、棉花内生菌与枯萎病

新疆罗明等人（2004）对不同品种和不同种植地区的健康棉花植株组织中内生细菌进行了分离，共得到 102 个菌株，经鉴定分属于芽孢杆菌属（*Bacillus* sp.）、黄单胞菌属（*Xanthomonas* sp.）、假单胞菌属（*Pseudomonas* sp.）、欧文氏菌属（*Erwinia* sp.）及短小杆菌属（*Curtobacterium* sp.）。其中芽孢杆菌的分离频率最高，为优势种群。对棉株不同部位内生细菌数量测定表明，棉花种子、根、茎、叶柄、叶片等组织内均存在大量的内生细菌。不同品种、组织及种植地内生细菌的数量不同。其中种子中最多，其次为根，再次为茎、叶片和花蕾，叶柄中最少（表 20-6）。

通过抑菌测定，罗明等人（2004）从 87 个棉花内生菌的分离菌株中筛选出对棉花枯萎病菌有体外颉颃活性的菌株 22 个，占菌株总数的 25%，其中有些菌株表现出较强抑菌活性，具有作为生防菌的潜能（表 20-7）。

表 20-6 不同棉花品种蕾期各部位内生细菌分离情况

（罗明等，2004；单位 10^4 cfu/g 鲜组织）

品种名称	分 离 部 位				
	根	茎	叶	叶柄	蕾
草棉	3.5	2.0	1.4	1.2	19
金科18	1.9	2.5	5.1	9.1	1.1
新海18	0.5	2.0	2.1	2.4	37.0

表 20 - 7　棉花内生细菌对枯萎病菌的抑制作用

（罗明等，2004）

抑制作用类型	抑菌圈半经（mm）	菌株数量	比率（%）
无抑制作用	0	65	74.7
弱抑制作用	0～2.5	1	1.1
中等抑制作用	2.5～5.0	11	12.6
强抑制作用	5.0以上	10	11.5
合计		87	100

第二节　棉花黄萎病的微生态学

一、根际微生物数量与棉花品种对黄萎病抗性的关系

李洪连等（1998）对 6 个抗黄萎病能力不同的棉花品种的根际线虫、真菌、细菌和放线菌的数量在苗期和现蕾期采用选择性培养基稀释分离和直接观察法进行了分析。研究结果表明，棉花对黄萎病的抗性与苗期和现蕾期的根际真菌和放线菌数量呈正相关，与根际线虫数量呈负相关，与根际细菌数量无显著相关性（表 20 - 8）。

表 20 - 8　不同抗性棉花品种根际微生物群体数量分析

（李洪连等，1998）

品　种	生育期	平均根际线虫数量（10^3 条/g 干土）	平均根际真菌数量（10^5 条/g 干土）	平均根际细菌数量（10^9 条/g 干土）	平均根际放线菌数量（10^7 条/g 干土）
春矮早	苗期	3.33	7.58	2.07	4.75
	现蕾期	1.33	11.34	4.40	3.47
中植 86 - 6	苗期	3.52	8.99	0.71	3.35
	现蕾期	3.24	15.75	10.37	7.22
中棉 19	苗期	4.99	21.95	0.44	3.81
	现蕾期	4.63	32.42	3.43	6.30
中棉 17	苗期	5.23	1.10	8.05	1.89
	现蕾期	4.17	11.67	9.17	4.33
中棉 12	苗期	5.45	0.77	0.32	2.05
	现蕾期	7.42	9.90	4.93	4.73
豫棉 12	苗期	7.22	3.05	6.61	1.00
	现蕾期	4.16	9.16	2.29	3.25
土壤	苗期	0.07	1.00	0.08	0.13
	现蕾期	0.18	1.54	0.12	0.36

不同抗性品种间根际线虫数量有明显差异。抗病品种春矮早和中植 86 - 6 单位根际土壤中的线虫数量显著低于感病品种豫棉 12 和中棉所 17，耐病品种中棉所 19 和中棉所 12 居于中间，说明品种抗性与根际线虫数量呈负相关。同时，从分析结果也可以看出，根际中单位重量土壤线虫数量显著高于非根际土壤。从两个生育期来看，除中棉所 17 现蕾期线虫数量多于苗期外，其余各品种都是苗期多于现蕾期。

耐病品种中棉所 19 根际真菌数量均显著高于其他品种。但总的来说，一般表现为抗

病品种根际真菌数量较多，感病品种数量相对较少，以苗期差异明显，现蕾期则差异较小。另外，除中棉所 12 和中棉所 17 苗期外，其余各品种各生育期根际真菌数量均显著多于非根际土壤，根际效应在 1∶3～22。从两个生育期来看，现蕾期根际真菌数量明显多于苗期。

棉花对黄萎病的抗性与根际细菌数量似乎无明显相关性。以耐病品种中棉所 12 单位重量根际土壤中的细菌数量最多，达 $8.61×10^9$ 个/g 干土，而另一个耐病品种中棉所 19 则最少，仅为 $1.94×10^9$ 个/g 干土，两个抗病品种春矮早和中植 86 - 6 及两个感病品种中棉所 17 和豫棉 12 则居于中间，无明显规律性。但 6 个品种单位重量根际土壤细菌数量均显著高于非根际土壤，而且根际效应比其他微生物更加明显。从两个生育期来看，除豫棉 12 外，其他各品种均是现蕾期根际细菌数量明显多于苗期。

以上研究结果表明，与枯萎病一样，棉花对黄萎病的抗性与根际微生物数量也有一定相关性。一般表现为感病品种根际线虫数量显著多于抗病品种，而抗病品种根际真菌和放线菌数量又明显多于感病品种，只有细菌似乎无明显规律性。这一结果说明，棉花对黄萎病的抗性除形态和生理生化机制外，还与根际微生物的作用有一定关系。由于黄萎病菌从根部侵染，根际（根围）微生物的活动必定会对其生长和侵染过程产生一定影响，从而影响其抗病表现。这方面的深入研究对弄清棉花对黄萎病的抗性机制和黄萎病的生物防治及生态防治都有一定的理论价值。

二、不同抗性品种根际微生物区系分析

李洪连等（1999）对棉花抗黄萎病品种春矮早和中植 86 - 6，及感病品种中棉所 17 和豫棉 12 的根际区系进行了系统分析。结果表明，每个品种都有自己独特的根际微生物区系。抗病品种根际微生物种数多于感病品种，区系组成更为复杂，表明棉花品种对黄萎病的抗性与根际微生物区系有一定关系。

（一）不同抗性品种根际真菌区系分析

对 4 个不同抗性棉花品种的根际真菌区系，包括种类、种数和优势种，在苗期、现蕾期和花铃期进行了系统分析（表 20 - 9）。

表 20 - 9　抗、感黄萎病棉花品种不同生育期根际真菌区系分析

（李洪连等，1999）

棉花品种	生育期	属数	种数	优势种
春矮早	苗期	13	18	露湿漆斑菌（M. roridum），粉红黏帚菌（G. roseum）
	现蕾期	12	18	杂色曲霉（A. versicolor），橘青霉（P. citrinum）
	花铃期	8	14	露湿漆斑菌（M. roridum），融黏帚菌（G. deliquescens）
中植 86 - 6	苗期	15	21	链孢黏帚菌（G. catenulatum），融黏帚菌（G. deliquescens）
	现蕾期	9	20	粉红黏帚菌（G. roseum），土曲菌（A. terrens）
	花铃期	11	18	露湿漆斑菌（M. roridum），融黏帚菌（G. deliquescens）

（续）

棉花品种	生育期	区 系 分 析		
		属数	种数	优 势 种
中棉所 17	苗期	10	14	头孢菌（*Cephalosporium* sp.），木贼镰刀菌（*F. equiseti*）
	现蕾期	9	12	融黏帚菌（*G. deliquescens*），木贼镰刀菌（*F. equiseti*）
	花铃期	9	12	融黏帚菌（*G. deliquescens*），棕黑腐质霉（*Humicola*）
豫棉 12	苗期	10	14	头孢菌（*Cephalosporium* sp.），矛束孢菌（*Doratomyces* sp.）
	现蕾期	11	13	露湿漆斑菌（*M. roridum*）
	花铃期	11	13	露湿漆斑菌（*M. roridum*），芽枝霉（*Cladosporium* sp.）

从分析结果可以看出，抗、感黄萎病棉花品种在不同生育期都有自己独特的根际真菌区系，其根际真菌种类和种数各不相同。但总的来说，抗病品种根际真菌种数明显多于感病品种，区系组成更为复杂。以现蕾期为例，抗病品种春矮早和中植 86-6 根际中分别分离到 18 种和 20 种根际真菌，而感病品种中棉所 17 和豫棉 12 在同期分别只有 12 种和 13 种。从根际真菌优势种来看，抗病品种主要是漆斑菌（*Myrothecium*）、黏帚菌（*Gliocladium*）、曲霉菌（*Aspergillus*）和青霉菌（*Penicillium*），感病品种则为头孢菌（*Cephalosporium*）、镰刀菌（*Fusarium*）、矛束孢菌（*Doratomyces*）、腐质霉（*Humicola*）、漆斑菌（*Myrothecium*）、黏帚菌（*Gliocladium*）和芽枝霉（*Cladosporium*）。抗、感品种这种差异在苗期和现蕾期比较明显，花铃期则较小。

（二）不同抗性品种根际放线菌区系分析

4 个不同抗性棉花品种，在不同生育期根际放线菌区系也存在一定差异。抗病品种根际分离到的放线菌菌株数稍多于感病品种。以苗期为例，抗病品种春矮早和中植 86-6 根际中分别分离到 16 株和 14 株培养性状不同的根际放线菌，而感病品种中棉所 17 和豫棉 12 在同期分别为 13 株。从根际放线菌优势种来看，抗病品种和感病品种差别不大，都是以链霉菌属放线菌为主。抗、感黄萎病棉花品种在根际放线菌株系数量上的差异在苗期和现蕾期比较明显，而在花铃期则无明显差异。

（三）不同抗性品种根际细菌区系分析

对 4 个不同抗性棉花品种的根际细菌区系分析的结果表明，不同品种的根际细菌区系也存在一定差异。但总的来说，抗病品种根际分离到的细菌菌株数多于感病品种。以苗期为例，抗病品种春矮早和中植 86-6 根际中分别分离到 18 株和 19 株培养性状不同的根际细菌，而感病品种中棉所 17 和豫棉 12 在同期分别只有 14 株和 16 株。从根际细菌优势种来看，抗病品种春矮早主要是芽孢杆菌（*Bacillus* spp.）、黄杆菌（*Flavobacterium* spp.）和荧光假单胞杆菌（*Pseudomonas fluorescens*），中植 86-6 主要为黄杆菌（*Flavobacterium* spp.）和节杆菌（*Achromobacter* spp.），感病品种中棉所 17 主要是黄杆菌（*Flavobacterium* spp.）和荧光假单胞杆菌（*Pseudomonas fluorescens*），豫棉 12 则主要是荧光假单胞杆菌（*Pseudomonas fluorescens*）、芽孢杆菌（*Bacillus* spp.）和黄杆菌（*Flavobacterium* spp.）。

研究结果表明，每个棉花品种都有自己独特的根际微生物区系。一般表现为抗病品种根际微生物种数多于感病品种，区系组成更为复杂。抗病品种和感病品种在根际真菌、细菌和放线菌优势种方面也有一定差异。这一结果说明，棉花对黄萎病的抗性除了与根际微生物数量有密切关系外，与根际微生物种类、种数和优势种有关。说明棉花对黄萎病的抗性机制是十分复杂的，既有形态结构和生理生化方面的因素，也与根际微生物的生态作用有一定关系。同时，这一研究结果也与 Neal 等（1970，1974）在小麦对根腐病和李洪连等（1990，1991，1993）在棉花对枯萎病抗性与根际微生物关系研究的结果是一致的。说明根际微生物在植物对土传病害抗病性方面的影响是广泛存在的。

抗、感黄萎病棉花品种在根际微生物区系组成，包括种类、种数和优势种等的差异在苗期和现蕾期比较明显，而在花铃期差异则显著减小。说明根际微生物对棉花抗病性的影响在生长前期较大，生长后期则较小。这与棉花黄萎病菌主要在生长前期侵染，生长后期发病的现象是一致的。

根际微生物多样性与棉花品种对黄萎病抗性关系研究的结果，为利用根际有益微生物或采取某些措施调节根际微生物区系组成来控制棉花黄萎病的发生与为害提供了可能。因此，有必要对棉花根际真菌区系中抑菌能力较强的种类，特别是优势种类做进一步测定和研究，从中筛选出潜在的棉花黄萎病生防菌株。此外，还应对利用生态调节措施（如有机改良剂）调节棉花根际微生物区系以防治黄萎病进行深入细致的研究。

三、棉花根际微生物与黄萎病菌的生态关系

李洪连等（1999）采用平板对峙培养法，测定了不同抗性棉花品种根际真菌区系各成员对棉花黄萎病菌的抑制作用，发现抗病品种根际真菌区系中，对黄萎病菌具有抑制作用的真菌种数和比率都高于感病品种，而且抗病品种根际真菌的优势种对棉花黄萎病菌的抑制作用较强。这种差异在苗期和现蕾期更为明显，花铃期则显著减小。研究结果表明，棉花品种对棉花黄萎病的抗性与根际真菌区系组成及其对黄萎病菌的抑制能力有一定相关性。一般表现为抗病品种根际真菌区系中，对棉花黄萎病菌具有抑制作用的种数和比率明显高于感病品种（表 20-10）。

表 20-10　抗、感黄萎病棉花品种根际真菌对黄萎病菌的抑制作用分析

（李洪连等，1999）

棉花品种	生育期	根际真菌种数	具抑制作用的真菌种数	抑制菌比率（%）	平均比率（%）
春矮早	苗期	18	11	61.1	
	现蕾期	18	15	83.3	74.3
	花铃期	14	11	78.6	
中植 86-6	苗期	21	12	57.1	
	现蕾期	20	17	85.0	69.6
	花铃期	18	12	66.7	
中棉所 17	苗期	14	5	35.7	
	现蕾期	12	7	58.3	50.8
	花铃期	12	7	58.3	

（续）

棉花品种	生育期	根际真菌种数	具抑制作用的真菌种数	抑制菌比率（%）	平均比率（%）
豫棉 12	苗期	14	8	57.1	
	现蕾期	13	8	61.5	54.9
	花铃期	13	6	46.2	

抗病品种春矮早在苗期、现蕾期和花铃期根际真菌区系中分别有 11 种、15 种和 11 种真菌对棉花黄萎病菌具有抑制作用，分别占总种数的 61.1%、83.3% 和 78.6%；另一个抗病品种中植 86-6 在三个生育期根际真菌区系中分别有 12 种、17 种和 12 种真菌对黄萎病菌具有抑制作用，其比率分别为 57.1%、85.0% 和 66.7%。而感病品种中棉所 17 在三个生育期分别只有 5 种、7 种和 7 种根际真菌（比率分别为 35.7%、58.3% 和 58.3%）对棉花黄萎病菌具有抑菌作用；豫棉 12 则分别仅有 8 种、8 种和 6 种（占 57.1%、61.5% 和 46.2%），都明显低于抗病品种。

从 4 个抗、感黄萎病棉花品种三个生育期根际真菌优势种的抑菌作用测定结果可以看出，抗病品种根际真菌优势种对棉花黄萎病菌的抑制作用明显强于感病品种。抗病品种春矮早和中植 86-6 三个生育期根际真菌优势种都具有明显或十分明显的抑菌作用（++或+++），而感病品种中棉所 17 和豫棉 12 的根际真菌优势种多数抑菌作用不明显（0 或+），只有融黏帚菌（G. deliquescens）和露湿漆斑菌（M. roridum）具有明显的抑制作用（++）。而且抗感品种的这种差异也同样表现为苗期和现蕾期比较明显，花铃期差异较小（表 20-11）。

表 20-11　抗、感黄萎病棉花品种根际真菌优势种对黄萎病菌的抑制作用

（李洪连等，1999）

棉花品种	生育期	根际真菌优势种对黄萎病菌的抑制作用*	
春矮早	苗期	露湿漆斑菌（M. roridum）（++）	粉红黏帚菌（G. roseum）（++）
	现蕾期	杂色曲霉（A. versicolor）（++）	橘青霉（P. citrinum）（++）
	花铃期	露湿漆斑菌（M. roridum）（++）	融黏帚菌（G. deliquescens）（++）
中植 86-6	苗期	链孢黏帚菌（G. catenulatum）（++）	融黏帚菌（G. deliquescens）（++）
	现蕾期	粉红黏帚菌（G. roseum）（++）	土曲霉（A. terrens）（++）
	花铃期	露湿漆斑菌（M. roridum）（++）	融黏帚菌（G. deliquescens）（++）
中棉所 17	苗期	头孢菌（Cephalosporium sp.）（0）	木贼镰刀菌（F. equiseti）（0）
	现蕾期	融黏帚菌（G. deliquescens）（++）	木贼镰刀菌（F. equiseti）（++）
	花铃期	融黏帚菌（G. deliquescens）（++）	棕黑腐质霉（Humicola）（0）
豫棉 12	苗期	头孢菌（Cephalosporium sp.）（0）	矛束孢菌（Doratomyces sp.）（0）
	现蕾期	露湿漆斑菌（M. roridum）（++）	
	花铃期	露湿漆斑菌（M. roridum）（++）	芽枝霉（Cladosporium sp.）（0）

* "0" 表示无抑菌作用；"+" 表示抑菌作用较弱；"++" 表示抑菌较强；"+++" 表示抑菌作用十分明显。

棉花对黄萎病的抗性除了与根际微生物数量有密切关系外，与根际微生物种类、种数和优势种有关。说明棉花对黄萎病的抗性机制是十分复杂的。既有形态结构和生理生化方

面的因素，也与根际微生物的生态作用有一定关系。这一研究结果也与在棉花对枯萎病抗性与根际微生物关系研究的结果是一致的。说明根际微生物在植物对土传病害抗病性方面的影响是广泛存在的。

抗、感黄萎病棉花品种在根际微生物区系组成包括根际真菌种类、种数和优势种等的差异在苗期和现蕾期比较明显，而在花铃期差异则显著减小。说明根际微生物对棉花抗病性的影响在生长前期较大，生长后期则较小。这与棉花黄萎病菌主要在生长前期侵染，生长后期发病的现象也是吻合的。

根据对棉花枯萎病和黄萎病生态学研究的结果，李洪连等人认为，棉花对枯萎病和黄萎病的抗性既有前人研究发现的形态结构抗性和生理生化抗病性，也存在着由根际微生物抑菌作用所形成的生态抗病性。在此基础上，他们提出了棉花对枯、黄萎病抗病机制可能的途径（图20-1）。

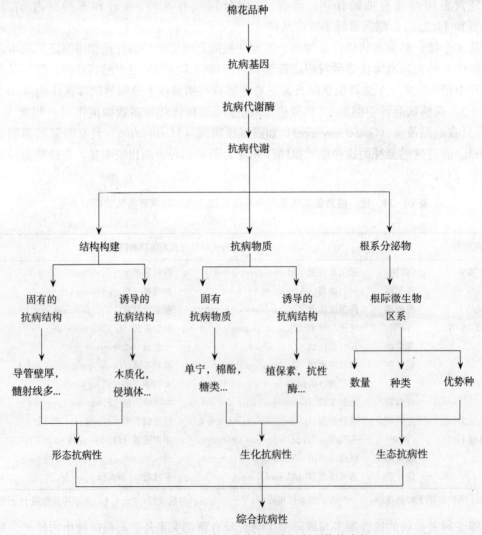

图20-1　棉花对枯、黄萎病抗病机制可能的途径

四、棉花内生菌与黄萎病

夏正俊等人（1996）研究发现棉花维管束组织中存在一些内生菌，部分株系对黄萎病菌具有较强的颉颃性。他们从棉株内分离得到对棉花黄萎病具有良好的防治效果的内生菌73a 和 A1a，其中 73a 的室内防效在 70％以上。

吴蔼民等（2000）对棉苗分别用生防细菌 73a、A1a 及其混合菌株进行蘸根处理，然后移栽入人工病田，于 8 月下旬调查棉株生理性状及发病情况，结果表明，内生菌 73a、A1a 对棉花黄萎病具有良好的防治效果。73a 对棉株生长还有一定的促进作用，表现为对棉花株高、果枝数增加，蕾铃脱落减少；三种处理的产量均有不同程度的增加，其中 73a 增产效果最好，达 18.15％（表 20‑12）。

表 20‑12　棉花内生菌对黄萎病的田间防治效果

（吴蔼民等，1996）

处　　理	平均病情指数	防治效果（％）
73a	19	51.28
73a＋A1a	28	28.21
A1a	31	20.51
CK	39	—

夏正俊等（1997）研究发现棉株接种植物内生菌可诱导棉花抗黄萎病过程中棉花茎叶组织中的过氧化物酶、超氧化物歧化酶（SOD）和酯酶活性的变化。诱导接种植物内生菌 73a 后，接种点附近棉茎中的过氧化物酶活性高，表现为酶带宽，颜色深，活性明显强于单用针刺的对照，而针刺对照又明显高于空白对照；接种 4d 后，73a 等内生菌处理的酶谱比针刺对照及空白对照多 1 条 Rf 为 0.28 的酶带。诱导接种 73a 后 2d，接种点附近的棉茎中 SOD 酶谱有 3 条酶带，多于空白对照的 2 条，且活性强。

傅正擎等（1999）对内生菌防治棉花黄萎病机理进行了研究，发现内生菌 73a、A1a 菌体及代谢物对棉花黄萎病菌落叶型及非落叶型菌株菌体和产毒素均具有良好的抑制作用。将从棉株体内分离获得的内生菌 A1a、73a 接入棉花黄萎病菌菌株 JC1B（落叶型）、BP2（非落叶型）的 Czapek 培养液中，培养不同时间后提取粗毒素，用考马氏亮蓝 G‑250 法测定浓度，结果表明对 BP2 产毒素抑制最强的为 A1a 菌体，抑制率达 51.97％；对 JC1B 产毒素能力抑制最强的是 73a 菌体，抑制率为 72.60％。同时，A1a、73a 的代谢物对 JC1B、BP2 的产毒素和菌丝生长亦有明显的抑制作用。加入内生菌或代谢物后，其黄萎病菌毒素粗提液对棉苗致萎度下降。

吴蔼民等（2001）研究了内生菌 73a 在不同抗性品种棉花体内的定殖和消长动态，通过 Rif 标记，发现内生菌 73a 可以在棉花体内定殖。针刺接种后，内生菌 73a 的数量表现"由增到减"趋势，在 1～5d 内植株中 73a 数量持续增长，在第五天达到最高水平；灌根处理表明，植株上段内的菌株数量逐渐增加，中段内的菌株数量在 1～5d 内逐渐上升，随后慢慢下降，下段内的菌株数量则逐渐减少；浸种处理后，73a 在棉苗体内定殖的数量也有一个逐渐下降的过程。

第三节　棉花枯、黄萎病的生态防治

一、利用微生态制剂防治棉花枯、黄萎病

国内一些单位和学者开展了利用微生物制剂防治棉花枯、黄萎病的相关研究。利用从土壤和植物体内外分离得到的有益菌株，制成的益微菌剂，对棉花枯、黄萎病具有较好的防治作用。新疆农科院缪卫国等（1998）筛选出益微菌 AB304 - 2 和 AB272 能够明显抑制棉花枯萎病菌的生长，盆栽试验对枯萎病的防治效果分别达到 91.5％和 88.6％。李爱平等（1995）对原北京农业大学植物生态工程研究所筛选的益微工程菌和增产菌的防病效果进行了试验，发现它们可显著降低棉花枯、黄萎病的发病率和病情指数，其中益微工程菌（*Bacillus* spp.）$9_{2\sim3}$ 和 $9_{2\sim4}$ 拌种对枯、黄萎病的防效可达 50％以上，广谱增产菌（*Bacillus cereus*）也有一定的防治效果，而且与益微菌株混用和拌种加喷雾综合使用，可以提高防治效果。

王春霞等（1996）从棉花枯萎病圃衰退土盆栽棉花根际分离到 42 株细菌。经室内平板颉颃测定，对枯萎病菌表现明显抑菌活性的占 17.4％，经多次盆栽试验，有 2 株菌具有明显降低棉花枯萎病发生的作用，其中菌株 ZC_8 的最高相对防效可达 54.3％。通过 Gus 基因标记菌株 ZC_8 来研究它在棉花根际的定殖与枯萎病的相互关系，结果发现，随枯萎病症状的加强，ZC_8 在根际的定殖呈下降的趋势，据此推测，存在于棉花根际的生物因子的位点竞争也许是枯萎病衰退的原因之一。这些生物因子占据根际生态位点以后，可以有效地阻止枯萎病菌的侵染。

二、有机改良剂对棉花黄萎病的防治作用

利用有机改良剂或有机添加物防治植物枯、黄萎病已有一些报道。Marshun 等（1975）报道，将前茬作物苜蓿的地上部分作为绿肥翻入土壤中，可以有效减轻下茬作物由 *Verticillium dahliae* 引起的黄萎病。同时，也发现土壤中 *V. dahliae* 的微菌核的数量明显减少。

简桂良等（1997）研究发现，施用棉籽饼和豆饼，可使棉花枯萎病抑菌性土壤的抑菌效果增强，由 27.0％提高到 65.7％；但如果施入马粪，其抑菌效果则会降低，由 27.0％下降到 10.6％。李玉奎等（1986）报道，利用薄荷植株粉碎物，能明显减轻棉花枯萎病的发生与为害。在种植一年薄荷后，可使棉田枯萎病发病率显著下降。

李洪连等（2002）在盆栽和小区试验条件下，研究了 8 种不同有机改良剂对棉花黄萎病的防治效果。试验结果表明，盆栽试验中以几丁质粗粉对棉花黄萎病的防效最好，豆秸粉和绿肥次之。小区的试验结果与盆栽试验结果基本一致。有机改良剂处理土壤后，根际微生物数量显著增加，而且对黄萎病菌具有抑制作用的根际真菌和放线菌的比率都明显高于对照。有机改良剂的浸出液对病原菌的微菌核萌发及菌丝生长都有不同程度的抑制作用。

（一）不同有机改良剂对棉花黄萎病的防治效果

8种有机改良剂在盆栽和田间小区试验条件下对棉花黄萎病的防治效果见表20-13。盆栽条件下，有机改良剂在花铃期和收获期的防治效果基本一致，均以几丁质粗粉、豆秸粉和绿肥防效较好，尤其以几丁质粗粉防效最好，分别达到80.4%和72.3%。其次是豆秸粉和绿肥，防效均在55%以上。但随着病情的不断加重，同一种有机改良剂的防效呈逐渐降低趋势。小区试验中不同有机改良剂的防治效果和盆栽试验基本一致，仍以几丁质粗粉最好，防效为62.3%，豆秸粉和绿肥次之，防效分别为58.8%和51.7%。

表20-13　不同有机改良剂对棉花黄萎病的防治效果

处　理	盆栽试验				小区试验	
	花铃期		收获期		收获期	
	病情指数	防效（%）	病情指数	防效（%）	病情指数	防效（%）
几丁质粗粉	1.11**	80.4	14.01**	72.3	22.53**	62.3
豆秸粉	1.97**	65.2	20.21**	60.0	24.61**	58.8
绿肥	2.10**	62.9	22.41**	55.7	28.85**	51.7
稻壳	2.17**	61.7	36.71**	27.4	33.33*	44.2
酵素菌	4.63	18.2	32.73**	35.3	34.72*	41.8
粪肥	4.55	19.6	40.18*	20.5	38.18*	36.1
花生饼	4.41	22.1	36.32**	28.2	47.69	20.1
麦秸	3.61*	36.2	44.75	11.5	37.64*	37.0
CK	5.66	—	50.55	—	59.70	—

注：*表示与对照差异显著，**表示差异极显著。

（二）不同有机改良剂对根际微生物数量的影响

采用稀释分离法分析了施用有机改良剂后棉花不同生育期根际真菌、细菌和放线菌数量。结果表明，有机改良剂处理能显著地增加根际微生物的数量，其中苗期以酵素菌、几丁质粗粉、麦秸和饼肥对根际真菌数量影响较大，酵素菌、豆秸、稻壳、几丁质粗粉和饼肥对根际放线菌数量起较明显的调节作用，而豆秸粉、麦秸、粪肥和几丁质粗粉对根际细菌数量调节作用很明显；现蕾期几丁质粗粉和豆秸粉对根际真菌作用较明显，几丁质粗粉对根际放线菌调节作用最强，豆秸粉、麦秸和几丁质粗粉对根际细菌数量则具有较强的调节作用；花铃期粪肥和绿肥对根际真菌调节作用较大，饼肥和酵素菌对根际放线菌调节作用较强，稻壳和豆秸粉对根际细菌调节作用比较明显。

（三）有机改良剂对根际微生物抑菌作用的影响

采用对峙培养法测定了不同有机改良剂处理后根际微生物区系中对棉花黄萎病菌具有抑制作用的真菌和放线菌分离物的比例。结果可以看出，各种有机改良剂处理后，棉花根际真菌和放线菌分离物中对棉花黄萎病菌具有抑制作用的比例总体上都高于对照。根际真菌中以粪肥和几丁质粗粉处理比较明显，其分离物中对黄萎病菌具有抑菌作用的比例分别为64.2%和60.0%，而对照只有42.4%；在根际放线菌方面，除粪肥外，其他有机改良剂处理后根际放线菌中对棉花黄萎病菌具有抑制作用的分离物的比例都明显高于对照。其中酵素菌、几丁质粗粉和豆秸粉具有抑菌作用分离物的平均比例均在 70% 以上，而对照只有 56.7%（表 20-14）。

表 20-14　不同有机改良剂处理后棉花根际真菌和放线菌对黄萎病菌抑制作用分析

处理	生育期	具有抑菌作用的菌株比例（%）			
		根际真菌	平均	根际放线菌	平均
几丁质	苗期	75.0		76.0	
	现蕾期	55.0	60.0	74.0	73.8
	花铃期	50.0		71.4	
豆秸粉	苗期	40.0		74.0	70.6
	现蕾期	53.3	45.4	66.7	
	花铃期	42.9		71.0	
绿肥	苗期	44.4		73.0	
	现蕾期	22.2	42.2	67.0	68.9
	花铃期	60.0		66.7	
稻壳	苗期	75.0		60.0	
	现蕾期	60.0	59.3	63.6	59.7
	花铃期	42.9		55.6	
酵素菌	苗期	60.0		71.4	
	现蕾期	60.0	46.7	80.0	75.5
	花铃期	20.0		75.0	
粪肥	苗期	74.4		50.0	
	现蕾期	62.5	64.2	57.1	54.9
	花铃期	55.6		57.6	
饼肥	苗期	44.4		66.7	
	现蕾期	44.4	49.1	63.6	65.7
	花铃期	58.3		66.7	
麦秸	苗期	50.0		58.0	
	现蕾期	66.7	57.1	65.0	58.3
	花铃期	54.6		52.0	
CK	苗期	57.1		54.0	
	现蕾期	50.0	42.4	56.0	56.7
	花铃期	20.0		60.0	

（四）有机改良剂浸出液对棉花黄萎病菌的影响

李洪连等分别测定了 7 种不同有机改良剂浸出液对棉花黄萎病菌微菌核萌发和菌丝生长的影响，结果如表 20-15 所示。

表 20-15　不同有机改良剂浸出液对棉花黄萎病菌的影响

处理	对病菌微菌核萌发的影响		对病菌菌丝生长的影响	
	萌发率（%）	抑制率（%）	菌落直径（cm）	抑制率（%）
几丁质	33.3	65.0	2.2	32.6
豆秸粉	53.1	44.1	1.8	46.7
绿肥	45.6	52.0	1.3	60.3

（续）

处　　理	对病菌微菌核萌发的影响		对病菌菌丝生长的影响	
	萌发率（%）	抑制率（%）	菌落直径（cm）	抑制率（%）
稻壳	49.6	47.8	2.1	35.4
麦秸	34.5	63.7	2.4	26.4
粪肥	42.7	55.0	2.3	29.2
饼肥	48.6	48.9	2.2	32.3
清水对照	95.0	—	3.2	—

　　从微菌核萌发测定结果来看，与清水对照相比，7 种有机改良剂浸出液对棉花黄萎病菌的微菌核萌发均有不同程度的抑制作用，以几丁质粗粉和麦秸浸出液抑制作用最强，抑制率分别为 65.0% 和 63.7%，其他有机改良剂浸出液的抑制率也达到 40% 以上。从菌丝生长测定结果来看，在加入有机改良剂浸出液的平板上，棉花黄萎病菌菌丝的生长都受到一定程度的抑制。其中以绿肥浸出液抑制效果最好，两周后抑制率为 60.3%；其次是豆秸粉，抑制率为 46.7%。其他有机改良剂浸出液对棉花黄萎病菌菌丝生长抑制效果相对较低。

　　盆栽试验和田间小区试验结果表明，有机改良剂对棉花黄萎病均有一定程度的防治效果。各种有机改良剂中以几丁质粗粉、豆秸粉、绿肥防效较好，值得进一步研究和探索。在当前棉花黄萎病严重发生而又缺乏抗病品种和有效防治药剂的情况下，该研究结果为棉花黄萎病的防治提供了一条新途径。这一结果如果能够得到进一步的研究证实，并且能够找到其合理的施用方式，就有可能在生产上推广应用。这项研究不仅丰富了有机改良剂防治作物土传病害的内容，而且为棉花黄萎病的生物防治及生态防治提供了一定的理论基础。

　　有机改良剂能强烈调节根际微生物区系，明显增加微生物的数量，提高抗生菌的数量和比例，以达到防病的目的。这一结果说明通过调节微生物区系来防治棉花黄萎病等土传病害是可行的。

　　有机改良剂的浸出液对棉花黄萎病菌的微菌核萌发及菌丝生长都有不同程度抑制作用。这说明有机改良剂对棉花黄萎病的防病机制是复杂的，对病原菌的直接抑制作用是有机改良剂防病机制的重要组成部分。

　　棉花枯、黄萎病微生态学研究的结果进一步揭示了土传植物病原菌、土壤及根际微生物与寄主植物之间的相互关系，丰富了植物对土传病害抗病机制的内容，也为利用生态调节措施来防治土传病害提供了理论依据。但这方面的研究还刚刚起步，还有大量的工作要做。例如，应对不同抗性棉花品种根系分泌物进行系统分析，弄清抗、感品种根系分泌物的差异及其抑菌因子和利菌因子；探索根系分泌物对病原物和根际微生物的影响；深入研究利用生态调控措施防治枯、黄萎病的可行性及其机制等。

参 考 文 献

傅正擎，夏正俊，吴蔼民等 .1999. 内生菌防治棉花黄萎病机理 [J]. 江苏农业学报 .15（4）：211~215

简桂良，马存. 1997. 几种有机肥对棉花黄萎病抑菌土的影响. 棉花学报 .9（1）：30~35

兰海燕，王长海，宋荣 .2000. 棉花内生细菌及其研究进展. 棉花学报 .12（2）：105~108

李洪连，王守正. 1989. 根际微生物与植物病害. 河南农业大学学报. 23（4）：42～46

李洪连，王守正. 1990. 抗、感枯萎病棉花品种根际微生物数量分析. 河南农业大学学报. 24（1）：49～56

李洪连，王守正，张明智. 1991. 抗感枯萎病棉花品种根际真菌区系分析. 河南农业大学学报. 25（4）

李洪连，王守正，张明智. 1992. 不同抗性品种根际真菌对棉花枯萎病菌的抑制作用. 棉花学报. 4（2）：73～76

李洪连，袁虹霞，王烨等. 1998. 根际微生物多样性与棉花品种对黄萎病抗病性的关系研究Ⅰ. 根际微生物数量与棉花品种对黄萎病抗病性的关系. 植物病理学报. 28（4）：341～345

李洪连，袁虹霞，王烨等. 1999. 根际微生物多样性与棉花品种对黄萎病抗病性的关系研究Ⅱ. 不同抗性棉花品种根际真菌区系分析及其对黄萎病菌的抑制作用. 植物病理学报. 29（3）：242～246

李洪连，袁虹霞，黄俊丽等. 2002. 不同有机改良剂对棉花黄萎病的防治作用及其机制. 植物保护学报. 29（4）：313～319

李洪连，黄俊丽，袁红霞. 2002. 有机改良剂在防治植物土传病害中的应用. 植物病理学报. 32（4）：289～295

李爱平，张家祥. 1995. 益微工程菌防治棉花枯萎病初探. 中国生物防治. 11（4）：185

李大成，刘在徐. 1989. 夏季盖膜晒地防治棉花枯、黄萎病的研究. 河北农业大学学报. 12（3）：81～86

李玉奎. 1986. 薄荷根分泌物对棉花枯萎病菌的抑制作用. 中国棉花. 13（4）：46

罗明，芦云，张祥林. 2004. 棉花内生细菌的分离及生防益菌的筛选. 新疆农业科学. 41（5）：277～282

缪卫国，田逢秀. 1998. 两种益微菌对枯萎病菌抑制能力的离体和活体测定. 中国生物防治. 14（1）：32～34

吴蔼民，顾本康，傅正擎等. 2001. 内生菌 73a 在不同抗性品种棉花体内的定殖和消长动态研究[J]. 植物病理学报. 31（4）：289～294

吴蔼民，顾本康，傅正擎等. 2000. 内生菌对棉花黄萎病的田间防效及增产作用. 江苏农业科学. （5）：38～39

夏正俊，顾本康，吴蔼民等. 1997. 棉株植物内生菌诱导棉花抗黄萎病过程中同工酶活性的变化[J]. 江苏农业学报. 13（2）：99～101

Cook K J, Baker K F. 1984. The nature and practice of biological control of plant pathogens. APS press

第二十一章

棉花枯、黄萎病的生物防治

第一节　棉花枯萎病的生物防治

棉花枯萎病是典型的土传病害，发病早，为害严重。在 20 世纪 70～80 年代一度成为棉花生产的主要障碍。有关防治研究有许多报道，现行的防治措施是以抗病品种为中心的综合防治。

棉花枯萎病的防治研究集中在以抗病品种、农业措施和种子消毒剂为主要途径的综合防治方面，我国也一直推行综合防治方法，并且取得了较好的效果。但是，并未达到理想水平。由于棉花是常异交作物，其天然杂交率较高，容易导致品种的混杂和退化，需要建立复杂的繁育和推广体系。另外，由于棉花枯萎病菌自身的变异，可以产生高毒力菌系，导致抗病品种的抗性丧失。因此，从长远的观点来看，棉花枯萎病的防治还不能仅仅单纯依靠抗病品种。经过多年研究工作表明，生物防治也是比较有前途的方法之一。

一、棉花枯萎病的生物防治因子

应用于棉花枯萎菌的生防因子的种类很多，其中包括真菌、细菌、放线菌等。

生防菌防治棉花枯萎病主要以土壤处理和种子处理为主。在土壤处理中，曾研究过木霉菌与各种肥料混合使用的效果，如各种堆肥，绿肥等。在种子处理中，以包衣种子的处理方式为主。

（一）拮抗真菌

在棉花枯萎病生物防治研究工作中，采用的生防真菌较多，主要是木霉菌，包括哈茨木霉菌、绿色木霉菌等主要种类。多数研究工作集中在前苏联和法国。此外，还有青霉菌、黏帚菌、曲霉菌以及非致病性尖孢镰刀菌等，也可作为防治棉花枯萎病的拮抗真菌。

（二）拮抗细菌

李洪连等（1998）从棉株根围土壤中分离到 200 多株土壤微生物。通过土壤微生物—棉枯萎病菌平板对峙培养，筛选出抑菌效果较好的 7 个菌株，即绿色木霉 T-03，芽孢杆菌 B-01、B-03，放线菌 A-03、A-06、A-07、A-19。用上述 7 个土壤拮抗菌进行棉花枯萎病田间小区防效试验的结果表明，T-03 对棉花枯萎病的防效最高，达 76.5%；4 个放线菌株的防病效果在 60.5%～65.5%之间，其中 A-03 对棉花出苗有一定抑制作用：B-01、B-03 的防效分别是 36.4%和 54.0%。

1973 年山东农学院从土壤中分离出 1078 放线菌，用于苗期防治棉花枯萎病，播种 37d 后调查，其防治效果可达 95.2%，50d 后仍达 80.7%。

目前，已报道的用来防治棉花枯萎病的拮抗细菌主要有假单胞菌［恶臭假单胞菌（*Pseudomonas putida*）、荧光假单胞菌（*P. fluorescens*），和 产碱假单胞菌（*P. alcaligenes*）］、芽孢菌［短小芽孢杆菌（*Bacillus pumilus*）、枯草芽孢杆菌（*B. subtilis*）和蜡质芽孢杆菌（*B. cereus*）］、天牛金杆菌（*Aureobacterium saperdae*）、茜草叶杆菌（*Phyllobacterium rubiacearum*）、茄伯克霍尔德氏菌（*Burkholderia solanacearum*）和放线菌（*Actinomyces* spp.）等。

二、棉花枯萎病生物防治机理

颉颃菌防治棉花枯萎病的作用机理主要包括抗生作用、竞争作用、重寄生作用、交叉保护作用。在棉花枯萎病生物防治利用中有一个不容忽视的现象——棉花枯萎病抑菌土的形成。

（一）拮抗真菌的作用机制

1. 颉颃真菌的颉颃作用　1989 年 Sivan 等人对哈茨木霉防治棉花枯萎病的机制进行了研究，认为营养竞争作用是哈茨木霉减少枯萎病菌群体的机制之一。涉及的营养基质有葡萄糖和天门冬酰胺。在非根际土壤中，哈茨木霉不能减少枯萎病菌的数量。Ordentlich 等（1991）利用三株拮抗木霉对棉花枯萎菌进行了平板对峙试验。结果表明，木霉菌株 T-68 和 Gh-2 生长迅速，其菌落能够扩展到棉花枯萎菌菌落中，并寄生在枯萎菌菌丝上。而供试的另一个木霉菌 T-35（哈茨木霉）不能扩展到枯萎菌菌落中去，但温室盆栽试验表明，这三株木霉均能显著地防治棉花枯萎病。进一步研究发现，木霉菌的裂解酶类与防治枯萎病的效果之间没有关系。Silva-Hanlin 等（1997）测试了 5 种木霉（*Trichoderma polysporum*、*T. koningii*、*T. pseudokoningii*、*T. viride* 和 *T. harzianum*）对棉花枯萎菌的作用。结果表明，供试的 5 种木霉均具有不同程度抑菌效果，其中 *T. polysporum* 抑菌效果最强，其抑菌机理主要是导致菌丝内液泡增加和细胞质壁分离。而 *T. harzianum* 则是通过菌丝缠绕在棉花枯萎菌的菌丝上，并能够穿透病原菌菌丝。*T. pseudokoningii* 也表现出穿透枯萎菌的能力。*T. polysporum* 和 *T. viride* 还能够强烈地抑制病原菌分生孢子的萌发。温室生测试验中，*T. harzianum*、*T. koningii* 和 *T. viride* 能够显著减轻棉苗枯萎病的为害。Zhang 等（1996）报道，在温室内利用黏帚菌（*Gliocladium virens*）处理棉种可以显著减轻棉花枯萎病的为害。研究发现，黏帚菌可以产生抗菌物质——Gliotoxin 来抑制枯萎菌菌丝的生长。温室试验表明，黏帚菌能够有效地定殖在棉苗根部，其菌数在主根处随着时间的延长而增加，随根的延伸而降低。由于生防菌在棉苗根部的有效定殖，从而减少了枯萎菌在根部的数量，起到了防治棉花枯萎病的作用。

2. 弱致病菌的交叉保护作用　鲁素云等人报道，利用从棉花维管束中分离出来的几种镰刀菌（尖孢镰刀菌、串珠镰刀菌、半裸镰刀菌、茄病镰刀菌、木贼镰刀菌等）处理棉花种子，可延缓和减轻棉花枯萎病的发生。小区试验的防治效果为 39.8%～90.7%，平均为 60.1%。李君彦等人发现，利用尖孢镰刀菌的弱毒株系 CPFO NO3 温室种苗接种，防治棉花枯萎病效果可达 57.33%，无致病力株系 CPFO NO7 防治效果则达到 88.57%，大田小区试验防治效果：1986 年 CPFO NO3 为 47.70%；1987 年 CPFO NO3 为 37.7%，CPFONO7 为 45.0%，对棉花生长无不良影响。吴洵耻等人研究也发现，利用棉花枯萎病菌的弱毒株系对强毒株系有较好的交互保护作用。

用棉花枯萎病菌的无毒菌株或弱致病性菌株进行预先接种，24 h 内即可表现交叉保护效果，接种无毒菌株的同时诱导了对维管束的堵塞和类萜的合成，堵塞作用使棉花植株中柱组织中病原菌数量减少。对 8 种镰刀菌进行研究发现，半裸镰刀菌（$F. semitectum$）、黄色镰刀菌（$F. culmorum$）、接骨木镰刀菌（$F. sambucinum$）和拟枝孢镰刀菌（$F. sporotrichoides$）均可以诱导棉花对枯萎病的抗性，诱导接种的最佳间隔期为 5 d。

Zhang（1995）报道，在美国利用非致病性镰刀菌处理棉花种子，可以有效防治棉花枯萎病。研究表明，非致病性镰刀菌通过对侵染位点和营养的竞争，保护了棉花根部不受病原菌的侵染而达到防治棉花枯萎病的目的。

（二）拮抗细菌的机理

1. 根际细菌　Zhang（1995）利用枯草芽孢杆菌处理棉种后发现，该菌也能在棉苗根部定殖，并随根的生长而扩展，从而导致枯萎菌在根部的定殖量减少，降低了棉花枯萎病的发生。

孔建等（1998）将枯草芽孢杆菌 B-903 菌株液体培养 72 h 后，培养滤液经高温灭菌，以不同比例将培养滤液加入镰刀菌孢子悬浮液中，置扫描电镜和光学显微镜下定时观察。在处理 12h 后，镰刀菌孢子芽管顶端、菌丝末端及菌丝中央的多处细胞均可发生畸形的球状结构，这种畸变结构随处理时间延长而增加，致使菌丝变成念珠状。处理 36 h 后，畸变球形细胞及菌丝纷纷断裂离解，细胞内含物渗出，致使大部分细胞成为空泡。到处理 48 h 后，镜下几乎无完整菌丝，均成单个的球状细胞空泡，并最终胞壁崩裂，不复存在。研究认为，正是枯草芽孢杆菌在生活过程中分泌到体外的抗高温代谢物对镰刀菌孢子和菌丝细胞的这种畸变作用，造成孢子和菌丝失活，从而导致病原菌侵染能力丧失。

刘建国等（1999）报道对棉花枯萎病有防效的蜡质芽孢杆菌，通过产生一种抗真菌多肽——APS，而有效地抑制棉花枯萎菌分生孢子的萌发，同时，强烈地抑制枯萎菌菌丝的生长，使菌丝产生顶端膨大、分枝缩短等异常形态学变化。

1993 年 Gamliel 等利用恶臭假单胞菌（$Pseudomonas\ putida$）、荧光假单胞菌（$P. fluorescens$）和产碱假单胞菌（$P. alcaligenes$）蘸根处理棉苗，并将棉苗移栽到经过日晒处理的土壤中，可以减轻棉花枯萎病的为害，同时，还能够促进棉苗的生长。研究表明，施用的拮抗假单胞菌可以有效地阻止枯萎病菌在棉花根部的定殖，从而起到防治病害的作用。印度曾经报道，利用荧光假单胞菌在离体条件下对棉花枯萎菌有拮抗作用，处理棉花种子可以提高棉花产量8%～40%。

2. 内生细菌 利用内生细菌防治棉花枯萎病的报道很多。1995 年 Chen 等从棉株体内分离到 170 个细菌菌株，其中 49 株已知对棉花立枯菌有防治作用，另外 25 株能够诱导黄瓜对炭疽病的抗性。这 74 株拮抗细菌经针刺接种到棉花幼茎上，10d 后棉花茎部接种枯萎菌小孢子，12d 后枯萎病症状开始出现，利用 0～Ⅳ级发病情况计算供试的内生菌对棉花枯萎病的抑制作用。结果显示，其中 6 株内生菌在 2 个试验中都减轻了棉花枯萎病的发病程度。经鉴定，这 6 株菌是天牛金杆菌（*Aureobacterium saperdae*）、短小芽孢杆菌（*Bacillus pumilus*）、茜草叶杆菌（*Phyllobacterium rubiacearum*）、2 株恶臭假单胞菌（*Pseudomonas putida*）和茄伯克霍尔德氏菌（*Burkholderia solanacearum*）。定殖试验表明，这些内生菌可以在棉株体内存活 28d。通过测定其中 5 株内生菌在棉株茎内的运动能力，发现有 2 株在 14d 后可以进行有限的移动，但不超过 5 cm。有些内生菌在施用后的短期内还能增殖。Musson 等研究了 15 株能够防治棉花枯萎病的棉花内生细菌菌剂的施用技术。采用包括茎部刺伤接种、菌液浸种、甲基纤维素包衣种子、叶部喷施、沟施菌粒和切根蘸菌施用技术，菌株均能成功地在棉株茎部和根部内定殖，但不同菌株采用的适合的接种方法不同。试验证明，定殖能力是内生菌能够有效地减轻棉花枯萎病发生的关键因素之一。

（三）棉花枯萎病抑菌土的研究

植物病害抑菌土自 20 世纪 50 年代以来就是土传病害研究的热点之一。在一些病害重的病田感病品种连作数年，便产生了对病害有抑制的土壤，使病害的发展受到抑制。但对棉花枯萎病来说，感病品种连作 8 年却不会出现病害衰退现象，然而抗病品种连作数年之后则能形成抑病性土壤。

关于棉花枯萎病自然衰退现象的解释，马存等（1992）研究发现，棉花枯萎病在有些土壤中发病逐渐减轻，把这种土壤与一般病土相混合，对棉花枯萎病有较好的防效，如果对这种土壤进行高压消毒处理，这种效果就消失了。据此认为，这种抑菌作用很可能是生物因素（抗生菌）所致。

曹桂艳等（2001）通过对种植抗病品种连作 10 年和 5 年的枯萎病圃土样进行盆栽和田间小区试验。试验表明，连作 10 年的枯萎病圃田间抑菌效果为 50.99%，而连作 5 年的枯萎病圃田间抑菌效果为 17.18%，其抑菌效果主要是因为抑菌土的形成。对抑菌土高温消毒后，抑菌作用完全消失，因此，也认为抑菌土的形成是由土壤生物因子的抑菌作用所主导的。

杨之为等（1995，1998）研究认为，棉花枯萎病抑菌土的形成，直接原因是抗病品种连作致使土壤带菌量减少而造成的，而土壤带菌量的减少的主要原因是由于抗病品种根分泌物中抑菌物质对棉花枯萎菌的直接抑制作用的结果。研究分析认为，抑菌土中颉颃性放线菌和细菌比非抑菌土壤中的多，一是由于抗病品种根分泌物为有益菌的生长提供了良好的生活条件，二是因为抑菌土中枯萎菌量减少，使有益菌减少了竞争对手，增加了扩大繁殖的机会。因此，棉花抗病品种的连作也是抑菌土壤中微生物变化的根本所在。

三、棉花枯萎病生物防治存在的问题

利用生防菌防治棉花枯萎病的研究工作已历时 20 余年，但至今未形成商品化制剂。究其原因，是由于许多问题还缺乏研究，许多困难有待解决。与整个生物防治普遍存在的问题一样，在这些问题与困难解决之前，生防菌难以作为常规手段用于棉花枯萎病的治理。这些问题主要包括下列几个方面。

（一）生态学障碍

从实验室向大田阶段的过渡往往遭到失败，其中生态学障碍是主要原因。例如，木霉菌在自然条件下难以有效防治棉花枯萎病，主要因为它的孢子等繁殖体不能在土壤中大量存活、增殖和有效的定殖。土壤对真菌的抗性是主要的生态学障碍，如何克服土壤的抑菌作用，是解决木霉菌防治效果较差和不稳定的关键。

（二）防治对象单一

生物防治研究仅仅针对其中一种或几种病害，往往不被工业化生产所接受。发表的研究报告多数只针对一种病害，使生防菌剂形成先天缺陷。例如，Lewis 等 1989 年报道的一株木霉菌，只对茄丝核菌造成的棉花立枯病有效，1985 年 Locke 报道的一株对苯菌灵有抗性的绿色木霉菌仅能有效地防治镰刀菌引起的菊花枯萎病，而实际生产中涉及的病害却多种多样，从而限制了市场，不能满足工业化生产的需求。

（三）缺乏适合工业化生产的扩繁技术

在实验室内可以不计成本培养所需生防制剂，但在商业化生产上则要考虑经济效益，与规模化生产有关的大量培养技术则有待提高。包括专用生产设备在内的研究工作应当广泛深入地开展。虽然有生防菌大量生产与菌剂制备的报道，但是多数仅限于某一个细节的研究，仍然缺乏系统的研究资料，造成生防菌剂的生产局限于模仿抗生素生产的工艺，未形成成熟可靠的以利用活体生防菌剂为主的扩繁系统。

（四）缺乏规范化的菌剂制备技术

有关生防菌剂制剂化和规范化的配套研究相对缺乏，无法将有效的生防菌开发成规范的产品。如使生防菌在何种制剂形式下能够长期存活；添加何种助剂或配料可以克服其他环境因素的影响；在提高定殖能力方面的研究，也仅仅考虑到添加营养物质，而较少考虑生防菌株与寄主以及土壤环境等生态学上的相互关系。

（五）缺乏准确可靠的筛选技术与筛选标准

目前生防的筛选技术和标准仍然是沿用传统的平板对峙法和在平板上对病原菌的颉颃能力，其预见性较差，如果结合生防菌的其他特性，如定殖能力的测定，则有望筛选到更有潜力的菌株。但目前测定定殖能力等特性的手段过于繁琐，难以在大量候选菌中快速找到优良菌株。因此，研究快速可靠的筛选方法是生物防治走向市场的基础。

（六）缺乏配套的生防菌田间施用技术

植病生防的研究目的是防治田间植物病害，其田间施用技术选择的适当与否，决定着该菌剂的有效性。目前已报道的施用生防菌的方式主要有两种：土壤处理和种子处理。在土壤处理中，有生防菌与各种肥料混合使用的方式，如各种堆肥、绿肥等。在种子处理中，以菌剂浸种和菌剂包衣种子的处理方式为主。生防菌的种类不同、防治的对象不同，应该有一个特定施用技术，这样才能充分发挥生防菌的潜力。

四、棉花枯萎病生物防治研究与展望

针对上述棉花枯萎菌生防菌所存在的问题，结合工业化生产需要，认为生防菌株应具有如下特点：①生长速度快，产孢量大。这种特性适于工业化生产的要求。现行的木霉菌剂以收获分生孢子为主，产孢量大是获得大量培养物的必需条件。生长速度快，能缩短生产周期，降低生产成本。②作用谱广泛。防治对象过于单一是生物防治发展的一大障碍，工厂易接受用途广泛的产品，要求木霉菌的防治对象尽可能多。从另一角度来说，能同时防治多种土传病害也能减少防治其他病害的投入，容易为棉农所接受。③作用机制多样性。多种防病机制同时起作用，有利防治效果的稳定，同时，也能延缓病原菌对生防菌抗性的发展，延长生防菌剂的使用寿命。要求至少具有重复寄生能力、抗生素的抑菌作用、溶菌作用和竞争作用等。④可在棉花根际大量定殖。⑤能作用于棉花内部的枯萎病菌。棉花枯萎病是维管束病害，侵入棉株后病菌处于一种受保护的体内环境，外部因素难以对其产生影响。内生生防菌在棉株内部，可抑制棉花枯萎病菌的生长发育，达到防治病害的目的。⑥不受土壤抑菌作用的干扰。土壤抑菌作用是生防菌在大田失效的主要原因之一。生防菌施入土壤后，或者被消灭，或者处于休眠状态，不能发挥其防病作用。要求生防菌能克服或避开土壤抑菌作用，能迅速萌发增殖，形成有效群体。⑦休眠孢子有较强的耐干燥能力。从产品角度出发，耐干燥能力有利加工和储存。从防病角度出发，有利在干燥土壤中存活。一旦条件合适，即能快速发挥作用。⑧对棉花生长有促进作用。对棉花生长状况的改善，有利抗病性的提高，增加生防菌的防治效果。⑨要有合适的生防菌剂剂型及相应的施用方法。根据棉花的种植制度与习惯、枯萎病的发生特点和木霉菌生物防治研究的现有资料认为，可湿性粉剂是木霉菌较好的使用剂型。

目前虽然没有登记注册的防治棉花枯萎菌的生防菌，但已有防治其他作物枯萎病的生防制剂商品。例如，1993 年 Harman 等将哈茨木霉的 his - 和 lys - 菌株融合，融合子在根际定殖能力大大提高，并以商品名 F-stop 登记注册，用于蔬菜镰刀菌根腐病的防治。意大利 S. I. A. P. A 公司登记的利用非致病性尖孢镰刀菌作为生防菌的产品 Biofox C，可防治由尖孢镰刀菌引起康乃馨和番茄等病害；由法国 Natural Plant Protection 公司注册的同类产品 Fusaclean，可防治由尖孢镰刀菌所引起的芦笋、康乃馨和番茄等作物病害。说明应用生防手段防治棉花枯萎病前景乐观。随着棉花枯萎菌生防菌在菌株人工改良技术、生防菌剂生产条件以及生防菌剂型的多方面研究，生物防治棉花枯萎病有可能在近期取得一些突破。

第二节 棉花黄萎病的生物防治

棉花黄萎病是一种为害严重的世界性病害，造成的经济损失相当严重。从目前的防治措施来看，由于缺乏真正有效的抗病品种，或者是抗病品种的抗病性极易丧失，使得最经济有效的防治措施不能发挥其主导作用。包括轮作和日晒在内的农业措施不失为一项较为理想的防治策略。前苏联利用棉花和紫苜蓿轮作、我国利用棉花和水稻轮作等都取得了理想的防治效果。但在目前中国人多地少的前提下，轮作措施不易被农民广泛接受。其原因有三：一是黄萎菌微菌核可以在土壤中存活 20 年之久，短期轮作难以达到预期的效果，而长期轮作又不符合中国的实际情况；二是由于黄萎菌的寄主非常之多，要想找到一个既非黄萎菌的寄主，而经济价值又与棉花等同的作物很难；三是种植大多数非寄主植物并不能减少微菌核在土壤中的数量，而且非寄主的根分泌物仍能为微菌核的存活提供营养，从而使得轮作在中国的特定情况下难以推广。日晒可以杀死微菌核或削弱土壤中微菌核的生存能力，但日晒措施多在温度较高的地中海等地区应用，其他地区还需考虑将日晒和另外一些措施结合使用，如在埃及通过应用地膜覆盖和日晒结合有效地提高地温，起到防治棉花黄萎病的作用。可能由于不同地域条件的限制，利用日晒和覆膜处理并非总是取得满意的效果。吕金殿等（1990）报道，在陕西关中地区 3～5 月份覆膜，虽然可以提高地温，但达不到抑制或杀伤病菌的作用，土壤中的微菌核数量反而比露地棉田的高，发病更严重。化学防治受药效和使用方式的限制，难以发挥作用，并且化学农药的长期使用所带来的环境问题也越来越受到社会的广泛关注。

一、棉花黄萎病的生物防治策略

棉花黄萎病是典型的土传病害，其病原菌以微菌核的状态可以在病残体中或土壤中长期存活；棉花黄萎病的侵染循环又是以初侵染为主，当年微菌核在土壤中的数量就是预测翌年黄萎病发生程度的一个重要指标。因此，任何能够有效地减少土壤中新微菌核形成的方法都将会有助于减轻棉花黄萎病的发生与为害。多年的生产实践表明，仅靠单一的措施防治棉花黄萎病是很难达到理想效果，对难防病害——棉花黄萎病来说，综合防治尤为重要，而以生物防治为主导的综合防治措施的研究将更有前途。鉴于上述已提到其他各项措施的局限性，加之棉花黄萎菌是土壤习居菌，因此，只有利用颉颃微生物对病原菌的颉颃作用，才能有机会控制和减少黄萎菌微菌核的密度，达到减轻黄萎病为害的目的。因此，黄萎病的有效防治就应该将研究和防治重点放在如何有效破坏微菌核的形成、如何影响微菌核的存活以及如何延迟黄萎菌在寄主体内的定殖等方面。形成棉花黄萎菌的生物防治策略，即抑制微菌核在寄主死后在病残体上的形成；降低微菌核在病残体中的存活能力；利用晒土、土壤熏蒸剂等措施与颉颃菌结合来降低微菌核的存活；利用颉颃微生物阻止微菌核在根尖和生长区的萌发以及对根的侵入。

二、棉花黄萎病的生物防治因子

应用于棉花黄萎菌的生防因子的种类很多，其中包括真菌、细菌、放线菌、VAM菌等。

（一）拮抗真菌

能够对黄萎菌产生拮抗作用的真菌主要有顶枝孢霉（*Acremonium* spp.）、曲霉（*Aspergillus* spp.）、球毛壳菌（*Chaetomium globosum*）、镰刀菌（*Fusarium* spp.）、黏帚菌（*Gliocladium* spp.）、瘤黑黏座孢菌（*Myrothecium verrucaria*）、黑黏座孢霉（*M. roridum*）、绳状青霉（*Penicillium fungiculosum*）、寡雄腐霉（*Pythium oligandrum*）、匍柄霉（*Stemphylium* spp.）和木霉（*Trichoderma* spp.）等，但研究报道最多的是黄色蠕形霉（*Talaromyces flavus*）。

（二）拮抗细菌

拮抗细菌有芽孢菌（*Bacillus* spp.）、荧光假单胞菌（*Pseudomonas fluorescence*）、*Erwinia herbicola*、*Stenotrophomonas maltophilia*、*Chryseomonas* spp.、*Sphingomonas* spp.、*Serratia polymuthica* 等，其中 *E. herbicola*、*P. chlororaphis*、*P. paucimobilis* 和 *S. maltophilia* 均为首次报道的黄萎菌的生防菌。

鲁素芸等（1989）从棉花维管组织内分离到的细菌主要以芽孢杆菌（*Bacillus* spp.）为主，其他还有黄单胞菌、欧氏杆菌、色杆菌和棒杆菌等。他们对我国主要棉区的十多个陆地棉品种的分析表明，其维管组织中的主要细菌类群大体相似，而这种相似性可能与导管中的营养贫瘠和氧气稀薄等条件有关。Misaghi 等（1990）从两个棉花的栽培品种 DP41 和 DP61 的胚根、根、茎、蕾、铃等器官中分离到欧氏杆菌、芽孢杆菌、棒杆菌及黄单胞菌等内生细菌种群，分离频率和回接试验均证实欧氏杆菌为其优势菌种。Kozachko 等（1995）从棉花内生细菌中分离筛选到一些拮抗菌菌株，它们分属 *Aureobacterium*、*Bacillus*、*Phyllobacterium*、*Pseudomonas*、*Burkholderia* 等属。

（三）其他拮抗微生物

拮抗放线菌主要是围绕链霉菌（*Streptomyces* spp.）进行研究。尹莘耘等（1957）应用放线菌 5406 防治棉花黄萎病，取得了一定的防治效果。其他研究报道较多的生防因子还有 VAM 菌。

三、棉花黄萎病生物防治机理

拮抗微生物对黄萎菌的作用机制主要包括：①重寄生作用；②营养竞争和侵染位点的竞争作用；③抗生素的作用和酶的作用；④诱导抗性作用。拮抗微生物因其种类、根际理化条件和生物条件的不同，对黄萎菌的作用机制不同。有的是单一的作用机制，有的是几种机制的复合作用。

（一）拮抗真菌的作用机制

目前，研究最多的黄萎菌拮抗真菌是黄色蠕形霉（*Talaromyces flavus*）。该菌广泛存在于土壤中，并能在植物根际土壤中及根部繁衍。1956 年 Boosalis 首先发现它对立枯丝核菌有生防作用，随后有关该菌生防作用的报道大量涌现。针对不同的病原菌，该菌的作用机理不同。黄色蠕形霉对菌核菌（*Sclerotium rolfsii*）的拮抗作用主要是对菌核的重寄生作用，和诸如分泌几丁质酶、β-1，3-葡聚糖酶和纤维素酶而对菌核菌丝的破坏作用。而黄色蠕形霉对黄萎菌的作用不尽相同。Madi 等．（1997）利用抗苯来特（Benomyl-resistance）标记的黄色蠕形霉研究其对黄萎菌的拮抗机制发现，该菌对黄萎菌的作用主要有三种：①抗生作用：主要是产生多种抗生物质抑制黄萎菌菌丝的生长、微菌核黑色素的形成和微菌核的萌发；产生葡萄糖氧化酶，在有葡萄糖存在时，葡萄糖氧化酶分解葡萄糖产生葡萄糖酸和过氧化氢，过氧化氢对病原菌的微菌核有抑制和杀伤作用；②重寄生：黄色蠕形霉通过直接侵入和膜孔侵入，在微菌核中大量繁殖，最终导致微菌核裂解；③竞争作用：表现为营养竞争和侵染位点的竞争，从而达到防治黄萎病的功效。

田黎等（1998）报道，在离体条件下匐柄霉菌（*Stemphylium* spp.）的菌丝体及其培养滤液，对黄萎菌菌丝的生长和微菌核形成均有影响。将形态发生变异，不能形成微菌核的黄萎菌菌株转移至 PDA 培养基后，其微菌核形成能力不再恢复。匐柄霉培养滤液的抑菌物质受热不稳定，100℃处理 10 min 后活性丧失。抑菌物质经硫酸铵、乙醇沉淀初步测定，属非蛋白次生代谢产物。王未名等（1999）报道，绿色木霉（*Trichoderma viride*）对黄萎菌的作用主要是溶菌作用。在木霉菌对黄萎菌的拮抗实验中，可观察到黄萎菌菌丝生长受抑制，病菌菌丝开始弯曲生长，有的地方产生圆圈，表现为环行生长，病菌菌丝前端变细，内容物减少，菌丝断裂，并开始溶解、失活、腐烂，发生自溶和外溶。姚焕章和王玉梅（1981）发现，在木霉菌和黄萎菌对峙培养中，木霉菌的生长速度比黄萎菌快 8.8 倍。当两菌接触后黄萎菌就停止生长，而木霉菌仍能继续生长，并能侵入黄萎菌菌落，有效地抑制了黄萎菌的扩展，表现出绝对的空间和营养的竞争优势。

吴洵耻等（1990）研究发现，利用非致病性或弱致病性尖孢镰刀菌可以诱导棉花对黄萎菌的抗病性。同时发现，经尖孢镰刀菌诱导的棉花，其根部类萜烯醛类物质含量比未诱导的均有不同程度的增加，并证实该物质对棉花黄萎病菌分生孢子萌发有抑制作用。1978年希多罗娃证明，预先接种黄萎菌的弱毒系可减轻黄萎菌的为害，并且明确在弱毒系与强毒系菌株混合接种时，只有前者的数量等于或超过后者时棉花才表现免疫，接种的不同间隔天数和连续程度，可影响免疫作用的效果。吴洵耻等（1987）用黄萎菌的弱毒系接种棉花也得到了同样的结果，并且发现弱毒系菌株和强毒系菌株之间的接种间隔为 5d 时，其交互保护作用可保持两个月之久。分析认为，黄萎菌弱毒系菌株可能是抑制和阻止强毒系菌株在导管中的定殖和蔓延，同时，可能是诱导植株产生类萜烯醛类植物保卫素，起到了抑菌作用，同时进一步刺激产生形成侵填体，迅速封锁木质部导管，阻止病菌孢子的扩散蔓延。

马平等人（2001）报道，从棉花铃内部分离到两株非致病性镰刀菌 VL－1 和 VL－2。温室生测结果表明，VL－1 和 VL－2 对棉花黄萎病的相对防效分别达到 87.9% 和 66.4%。大田试验结果显示，在棉田第一次黄萎病发病高峰时，VL－1 和 VL－2 对黄萎病的防效，分别为 51.5% 和 45.4%。初步的作用机理研究表明，非致病性镰刀菌 VL－1 和 VL－2 生长速度快，通过空间竞争和营养竞争有效地抑制黄萎菌的生长；同时还发现该菌能够有效抑制棉花黄萎菌微菌核的产生。

（二）拮抗细菌的作用机制

1. 根际细菌 Schreiber 等（1988）发现枯草芽孢杆菌（*B. subtilis*）能够抑制黄萎菌菌丝的生长，通过测定发现 *B. subtilis* 可以产生环状肽类的抗生素，主要有 mycobacillin、iturin A、bacillomycin、mycosubtilin、fungistatin、subsporin、bacilysin 和 fengymycin。Berg 等（1994）观察到拮抗细菌可造成黄萎菌菌丝顶端膨大；菌丝不正常分枝和生长；菌丝内液泡增加；菌丝破裂并伴有细胞质溢出；产生不正常的微菌核等现象。更为主要的结构异常是菌丝内线粒体的膨大。Berg 和 Lottmann（2000）以 *Stenotrophomonas maltophilia* 为模式菌，研究了拮抗细菌对油菜黄萎菌（*Verticillium longisporum*）的作用机制，发现 *S. maltophilia* 可以产生抗生素（Maltophilin）、嗜铁素（Siderophore）、几丁质酶和 β-1，3-葡聚糖酶等物质。通过 Tn5 转座子插入法得到不产生抗生素，而仍能产生嗜铁素、几丁质酶和 β-1，3-葡聚糖酶的突变菌株。通过对峙培养发现，突变株失去了对黄萎菌的抑制作用，从而证实了抗生素的产生是拮抗细菌对黄萎菌生长抑制的主要作用机制。

李社增等（2001）利用从棉花根际分离到 17 株具有拮抗作用的芽孢菌进行室内防治棉花黄萎病的试验。结果表明，其中 4 个拮抗细菌（ICB－18、NCD－2、CS－25 和 CS－27）的防治效果达 72.3%~81.4%；另 3 个拮抗细菌（C－94、C－28 和 NCD－25）的防治效果达 55.7%~61.9%。田间试验结果表明，在这 7 个拮抗细菌中，菌株 NCD－2 能够极显著地防治棉花黄萎病，防治效果为 78.1%；4 株细菌 ICB－18、CS－25、C－94 和 C－28 等能显著降低黄萎病病情指数，防治效果达 37.1%~47.3%。对拮抗菌株 NCD－2 的进一步研究表明，该菌可以产生多种抗生物质，从而对棉花黄萎菌起到防治作用。

2. 内生细菌 由于内生细菌在植物体内具有稳定生存空间，且可以运转和定殖，因此，将其作为潜在的生防资源的研究已成为热点。Hallmann 等（1998）研究棉花内生菌与病原线虫相互作用过程中发现，其中一种内生细菌在线虫侵染部位的种群数量大大增加。分析认为，内生细菌对抗性的诱导作用机理之一可能与内生细菌与病原菌对侵染部位和营养的竞争有关。内生细菌诱导植物抗病性的另一个主要原因是因为拮抗菌诱导植物体合成细胞壁物质、植保素、几丁质酶及其他一些抗氧化酶类。这些物质的合成能使植物体加强对病原菌的抵抗能力。夏正俊等（1996，1997）对棉株内生细菌诱导棉花抗黄萎病过程中同工酶活性的变化进行的研究表明，在拮抗菌接种点附近的棉茎组织内过氧化物酶（POD）、酯酶及超氧化物歧化酶（SOD）活性均迅速增加。研究表明，POD 与植株体内产生的抗病性反应相关联。POD 活性的加强可视为诱导抗病进程的启动，同时 POD 还能进一步增加棉花体内抗性成分——酚类和木质素等的合成。SOD 和酯酶活性均与植物抗病性呈正相关。另外发现，该内生菌还能抑制黄萎菌菌体的生长和产生毒素的能力，并可促进棉花芽的生长，达到有效控制棉花黄萎病的发生和发展。

（三）其他生防因子的作用机制

放线菌主要通过产生抗菌素来抑制棉花黄萎菌。刘淑芬等（1996）发现在根部内生放线菌中有两个分离物对黄萎菌具有溶解作用。刘大群等（1999）报道，链霉菌（Stremp-tomyces spp.）及其发酵液对棉花黄萎菌菌丝生长均具有强烈的抑制作用，可导致黄萎菌菌丝变形，并有溶菌出现。

刘润进等（1995）利用 VAM 菌根菌接种棉花，在盆栽条件下可有效防治棉花黄萎病。研究发现，接种菌根菌后可增加棉株体内类萜烯醛的种类和含量，还可增加棉株体内的几丁质酶的活性，并诱导棉株体内病程相关蛋白的合成，且提高其含量，对棉株抗黄萎病起到了一定的作用。

（四）黄萎菌拮抗菌在寄主上的定殖与体内运转

拮抗菌能否在植物根际定殖是生防菌株筛选的一个重要指标。拮抗菌只有在植物根部和土壤中的定殖，才能更有效地拮抗植物病原菌，同时对生态位点的占据也减少了其他有害菌对植物根部的为害。由于黄萎菌是典型的土壤习居菌，同时该菌对寄主的侵入主要是依靠从根部侵入，因此，其生防菌在作物根际定殖的能力尤为重要。

拮抗菌在寄主上的定殖过程分两个阶段：①作为包衣或拌种的生防菌，首先从种皮开始接触萌动的根，有些先到达根的分泌处并生长繁殖，同时，随根的伸长向根尖移动，保护根易受侵染的部位——分生区和伸长区。②生防菌在根上繁殖并存活，竞争性差的微生物很快被取代。定殖过程中，细菌之间主要是养分竞争和侵染位点的竞争。

生防菌在根表及根内定殖后，可随植物体液的运动而向植株各个部位传导。夏正俊等（1996）研究表明，拮抗微生物可在棉株体内转移，且其拮抗性与其在体内的移动具有一定相关性，反之，在体内无明显移动的细菌菌株其诱导抗性较弱或没有。

生防菌在根际的分布及存活受多种生物和非生物因子的影响。细菌生长所需养分的最适根际压力势为 $-0.3 \times 10^5 \sim -0.7 \times 10^5 Pa$。就温度而言，因土壤微生物活动随温度升高而增加，所以最适定殖温度越低其竞争力就越弱。对于 pH，很多生防菌在中性或弱碱性条件下生长良好。植物基因型可影响根际微生物群落的数量和构成。因此，改变寄主基因型可改变生防菌在根部定殖的效果和密度。

除适宜的根际环境外，生防菌长期成功地定殖于植物根部、占领根际（包括附着、分布、生长和存活），还需要生防菌与植物之间存在根际感应特性。根际感应特性主要是细菌表面多糖、纤毛、化学吸引素、耐渗透性及利用复杂碳水化合物的能力等。细菌表面多糖是某些细菌与植物结合所必需的。植物根际生防菌被胞外多糖包围，这些胞外多糖使菌凝集起来，形成微菌落，使菌具有抗干燥等逆境能力，而且可免受细菌抑制剂及捕食性生物的侵袭，还可浓缩营养和铁素来保护菌体本身。据推测，胞外多糖可能有助于保护生防菌免于被自然微生物的取代。纤毛在菌与细胞及非活性表面的结合中起作用，也有助于生防菌在寄主根部的定殖。在适宜的渗透势下，生防菌向种子和根分泌的化学吸引素移动。

四、棉花黄萎病生物防治存在的问题与展望

黄萎菌的生物防治效果不稳定，原因是多方面的，其中有生防菌的原因。如引入的生防菌本身的弱点和对环境的苛求、生防菌菌种的退化、生存竞争能力下降、产抗菌素能力降低或丧失等。同时，也有病原菌方面的原因。如黄萎菌本身发生变异（杨家荣等，1999），也给黄萎菌的生防增加了难度。同时还有环境的影响，环境条件的改变不利生防因子发生作用或使生防因子失活等。以黄蓝状菌（*T. flavus*）为例，该菌最大的弱点是竞争能力有限。主要表现在：①防治效果的差异，在灭菌土中其防治黄萎病的效果好，而在自然土中效果就不理想。②对营养有特殊要求，需要葡萄糖作为底物以产生足量的过氧化氢来杀死微菌核。③该菌长期以子囊孢子处于休眠状态，对周围微生物区系的影响较小；打破其休眠需要高温或营养。

因此，要想得到理想的生防菌，应该注意：①菌株对病原菌具有较强的拮抗能力（抗生、重寄生、竞争等），在土壤中具有较强的竞争能力；②对作物、高等动物以及环境一定要安全；③可在一般的环境条件下（pH、温度、湿度和光照等）正常生长及有较强的定殖能力；④可在人工合成培养基上生长繁殖，适合工厂化生产；⑤明确拮抗菌的作用方式；⑥具有方便的使用剂型。每种生防菌均有自己适宜的生存条件，为了更好地应用拮抗菌，下一步研究工作应弄清生防因子在土壤中最适宜的存活、繁殖条件。

目前登记注册的防治棉花黄萎菌的生防菌还未见报道，但已有防治其他作物黄萎病的生防制剂商品。例如，德国已有生防制剂 PROPHYTA，为黄蓝状菌（*T. flavus*），主要用于蔬菜黄萎病的防治（Zeise et al.，2000）。荷兰应用该产品防治马铃薯黄萎病试验也取得了理想的效果（Soesanto，2000）。比利时登记的 Bio-Fungus，为木霉菌（*Trichoderma* spp.），主要防治花卉、草莓、蔬菜和树木的黄萎病。说明应用生防手段防治棉花黄萎病前景乐观。现在对生防菌的防病机理研究已达到分子水平，若结合遗传学、分子生物学和生态学方法，对生防菌进行定向改良，不仅可真正明确生防菌的防病机理，提高防治效果，而且会取得稳定的防治效果，使棉花黄萎病的生物防治和其他作物病害的生物防治被社会和生产者所接受，在今后持续农业发展中发挥更重要的作用。

参 考 文 献

曹桂艳，叶景凯，李长兴．2001．棉花枯萎病抑菌土生物抑菌的研究．辽宁农业科学．（2）：31～32
傅正擎，夏正俊，吴蔼民等．1999．内生菌对棉花黄萎病病菌及毒素的抑制作用和对棉花的促生作用．植物病理学报．（4）：374～375
傅正擎，夏正俊，吴蔼民等．1999．内生菌防治棉花黄萎病机理．江苏农业学报．15（4）：211～215
李雪玲，张天宇，王立新．1997．棉黄萎病菌微菌核研究进展．植物保护．5；35～37
刘建国，丛威，欧阳藩等．1999．新型抗真菌多肽 APS 的抑菌性能研究．中国生物防治．15（3）：108～110
吕金殿，杨家荣，吉冉中．1990．棉田土壤黄萎病菌微菌核的研究．陕西农业科学．2：4～5

马平，李社增，陈新华等．1999．利用颉颃细菌防治棉花黄萎病．沈阳农业大学学报．30（3）：390

马平，李社增，H. C. Huang 等．2001．利用棉花体内非致病镰刀菌防治棉花黄萎病．中国生物防治．17（2）：71～74

田黎，王克荣，陆家云．1998．蠋柄霉对大丽轮枝菌生长及微菌核形成的影响．中国生物防治．14（1）：14～17

王汝贤，杨之为，李有志等．1998．棉花抗枯萎病品种连作田微生物数量变化 Ⅱ棉花枯萎病抑病土成因．西北农业学报．7（3）：54～58

吴洵耻，刘波．1987．棉花黄萎菌菌株间交互保护作用的研究（1）两菌株有效间隔天数的试验．植物病理学报．17（4）：215～218

吴洵耻，王学军．1990．诱导棉花抗黄萎菌的研究（2）尖孢镰刀菌的诱导作用．植物病理学报．20（3）：225～228

夏正俊，顾本康等．1996．植物内生及根际土壤细菌诱导棉花对大丽轮枝菌抗性的研究．中国生物防治．12（1）：7～10

杨合同．1995．木霉菌在棉花枯萎病生物防治中的研究与应用．见：阎龙飞，王学臣主编．生命科学研究．北京：中国农业大学出版社．

杨之为，王汝贤，宗兆峰等．1995．棉花枯萎病抑菌土成因初探：Ⅰ棉根系分泌物对棉花枯萎菌的影响．西北农业学报．4（4）：63～68

尹莘耘．1957．棉花黄萎病生物防治试验续报．植物病理学报．3（1）：55～61

袁虹霞，李洪连，王振跃等．1998．利用土壤颉颃性微生物防治棉花枯萎病．中国生物防治．14（4）：156～158

Berg G. and Ballin G. 1994. Bacterial antagonists to *Verticillium dahliae* Kleb. Journal of Phytopathology. 141：99～110

Chen C, Bauske E M, Rodriguez-Kabana R, Kloepper J W. 1995. Biological control of fusarium wilt on cotton by use of endophytic bacteria. Biological Control：Theory & Applications in Pest Management. 5（1）：83～91

Fahima T. and Henis Y. 1995. Quantitative assessment of the interaction between the antagonistic fungus Talaromyces flavus and the wilt pathogen *Verticillium dahliae* on eggplant roots. Plant and Soil. 176：129～137

Fahima T, Madi L. and Henis Y. 1992. Ultrastructure and germinability of *Verticillium dahliae* microsclerotia parasitized by *Talaromyces flavus* on agar medium and in treated soil. Biocontrol Science and Technology. 2：69～78

Fravel D R. and Larkin R P. 2000. Effect of sublethal stresses on microsclerotia of *Verticillium dahliae*. In：Tjamos E C, et al. eds. , Advances in *Verticillium*：Research and Disease Management. American Phytopathological Society, St. Paul, MN. 309～314

Fravel D R. 1987. Viability of microsclerotia of *Verticillium dahliae* reduced by a metabolite produced by Talaromuyces flavus. Phytopathology. 77：616～619

Gamliel A, Katan J. 1993. Suppression of major and minor pathogens by *Pseudomonads fluorescent* in solarized and nonsolarized soils. Phytopathology. 83（1）：68～75

Kim K K, Fravel, D R. and Papavizas G C. 1988. Identification of a metabolite produced by *Talaromyces flavus* as glucose oxidise and its role in the biocontrol of *Verticillium dahliae*. Phytopathology. 78：488～492

Kim K K, Fravel D R. and Papavizas G C. 1990. Production, purification and properties of glucose oxidase from the bioconrtol fungus *Talaromyces flavus*. Canadian Journal of Microbiology. 36：199～205

Marois J J, Fravel D R. and Papavizas G C. 1984. Ability of *Talaromyces flavus* to occupy the rhizospheer and its interaction with *Verticillium dahliae*. Soil Biology and Biochemtry. 16：387～390

    Tjamos E C，and Fravel D R. 1997. Distribution and establishment of the biocontrol fungus *Talaromyces flavus* in soil and roots of solanceous crops. Crop Protection. 16（2）：135～139

    Zhang J，Howell C R，Starr J L. 1996. Suppression of Fusarium colonization of cotton roots and fusarium wilt by seed treatments with *Gliocladium virens* and *Bacillus subtilis*. Biocontrol Science and Technology. 6（2）：175～187

棉花品种抗枯萎病和黄萎病鉴定方法及抗性评价标准

一、棉花种质资源抗枯萎病性鉴定方法及抗性评价标准

1. 作物病虫害名称

中文名称：棉花枯萎病

拉丁学名：*Fusarium oxysporum* Schl. f. sp. *vasinfectum*（Atk.）Snyder et Hansen

英文名称：Cotton Fusarium wilt 或 Fusarium wilt of cotton

2. 概述　　棉花枯萎病是棉花生产的重要病害之一，广泛分布于世界各主要产棉国家，对棉花生产造成严重威胁。该病在我国各棉区均有发生。据 1982 年全国普查，病田面积达 148.2 万 hm²，占当年棉花种植面积的 1/3。近年来，在新疆维吾尔自治区各主产棉区有扩展蔓延的趋势。1995 年在新疆维吾尔自治区莎车县、和田地区因该病绝产 2 200hm²，1996 年又在新疆维吾尔自治区和田地区大面积流行为害。

棉花枯萎病可在棉株整个生长季节侵染为害，田间棉苗现蕾期出现发病高峰，主要症状有 5 种：

（1）黄色网纹型。病株子叶和真叶的叶脉褪绿变成黄白色，但叶肉不变色；叶片局部或全部变色，呈现黄色网纹状。这是枯萎病最常见的症状。

（2）皱缩型。病株在 5～7 片真叶期，上部叶片发生皱缩、畸形，叶色深绿，叶片变厚；棉株节间缩短、矮化，表现为皱缩状。这种症状在现蕾期，气候条件适宜的情况下，田间可经常见到。

（3）黄化型。病株子叶或真叶首先从叶缘开始，局部或整个叶片变黄，但不呈现黄色网纹，严重时叶片脱落。这种症状在温室抗性鉴定中最常见，也是苗期（3 片真叶以前）枯萎病的主要症状。

（4）青枯型。病株的子叶或真叶突然失水萎蔫，叶片变软，下垂，严重时棉株呈青枯干死，但叶片不脱落。这种症状在气温变化较大，尤其是大雨之后，气温突然升高的情况下，病区经常出现。

（5）紫红型。病株的子叶或真叶局部或全部变成紫红色，随着病情的发展，叶片从边缘开始凋枯，致使叶片枯萎、脱落，棉株死亡。这种症状较少见，只有在棉花苗期遇较长时间的低温条件下才发生。

棉花枯萎病的症状并不是固定不变的，有时以一种症状为主，有时几种症状混合发

生，有时前期是这种症状，后期又发展为另一种症状。其症状类型与品种及气候条件更为密切，尤其是气温和降雨。

3. 抗性鉴定方法

（1）适宜鉴定地点和生育期。棉花枯萎病的抗性鉴定采用温室苗期纸钵土壤接菌法鉴定，可在任何具有温室（可保证温度在 20～25℃）的地区进行，生育期以 3 片真叶以前的苗期为宜。

（2）标准对照。鉴定中选用一个感病对照和一个抗病对照。抗病对照选择标准：在常规接菌量下病指小于 10；感病对照选择标准：在常规接菌量下病指大于 50。

（3）鉴定材料种植方法。鉴定材料种植于温室，采用纸钵土壤接菌盆栽法。纸钵为直径 6cm，高 8cm，随后装入 30cm×20cm×9cm 的塑料盆中，3 次重复，每重复 6 钵，共 18 钵，装入一盆中。每个鉴定材料 1 盆。将经 160℃ 干热灭菌的无菌土与棉花枯萎病菌混匀，枯萎病病菌量为土重的 2%～3%。随后装入钵中至 2/3 高度，放入盆中。播种前先浇 300ml 自来水，使钵中的土吸足水分，随后将已催芽的种子先拌杀菌剂，再摆放于钵中，每钵 6～8 粒棉籽。最后用无菌土盖上（高度与钵平齐），再浇入 200ml 自来水。

（4）鉴定所用菌种。在我国由于棉花枯萎病菌 7 号小种分布最广，为此宜选用 7 号小种，但各地可根据当地的优势小种，选择所用菌系。

（5）菌种的繁殖和接种浓度。菌种采用麦粒沙培养（麦沙比为 3 比 1），先将麦粒用水煮涨为止，沥干水分后拌入细沙，装入罐头瓶，湿热灭菌 2h；在超净台上将已培养好的枯萎病菌平板或斜面接入其中，随后置 25℃ 温箱培养 7～10d。

4. 调查记载方法

（1）棉苗的管理。播种后将塑料盆置温室中，进行育苗。温室温度保持在 25～28℃ 之间，切勿超过 30℃，进行精心管理。棉苗拱土前，只要钵中土壤不会太干，一般不要再浇水。棉苗出土后，注意保持盆中的干湿度。土壤湿度保持在 60%～80% 为宜。早晚注意温度变化，防止温度太高和过低。

（2）发病调查。在棉苗第一片真叶长出后，棉花枯萎病陆续开始发生，在播种后 1 个月左右开始调查各品种的枯萎病发生情况。调查采用Ⅴ级分级法。可进行数次调查，当感病对照病指达 50 左右时，即可全面调查各品种的发病率，求出病情指数，进行校正后，评判各品种的抗病水平。

（3）调查分级标准。温室苗期棉花枯萎病的主要症状为青枯型和黄色网纹型，真叶和子叶发生萎蔫，叶片变软，下垂，叶缘开始凋枯，叶脉变黄，以致叶片枯萎，棉株死亡。各病级分级标准如下：

0 级　棉株健康，无病叶，生长正常；

Ⅰ级　1～2 片子叶变黄萎蔫；

Ⅱ级　2 片子叶和 1 片真叶变黄萎蔫，叶脉呈黄色网纹状；

Ⅲ级　2 片子叶及 1 片或 1 片以上真叶变黄萎蔫，叶脉呈黄色网纹状；棉
　　　　株矮化或萎蔫；

Ⅳ级　棉苗所有叶片发病，棉株枯死。

（4）调查结果的统计。根据调查的结果计算各品种的发病率和病情指数（简称病指）。

$$发病率=\frac{发病总株数}{调查总株数}\times 100\%$$

$$病情指数=\frac{\sum 级数\times 每级的病株数}{调查总株数\times 4}\times 100$$

5. 鉴定结果的校正 由于地区间的鉴定存在差异,即使同一地点,年度、批次间,由于鉴定的外界条件不可能完全一致,鉴定结果可能有轻重不同。为此,必须对鉴定结果进行校正,即采用相对病情指数(简称相对病指)进行校正,方法为鉴定中必须设感病对照,在感病对照病指达 50.0 左右时进行发病调查。由于感病对照病指不可能刚好为 50.0。为此,采用校正系数 K 来进行校正。K 值求法:感病对照标准病指 50.0 除以本次鉴定感病对照病指。

$$K=\frac{规定感病对照标准病指\ 50.0}{本期感病对照病指}$$

用 K 值与本次鉴定中被鉴定品种的病指相乘,求得被鉴定品种的相对病情指数(IR)

相对病情指数(IR)=本期被鉴定品种的病指$\times K$

以 K 值在 $0.75\sim 1.25$(相当于病指 $40.00\sim 66.67$)范围之间的鉴定结果为准确可靠。

6. 鉴定结果的评价 根据被鉴定品种的相对抗性指数的大小评定品种的抗性级别。各级别评定标准如下表:

棉花品种抗枯萎病性评定标准

序号	抗病类型	英文缩写	病指标准	相对病指标准
1	免疫	I	0	0
2	高抗	HR	0~5.0	0~5.0
3	抗病	R	5.1~10.0	5.1~10.0
4	耐病	T	10.1~20.0	10.1~20.0
5	感病	S	>20.0	>20.0

7. 附表

鉴定结果调查表

鉴定地点: 鉴定时间: 年 月 $K=$

品种名称	总株数	0级病株数	Ⅰ级病株数	Ⅱ级病株数	Ⅲ级病株数	Ⅳ级病株数	发病率(%)	病指	相对抗指

二、棉花种质资源抗黄萎病性鉴定方法及抗性评价标准

1. 作物病虫害名称

中文名称：棉花黄萎病

拉丁学名：*Verticillium dahliae* Kleb.

英文名称：Cotton Verticillium wilt 或 Verticillium wilt of cotton

2. 概述　棉花黄萎病是棉花生产的重要病害之一，广泛分布于世界各主要产棉国家，对棉花生产造成严重威胁。该病在我国各棉区均有发生。据 1982 年全国普查，病田面积达 13 万 hm^2，枯、黄萎病混生面积达 43.8 万 hm^2，占病田面积的 1/3 以上。进入 20 世纪 90 年代以后，在我国各产棉区有扩展蔓延的趋势。1993 年在南北棉区大面积流行为害，发病面积高达 267 万 hm^2，损失皮棉 10 万 t。随后又连续在我国的黄河流域和长江流域棉区流行为害，造成很大的损失。在新疆维吾尔自治区棉区，随着连作年限的增加，呈逐年扩展加重为害的趋势，有大面积流行的可能。

棉花黄萎病可在棉株整个生长季节侵染为害，田间棉株在花铃期出现发病高峰，主要症状有 3 种：

（1）落叶型。典型症状为全株叶片萎垂，随后迅速脱落，包括花、蕾、铃均一同脱落，最后棉株呈光秆，枯死。这种症状，在一般病田不容易见到，只要在落叶型病区，以及在 7 月中、下旬遇连续 4d 以上低温情况下才会出现。近年来，这种类型有扩展蔓延的趋势，值得引起高度重视。

（2）黄斑型。叶片边缘和叶脉之间的叶肉，局部出现黄色斑块，随着病情的发展，淡黄色的病斑颜色逐渐加深，严重时发展成为掌状黄条斑，叶肉枯焦，仅剩叶脉保持绿色，呈西瓜皮状。我国大部分病区棉花黄萎病为这种症状。

（3）叶枯型。叶片表现局部枯斑或掌状枯斑，叶片枯死后即脱落。但一般不形成光秆。苗期常见这种症状。

苗期症状：在田间，苗期一般很少表现症状，但在重病圃及温室人工接菌下，苗期即可出现症状。一般在一片真叶时即开始现症，病株子叶或真叶首先从叶缘开始，局部或整个叶片变黄，真叶边缘褪绿，变软，出现失水状，主脉间出现淡黄色不规则的病斑，逐渐扩大变褐，干枯脱落死亡。剖开维管束有淡褐色的病变。

棉花黄萎病的症状并不是固定不变的。有时以一种症状为主，有时几种症状混合发生，有时前期是这种症状，后期又发展为另一种症状，其症状类型与品种及气候条件有密切关系，尤其是气温和降雨。

3. 抗性鉴定方法

（1）适宜鉴定地点和生育期。棉花黄萎病的抗性鉴定采用田间人工病圃成株期鉴定方法鉴定。适宜地区为夏季 7、8 月份平均气温不能长期超过 28℃（时间少于 20d），以北纬 38°以上地区为宜。

（2）标准对照。鉴定中选用一个感病对照，要求高度感病且稳定性好，选择标准为在正常年份病指 50.0 左右。

（3）病圃的要求。人工黄萎病圃必须建立在适宜地区，即有利黄萎病发生的地区，发病均匀；要求正常年份，感病对照的病指达到 40.0～60.0 之间，受气候条件的影响较小；所接菌系必须具有代表性，一般以我国广泛分布的强致病力菌系为宜。

（4）鉴定材料种植方法。鉴定材料种植在人工病圃中，3 次重复，每重复 2 行，小区株数尽量多些。按棉花正常的播种时间和田间管理方式进行种植，保持田间的适当湿度，以利黄萎病的发生。

（5）鉴定所用菌种。在我国，由于棉花黄萎病菌以强致病力菌系为主，这类菌系分布广，代表性强。为此，宜选用强致病力菌系，但各地可根据当地的优势菌群，选择适宜菌系。

（6）菌种的繁殖和接种浓度及病圃的建立。菌种采用棉籽培养基培养，先将棉籽用水煮涨为止，沥干水分后，装入罐头瓶，湿热灭菌 2h。在超净台上将已培养好的黄萎病菌平板或斜面接入其中，随后置 23～25℃温箱培养 15d。

接种浓度：按每 667m² 30～50kg 培养物的接种量，将培养好的菌种均匀地施入田间，再翻耕 2～3 遍，使病菌与土壤混均匀。病圃建立后，可根据当年的发病情况将当年的病棉秆压碎进行回接。

4. 调查记载方法

（1）棉花的管理。播种后，进行精心管理，苗期应注意防治苗期病害。由于我国棉花抗黄萎病性鉴定的适宜地区为北方棉区，而棉苗播种出苗期，气温变化大，雨水少，棉苗易发生立枯、红腐病等苗期病害，苗蚜、地下害虫等虫害，应注意防治；进入雨季前，应注意保持田间的湿度。其他管理同大田。

（2）发病调查。在棉花进入 6 月份后，棉花黄萎病陆续开始发生，在花铃期达到发病高峰，故在 6 月中旬开始，即应密切注意各品种的黄萎病发生情况，在感病对照病指达 40.0 以上，即应开始全面调查，调查采用Ⅴ级分级法调查，可进行数次调查，当感病对照病指达 50 左右时，即可全面调查各品种的发病率，求出病情指数，进行校正后，评判各品种的抗病水平。

（3）调查分级标准。田间棉花黄萎病的主要症状为黄斑型和叶枯型，叶片出现掌状黄色条斑，叶肉枯焦，出现西瓜皮状斑驳，仅叶脉保持绿色，有时也出现叶枯型，造成叶片枯萎，脱落，棉株死亡。各病级分级标准如下：

0 级　棉株健康，无病叶，生长正常。

Ⅰ级　1/4 以下叶片发病，变黄萎蔫，茎部维管束变淡褐色。

Ⅱ级　1/4～1/2 以下叶片发病，变黄萎蔫，茎部维管束变淡褐色。

Ⅲ级　1/2～3/4 叶片发病，变黄萎蔫，茎部维管束变淡褐色。

Ⅳ级　棉株 3/4 以上至所有叶片发病，或叶片大部脱落，棉株枯死。

（4）调查结果的统计。根据调查的结果计算各品种的发病率和病情指数（简称病指）。

$$发病率 = \frac{发病总株数}{调查总株数} \times 100\%$$

$$病情指数 = \frac{\sum 级数 \times 每级的病株数}{调查总株数 \times 4} \times 100$$

5. 鉴定结果的校正

由于地区间的鉴定存在差异，即使同一地点，年度、批次间，由于鉴定的外界条件不可能完全一致，鉴定结果可能有轻重不同。为此，必须对鉴定结果进行校正，即采用相对病情指数（简称相对病指）进行校正，方法为鉴定中必须设感病对照，在感病对照病指达 50.0 左右时进行发病调查。由于感病对照病指不可能刚好为

50.0。为此，采用校正系数 K 来进行校正，K 值的求法为感病对照标准病指 50.0 除以本次鉴定感病对照病指。

$$K=\frac{规定感病对照标准病指 50.0}{本期感病对照病指}$$

用 K 值与本次鉴定中被鉴定品种的病指相乘，求得被鉴定品种的相对病情指数（IR）

相对病情指数（IR）＝本期被鉴定品种的病指×K

以 K 值在 0.75～1.25（相当于病指 40.00～66.67）范围之间的鉴定结果为准确可靠。

6. 鉴定结果的评价　根据被鉴定品种的相对病情指数的大小评定品种的抗性级别。各级别评定标准如下表：

棉花品种抗黄萎病性评定标准

序号	抗病类型	英文缩写	病指标准	相对病指标准
1	免疫	I	0	0
2	高抗	HR	0～10.0	0～10.0
3	抗病	R	10.1～20.0	10.1～20.0
4	耐病	T	20.1～35.0	20.1～35.0
5	感病	S	＞35.1	＞35.1

7. 附表

鉴定结果调查表

鉴定地点：　　　　　　　　鉴定时间：　　　年　　　月　　　$K=$

品种名称	总株数	0级病株数	I级病株数	II级病株数	III级病株数	IV级病株数	发病率（%）	病指	相对抗指